国家应用型创新人才培养规划教材

电 镀 工 艺 学

任广军 主 编

中国建材工业出版社

图书在版编目(CIP)数据

电镀工艺学 / 任广军主编. --北京：中国建材工业出版社，2016.12（2019.1重印）
国家应用型创新人才培养规划教材
ISBN 978-7-5160-1714-2

Ⅰ.①电… Ⅱ.①任… Ⅲ.①电镀－工艺学
Ⅳ.①TQ153

中国版本图书馆 CIP 数据核字（2016）第 277784 号

内 容 简 介

本书主要介绍了金属电沉积的基本原理、镀前处理和电镀工艺，工艺部分包括单金属和合金、特种镀膜技术、非金属材料电镀方法、黑色和有色金属的转化膜处理。在当前高校向应用型人才培养模式转型的背景下，本书以培养学生具有从事电镀工艺开发和生产的工作能力为主，理论讲解以必须够用为准，着重与工艺实践的紧密结合。

本书可作为高等学校应用化学专业及相关材料类、化学类专业的教材，也可供相关专业领域科技人员参考。本书配有电子课件，可登陆我社网站免费下载。

电镀工艺学

任广军　主编

出版发行：中国建材工业出版社

地　　址：北京市海淀区三里河路 1 号

邮　　编：100044

经　　销：全国各地新华书店

印　　刷：北京雁林吉兆印刷有限公司

开　　本：787mm×1092mm　1/16

印　　张：18.25

字　　数：430 千字

版　　次：2016 年 12 月第 1 版

印　　次：2019 年 1 月第 2 次

定　　价：46.00 元

前言

电镀是一种表面加工技术，经过电镀可以提高和改善材料的耐蚀、装饰、耐磨、焊接、导电等物理化学性能。随着科学技术的发展和工业需求的增加，电镀技术也不断更新并受到进一步的重视。如今，电镀已广泛进入各种工业生产及科技发展的领域，在机械、电子、仪器仪表、化工、轻工、建材、交通运输、兵器、航空、航天、原子能等领域发挥着极其重要的作用。

电镀是一门应用性很强的学科。为了培养学生具有从事电镀工艺开发和生产的工作能力，本书内容的选取立足于生产实践，系统而详细地介绍了金属电沉积的基本原理、镀前处理方法、工业上应用的各金属镀种和转化膜处理工艺，并着重分析了镀液成分的作用和镀层质量控制，对近几年发展起来的新工艺新技术也进行了解介绍。书中每章都列有复习思考题，以利于学生加深理解。本书既可作为高等学校应用化学专业及材料类、化学类相关专业的教材，也可作为相关专业领域科技人员的参考书。

全书共15章，由沈阳理工大学老师编写，其中第1、2、7、10章由任广军编写，第3、8章由刘秀晨编写，第4章由王昕编写，第5、6章由孙海静编写，第9章由郝建军、刘秀晨、任广军共同编写，第11、15章由张爱黎编写，第12、13章由郝建军编写，第14章由孙海静、张爱黎、王昕共同编写。全书由任广军主编。

由于编者学识水平有限，书中缺点、错误在所难免，敬请读者批评指正。

编　者

2016 年 11 月

中国建材工业出版社
China Building Materials Press

我们提供

图书出版、图书广告宣传、企业/个人定向出版、设计业务、企业内刊等外包、代选代购图书、团体用书、会议、培训，其他深度合作等优质高效服务。

编辑部
010-88364778

出版咨询
010-68343948

市场销售
010-68001605

门市销售
010-88386906

邮箱：jccbs-zbs@163.com　　网址：www.jccbs.com

发展出版传媒　服务经济建设

传播科技进步　满足社会需求

目录

1 绪 论

1.1 电镀在国民经济中的意义

以电化学方法使金属离子还原为金属的过程，称为金属电沉积。如果在电沉积过程中，能在金属和非金属制品与零件表面上，形成符合要求的平滑致密的金属覆盖层，则为电镀。这类表面加工工艺的实质，就是给各种制品与零件穿上一层金属的"外衣"，这层金属"外衣"叫电镀层。镀层可以是锌、铜、金、银等单金属，也可以是铜-锡、铜-锌-锡等二元或三元合金。经过电镀可以改变原材料表面的外观和各种物理化学性质，如耐蚀性、耐磨性、焊接性、电性能、磁性能等，而零件内部仍可保持原有的冶金及机械性能。所以，电镀是一种表面加工技术。

表面加工技术有很大的灵活性，可以根据具体的要求施加某种镀层而达到各种工艺技术性能的要求，使金属材料的应用范围得到扩大，所以，电镀已广泛进入各种工业生产及科学研究的领域（例如机器制造、电子、精密仪器、化工、轻工、交通运输、兵器、航空、航天、原子能等），在国民经济中具有重大意义。概括起来，进行电镀的目的主要有三点：

（1）提高金属的耐腐蚀能力，赋予制品与零件表面装饰性的外观；

（2）使制品和零件表面具有某种特殊的功能，例如提高耐磨性、导电性、磁性、高温抗氧化性，减小接触面的滑动摩擦，增强金属表面的反光能力，便于钎焊，防止射线的破坏和防止热处理时渗碳和渗氮等；

（3）提供新型材料，以满足当前科技发展的需要，例如制备具有高强度的各种金属基复合结构材料、金刚石钻磨工具、铸造用的模具等。

为防止金属制品及零件的腐蚀所用的电镀层数量很大。例如，一辆载重汽车上的零部件，受镀面积达 $10m^2$ 左右，绝大部分都是用来防止外露的金属结构及紧固件的腐蚀。防止金属腐蚀的任务十分艰巨，据目前粗略估计，全世界钢铁产量的三分之一就是因腐蚀而变为废料。如果其中的三分之二可以回收冶炼的话，那么也有九分之一是无法使用的。尽管电镀并不能完全解决这个严重问题，但是作为抗腐蚀手段之一的电镀工艺，无疑可以做出可观的贡献。人们知道，腐蚀的后果并不只限于材料的浪费，更严重的是由于一些关键部件或结构的破坏，造成整机失灵而带来大量加工费用的损失，并且有可能造成无法弥补的重大事故（如飞机的航行事故、战时通讯设备失灵等）。在现代工业中已不仅要求镀层有防护性而且要有良好的装饰性，达到美化的目的。例如自行车、缝纫机、钟表、照相机等所使用的镀层，都具有防护与装饰的双重作用。此外，一些专以装饰为目的的镀层例如仿金镀层，也必须具有一定的防护性能，否则它们的装饰作用就不可能持久。所以说，镀层的装饰性与防护性是不可分的。

具有特殊功能的各种镀层，早已广泛地用于生产，解决了各式各样的问题。随着科学技术的发展，许多新的交叉学科不断涌现，对材料的性能提出了很多特殊的新要求。在很多情况下，往往只要有一个符和性能要求的表面层，就可以满足科学技术中的迫切需要。选用适当的电镀层，常常能够很好地完成这个任务。因此，功能镀层的重要性越来越突出。使用电镀层代替整体材料，也是一个节约贵重金属的好途径。例加需要高硬度材料时，普通碳钢表面镀一层硬度高的铬，即可在很多应用场合取代硬质合金钢。当前，电镀不仅是防护与装饰的重要手段，而且已逐步发展成为制备表面功能材料的有效方法。

在金属材料中加入具有高强度的第二相，可使结构材料的性能大大地得到增强。通过电沉积制备这种复合结构材料，通常是采用另一种特殊形式的电镀技术——电铸。例如，用石墨纤维丝与镍共沉积，经电铸形成一定厚度的薄层后，将它从基体上剥下，再将很多层这样的薄层粘合在一起，形成所需形状和厚度的复合材料。与其他制备金属基复合结构材料的方法相比，以电铸法制备新材料有着广阔的前途，在当前新技术的发展与应用中有重大意义。

在全世界科学技术与生产飞速前进的过程中，对各种功能材料和结构材料的需求与日俱增。作为制备材料的一种手段，电镀技术越来越受到人们的重视。目前电镀生产所承担的任务，已经由原来的以对某些零部件的表面加工服务为主，进一步发展为可以独立完成一定产品的制备，使电镀技术发展进入了一个新的阶段。

在我国现代化建设过程中，既要大力发展生产又要厉行节约。因此，电镀工业在提高镀层质量的同时，还必须努力研究，在满足一定要求的前提下，使用薄的金属镀层代替厚镀层，使工艺过程中的能耗尽可能地降低，设法减轻对环境的污染和降低污水处理的费用等。总之，只要充分发挥其特点和长处，经过大量的科学实践，电镀工业就一定能在我国的经济发展中做出更大的贡献。

1.2　电镀层的分类及选用原则

1.2.1　电镀层的分类

镀层的分类可采用三种形式。

1. 按照镀层的应用分类

（1）防护性镀层

锌镀层，在一般性大气中锌有很好的耐蚀性能，钢铁零件均采用镀锌进行防护，用途广泛，生产量很大，约占电镀总产量的 50% 以上。镉镀层在潮湿和海洋性大气中的防护性能优于锌镀层，有较低的氢脆性，适用于高强度钢电镀，在航空、航海工业中应用较多。锡镀层对多种有机酸有很好的耐蚀性，而且许多锡的化合物对人体无害，大量用于食品加工工业。含锡量为 10%～15% 的铜锡合金镀层有很好的防护能力，常用于镀铬的底层。锌镍合金镀层有较高的耐蚀性，可用于严酷的腐蚀环境，目前在生产上已有较多应用。

（2）防护-装饰性镀层

现代工业要求镀层不仅有很好的防锈能力，还要有很好的装饰性，因此防护－装饰性镀层在电镀工业中占重要地位。如铜-镍-铬系镀层的外层是微带蓝色的光亮铬，有很好的装饰性，为了提高耐蚀性先在基体材料上镀铜和镍层做底层。这是使用历史比较悠久的工艺，在仪器仪表、汽车、自行车工业中大量使用。黑铬及黑镍镀层，具有均匀乌黑的色泽，用于光学仪器、照相设备中。含 $25\%\sim30\%$ 锌的铜-锌合金镀层有美丽的金黄色，又称仿金镀层，广泛用于装饰。

近几年研究成功了多种金属镀层的染色和着色方法，为获得防护-装饰性镀层提供了多种途径。

（3）耐磨和减摩镀层

耐磨镀层是给零件镀一层高硬度的金属以增加它的抗磨耗能力，延长使用寿命。在工业上对许多直轴或曲轴的轴颈、压印辊的辊面、发动机的气缸和活塞环、冲压模具的内腔、枪和炮管的内腔等均镀硬铬，使它的显微硬度高达 1000 左右。另外，对一些仪器的插拔件，要求既具有高的导电性，又要耐磨损，常要求镀硬银、硬金、铑等。

减摩镀层多用于滑动接触面，在这些接触面上镀上韧性金属（减摩合金），能起到润滑作用，从而减少了滑动摩擦。这种镀层多用于轴瓦、轴套上，以延长轴和轴瓦的使用寿命。作为减摩镀层的金属有锡、铅锡合金、铅铟合金、铅锡铜及铅锡锑三元合金。

（4）电性能镀层

对于导电性要求较高的电器元件，要求镀金、银、铑等导电性较好的镀层。镀银层应防止氧化，以免增加接触电阻。金的化学稳定性好，导电性能良好，但成本较高，常用金-银、金-铜等金基合金代替，也有很好的效果。

（5）磁性能镀层

在录音机及电子计算机等设备中，所用的录音带、磁环线、磁鼓、磁盘等存储装置均需磁性材料。目前多用电镀法来制造磁性材料。作为镀层材料主要以具有磁性的铁族元素为主，软磁性镀层可采用镍-铁、铁-钴等合金，硬磁性镀层可采用钴-磷、钴-镍、钴-镍-磷等三元合金。

（6）可焊性镀层

用于电子产品提高焊接性能的镀层，以锡-铅合金为最多，焊接点的表面质量与含铅量有很大关系，含铅量在 30% 以下时焊点光亮，含铅量超过 40% 的焊点无光。另外，也可以采用镀铜、镀锡、镀银提高焊接性。

（7）耐热镀层

许多长期在高温下工作的零部件，如喷气发动机的转子叶片、机轴、轧辊等，需要采用耐高温材料进行防护，防止高温下的热蚀。可以镀镍、铬以及镍基或钴基复合镀层，也可以采用电镀-渗镀联合处理的方法得到耐高温镀层。

（8）修复用镀层

有些大型机械零件，如火车、汽车、石油机械上的大轴、曲轴及印染机上的压辊等，磨损以后可采用电镀进行修复，减少浪费。尤其是刷镀技术的发展，可以不拆卸加工，使修复性电镀增多。作为修复用的镀层主要是镀铁、镀铬等耐磨性较好的材料。

以上几项是应用最多的镀层，此外还有些特殊功能的镀层。如为了防止局部渗碳进行保护可以镀铜；为了增加钢铁零件与橡胶的粘结力可用铜-锌合金做底层；为了增加反光能力常镀铬、银、高锡青铜；为了消光而镀黑铬或黑镍，等等。

2. 按照基体金属和镀层的电化学性质分类

按照基体金属和镀层的电化学性质，可把镀层分为两大类，即阳极性镀层和阴极性镀层。前者如铁上镀锌；后者如铁上镀锡。这种分类对镀层选择和金属组件的搭配是十分重要的。

所谓阳极性镀层，就是当镀层与基体金属构成腐蚀微电池时，镀层为阳极而首先溶解。这种镀层不仅能对基体起机械保护作用，而且能起电化学保护作用。就铁上镀锌而言，在通常条件下，由于锌的标准电位比铁的更低（$\varphi^0_{Zn^{2+}/Zn} = -0.76V$，$\varphi^0_{Fe^{2+}/Fe} = -0.44V$），当镀层有缺陷（针孔、划伤等）而露出基体时，如果有水蒸气凝结于该处，则锌铁就形成了如图 1-1（a）所示的腐蚀电池。此时锌作为阳极而溶解，$Zn - 2e = Zn^{2+}$，而铁作为阴极，可能是 H^+ 于其上放电而析出 H_2 气，也可能是 O_2 分子在该处还原，铁并未遭受腐蚀。我们把这种情况下的镀层叫做阳极性镀层。从防止黑色金属腐蚀的角度看，应尽可能选用阳极性镀层。

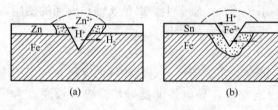

图 1-1　阳极镀层与阴极镀层

所谓阴极性镀层，就是镀层与基体构成腐蚀电池时，镀层为阴极。这种镀层只能对基体金属起机械保护作用。例如，在钢铁基体上镀锡，当镀层有缺陷时，铁锡就形成了如图 1-1（b）所示的腐蚀电池，锡的标准电位（$-0.14V$）比铁高，它是阴极，因而腐蚀电池的作用将导致铁的阳极溶解：$Fe - 2e = Fe^{2+}$，这时，H^+ 离子或 O_2 分子的还原，在作为阴极的锡上发生。这样一来，镀层尚存，而镀层下面的基体却逐渐被腐蚀坏了。这类镀层就是阴极性镀层。只有在它完整无损（连针孔都没有）时，才对基体有机械保护作用。一旦镀层被损伤，它不但保护不了基体，反而加速了基体的腐蚀。

必须指出，金属的电极电位随介质与工作条件的不同而发生变化，因此，镀层究竟是阳极性镀层还是阴极性镀层，需视它所处的介质和环境而定。锌对铁而言，在一般条件下是典型的阳极性镀层，但在 70～80℃ 的热水中，锌的电极电位却变得比铁高，因而成为阴极性镀层。再如锡对铁而言，在一般条件下是阴极性镀层，但在有机酸中却成了阳极镀层。

值得注意的是，并非所有比基体金属电位低的金属都可以用作防护性镀层。如果镀层在所处的介质中不稳定，它将迅速被介质腐蚀，因而失去了对基体的保护作用。锌在大气中是黑色金属的防护性镀层，就是由于它既是阳极性镀层，又能形成碱式碳酸锌[$ZnCO_3 \cdot 3Zn(OH)_2$]保护膜，因而很稳定。但是在海水中，锌对铁而言，虽仍为阳极性镀层，但由于它在氯化物溶液中很不稳定，很快被破坏，从而失去了对基体金属的保护作用。所以，海洋仪表都不能单独使用锌镀层来防护，而用镉层或代镉镀层较好。

3. 按照镀层的组合形式分类

镀层的组合形式可分为三类。第一类是简单结构，在基体金属上只镀单层镀层，这是最简单的形式，如钢铁上镀锌、镉等。第二类是组合镀层。这是由几层相同金属（如暗镍、半光亮镍、光亮镍）或不同金属（如铜、镍、铬）层叠加而成的多层镀层。第三类是复合镀层。这种由固体微粒（在镀液中不溶的无机或有机物质）均匀地分散在金属中而形成的镀层（如 Ni-SiC、Cu-Al$_2$O$_3$ 等），具有高耐磨、高耐蚀性能，在功能材料和结构材料的开发应用中有很重要的意义。

1.2.2 电镀层选择原则

在选择镀层时除考虑镀层的应用性质以外，还应考虑加工工艺及成本等问题。为此，提出以下几点选择依据。

1. 零件工件环境及要求

绝大多数零件的镀层要有良好的防护性，环境因素是金属材料发生腐蚀的根本条件，如大气成分（一般性大气、工业性大气、海洋性大气）、工作温度、湿度、介质性质、力学条件等，所以环境因素是选择镀层首先应考虑的问题。与此同时是电性能、磁性能等特定的功能性。

2. 零件材料的种类和性质

基体材料的种类和物理、化学性质对选择镀层的种类和结构有很大影响，如钢铁材料在一般性大气中的防护镀层应采用镀锌层、阳极性镀层、简单结构。钢铁零件的防护-装饰性镀层应选用铜-镍-铬多层结构，由于铜、镍、铬相对于钢铁都是阴极性镀层，要求镀层应有较小的孔隙率及适当的厚度，而且还应根据材料的种类如一般钢铁、不锈钢、铝合金、锌合金等，选用与其相适应的前处理工艺，才能获得与基体结合良好的镀层。

3. 零件的结构、形状及尺寸公差

结构复杂或带有深孔的零件，应选用覆盖能力及分散能力良好的镀液，否则在凹洼或深孔的表面镀不上镀层，或镀层不均匀。如氯化物镀锌的分散能力优于硫酸盐镀锌，更适合于复杂结构零件的电镀。对于细管零件，一般情况下管子内壁很难得到完整的镀层，如果采用化学镀的方法，能很好地解决这一问题。对于尺寸公差较小，要求严格的精密零件必须采用性能良好的薄层。

4. 不同金属零件相互接触的状况

在机械设备和仪器仪表中，不同材料的零件相互接触或组合是普遍存在的。两种金属相互接触时由于存在电位差，在腐蚀环境中就会出现电偶腐蚀。因此零件的镀层不仅要考虑自身的防护性，还要使接触电位差尽量减小，以降低腐蚀电流，提高防护能力。

5. 镀层的性能及使用寿命

镀层可以改变基体材料的表面性质，可以延长零件的使用寿命，但并不是"绝对的"、"永久的"。尤其是防护性镀层，经过一定的时间仍需要进行修复或更换，因此选用镀层的性质与寿命要和零件的具体要求相适应，满足预期的目的，使零件在使用期间能够安全、可靠地服役。

1.2.3 镀层应具备的基本条件

零件进入镀液进行电沉积，并非都能得到良好的镀层，对于具有应用价值的镀层必须具备以下基本条件：第一，镀层与基体金属有牢固的附着能力并达到一定的结合强度，能够承受外力的作用不使镀层破坏；第二，镀层对基体能够完整地覆盖，且基本均匀，因为即使镀层出现局部的缺陷，也能显著地降低防护效果；第三，镀层的组织致密，孔隙率低，要有适当的厚度，能有效地阻挡外界介质对基体金属的腐蚀，提高防护能力；第四，各种功能性镀层必须达到一定的指标，才能为合格的镀层，同时也应具有较好的外观质量，不允许有明显的针孔、麻点、划伤等缺陷存在。

1.3 电镀工业的发展概况及展望

在国外，最先公布的镀银文献是 1800 年由意大利布鲁纳特（Brug-natelli）教授提出的。大约在 1805 年，他又提出了电镀金。到 1840 年，英国的埃尔金顿（Elkington）提出了氰化镀银第一个专利，并用于工业生产，这是电镀工业的开始。他提出的镀银电解液和现在的相同。人们常说氰化物电镀到现在已有一百多年历史，所指的就是从 1840 年开始的。在同年，雅柯比（Jacobi）提出在酸性溶液中电铸铜的第一个专利。1843 年，酸性硫酸铜镀铜用于工业生产，同年 R. 博特杰（R. Bottger）提出了镀镍。1915 年用酸性硫酸锌对钢带进行镀锌，1917 年普洛克特（Proctor）提出了氰化物镀锌。1923～1924 年 C. G 芬克（C. G. Fink）和 C. H. 埃尔德里奇（C. H. Eldridge）提出了镀铬的工业方法，从而使国外的电镀工业逐步发展成为完整的工业体系。

我国电镀工业是如何开始的无据可查，但是，其发展史大致可分为两个阶段：第一阶段是新中国成立前（1949 年以前），第二阶段是新中国成立后至现在。

新中国成立前我国的电镀工业几乎是一个"空白"，少数沿海城市仅有的几个电镀作坊，也多数为外国资本家所控制，技术保密，生产落后，工人劳动环境恶劣，只能为一些日用小商品的生产服务。

新中国成立之后，电镀工业迅速地发展起来。在大型的汽车和拖拉机制造厂、船舶制造厂，机车车辆、无线电电子工厂，飞机及仪表制造厂、兵器、导弹和卫星制造厂等都设有电镀车间，并且还新建了很多专业电镀厂。与此同时，还成立了相应的研究所和设计室，在高等学校也设立了相应的专业。各个工业部都制定了自己的电镀标准，并成立了情报站和交流网，各有关省市成立了电镀学会或协会。1984 年中国电镀协会成立，这就加强了电镀技术情报的交流。

新中国成立后，特别是改革开放的 30 多年来，我国的电镀工业得到了很大的发展。首先，根据生产中提出的各式各样的要求，镀层的品种不断扩大。在一般生产中可用作镀层的单金属，不过 20 种。但是，考虑到研究过和使用过的合金镀层，例如 Zn-Ni、Zn-Fe、Sn-Co、Ni-Fe 等合金，可使镀种增加到数百种。

其次，随着技术革新的进展，需要在其上镀覆金属层的基体材料品种越来越多。由通常的在钢铁和铜等基体材料上电镀，逐步发展到在轻金属（铝、镁及其合金）及锌基合金压铸件上的电镀；而且由金属件的电镀发展到非金属件电镀，除了常见的塑料件电镀外，还可将金属层镀到玻璃、陶瓷、石膏等器件上。与此同时，逐步对基体材料的质量和表面状态，给予了足够的重视，以保证镀层质量。

此外，在广大电镀科技工作者的努力下，电镀工艺方面的变化也非常大。向镀液中加入具有光亮、润湿、整平、导电、缓冲等作用的各种添加剂，可对改善镀液性能和镀层质量产生重要的影响。特别是通过光亮剂的作用，可在镀槽中直接获得光亮镀层（光亮镍、光亮铜等），不仅提高了产品质量，还改善了繁重的抛光劳动。为了解决环境污染问题，近年来在向镀液无毒和低毒化方向发展中，取得了相当大的成绩，如无氰或低氰电镀、低铬酸镀铬、低铬酸钝化等一些新工艺配方已投入使用。为了提高镀层的防护性能，高耐蚀性双层镍、三层镍等许多新工艺也相继出现。对高速电镀与脉冲电镀新工艺的开发，也取得了可喜的成果。

在新工艺设备研制方面，出现了脉冲镀、刷镀等专用设备。在电镀设备的更新，自动化生产线的应用以及废水处理方面都取得了很大成就。如今，我国随着世界工业前进的步伐在迅速发展着，先进的科学研究和生产技术不断向电镀工业提出更高的要求。

未来我国电镀工业的发展趋势基本可归纳为以下4点：

（1）装饰性和高抗蚀性工艺技术将不断发展。随着我国汽车、电子、家用电器、航空、航天工业、建筑工业及相应的装饰工业的发展和人们对美化生活需求的提高，对电镀产品的装饰性和抗蚀性的需求将有明显的增加；

（2）某些传统装饰性电镀可能被喷涂、物理气相沉积等取代，功能性电镀产品需求则有上升的趋势；

（3）某些污染严重的电镀工艺，可能被清洁的电镀工艺所取代，如无氰电镀、三价铬镀铬、代镉及代铬镀层将有上升的趋势；

（4）在电镀过程中通过引入或利用新技术和外部能量场如超声波、激光、电磁场以及电流波形与频率等，改善和提高镀层质量，扩大电镀的应用领域。

复习思考题

1. 电镀的研究与生产对我国现代化建设的意义如何？

2. 镀层是如何分类的？怎样选择使用？

3. 何为阳极性镀层、阴极性镀层？

4. 以防护性镀层为例，说明镀层应具备哪些条件？

7

2 金属的电沉积

金属的电沉积是指在直流电的作用下，电解液中的金属离子被还原，并沉积到零件表面形成具有一定性能的金属镀层的过程。生产上应用的电镀溶液主要是水溶液，在特殊情况下也可以采用有机溶液或熔融盐。本章所采用的电镀溶液均为水溶液。

但是并非所有金属离子都能在水溶液中进行电沉积，因为金属离子在其水溶液中具有一定的平衡电位，当阴极达到平衡电位并获得一定过电位，即达到析出电位时，金属离子才能沉积。而水溶液中具有多种离子，其中对金属离子还原影响最大的是氢离子。所以金属离子是否能够被还原，不仅决定于本身的电化学性质，也决定于与氢离子还原电位的相对关系。如果金属离子还原电位比氢离子还原电位更低，则电极上大量析氢，金属沉积很少。在周期表70多种金属元素中，约有30多种可以在水溶液中沉积。表2-1区域1中的元素不能在水溶液中沉积，如 Li、Na、K、Be、Mg、Ca 等标准电极电位比氢低得多，很难沉积，即使在阴极上还原，也会立即与水反应而氧化，但能以汞齐的形式沉积。Ti，W 等也很难从水溶液中单独沉积出来，但可以和其他元素形成合金，实现共沉积。区域2中的金属可以自水溶液中沉积，越靠右边的金属越易还原，而且交换电流密度较小，Fe、Co、Ni 元素的更小，在硫酸盐电解液中 Fe 与 Ni 的 j^0 为 $2\times10^{-8}\,A/cm^2$ 和 $2\times10^{-9}\,A/cm^2$，在单盐水溶液中就可以得到较好的沉积镀层。区域3金属的电极电位更向正移动，但交换电流密度较大，在硫酸盐溶液中 Cd 的 j^0 为 $4\times10^{-2}\,A/cm^2$，Cu 的 j^0 为 $9A/cm^2$，可以在水溶液中沉积而且析出速度较大，为了获得致密的镀层，常采用络合物溶液。

表 2-1　金属离子沉积的可能性

族\周期	ⅠA	ⅡA	ⅢB	ⅣB	ⅤB	ⅥB	ⅦB		Ⅷ		ⅠB	ⅡB	ⅢA	ⅣA	ⅤA	ⅥA	ⅦA	0
二	Li	Be											B	C	N	O	F	Ne
三	Na	Mg											Al	Si	P	S	Cl	Ar
四	K	Ca	Sc	Ti	V	Cr	Mn	Fe	Co	Ni	Cu	Zn	Ga	Ge	As	Se	Br	Kr
五	Rb	Sr	Y	Zr	Nb	Mo	Tc	Ru	Rh	Pd	Ag	Cd	In	Sn	Sb	Te	I	Xe
六	Cs	Ba	La	Hf	Ta	W	Re	Os	Jr	Pt	Au	Hg	Tl	Pb	Bi	Po	At	Rn
	区域1					区域2					区域3				非金属			

2.1　电　镀　溶　液

2.1.1　电镀溶液的组成

任何一种电镀溶液对成分、含量都有一定的要求，各成分之间有合理的组合才能获得良好的镀层，综合各种镀液的成分可归纳为以下几种。但并非每一种溶液都含有这些成分，而是根据要求选定的。

1. 主盐

主盐是指沉积金属的盐类，如酸性镀铜中的 $CuSO_4$、酸性镀锡中的 $SnSO_4$，这种盐类是简单金属化合物，称为单盐。在氰化镀锌液中的氰锌酸钠、锌酸盐镀锌液中的锌酸钠，这种盐类是络合物，也称络盐，所以电镀溶液中的主盐可以是单盐或络盐。

2. 络合剂

络合剂作为配体与金属离子形成络合物，改变了镀液的电化学性质和金属离子沉积的电极过程，对镀层质量有很大影响，是镀液的主要成分。常用的络合剂有氰化物、氢氧化物、焦磷酸盐、酒石酸盐、氨三乙酸、柠檬酸等。

3. 导电盐

为了提高电镀溶液的导电能力，降低槽端电压，提高工艺电流密度，加入导电能力较强的物质，如镀镍溶液中的 Na_2SO_4。导电盐不参加电极反应，酸或碱类也可以作为导电物质。

4. 缓冲剂

在弱酸碱性镀液中应加入适当的缓冲剂，使镀液有自行调节 pH 值的能力，保持溶液的稳定性。缓冲剂要有足够的数量才有较好的效果，一般加入 $30\sim40g/L$。缓冲剂有如氯化钾镀锌溶液中的硼酸等。

5. 阳极活化剂

在电镀过程中金属离子是不断消耗的，大多数采用可溶性阳极来补充，使在阴极析出的金属量与阳极溶解量相等，保持镀液成分平衡。加入活化剂能维持阳极处于活化状态，不发生钝化，溶解正常。

6. 添加剂

添加剂是用来改善镀液性能提高镀层质量的，加入量很少，一般只有几克，但效果非常明显。添加剂的种类很多，能起多种作用。

（1）细化晶粒作用。能改变镀层的结晶状况，细化晶粒使镀层致密，如在锌酸盐镀锌液中如果不加添加剂，得到的是海绵沉积物，加入添加剂以后，镀层致密、细致而光亮。

（2）光亮作用。加入光亮剂并与其他添加剂配合使用，进一步提高镀层光亮度，是装饰性电镀不可缺少的成分。

（3）整平作用。能使基体显微粗糙表面变得平整，提高光洁度。广泛用于装饰性电镀。

（4）润湿作用。可以降低金属与溶液的表面张力，使镀层与基体能更好地附着，使阴极上析出的氢气泡容易脱离，防止生成针孔。

添加剂还有许多其他作用，如提高镀层硬度、降低镀层应力等。添加剂应选择使用，有的添加剂兼有几种作用，在镀液中一般含有 $1\sim2$ 种添加剂。目前应用的添加剂主要是有机合成物，无机化合物也配合使用。

2.1.2 电镀溶液的类型

目前生产上应用的电镀溶液，主要有单盐溶液和络合物溶液两种类型。

1. 单盐溶液

金属离子在镀液中以简单离子（水合离子）的形式存在时称为单盐溶液。如硫酸盐镀铜或镀锡溶液中的 Cu^{2+}、Sn^{2+} 都是简单离子。在铜、锌、锡、铅等金属的单盐镀液中进行电镀时，由于溶液体系的交换电流密度比较大，结晶粗糙、疏松，镀层不致密。必须加入添加剂改善镀液的电化学性质，提高镀层质量。电镀铁、钴、镍也采用单盐溶液，但镀液体系的交换电流密度较小，极化能力强，能得到细致的结晶组织，镀层致密。在装饰性镀镍溶液中再加入光亮剂和整平剂，可以得到镜面光亮的镀层。

2. 络合物溶液

在镀液中金属离子与络合剂形成络合物并离解成络离子，金属离子存在于络离子中，即称为络合物溶液，如氰化物镀锌络离子为 $[Zn(CN)_4]^{2-}$、锌酸盐镀锌的锌络离子为 $[Zn(OH)_4]^{2-}$。如果络合物中的配体只有一个配位原子与金属离子成键，这种配体叫一元配位体，如 OH^-、NH_3 等，当配体中各有两个或两个以上配位原子与金属离子结合时，可以形成环状，配体就像螃蟹的钳一样与离子结合在一起，如氨三乙酸、乙二胺四乙酸（EDTA）等与金属离子形成的络合物称为螯合物。由于络合剂的作用，生成了稳定的络合物，游离金属离子的浓度显著下降，使溶液体系的平衡电位向负方向移动。例如在简单溶液中 Zn^{2+} 浓度为 1mol，平衡电位，$\varphi_{Zn^{2+}/Zn} = -0.763V$，若在氨溶液中形成络离子 $[Zn(NH_3)_4]^{2+}$，平衡电位降低，$\varphi_{[Zn(NH_3)_4]^{2+}/Zn} = -1.03V$，若络合剂采用氰化物，与 Zn^{2+} 有更强的络合能力，平衡电位更低 $\varphi_{[Zn(CN)_4]^{2-}/Zn} = -1.26V$，从数据可以看出络合剂的种类对镀液电化学性质有很大影响。

在络合物各成分的含量中，最重要的是金属离子与络合剂的相对含量。络合剂的含量应在化学计量的基础上再加一定的游离量，目的是使络离子稳定存在。某些镀液中含有两种络合剂，每种含量对镀液性能都有很大影响。目前在生产上应用的络合物镀液主要有如下几种。

（1）氰化物镀液。以氰化物为络合剂，镀液为强碱性，有镀锌、镀铜、镀银、镀金、镀铜锡合金等镀种。镀层质量优良、操作方法简单，工业上应用的历史很长，但氰化物有剧毒性。

（2）氢氧化物络合物镀液。主要用于镀锌和镀锡，在强碱性镀液中生成氢氧基络合物，离解为阴络离子 $[Zn(OH)_4]^{2-}$ 和 $[Sn(OH)_4]^{2-}$。这类溶液一般以氢氧化钠为络合剂，所以又称碱性镀锌和碱性镀锡。对于碱性镀锌应加入适当添加剂，才能得到致密、光亮的镀层。

（3）焦磷酸盐镀液。焦磷酸盐可以和多种金属络合，应用于镀锌、镀铜、镀锡镍合金，镀液稳定性好，容易控制，但成本较高，国内主要用于镀铜。焦磷酸盐与金属离子络合受溶液 pH 值影响，不同 pH 值下的络离子的组成不同，生产上应用的焦磷酸盐镀液 pH 值为 7.5～9，络离子形式为 $[Cu(P_2O_7)]^{6-}$。

除此之外，还有用酒石酸、氨三乙酸、EDTA 等有机酸为络合剂的镀液。有时为了提高镀液的性能将络合剂组合使用，如氯化铵-氨三乙酸镀锌、柠檬酸-酒石酸镀铜等。这时镀液中除有金属离子与一种络合剂形成络离子外，还能与两种络合剂形成混合配位体络离子。

镀铬溶液比较特殊，不包括在以上几类之中。镀铬溶液呈强酸性，主要成分是铬酸，金属离子存在于铬酸根（$Cr_2O_7^{2-}$ 或 CrO_4^{2-}）中，必须含有铬沉积的催化剂如硫酸、氟硼酸等，否则不能镀出镀层。

2.2 金属沉积的电极过程

2.2.1 金属电沉积的基本过程

在电镀时，溶液中的金属离子在阴极还原形成镀层，阳极进行氧化将金属转移成离子，在正常情况下，电镀可以持续进行。但镀层金属从离子态到晶体，需经过以下主要步骤。

(1) 离子液相传质。金属离子在阴极还原，首先消耗的是阴极附近的离子，溶液本体中的离子通过电迁移、扩散、对流的形式进行补充，保持溶液中离子的浓度均衡。

(2) 前置转换。金属电沉积时，溶液内部的金属离子通过传质到达金属表面，是否直接在阴极电化学还原呢？通过研究许多镀液发现，在阴极上还原的金属离子结构与溶液中主要离子（浓度最大的金属离子）的结构形式不同。在还原之前，离子在阴极附近或表面发生化学转化：单盐溶液中水合离子的水化数下降；络盐溶液中的络离子的配体发生交换或配体数下降。

(3) 电荷转移。是金属离子得到电子的还原过程，但电荷转移不是一步完成，要经过一种中间活性粒子状态。在电场作用下，金属离子首先吸附在电极表面，在配体转移、配位数下降或水化分子数下降过程中，金属离子的能量不断提高，致使中心离子中空的价电子能级提高到与电极的费米能极相近时，电子就可以在电极和离子之间产生跃迁，往返运动的频率很高，几率近于相等。可以认为离子所带电荷仅为离子电荷一半，这种中间活化态的粒子通常称为吸附原子，所以吸附原子是保留着部分水化分子和部分电荷的粒子。继之，失去剩余的水化分子并进入金属晶格，完成电荷转移的全过程。

(4) 形成晶体。吸附原子通过表面扩散到达生长点进入晶格生长，或通过吸附原子形成晶核长大成晶体。

这些步骤可以顺序进行，也可以同时进行。在这些步骤中究竟哪一步骤是过程的控制步骤，并最后影响到电沉积的结果，依电沉积的条件不同而不同。在高电流密度下，会由传质步骤引起的浓差极化控制电沉积过程，沉积物往往是粗糙的，甚至是枝状的。这是电镀应用中所不希望的。前置转换步骤对有些电沉积过程存在，对有些电沉积过程不存在。电荷转移步骤是电沉积过程必须经过的步骤，而且是完成金属电沉积过程的重要步骤，即金属离子如何放电以及表现出的电化学性质特征。由于金属离子放电迟缓而引起电化学极化时，镀层结晶是细致的，分布也均匀。表面扩散（或形核）和形成晶体均属电沉积过程的结晶步骤，直接影响沉积层中晶体的生长过程和沉积层的结构，因此研究电沉积过程，有相当重要的意义。

从以上分析可以看出：金属电沉积过程包括两个内容，一是金属离子的放电过程，二是结晶过程，本节讨论第一个问题。

2.2.2　单盐镀液中金属电沉积过程

单盐镀液中沉积金属离子的浓度一般较高，如果不是使用太高的电流密度，即在低于极限电流密度的不太高电流密度下，一般不会引起浓差极化。也就是说在正常情况下液相传质步骤不会引起电极极化。对金属离子的还原过程则可能有两种情况，一种是放电过程不引起电化学极化，例如铜、锌、镉等铜分族及铜分族以右的金属（图 2-1），对这类金属的电极体系一般都有较大的交换电流 j^0。电极反应以比较高的速度进行，例如 Cu/Cu^{2+}（1mol CuSO$_4$）体系，$j^0=9\text{A/cm}^2$；Zn/Zn^{2+}（1molZnSO$_4$）体系，$j^0=8\times10^{-2}\text{A/cm}^2$。一般从这些金属的简单盐溶液中得到的镀层，结晶粗大，结构不致密。

另一种情况是简单金属离子放电能引起较大的电化学极化，例如铁、钴、镍金属离子的还原。它们属于铁族金属，极化特征如图 2-2 所示。这种金属的电极体系有较小的交换电流 j^0。Fe/Fe^{2+}（1mol FeSO$_4$），$j^0=2\times10^{-8}\text{A/cm}^2$，Ni/Ni^{2+}（1mol NiSO$_4$），$j^0=2\times10^{-9}\text{A/cm}^2$，电极反应以较低的速度进行。对这些体系而言，从单盐溶液中电沉积时就可以获得致密的镀层。

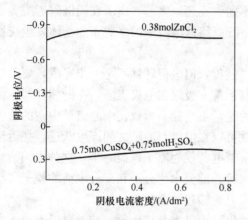

图 2-1　铜和锌单盐溶液的阴极极化曲线

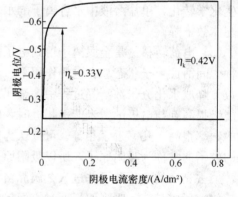

图 2-2　镍在硫酸镍（1mol）中的阴极极化曲线

这类溶液中的金属离子是以水化离子形式存在的，在阴极上还原一般分为三步：

（1）水化数下降或水化层重排（M 代表金属）：
$$M^{2+}\cdot mH_2O-nH_2O\longrightarrow M^{2+}（m-n）H_2O（m>n）$$

（2）部分失水的金属离子得电子而放电，并吸附在电极表面。两价或高于两价的金属离子得电子有可能是分步进行的：
$$M^{2+}（m-n）H_2O+e\underset{}{\overset{j_1^0}{\rightleftharpoons}}M^+（m-n）H_2O$$
$$M^+（m-n）H_2O+e\underset{}{\overset{j_2^0}{\rightleftharpoons}}M^+（m-n）H_2O_{\text{吸附}}$$

例如 Cu^{2+} 放电，研究证明是分两步进行的，
$$Cu^{2+}+e\longrightarrow Cu^+$$
$$Cu^++e\longrightarrow Cu$$

而且第一步是速度控制步骤。

不过，对硫酸镍镀镍的情况观察到的塔费尔规律表明，两价金属离子是按一步放电的

方式进行的。

（3）吸附原子失去水化层进入金属晶格：

$$M(m-n)H_2O_{吸附} - (m-n)H_2O \longrightarrow M_{晶格} + (m-n)H_2O$$

2.2.3 络盐镀液中金属电沉积过程

在络合物镀液中沉积金属离子主要以络离子形式存在，简单金属离子浓度很低，甚至可以忽略不计。因此，原来在单盐溶液中平衡电位较高和交换电流密度较大的电极体系，在络合物镀液中变成平衡电位较低和交换电流密度较小的体系，例如铜分族的金属银，Ag/Ag^+（3×10^{-2}mol）在 1mol $HClO_4$ 中的体系，平衡电位为 0.710V，交换电流密度 j^0 为 1.7A/cm²，而在 1mol 的 KCN 中，平衡电位变成 -0.529V，电位负移了，交换电流密度 j^0 为 2.8×10^{-3}A/cm²，比酸性溶液要小 3 个数量级，这说明反应速度大大降低了。其他用高酸度单盐溶液电镀的金属采用氰化物络合溶液后也有同样的变化。

金属络离子一般比简单金属离子（铁族金属除外）放电要困难得多，因而在金属沉积过程中，络离子放电这一步将成为整个过程的控制步骤，沉积过程表现出较大的电化学极化（个别情况除外）。如图 2-3 所示为锌自不同溶液沉积时的阴极极化曲线，氰化镀锌与氯化锌镀锌相比，有明显的电化学极化。图 2-4 为某一氰化镀铜溶液的阴极极化曲线，也有明显的电化学极化，从这类溶液中可得到细致均匀的沉积层。

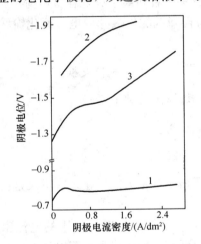

图 2-3　氰化络合物镀锌的阴极极化曲线

1—0.38mol $ZnCl_2$；2—1mol Zn^{2+} 和 4.3mol NaCN；

3—1mol Zn^{2+}，2mol NaCN 和 2mol NaOH

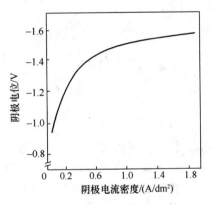

图 2-4　氰化镀铜阴极极化曲线

（Cu 30g/L，游离氰化物 15g/L）

络离子放电并引起较大的阴极极化的原因涉及络离子放电机理问题。早期认为溶液中的络离子首先在阴极区离解，而后由离解得到的简单金属离子放电。由于络合物的离解度很低，生成简单金属离子很少，放电的速度很低，因而造成很高的阴极极化。但通过计算证明，络盐溶液中离解出来的简单金属离子非常微量，例如氰化镀铜液中，Cu^{2+} 离子浓度仅为 1.7×10^{-29}mol/L，显然可以忽略不计，用这种微量的金属离子还原形成镀层是不可能的。

另一种可能是沉积金属的络离子。但是根据络合-离解平衡，溶液中络离子可以配位数不同的多种形式存在，因而必须考查究竟是哪一种络离子放电。通常在溶液中，金属络离子必以能量最稳定的一种形式存在。实际表明，这种形式的络离子都具有最高或较高的配位数，例如氰化镀锌液中存在的主要络离子是$[Zn(CN)_4]^{2-}$，但也会有$[Zn(CN)_3]^-$、$Zn(CN)_2$；氰化镀铜液中主要存在$[Cu(CN)_3]^{2-}$，但也会存在$[Cu(CN)_2]^-$等络离子。溶液中稳定存在的络离子在放电还原时往往需要较高的活化能，因而由它直接放电是困难的；相反配位数较低的络离子由于放电活化能低和在界面有适中的浓度而具有较高的反应能力，络离子应主要以低配位数的形式放电。其次，络离子中的许多配位体都带有负电，配位数越大，荷负电越多，受到阴极静电排斥的程度越大，在阴极放电还原也越困难。根据这一分析，溶液中存在的主要形式络离子放电时，应首先在阴极表面附近向低配位数络离子转化，而后再放电进入晶体点阵，所以络离子放电分两步进行，第一步是络离子的配位数下降（相当于简单金属离子水化数降低），第二步是形成的中间络离子在电极上放电。例如：

$$[Cd(CN)_4]^{2-} \rightleftharpoons Cd(CN)_2 + 2CN^-$$

$$Cd(CN)_2 + 2e \longrightarrow [Cd(CN)_2]^{2-}_{吸附}$$

$$[Cd(CN)_2]^{2-}_{吸附} \longrightarrow Cd_{晶格} + 2CN^-$$

如果溶液中含有两种络离子，而其中一种络离子又比另一种络离子放电容易，则在放电前必须经过配位体的交换（相当于水化层重排），然后再降低配位数并放电。氰化镀锌中的放电过程如下：

$$[Zn(CN)_4]^{2-} + 4OH^- \longrightarrow [Zn(OH)_4]^{2-} + 4CN^-（配体交换）$$

$$[Zn(OH)_4]^{2-} \longrightarrow Zn(OH)_2 + 2OH^-（配位数下降）$$

$$Zn(OH)_2 + 2e \longrightarrow [Zn(OH)_2]^{2-}_{吸附}$$

$$[Zn(OH)_2]^{2-}_{吸附} \longrightarrow Zn_{晶格} + 2OH^-$$

从以上反应可以看出，络盐溶液进行电沉积时阴极出现很大的极化，这不仅是由于络离子结构比较复杂，也与多步的还原过程有关。

随着电化学测试技术的发展，一些试验证明了：在实际电镀时，使用的电流密度较高，在偏离平衡电位下，即有较高的过电位时，不仅低配位数的络离子可以放电，高配位数的络离子也可以同时参与放电。

2.3　金属的电结晶

前已述及，金属电沉积过程包括金属原子达到晶体表面之后相互集合构成新的晶体的结晶步骤，即金属电沉积的表面扩散或形核和形成结晶的过程。如果结晶步骤速度较慢，它同样可以作为整个沉积过程的速度控制步骤影响沉积过程。各种影响结晶步骤的因素同时会影响金属的电沉积过程，也通过影响沉积层的组织结构影响沉积层的性能。目前的研究表明，结晶步骤一般通过两种方式对过程起控制作用，一种是在通过电极的外电流密度较小、沉积的过电位比较低的情况，由沉积金属的吸附原子沿电极表面的扩散来控制，其结晶过程主要是在基体原有的晶体上继续生长，很少形成新晶核。另一种是在外电流密度较大、过电位较高的情况下，由沉积金属的吸附原子集聚，产生新晶核并长大形成新晶体。

2.3.1 表面扩散和并入晶格

电沉积时，原有晶面的继续生长，至少包括金属离子"放电"以及"结晶"两个步骤。放电后的金属原子可以占有如图 2-5 所示的 a、b、c 三个位置。

由于这三个位置上晶粒的自由表面多少不同，金属原子在自由表面多的位置上受到晶格中其他原子的吸引较小，因而其能量较高。所以 a、b、c 三个位置的能量依次下降。显然，金属原子将首先占有能量最低位置，因此晶面的生长只能在相当于 c 点或 bc 线这样的位置上，这就是所谓的"生长点"、"生长线"。

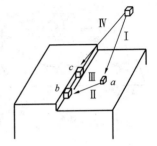

图 2-5　原有晶面的生长

这样，原有晶面的继续生长有两个可能的途径：

（1）直接到达生长点的途径，即放电过程只能在生长点上发生（图 2-5 中过程Ⅳ），放电步骤与结晶步骤同时发生。

（2）通过表面扩散的途径，即放电过程可以在晶面上任何地点发生，形成晶面上的"吸附原子"（图 2-5 中过程Ⅰ），然后这些吸附原子通过晶面上的扩散过程迁移到"生长线"和"生长点"上来（图 2-5 中过程Ⅱ、过程Ⅲ）。按照这种途径进行时，放电步骤与结晶步骤是分别进行的，而且金属表面上总存在着一定浓度的吸附原子。

已有的研究结果表明，晶体的生长最可能的是按第二种途径进行的。而且，在不少情况下，放电速度大于吸附原子的表面扩散速度，整个电沉积过程的进行速度受吸附原子的表面扩散步骤（结晶步骤）的控制；在有的情况下，放电速度也不大（如体系的 j^0 较小），电沉积过程的速度由放电步骤和表面扩散步骤联合控制。

2.3.2 晶核的形成与长大

在固体电极上形成金属结晶的另一种方式是形成新的晶核并长大。在原有晶面上借助生长点和生长线台阶长满一层金属原子以后，位错消失。如果晶体要继续长大，必须在完整的晶面上首先形成二维晶核，也就是说在完整的晶体表面上进行电沉积时，首先形成二维晶核。晶核形成的速度将决定和影响沉积层的致密程度，以及金属沉积的光泽性、脆性和应力等性能。

形核理论发展较早。观察电结晶过程表明，它和其他结晶过程有某些共同规律。由液态金属变为固态金属，需要过冷度；由盐溶液结晶出盐的晶体需要过饱和度；自溶液中电沉积金属则需要过电位。总之过程能够向一个方向进行必须偏离两相之间的平衡状态。一个金属晶核能够稳定存在，形核过程的自由能一定是下降的，即自由能的变化应小于零，由此可以得出形核速度与过电位的关系。

形核过程的能量变化由两部分组成，一部分是形成晶核的金属由液相变为固相，使体系自由能降低；另一部分是在新相形成的同时要建立新的界面又使体系自由能升高，所以体系能量的变化是这两部分能量之和。从所需要的表面能量来考虑，最有利的二维晶核形

15

状是圆柱形。设圆柱体半径为 r （图 2-6），体系自由能的变化为：

$$\Delta G = -\frac{\pi r^2 h \rho n F \eta_k}{A} + 2\pi r h \sigma_1 + \pi r^2 (\sigma_1 + \sigma_2 - \sigma_3) \qquad (2-1)$$

式中，ΔG 为体系自用能变化量；A 为沉积金属原子量；ρ 为沉积金属密度；n 为沉积金属离子的还原价数；F 为法拉第常数；η_k 为过电位；h 为圆柱体高度；σ_1 为晶核/溶液界面张力；σ_2 为晶核/电极界面张力；σ_3 为电极/溶液界面张力。

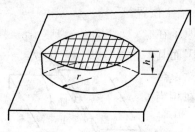

图 2-6　圆柱形二维晶核

根据结晶原理可知，当体系自由能升高时，晶核不稳定，晶核即便形成也会自发溶解。只有当体系自由能下降时，晶核才能稳定。由上式可知，体系自由能变化 ΔG 是晶核尺寸 r 的函数，因此可以通过 ΔG 对 r 的微分，即：

$$\frac{\partial \Delta G}{\partial r} = 0$$

求得晶核能够稳定存在的临界半径

$$r_c = \frac{h \sigma_1}{\dfrac{h \rho n F \eta_k}{A} - (\sigma_1 + \sigma_2 - \sigma_3)} \qquad (2-2)$$

将 r_c 代入式 (2-1)，求 ΔG_c

$$\Delta G_c = \frac{\pi h^2 \sigma_1^2}{\dfrac{h \rho n F \eta_k}{A} - (\sigma_1 + \sigma_2 - \sigma_3)} \cdot \qquad (2-3)$$

显然，只有当 $r > r_c$ 时，体系自由能下降，晶核可以形成并长大，而且也就可以看出，形核需要一定的过电位，过电位越高，即 η_k 值越大，晶核临界半径越小。

如果阴极过电位很高，η_k 值增大，使 $\dfrac{h \rho n F \eta_k}{A} \gg (\sigma_1 + \sigma_2 - \sigma_3)$，或当沉积原子铺满第一层以后的各层生长时，使 $\sigma_1 = \sigma_3$，$\sigma_2 = 0$，可将临界自由能表达式简化为：

$$\Delta G_c = \frac{\pi h \sigma_1^2 A}{\rho n F \eta_k}$$

根据形核速度和能量变化关系

$$W = k \exp\left(-\frac{\Delta G_c}{kT}\right)$$

式中，k 为玻耳兹曼常数，等于 $\dfrac{R}{N}$，R 为气体常数，N 为阿佛伽德罗常数，则：

$$W = k \exp\left(-\frac{\pi h \sigma_1^2 N A}{\rho n F R T} \cdot \frac{1}{\eta_k}\right) \qquad (2-4)$$

公式中定量地说明了阴极过电位与形核速度的关系，过电位越大，形核速度越大，结晶更加细致。因此，要想得到细致紧密的镀层，就要增大阴极极化，加快新晶核的生成。由于新晶核是在放电步骤生成的，如果仅仅靠提高电流密度，有时只是引起浓差极化，而不能直接影响到放电步骤，放电步骤的电化学极化没有增大，就达不到加快新晶核生成的目的。所以，影响形核速度的过电位不是浓差极化引起的过电位，而是电化学极化引起的过电位。因此，在实际电镀中，向溶液中加入络合剂和有机添加剂是一种提高电化学极化作用的手段。有机添加剂除了能提高电化学极化造成新晶核的生成条件外，还能吸附在原有晶面上，特别是生长点上，从而减慢原有晶面的生长速度。它也能吸附在微晶表面上，降低微晶的能量，使微晶临界尺寸变小，加快新晶核生成，从而细化了晶粒。

值得注意的是，阴极极化作用不是越大越好，因为在沉积时，允许阴极电流密度不能高达极限扩散电流密度，否则会在阴极上析氢以及造成镀层多孔、疏松、"烧焦"、发黑和枝晶等现象，使镀层质量下降。同时也并不是镀层晶粒越小越好，这样的组织往往硬而脆（镀层内可能夹杂有机物），有较大的内应力。为了满足使用性能要求，晶粒细化的程度应控制适当。

2.3.3 螺旋位错生长机理

前边已经提到，如果晶面的生长完全按如图 2-5 所示的方式进行，则每一层长满后，生长点和生长线就消失了。这样，每一层晶面开始生长时都必须先在一层完整的晶面上形成二维晶核。这时将会看到，如果形成的晶核能继续长大，就必须有一定的临界尺寸，而形成具有这种临界尺寸的晶核时，应出现较高的过电位。换言之，如果晶面真是按照这种方式进行的，就应该出现周期性的过电位突跃。然而，在大多数实际晶面生长过程中却完全观察不到这种现象，这表示晶面生长时并不需要形成二维晶核。

目前普遍认为，由于实际金属表面有很多阶梯、空穴、位错等缺陷，有时位错密度高达 $10^{10} \sim 10^{12}/cm^2$。如果晶面绕着位错线生长，特别是绕着螺旋位错线生长，生长线就永远不会消失。如图 2-7 所示，图 2-7（a）和（b）分别是表示一个向右显示微观台阶和一个向左显示微观台阶的螺旋位错。晶面通过台阶绕螺旋位错显露点 A 旋转的方式生长。因此螺旋生长的原子面是连续的。吸附原子沿径向和旋转方向并入点阵，最后导致每一层沿径向放射性的扩展和每一个新层沿同样方向显露。如图 2-8 所示，在某些沉积层表面，甚至用低倍显微镜就可以观察到螺旋形的生长台阶，一些"金字塔"形的晶粒，可能是一对方向相反的螺旋位错所引起的。

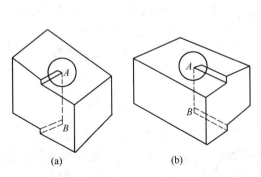

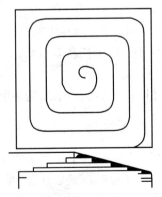

图 2-7　螺旋位错示意图
（a）指向右的螺旋位错；（b）指向左的螺旋位错

图 2-8　位错的螺旋形扩展和生成棱锥体的示意图

通过以上分析，总结电结晶的生长方式可以知道，形核与螺旋位错生长在实际情况下都是存在的，经过几十年的研究被人们逐渐认识并统一起来。当过电位比较小时，吸附原子的浓度小，可以并入基体晶格，通过螺旋位错的方式生长。由于扩散速度小，则表面扩散步骤控制了晶体的形成。当外加电流升高、过电位加大时，吸附原子浓度也增加，因此可以聚集形核、生长。与此同时，晶体形成的控制，也转化为形成吸附原子的电荷转移步骤。

2.4 镀层的组织和结构

通常所说的金属层结构，系指晶粒内部原子间的具体组合状态，而组织含义一般包含着晶粒的大小、形状、种类以及各种晶粒的相当数量和相对分布状况。镀层性能，特别是它们的物理-机械性能，受其结构组织的影响相当显著，而金属电沉积的工艺条件，又是影响镀层结构组织的重要因素。因此，为了获得性能良好的镀层，有必要对镀层的结构组织有初步了解。

2.4.1 不同晶面上的沉积速度

实验测出，在不同晶面上金属电沉积的速度不同。这是因为金属晶格上原子的排列数目及排列方式不同，从能量观点来看，晶格相邻的原子数越多，金属沉积速度越大，例如在铜单晶体上电沉积铜层，铜具有面心立方晶格，在给定电流密度下测定各晶面的交换电流密度（表2-2），从数据可以看出：$j^0_{(110)} > j^0_{(100)} > j^0_{(111)}$，在(110)晶面上沉积的过电位最小，沉积速度最快。

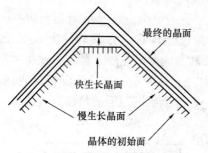

图 2-9　以不同速度生长的晶面

表 2-2　铜单晶上的交换电流

晶　面	$j^0/(\text{A/cm}^2)$	$\eta_k/(\text{mV})$ ($j_k=10^{-3}\text{A/cm}^2$时)
(110)	2×10^{-3}	-85
(100)	1×10^{-3}	-125
(111)	4×10^{-4}	-185

由于在不同晶面上沉积速度不同，导致各晶面生长速度也不同，因此出现了快生长晶面与慢生长晶面的区别。快生长晶面很快消失了，慢生长晶面变化较慢，于是改变了原有的晶体结构，出现了新的晶面（图2-9）。由此可见，不仅是溶液的成分、工艺条件对镀层结构有很大影响，基体金属的结晶构造也有重要作用。

2.4.2 外延生长

外延生长是镀层金属沿基体金属原晶格生长的一种形式，出现在镀层形成和生长的初始阶段。对于单晶体或是具有大晶粒的多晶表面，沉积金属容易沿着基体的表面结构延续生长，即出现外延。所形成的镀层可以与基体的结晶取向完全一致。实验结果表明，在被沉积金属与基体金属的晶格常数差别不足15%时，容易出现外延生长，外延厚度可达1～4kÅ。如果两种金属的晶格常数在平行方向上相差超过15%，则外延程度降低。当基体金属表面的晶粒很细小时，外延生长比较困难。在清洁的基体金属上沉积容易出现外延，而表面上有难以去除的氧化物时，如不锈钢的表面，就不容易实现外延。当电流密度高时，沉积金属原子到达基体表面的数量很大也不能实现外延。在实际生产中，由于镀液中含有大量添加剂以及其他表面活性物质，不同程度地改变了基体表面的电化学性质，随着镀层的增厚，外延会很快消失。

显然，外延生长对镀层与基体的结合是有利的。由于基体与镀层的错配程度小，降低了镀层应力，不容易出现镀层的开裂和脱落。所以镀层的生长规律，对镀层性能有很大影响。

2.4.3 织 构

随着电沉积过程的延续，不管基体金属的结晶学性质如何，镀层终归会由外延转变为由无序取向的晶粒构成的多晶沉积层。在这种多晶沉积层继续生长过程中，新形成的沉积层中的许多小晶体倾向于产生一种占优势的晶体取向，即出现了通常所说的择优取向，也可称为织构。织构是个取向程度的概念，是电沉积金属结构上的另一个特征。沉积层中每一个晶粒的取向，可由晶体的结晶轴和相对于宏观基体固定的参考系的轴组成的角度来决定。当只有一个结晶轴相对于基体固定，而其他两个轴是任意排布时，就得到一维取向或织构。三维取向相当于在基体上形成了单晶。若三个结晶轴都是无规则的，则结晶为无规则取向或称无序镀层。织构可以用电子衍射、X射线分析等方法测定。

电沉积织构的形成受多种因素的影响，如镀液成分及工艺条件、基体金属种类及表面状态等，即使同种镀液中，结晶取向也决定于过电位。晶体出现织构使晶体呈各向异性，镀层中出现织构也影响镀层性能，如镀层光泽性、塑性等。

2.4.4 镀层的组织形态

在电结晶的早期研究工作中，非常注重描述晶体生长的各种形态。1905年首次做了显微镜下的观察记录，后来使用诺曼斯克（Nomarsky）干涉相衬显微镜和偏振光测量技术，得到了比电子显微镜观察更为丰富的资料。由大量资料归纳出下面几种形态：

（1）层状，层状中的台阶高度约为500Å时，层状就是可见的了。层状本身含有大量微观台阶。

（2）棱锥状，是在螺旋位错的基础上，并考虑到晶体生长的对称性而得。棱锥的对称性与基体的对称性有关，锥面似乎不是由高指数晶面构成，而是由宏观台阶构成。锥体的棱数不定。

（3）块状，相当于截头的棱锥。截头可能是杂质吸附阻止晶体生长的结果，截头棱锥向横向生长也发展为块状。

（4）脊状，是在吸附杂质存在的条件下，层状生长过程中的一种中间类型。如果加入少量表面活性剂，脊状可以在层状结果的基础上发展起来。

（5）立方层状，是块状和层状之间的一种结构。

（6）螺旋状，是相对向顶部缠绕的螺旋形排布而言，它可以作为带有分层的棱锥体出现。台阶高度约为100Å。台阶间隔大约为$1\sim10\mu m$，且随电流密度的减少而增大。

（7）晶须状，晶须是一种长的线状单晶体，在相当高的电流密度下，特别是当溶液中存在有机物的条件下容易形成。

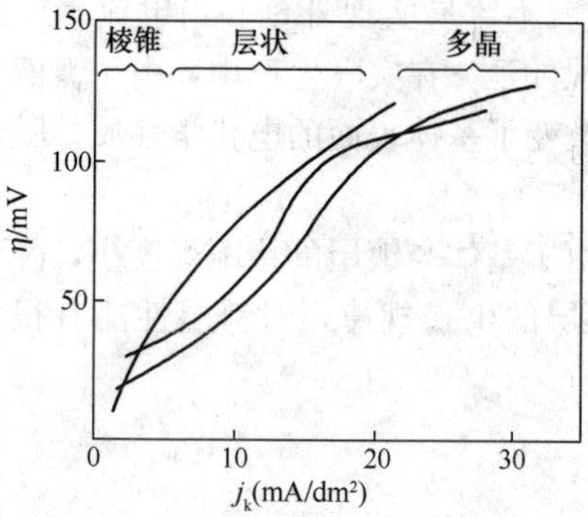

图 2-10　铜电结晶的极化与结晶
形态的关系

（8）枝状，是一种针状和树枝状的沉积。它常常从低浓度的单盐溶液和熔融盐中得到。当电解液中有特性吸附的阴离子存在时也容易获得枝晶。枝晶的主干和分枝平行于点阵低指数方向，它们之间的夹角是一定的。枝晶可以是二维的，也可以是三维的。

电沉积层的结晶形态与过电位或电流密度关系密切。例如在酸性硫酸铜溶液中电沉积铜时，随着过电位或电流密度的增大，晶体类型由棱锥状变为层状，最后转为多晶体，如图 2-10 所示。过电位很可能通过对"金属吸附原子"浓度、晶核临界半径和局部电流密度等因素的影响而改变晶体形态。

此外，有机物或杂质在电极表面上的吸附，对结晶形态也起着决定性作用，而这种吸附也与过电位有关。

2.4.5　镀层组织结构与其性能的关系

电沉积的金属与热熔法制得的同一种金属，尽管它们的成分完全相同，但其物理-机械性能却会有很大差别。而且在不同工艺条件下，获得的同组成的镀层，性能也有明显的差异。这些都是由于它的组织结构不同而引起的。

镀层与基体间的结合力，跟镀层的组织结构关系密切。例如，由氰化物镀液中得到的锌镀层，晶粒大小均匀，呈柱状且与基体表面垂直，属于多晶锌基体结构的外延，构成了走向略显紊乱的纤维组织。这种结构组织的特征就决定了镀层的结合力相当好和脆性较低。在以环氧胺系合成物为添加剂的锌酸盐镀液镀锌时，得到的镀层晶粒虽比较细，而且其组织呈纤维状，但镀层与多晶锌基体结构间不存在明显的外延关系，于是镀层与基体间的结合力较差，且脆性较大。由以上的例子可以看出，镀层的性能与其结构组织之间的确存在着一定的对应关系。

镀层内应力的产生与镀层形成过程中结构组织所发生的变化有关。这种变化包括晶格常数、镀层中晶粒尺寸及晶粒间距离。镀层表面的晶格常数与镀层内部不一样，故在金属电沉积过程中，由于表层晶格不断地转变为内层，镀层内部会出现用于改变晶格常数的作用力，即内应力。如果晶格中夹杂局外原子，也有可能引起晶格变形，从而产生内应力。金属电沉积形成的非常细小的晶粒，属于非平衡体系，它们自发地趋于合并成为较大晶粒，并伴随着体积的减小。晶粒尺寸的这类变化也自然会引起镀层的内应力。例如，镀铬时开始沉积出的铬是六方晶型，随着晶粒的长大，它们转变为立方晶型，在能量上有利。在晶型转变过程中镀层体积缩小，于是有内应力产生。此外，在电沉积时，表面活性物质和其他局外物质在镀层中夹杂，会使晶粒间距离发生变化，也会使镀层产生内应力。

镀层的光亮性也取决于镀层的组织结构。为了使镀层达到镜面光泽，其晶粒必须很细。小晶粒的末端一般是半球形或棱锥形，当晶粒很小时，中心和边缘的高度差小于光波的波长，因而不损失光泽。有时沉积层的向外生长使局部受到抑制的程度比较大，这样就形成了深度比光波波长还要大的空隙，因而降低了光亮度，镀层的外观呈雾状。与损失光泽相反，电沉积层通过生长受到局部抑制还可以得到整平，在凸起处的外向生长受阻，凹洼处接受较厚的沉积，因而得到整平。

小晶粒镀层比较硬脆，因而开始非外延的镀层在高内应力下更易开裂。电镀磁性材料时，晶粒小也有较高的矫磁力，矫磁力是开关磁化的磁场所必需的。

沉积层保护基体不受腐蚀的能力也是与结构有关的。细晶粒的镀层在内应力作用下容易开裂，裂缝下的基体得不到保护，有利于非外延生长的各种因素也能引起气孔和基体与镀层之间的裂缝。由于油膜、氧化物或非金属夹杂而未导电的表面因没有形成镀层造成孔隙，使镀层保护基体不受腐蚀的能力下降。

镀层本身的耐蚀性也与其表面的结构有关。晶界处首先发生腐蚀，晶粒细的部分易于腐蚀，细晶沉积层中存在的空隙首先发生腐蚀。原因是空隙处的晶粒较镀层其他部分的晶粒小，且含有较多的添加剂产物，因而与其他部分的化学成分也不同。

2.5　电解液对沉积层结构的影响

由生产实践可知，电解液的组成（包括主盐种类和浓度、有机和无机添加剂等）、电解规范（电流密度、温度、搅拌、电流波形等）及其他一些条件，均对电沉积层的结构有影响。前者是影响结构的内因，后两者则是影响结构的外因。本节先讨论内因对沉积层结构的影响，然后讨论外因的影响。当然，不管是内因或是外因，它们都不是孤立的，特别是与生产过程有密切联系。

2.5.1　单盐电解液

1. 主盐种类的影响

由于组成金属盐的阴离子不同，同一种金属可以组成不同种类的盐。主盐种类的影响就是组成盐的阴离子不同对阴极极化的影响。例如用硫酸盐和过氯酸盐得到的镀锌和镀镉层就比较细致，而用卤化物溶液得到的沉积层就比较粗糙，这是由硫酸根和过氯酸根同卤素离子差别所造成的。

卤素离子作为阴离子的影响是很引人注意的，它在不同的体系中可以起完全不同的作用。它使镀层粗糙的主要原因是，降低了阴极极化，对电极反应起活化的作用。对这种活化作用的解释，已提出不同假设：一种认为，由于卤素离子在阴极表面的特性吸附，会使双电层电位变负，对放电金属离子有更强的吸引作用，导致阴极表面的金属离子浓度增大，使电极反应速度加快；也有人认为卤素离子形成"活化络合物"，使金属离子还原的脱配位体和放电过程需要的活化能较低。卤素离子活化效应顺序是 $I^- > Br^- > Cl^-$。

在单盐溶液中一般硫酸盐使用较多，这种溶液经济、稳定和无腐蚀性。氟硼酸盐溶解度高，可制备高浓度溶液，采用大电流密度，实行快速电镀，且该溶液较稳定，缓冲性能较好，但分散能力差，污水不易处理。氨基磺酸盐用于无应力镀镍。

2. 主盐浓度影响

主盐浓度对电化学极化较大的铁族金属的沉积一般没有影响，而对阴极极化很小的高酸溶液有影响。主盐浓度降低可以提高阴极极化。根据交换电流和沉积金属离子浓度的关系

$$j^0 = nFk\, C_{M^{m+}}^{(1-a)} \cdot C_M^{\alpha}$$

金属离子浓度 $C_{M^{m+}}$ 下降，j^0 变小，间接地使电化学极化升高，生核几率增加，结晶致密。主盐浓度低还可使阴极钝化程度下降。所谓阴极钝化就是由于外来分子表面活性物质和其他物质的吸附作用，以及由于在阴极的个别部位形成与电解液、氧、空气等互相作用的产物而引起阻碍晶体生长的现象。如果主盐浓度高，含钝化物增多，会使阴极实际电流密度小的部位生长停止，因为这种局外杂质吸附物的吸脱附速度可能很小，故放电离子只能在一定部位放电而造成晶体数目减小，晶粒变粗。这种引起钝化的吸附物与镀液中有意加入的有机表面活性物质不同，后者往往有较大的吸脱附速度，从而随着电极表面实际电流分布来更换吸附位置，使生长中心不断变化而得到细晶。这两种现象并不矛盾，主要取决于吸附物的性质。阴极钝化仅发生在单盐镀液和有杂质存在的系统中。

不能由此便认为镀液的主盐浓度越小越好。因为镀液允许使用的电流密度和金属沉积速度，直接依赖于沉积金属的浓度，镀液必须保证足够高的主盐浓度。电化学研究也表明，用降低金属离子浓度的方法来提高阴极极化，效果是不显著的。

3. 游离酸度影响

在一切简单盐电解液中，常含有与主盐相对应的游离酸，根据游离酸含量，可将单盐电解液分为强酸性和弱酸性两类。

在强酸性电解液中加入游离酸的目的，一方面在溶液中解离，提高镀液导电性；另一方面降低主盐的有效浓度，有利于提高阴极极化（在一定程度上），以获得较细晶的镀层；但更重要的是为了防止主盐水解，例如

$$SnSO_4 + 2H_2O \rightleftharpoons H_2SO_4 + Sn(OH)_2$$
$$Sn(OH)_2 + [O] \rightleftharpoons H_2SnO_3 \downarrow$$
$$Cu_2SO_4 + H_2O \rightleftharpoons Cu_2O \downarrow + H_2SO_4$$

水解反应造成金属离子浓度下降和溶液混浊，影响电镀质量。在电解液中加入过量的游离酸，便可防止水解反应。此外，对于这类电解液，大量酸的存在也不致引起氢的析出，因为铜、锡、铅都是在较高的电位下沉积，而且氢在这些金属上具有颇高的过电位。但要注意的是，游离酸度提高将要降低主盐的溶液度。

弱酸性单盐电解液也含有一定的游离酸，以防止主盐水解，例如，从硫酸盐电解液中镀锌、镉、镍等。但是，此类电解液不存在过量的游离酸，因为这样会大量析氢而使阴极电流效率下降。所以对于这类电解液必须保持在一定的酸度范围内。例如镀锌电解液的pH值常在3.5～4.5；镀镉电解液的pH值为2～5.5；镀镍电解液的pH值为3～4或5～5.5，视电解液组成而定。

把电解液的pH值调整到一定范围，并不能保证这个值在电镀过程维持不变。因为在镀锌、镉、镍等金属时，阴极上总有氢气析出使阴极附近电解液中氢离子浓度下降，产生所谓碱化现象。这种现象导致阴极附近析出氢氧化物（或碱式盐），而使镀层变成暗色的、粗糙的、甚至是疏松的。为了维持电解液的pH值在规定范围内，通常在其中加入缓冲剂。例如在硫酸盐镀锌电解液中加入硫酸铝，在镀镍电解液中加入硼酸。由于每种缓冲剂只能在一定的pH值范围内起调节作用，因而对于不同的电解液应选择合适的缓冲剂。

4. 无机附加物的影响

无机附加物主要是指游离酸、缓冲剂、导电盐等成分。游离酸和缓冲剂前已述及，这

里主要讨论导电盐。

单盐镀液中加入导电盐，其目的是增强电解液的导电性，改善电解液的分散能力。常用的盐类为与主盐阴离子相对应的碱金属或碱土金属盐类，如硫酸盐镀锌液中加入硫酸钠（Na_2SO_4），硫酸盐镀镍液中加入硫酸镁（$MgSO_4$）。

大量添加无机盐类，对阴极极化的影响不太明显，但某些阳离子表现为提高阴极极化，例如 $0.05mol/L NiCl_2$ 溶液中的 Na^+、K^+、NH_4^+ 等，而另一些阳离子则表现为降低阴极极化，例如上述溶液中的 Al^{3+}、Co^{2+}。加入阳离子提高阴极极化的原因是阳离子使溶液的离子强度增加，沉积金属离子的活度下降了，而降低阴极极化的原因是某些阳离子的水化能力强，使沉积金属离子的水化程度下降，造成沉积金属离子易于在阴极表面上放电。

2.5.2 络合物电解液

1. 络合剂种类的影响

同一种金属采用不同的络合剂，对镀层结构和其他电镀工艺性能会带来明显的影响。例如，锌可以以 $[Zn(OH)_4]^{2-}$ 和 $[Zn(CN)_4]^{2-}$ 两种不稳定常数（$K_{不稳}$）十分相近的络离子形式存在，其中 $[Zn(OH)_4]^{2-}$ 的 $K_{不稳}=7.08\times10^{-16}$，$[Zn(CN)_4]^{2-}$ 的 $K_{不稳}=1.9\times10^{-17}$。但是两种络离子放电引起阴极极化完全不同，如图 2-11 中的曲线 1、2 所示。前者由于本身的配位体 OH^-（络合剂）就是活化的，使金属离子和电极之间的电子交换更为容易，故金属析出时几乎没有电化学极化，而后者有明显的电化学极化。又如，当铜以焦磷酸铜络离子 $[Cu(P_2O_7)_2]^{6-}$ 和氰合络离子 $[Cu(CN)_3]^{2-}$ 存在时，两种络离子的 $K_{不稳}$ 常数相差很大，分别为 10×10^{-9} 和 2.6×10^{-29}。然而，铜自焦磷酸镀液与氰化物镀液中沉积时，它们的阴极极化却相差不大，如图 2-11 中曲线 3、4 所示。

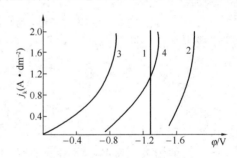

图 2-11 在不同络盐电解液中电沉积时的阴极极化曲线

1—$0.25mol/L Zn+3mol/L KOH（游离）+0.08mol/L Na_2CO_3+0.23g/L Sn（50℃）$；2—$0.5mol/L Zn+4.3mol/L NaCN（总量）（35℃）$；3—$35g/L CuSO_4\cdot5H_2O+140g/L Na_4P_2O_7\cdot10H_2O+95g/L Na_2HPO_4\cdot12H_2O（室温）$；4—$30g/L Cu+2g/L NaCN（游离）（40℃）$

由此可知，选择金属离子的络合剂，只考虑络离子不稳定常数 $K_{不稳}$ 值的大小是不全面的，还必须考虑由原来形态的络合离子转化为活化络合离子及其放电时的活化能。如果进行这些过程所需的活化能较大，阴极电化学极化也就增大，对镀层的晶粒细化有利。但是，这个能量的变化与 $K_{不稳}$ 没有相应关系，即 $K_{不稳}$ 与阴极极化值不存在对应关系。羟基是一种活化的配位体，由它组成的络离子放电容易，至于为什么容易，有与氯离子作为配体时放电容易相类似的原因，认为 OH^- 外电子层容易发生变形，使金属离子和电极之间的电子交换更为容易。

还应指出，由于电极反应的本质是界面反应，则不论络合剂在溶液中与金属离子形成什么样的络离子，络合剂只能通过影响界面上反应粒子的组成，它们在界面上的排列方式及界面反应速度才可能改变金属的电极反应速度。因此，除了考虑络合剂在溶液中的性质外，还必须考虑其界面性质。如前所述，直接参加电子交换反应的粒子是表面络合物，所以，络合剂本身的表面活性就具有重要意义。例如，有一些低氰镀锌配方中，当CN^-的总量很低时，不可能影响溶液中原有的络离子（锌酸盐）的主要存在形式，但存在少量的CN^-时，却能提高极化改善镀层质量。这种事实，只能说明络合剂的表面活性对界面反应发生了影响。

2. 络合物浓度的影响

络合物浓度的影响是表示络合物镀液中的主盐浓度对阴极极化和其他电镀工艺性能的影响，在络合物镀液中的金属和络合剂的相对含量都要满足它们组成的络合比。如果游离络合剂量一定，溶液络合物总量大，必须要含较高的金属浓度。一般来说，在满足络合比时，金属浓度的波动对镀层质量影响不大。但是，在非络合比关系的镀液中，随着金属浓度的降低，阴极极化升高，使镀层结晶变细，同时镀液分散能力和覆盖能力也得到提高。这是因为游离络合剂含量增加，使络离子更趋稳定，向活化络合物（表面络合物）转化困难，从而增大了阴极上的电化学极化。阴极极化升高的不利影响，则是降低阴极电流效率和极限电流密度，使阴极上的金属的沉积速度下降。而金属浓度高，电流效率增加，沉积速度也就大。

3. 游离络合剂浓度的影响

在一切络合物电解液中都必须含有游离的络合剂，即满足与金属络合后的过量络合剂，其作用如下。

（1）使电解液稳定。大多数络盐电解液的配置，总是先生成沉淀，再加入过量络合剂才能生成可溶性络盐，例如

$$CdSO_4 + 2NaCN \longrightarrow Cd(CN)_2 \downarrow + Na_2SO_4$$

$$Cd(CN)_2 \downarrow + 2NaCN \Longleftrightarrow Na_2[Cd(CN)_4]$$

$$[Cd(CN)_4]^{2-} \Longleftrightarrow Cd^{2+} + 4CN^-$$

由此可知，如果没有过量的络合剂，络合物是不稳定的。

（2）促使阳极正常溶解。溶液中有一定游离的络合剂，才能使阳极溶解下来的金属离子络合，且进入溶液内部。若游离量不足，金属离子在阳极区增加，严重时还会造成阳极钝化。

（3）增大阴极极化。当其他条件不变时，随着游离络合剂含量的提高，阴极极化随之增大。因为，游离络合剂含量增加，使络离子更稳定，向活化络合物转化困难，提高了阴极极化。然而，游离络合剂含量过高，将使电流效率和允许电流密度的上限下降，这会降低沉积速度。所以，对一定的电解液来说，游离络合剂的浓度应控制在一定范围内。

2.5.3 有机添加剂对镀层结构的影响

有机物对电沉积的影响几乎是不可避免的。从研究晶体的结构可知，极少量的有机物质就可改变电沉积金属的表面形态和结构，从而影响材料的性质。有时这种浓度可以低到10^{-12}mol/L，即使是很纯净的溶液也难以避免。其次，从电镀的生产实践表明，向镀液中有意加入少量有机添加剂可以取得各种不同的效果，例如使镀层结晶细致、平整、光亮、减小应力和针孔等。所以研究有机物的影响已经成为研究金属电沉积的必要组成部分。

1. 有机物吸附对电沉积过程的影响

各种有机物都具有或多或少的表面活性，从研究电极反应和电镀过程的电化学角度出发，研究有机物对电沉积过程的影响，主要是研究它在电极表面上的吸附和对电极过程中控制步骤的影响。对大多数电沉积过程来说，控制步骤是放电步骤和结晶步骤，所以主要讨论吸附对这两个步骤的影响。其次，由于吸附层之薄，只有分子厚度，即使过程由扩散传质控制，吸附也难以对该过程产生影响，也就是说，有机物的吸附不会表现出对扩散传质控制的电极过程的影响。

为了研究有机添加剂对放电过程的影响，常使用液体滴汞电极，以略去结晶步骤的影响。总的来说，从滴汞电极得到的数据要比固体金属电极上得到的多，所以结果可用于分析金属电极上的放电过程，而要真正说明对电结晶过程的影响，还需要直接从固体电极上取得结果。但由于后者过程复杂，控制实验条件难度较大，很难得到准确结果，所以目前是综合液体和固体电极两方面的实验结果取得的一些初步的结论。

表面活性物质的一般作用原理大致可以分为两类。一类是表面活性物质在电极表面建立了饱和吸附层，从而改变表面反应的活化能，使反应速度下降。在极化曲线上将出现比扩散控制小得多的极限电流，这说明过程既不是电化学步骤控制也不是扩散步骤控制，有新的缓慢步骤出现，对这种阻化作用目前有两种不完善的解释。第一种解释认为，金属离子到达电极表面必须穿过这个吸附层，而吸附层造成的能垒又相当高，以致使金属离子越过能垒放电发生重大困难，此时电极反应的速度是由吸附层控制的，因而出现了很小的极限电流。这种吸附层对电极反应的阻化作用称为"穿透效应"。如果吸附引起的活化能垒高度不足以形成新的控制步骤，那么，阻化作用只表现为电极反应的活化能升高。第二种解释认为，吸附层的主要作用是阻化了表面层中的化学转化速度，从而引起了由化学反应速度决定的极限电流。这种对界面反应的阻化作用又称为"动力效应"。无论是穿透效应还是动力效应，都是由于电极表面发生完整的吸附层造成阻化的结果。图 2-12中的极化曲线出现了电化学控制和扩散控制以外的极限电流，两种表面活性物质的作用比单一物质更为强烈。

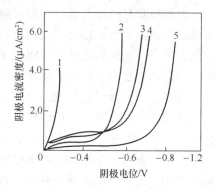

图 2-12 存在表面活性物质的
锡沉积的极化曲线

1—0.125mol/L SnSO$_4$ 溶液；2—加入 5×10^{-3}mol/L 二苯胺；3—10g/L 甲酚磺酸和1g/L 明胶；4—0.05mol/Lα-萘酚和 1g/L 明胶；5—5×10^{-3}mol/Lα-萘酚和 1g/L 明胶

另一类作用是表面活性物质的吸附并没有达到饱和，在电极表面上存在着覆盖和未覆盖的两个部分。表面覆盖度以 θ 表示，未覆盖部分为 $(1-\theta)$。在覆盖的表面上，反应速度常数相当低，一般来说 θ 又不会太大，所以在该部分表面的反应速度是相当低的，与未覆盖部分相比可以忽略不计。因而添加剂的阻化作用表现为减少进行电极反应的表面积，即对一部分表面起了封闭作用，因而使反应速度下降，但没有改变界面反应的过程，这种阻化作用称为"封闭效应"，实际是一种纯几何的考虑。在滴汞电极上研究 Ti^{4+} 还原为 Ti^{3+} 时证明了这一点。

近年研究有机添加剂对金属电沉积的影响发现，某些有机物只在电极表面附近与金属形成一种表面络合物，从而对电极过程起阻化作用。

当金属离子在固体金属电极上还原时（即有结晶步骤存在的条件下），表面活性物质的阻化作用表现在如下几个方面。

首先，仍然是可以改变电荷转移步骤的活化（自由）能。此时吸附有机物的性质和数量可以改变反应速度常数和界面反应的速度控制步骤，甚至会改变反应途径。同样电荷转移的有效面积也可以得到改变。这同上述从滴汞电极得到的许多结论是一致的。

其次，由于电极表面存在吸附离子，到达电极表面的吸附原子沿平面扩散受阻，从而降低了扩散速度。由此导致两种结果，使表面扩散步骤控制增强，或表面吸附原子浓度增大，使二维成核的速度升高。由于成核构成的生长台阶密度增大，台阶之间的距离相应缩短，吸附原子表面扩散路径也缩短，使表面扩散步骤控制程度减弱。以上在固体电极上的这些讨论，仍是以均匀性吸附为基础进行的，而且 $\theta > 0.1$。

事实上，许多添加剂在 $\theta \ll 0.1$ 时就有明显的阻化作用，因而不得不考虑添加剂存在选择性吸附。例如在节点位置上的吸附热比在平面上的要大得多，因此吸附质点在结点上的吸附要比在平面上吸附更容易。据此在电极表面上的生长台阶应该有优先吸附，吸附物在该处的浓度值要大大超过按几何表面计算的平均浓度值。这有可能解释微量杂质对晶体生长的显著影响，但由于反映放电步骤能量关系的电化学参数对这种阻化作用不敏感，要预测生长位置的阻塞效应往往也是有困难的。

根据推测有两种可能，一种可能是由于吸附使棱边（台阶）的自由能下降，从而降低了成核的临界半径，相当于提高生长台阶的活性。从电结晶的成核理论可知，如果成核的表面能下降，成核的临界半径将减小，成核的可能性增大。和二维晶核形成的生长台阶一样，只有达到临界半径以后才有可能继续生长。临界半径减小，说明继续生长的可能性增加，或者说活性台阶数目增多，所以提高了生长台阶的活性。另一种可能则完全相反，吸附粒子可能完全阻塞了生长位置，使台阶间距增大，台阶上的吸附原子浓度升高，促使在台阶间的平面上成核。

最后一种阻化作用表现在吸附物分布不均匀，而覆盖度又比较大的情况下。此时覆盖度的不均匀性常发生在金属开始沉积以后，特别是使用消耗性添加剂的时候。晶体生长将添加剂夹入其中，在电极表面将形成两种区域，阻化剂覆盖度低、生长活性高的区域或阻化剂覆盖高、生长活性低的区域，两种区域沉积规律显然不同。有关晶粒细化的另一种解释，似乎和这种阻化作用有关。表面最初由杂质覆盖，它阻塞生长台阶。当电流接通时，成核作用立即发生，在新成形的晶核上，沉积过程以高速进行。由于结晶生长的结果，阳离子浓度下降和表面扩散厚度加大，因此不能维持局部的高电流密度。电流密度下降将导致添加剂在该部位的相当大程度的覆盖，则妨碍晶体进一步生长。这种现象叫晶体表面中毒。中毒的意义是相对于原来清洁的金属表面而言的。这种过程在远离原来成核部位的其他位置可以重复发生，结果导致晶粒细化。

上述讨论是以表面活性物质在电极上产生吸附为前提的，实际上表面活性物质在电极上吸附是有一定电位范围的，当电位负到一定的数值以后将发生脱附，下面是四类表面活性物质相对于与饱和甘汞电极测出的脱附电位：

有机阴离子(磺酸、脂肪酸)：$-1.0 \sim -1.3V$；中性有机分子(芳香烃、酚)：$-1.0 \sim -1.3V$；中性有机分子(脂肪醇、胺)：$-1.0 \sim -1.5V$；有机阳离子(R_4N^+)：$-1.6 \sim$

−1.8V;多极性基表面活性分子(聚环氧乙烯醚表面活性物质、胶、蛋白胨等):−1.8～−2.0V。

各种表面活性物质对金属电沉积过程的影响总结如下：

（1）脂肪族烃（包括醇、醛、酸）对电极反应有明显的阻化作用，而且可以阻止氢的析出，往往只有当它脱附后才会析出氢气。

（2）有机阳离子除烃基的作用外，还有静电作用，即带正电荷的阳离子对金属离子有排斥作用。一般地说，R 越大，R_4N^+ 的吸附电位越负，阻化作用也更明显。

（3）芳香烃及其衍生物对金属电沉积有一定的阻化作用，但当电极带负电时，这种物质的吸附会使氢气提前析出。

（4）烃基短、极性基团大的（如乙醇、聚乙二醇）对电极反应阻化作用不大，只对一些最慢的反应有一些效果。

（5）表面活性物质吸附层对电沉积过程的影响还同电位有关。例如，对锌这类析出电位较负且电极表面带负电荷的金属，表面活性物质用量较少。

采用有机添加剂来改善沉积层质量的优点是：只需要很小的用量便可收到显著效果，因而成本低；对电解液中的金属离子的化学性质没有影响，废水处理容易。但是，有机添加剂往往夹杂到沉积层中，使沉积层的脆性增大，抗变色能力减弱等。这些弱点使添加剂的使用在某些方面受到限制。

2. 有机添加剂的整平作用

有机添加剂对电极过程的阻化作用在实际应用中还表现为对原有电极（基体）整平。在电镀中能起整平作用的添加剂被称为整平剂。如果用三角波穴来表示原有电极表面凹凸不平的粗糙程度的话，整平讨论的范围只限于波穴深度 $d < 0.5mm$ 的粗糙表面，如图 2-13 所示。表面粗糙很可能是由零件加工造成的。整平多半也是光亮电镀的一个主要问题。

（1）整平的三种类型。如果用 j 代表金属沉积时电流密度，h 代表沉积层的厚度，d 代表波穴深度，整平之后会有如图 2-14、图 2-15 和图 2-16 的三种结果。

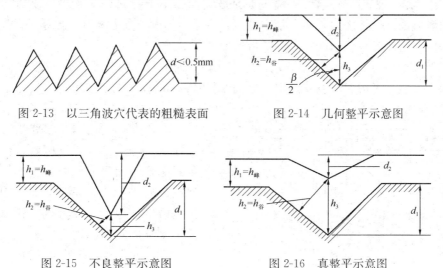

图 2-13　以三角波穴代表的粗糙表面　　　图 2-14　几何整平示意图

图 2-15　不良整平示意图　　　图 2-16　真整平示意图

第一，几何整平，如图 2-14 所示，电沉积的厚度在波峰和波谷处相等，$h_1 = h_2$，电镀后的波穴深度小于电镀前的波穴深度，$d_2 < d_1$，通过电沉积原有的表面得到整平。从几何关系可以得到，波穴底部的镀层厚度

$$h_3 = \frac{h_2}{\sin\left(\frac{\beta}{2}\right)}$$

$h_3 > h_2 = h_1$，整平纯粹由几何因素构成，故称此种条件下的整平为几何整平。几何整平的标志是

$$\frac{h_2}{h_1} = \frac{h_谷}{h_峰} = 1$$

用电流密度表示则为：

$$\frac{j_谷}{j_峰} = 1$$

第二，不良整平，如图2-15所示，在波峰处沉积层的厚度大于波谷处沉积层的厚度，$h_峰 > h_谷(h_1 > h_2)$，所以 $d_2 > d_1$。通过电沉积表面波穴深度加大，这种结果为不良整平。为了和几何整平的表示取得一致，不良整平的标志是

$$\frac{h_谷}{h_峰} = \frac{j_谷}{j_峰} < 1$$

不良整平主要出现在电极过程受扩散控制而溶液又不含整平剂的情况下。

第三，真整平，如图2-16所示，波峰处沉积层的厚度小于波谷处沉积层的厚度，$h_峰 < h_谷(h_1 < h_2)$，以致 h_3 比 $h_峰$ 大很多，最后构成 d_2 远小于 d_1，电镀后表面得到很好的整平，因此也称真整平，真整平的标志是

$$\frac{h_谷}{h_峰} = \frac{j_谷}{j_峰} > 1$$

这种整平主要出现在电极过程为电化学步骤控制，且溶液中含有整平剂的情况。加入整平剂的目的是为了获得真整平的效果。

(2) 微观粗糙表面的特点。粗糙表面是波穴深度小于0.5mm，而波穴宽度也不太宽的微观粗糙表面。这种表面有两个基本特点：一是表面电位处处相等；二是扩散层厚度大于波穴深度，造成在波峰和波谷处的扩散层厚度不等。

图2-17是放大了的两个三角波穴及电力线在其周围分布的情况。波穴宽度为 a，并选择距波峰 $a/2$ 处来考虑对应波峰的电位 $\varphi_峰$ 和对应波谷的电位 $\varphi_谷$ 的大小。

$$\varphi_峰 = \varphi_金 + \varphi_{峰液} + 常数$$

$$\varphi_谷 = \varphi_金 + \varphi_{谷液} + 常数$$

如果 $\varphi_谷 - \varphi_峰 \approx 0$，那么 $\varphi_谷 \approx \varphi_峰$，这里仅考虑几何因素的影响。在电极表面的金属电极电位 $\varphi_金$ 是相等的，常数对应同一参比电极电位也应是相等的，所以距电极表面不太大的距离内的电位差，就相当于一个波穴深度距离引起的电位降

$$\varphi_谷 - \varphi_峰 = \varphi_{谷液} - \varphi_{峰液} = \frac{dj_\infty}{k}$$

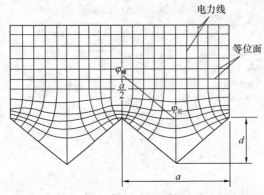

图2-17　三角波穴的初次电流分布

其中 j_∞ 为离开电极表面无限远处的均匀电流密度，事实上距离为波穴宽度的一半时就可以满足电流密度分布均匀的条件。k 为溶液的比电导，当 j_∞ 不太大，而 k 相当大时（这是实际电镀时应满足的条件），d 又很小（这是限定条件），乘积 $\dfrac{dj_\infty}{k}$ 是很小的，$\varphi_谷 - \varphi_峰$ ≈ 0 所以 $\varphi_谷 \approx \varphi_峰$，即得出在微观粗糙表面上各处电位相等的特点。

微观粗糙表面的另一特点是在电极过程受扩散控制时，扩散层的外界不再随表面的凹凸不平而变化，通常扩散层的厚度 δ 要比波穴深度 d 大得多，即 $\delta > d$。在波峰和波谷处扩散层厚度不再相等，即 $\delta_谷 > \delta_峰$。例如在镀镍和酸性镀铜中曾测得 δ 为 0.4mm，而微观粗糙表面的不平度完全可以在几十微米或几微米的范围内。宏观凹凸不平的表面的扩散层是随型面而变化的，扩散层厚度在各点是相同的。扩散层的两种分布如图 2-18（a）和（b）所示。

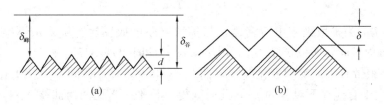

图 2-18　扩散层在电极表面的分布
（a）微观粗糙表面；（b）宏观几何不平表面

根据第二个特点，可以利用旋转圆盘电极研究微观粗糙表面上的电极过程和添加剂的整平作用。当圆盘电极旋转速度提高时，相当于搅拌程度加剧，扩散层变薄，此时通过电极的电流密度相当于处在波峰的情况。旋转速度较低时，相当于搅拌程度下降，扩散层厚度较大，此时通过电极的电流密度相当于处在波谷的情况。对于添加剂在电极表面的吸附量由扩散过程控制时同样适用，而对电化学极化控制的过程，电流密度的变化不受旋转速度的影响。

（3）整平剂的作用机理。研究整平剂的作用，以镀镍为例进行分析。将镀镍溶液分成两组，一组加入有机添加剂丁炔二醇，另一组为瓦特镀镍原液，分别在搅拌与不搅拌的条件下测定它们的极化曲线，如图2-19所示，得出了三种不同类型的整平。

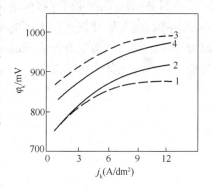

图 2-19　镀镍溶液的极化曲线
曲线 1、3—有搅拌；曲线 2、4—无搅拌

曲线 1 和曲线 2 在电流密度为 2A/dm² 以前基本是重合的，说明搅拌对反应速度无影响，过程由电化学极化控制。在同一电位下，$j_峰$ 与 $j_谷$ 相等，满足几何整平条件。用电化学极化方程也可做简单的验证：

$$\eta_谷 = \varphi_平 - \varphi_谷 = \frac{RT}{\alpha nF} \ln \frac{j_谷}{j^0}$$

$$\eta_峰 = \varphi_平 - \varphi_峰 = \frac{RT}{\alpha nF} \ln \frac{j_峰}{j^0}$$

由于 $\varphi_谷 = \varphi_峰$，有 $\eta_谷 = \eta_峰$，j^0 是常数，所以 $j_谷$ 必然等于 $j_峰$，即 $\dfrac{j_谷}{j_峰} = 1$。

当电流密度大于 $3A/dm^2$ 以后，曲线不再重合，说明搅拌反应速度升高，过程由浓差极化控制。在同一电位下 $j_峰 > j_谷$ 与不良整平条件对应。根据浓差极化方程有：

$$\eta_谷 = \varphi_平 - \varphi_谷 = \frac{RT}{\alpha nF}\ln\left(1 - \frac{j_谷}{j_{谷极}}\right)$$

$$\eta_峰 = \varphi_平 - \varphi_峰 = \frac{RT}{\alpha nF}\ln\left(1 - \frac{j_峰}{j_{峰极}}\right)$$

由于 $\varphi_谷 = \varphi_峰$，$\eta_谷 = \eta_峰$，所以

$$\frac{j_谷}{j_{谷极}} = \frac{j_峰}{j_{峰极}}$$

其中，$j_{谷极}$ 和 $j_{峰极}$ 为扩散极限电流密度，与扩散层厚度成反比。$j_极 = nFKC^0/\delta$，由于 $\delta_谷 > \delta_峰$，其余各项相同，所以 $j_{谷极} < j_{峰极}$，$j_谷 < j_峰$，此时出现不良整平。

观察另一组带有添加剂的极化曲线（曲线 3 和曲线 4），在同一电位下，溶液无搅拌时对应的 $j_谷$ 大于有搅拌下对应的 $j_峰$，此时获得真整平。对比两组曲线表明，不论搅拌与否，加入添加剂的结果使过程的极化升高和反应速度下降，添加剂对电极反应起阻化作用。如果金属离子的沉积速度受扩散控制，添加剂在电极表面上的吸附虽然对过程起阻化作用，但阻化不是慢步骤，将不会表现为反应速度下降。实验测定结果表明反应速度下降，说明金属离子的沉积过程由电化学极化控制。同样加入添加剂，搅拌会使反应速度进一步下降，说明添加剂到达表面的吸附量受扩散控制。搅拌条件对应波峰处，此处扩散层厚度小，添加剂扩散到电极表面的量大。同理，不搅拌条件下对应的波谷处添加剂的吸附量应是小的。如果用覆盖度 θ 示添加剂的吸附量，则 $\theta_谷 < \theta_峰$，根据电化学极化方程：

$$\eta_谷 = \varphi_平 - \varphi_谷 = \frac{RT}{\alpha nF}\ln\frac{\dfrac{j_谷}{1-\theta_谷}}{j^0}$$

$$\eta_峰 = \varphi_平 - \varphi_峰 = \frac{RT}{\alpha nF}\ln\frac{\dfrac{j_峰}{1-\theta_峰}}{j^0}$$

其中 $\dfrac{j_谷}{(1-\theta_谷)}$ 和 $\dfrac{j_峰}{(1-\theta_峰)}$ 是反应表面的真实电流密度，$j_谷$ 和 $j_峰$ 是波谷和波峰处的表观电流密度。由于反应历程并没有改变，所以 j^0 在波峰和波谷处是相同的。由于 $\varphi_谷 = \varphi_峰$，真实电流密度相等，则

$$\frac{j_谷}{1-\theta_谷} = \frac{j_峰}{1-\theta_峰}$$

$$\frac{j_谷}{j_峰} = \frac{1-\theta_谷}{1-\theta_峰}$$

因 $\theta_谷 < \theta_峰$，$\dfrac{1-\theta_谷}{1-\theta_峰} > 1$，所以，$\dfrac{j_谷}{j_峰} > 1$，这就证明了金属离子沉积受电化学极化控制，添

加剂吸附受扩散控制时，电沉积出现真整平。同时还可以进一步考虑到，整平剂应该是消耗性的，以造成电极表面的浓度梯度，形成添加剂的扩散控制。

（4）整平能力的测定。为了比较镀液的整平能力，曾提出过许多测试方法和计算公式，每一种方法都有不同的优缺点，以下介绍的是常用的几种。

第一，旋转圆盘电极法。旋转圆盘电极的转数（ω）与扩散层厚度（δ）有以下关系：

$$\delta = 1.62D^{1/3} \cdot V^{1/6} \cdot \omega^{-1/2}$$

式中，D 为扩散系数，V 为液体的动力黏度系数。当转速加大，ω 增高，δ 减小，相当波峰处；当转速减小，ω 值降低，δ 值增大，相当波谷处。所以用改变电极的转速可以模拟微观粗糙表面的峰和谷。又根据旋转电极上极限扩散电流的密度的表达式：

$$j_L = 0.62nFD^{2/3} \cdot V^{-1/6} \cdot \omega^{1/2} \cdot C^0$$

可知，j_L 与 $\sqrt{\omega}$ 成正比。这样可以在一定阴极电位下测定极限电流密度随旋转速度的变化，来表达电流在波峰与波谷处的分布，并判断整平能力，如图 2-20 所示。曲线 1，电流密度与转速无关，表示 $j_谷 = j_峰$，为几何平整。曲线 2，电流密度随转速升高而升高，$j_谷 < j_峰$，为不良平整。曲线 3 表示 $j_谷 > j_峰$ 为真平整。如果曲线 3 的斜率加大，说明真平整能力加强。这种测试方法比较简单，因没有考

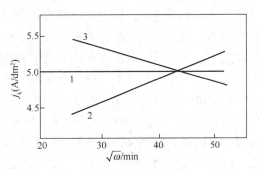

图 2-20　恒电位下电流与转速的关系

虑电流效率的影响，与金属分布的情况有一定的差距，但能够快速、定性地选择整平剂，同时还能给出整平剂的最佳含量。

第二，阳极溶解法。从前面的内容已知，整平能力是与电流密度有关的，为了真实地反映出一定电流密度下镀液的整平能力，应将阴极在恒电量下沉积，然后在阳极下溶解，

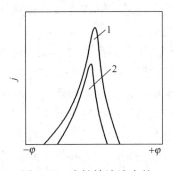

图 2-21　在镀镍溶液中的
阳极溶出曲线

1—静止；2—1000r/min

阴极沉积的金属可用阳极扫描时的阳极溶解峰面积来衡量，以此测定整平能力。采用旋转圆盘电极测定，阳极溶解时电位从 $\varphi_平$ 正电位扫描，速度为 10mV/s，用 $x-y$ 记录仪记下 $j-\varphi$ 线，如图 2-21 所示。用求积仪分别测量溶出峰时的阳极溶解峰面积，设 A_s 为电极静止时的阳极溶解峰面积，相当于波谷处金属的沉积量；A_τ 为电极旋转时的阳极溶解峰面积，相当于波峰处金属的沉积量，则整平能力可以用如下公式表达：

$$L = \frac{A_s - A_\tau}{A_s} \times 100\%$$

式中，L 为镀液整平能力。

如果能够测出金属阳极溶解时的电量，以 Q_s 示电极静止时阳极溶出的电量，Q_τ 示电极旋转时金属阳极溶出的电量，整平能力（L）也可以用如下公式表达：

$$L = \frac{Q_s - Q_\tau}{Q_s} \times 100\%$$

第三，金相法。用直径为 $0.1 \sim 0.2\text{mm}$ 的铜丝，在直径为 5mm 的铜棒上紧密地绕成

螺旋形作为试样,经电镀后将试样通过圆心剖开,界面呈正弦波形,出现波峰和波谷状,用显微镜观察能观察到金属的真实分布。这种制作方法比较复杂,但能直接评定整平效果。

3. 有机添加剂的增光效果

有机添加剂的增光作用是与整平作用和晶粒细化作用完全不同的另一种作用。镀层光亮度的概念一直比较模糊,长期以来停留在定性的观察上,也缺乏用确切的物理量来度量,以致于常常得出一些相互矛盾的结果和不恰当的结论。直到给光亮度以比较准确的定义后才得出明确的结论。如果运用镜面反射原理,以反射角等于入射角方向上的反射光强度来衡量光亮度的话,显然理想的平表面反射光最强。因为一旦表面变粗糙,将使入射光发生散射,使反射光强度下降。根据反射原理,当表面不规则(指表面粗糙程度)的数量小于所用的辐射波长,反射光中没有散射时,实际的表面就可以被认为是光滑的表面,也有人测出了反射光强度与表面粗糙度的定量关系。用电子显微镜观察一个电抛光的表面可以得到,较大的不规则性在表面上已经看不到了,或者说不同的晶面生长的外露面已经看不到了,所以也可以认为它是一个光滑的表面。

造成沉积物表面不光亮的实质是晶体的各个晶面生长速度不同,造成生长面的小晶面化(快生长面变小),导致生长面最后变粗糙。因此,如果表面上存在的不同晶面的生长速度一致的话,表面就会是平滑光亮的。霍尔根据晶面生产速度,对添加剂的增光作用提出了两种可能机理。一种认为,有机物可逆地吸附在电极表面上,形成一个完整的吸附单层。吸附平衡的动力学性质将使吸附层中的孔洞连续形成和消失,而只有在孔洞处才能进行金属的沉积,而孔洞是无序分布的,所以在表面就会获得结晶学上是完全均匀的沉积,不会产生快生长的小晶面,而根据几何整平机理,原来存在的由小晶面造成的粗糙都会逐渐消失,因而起到光亮作用。另一种认为,表面吸附仍然是非均匀性的,在沉积速度较高的活性较大的晶面,可以产生优先吸附。吸附物起阻化作用,而且在较活泼性的表面上起更大的阻化作用,这样在表面不同点的生长速度就会趋于一致。此外,同样可以经过几何整平消除小晶面和微观粗糙度,使沉积物表面达到光亮。

值得提出的是不会由沉积物的晶粒细化而使其表面增光,同样也不会因为形成织构而使光泽消失,这些都是增光过程的伴随现象。根据有机表面活性物质对电沉积过程的影响,光亮剂作为一种有机物,在强阻化条件下会使形核速度增加,也就是说增光的同时会伴随着晶粒的细化,但如果不能达到各晶面生长速度的一致,则不能取得增光效果,因此认为晶粒细化可以增光是不正确的。织构出现使光亮度下降是由于在生长过程中某些晶面生长速度高,造成晶体的择优取向,必然有小晶面形成使表面失去光泽。光亮度下降仍然是由生长速度不均匀造成的,不是择优取向形成的织构现象造成的。事实上在表面只有一个晶面的光滑单晶上,或者在优先取向非常强的表面上都可以得到光亮沉积,因为它们满足均匀生长的条件,所以只要满足生长条件的均匀一致,在单晶光滑表面与在强织构、没有任何优先取向情况下沉积,都可以得到光亮镀层。相反在一个多晶抛光的基体上,由于生长速度不均匀,镀层表面可以变暗。变暗的时间与结构上出现优先取向和出现某些晶面的优先生长的电流密度相对应。

光亮和整平的作用也是不同的,大量实验表明,整平的扩散控制机理对增光是不适用的,即在结晶学上不起作用,许多光亮剂对整平毫无效果而仅仅是增光。还发现不少有机物作为光亮剂和整平剂使用时浓度完全不同，所以整平和增光虽然都使原来粗糙的表面得以整平，但原有粗糙度的物理本质是完全不同的，整平的方式和机理也不同。

目前，用有机添加剂获取光亮镀层的镀种主要是镀镍、镀铜、镀锡，其中镀镍有更长的历史，光泽镀锌和镀银也有大量的研究报道和部分应用。总之，采用有机添加剂是获取光亮装饰镀层的一条有效途径。

2.6 电解规范对沉积层结构的影响

除电解液组成影响镀层性能之外，电解规范（包括电流密度、温度、搅拌、电流波形等）对镀层结构也有影响，分别叙述如下。

2.6.1 电流密度的影响

对于一定的电解液而言，允许使用的电流密度常存在一个上下限的范围，若超过此范围，获得镀层的质量均不合格。一般总希望允许使用的电流密度范围较宽。

电流密度对镀层结晶的晶粒粗细影响较大。当电流密度低于允许电流密度的下限时，镀层结晶比较粗大。这是由于电流密度低，过电位很小，晶核形成速度很低，只有少数晶体长大所致。随着电流密度增大，过电位增加，当达到允许电流密度的上限时，晶核形成的速度显著增加，镀层结晶细致。在允许的电流密度范围内，镀层结晶均较细，若电流密度超过允许电流密度的上限时，由于阴极附近放电金属离子贫乏，一般在棱角和凸出部位放电，出现结瘤或枝状结晶（枝晶）。如果电流密度继续升高，由于析氢使阴极区 pH 值升高，将形成碱式盐或氢氧化物，这些物质在阴极吸附或夹杂在镀层中会形成海绵状沉积物。

各种电解液都有最适宜的电流密度范围。电流密度范围视电解液的性质、主盐浓度、主盐和络合剂的比例、添加剂的性质和浓度、pH 值、缓冲剂的浓度、温度和搅拌而定。一般地说，主盐浓度增加，pH 值降低（对弱酸电解液），温度升高，搅拌强度增加，允许电流密度的上限增大。

2.6.2 温度的影响

电解液的温度对金属沉积层的影响比较复杂，因为温度的变化将使电解液的电导、离子活度、溶液黏度、金属和氢析出的过电位等发生变化。但是，升高温度会降低阴极极化，促使形成粗晶的镀层。阴极极化降低的原因是：

（1）温度升高增大了离子扩散速度导致浓差极化降低；

（2）由于温度升高，使放电离子具有更大的活化能，因而降低了电化学极化。特别是有表面活性物质的电解液，肯定会使金属析出过电位减小，对获得细晶的镀层不利。然而，任何事物都是一分为二的，生产中有的电解液要求加温作业，其目的是：增加盐类的溶解度以防止阳极钝化；增加导电性以改善电解液的分散能力；减少镀层的渗氢量和强化生产等。只要我们把握了有关参数之间的内在联系，升高温度还是有利的。比如，升高温度使阴极极化下降，但是，提高了电流密度，仍能维持原有的极化值，这就提高了生产效率。

对于大多数碱性络盐电解液（锡酸盐镀锡除外）在较高的温度下容易使其中的某些组分发生变化，以致造成溶液组成不稳定，所以温度一般不超过40℃。

2.6.3 搅拌的影响

现代电镀工艺几乎都采用搅拌，只是搅拌方式不同而已。采用搅拌的主要目的是：提高允许电流密度上限，强化生产过程。根据极限电流密度的公式可知，极限电流密度与扩散层厚度（δ）成反比。而δ受搅拌影响很大，不搅拌时δ约为0.1～0.5mm；若电极上有大量气体析出，δ约为0.01～0.05mm；若激烈搅拌，δ约为0.05～0.001mm。由此可见，搅拌可使扩散层厚度降低1～2个数量级，极限电流密度可以提高1～2个数量级，即允许电流密度的上限可以显著提高。

此外，搅拌还可以影响合金镀层的成分。例如，装饰性镀镍铁合金就是典型的例子。镍铁合金镀层中的含铁量随搅拌强度增大而显著增加。利用搅拌强度的不同，可以在同一槽内获得高铁或低铁的合金镀层。

搅拌还开发了新的电镀工艺和方式，比如复合镀和高速电镀。可以毫不夸张地说，没有搅拌就没有复合镀；搅拌使高速电镀变成现实。比如，采用平流法和喷射法使镀液在阴极表面高速流动，电流密度可高达150～450A/dm²，铜、镍、锌的沉积速度可达25～100μm/min。

常用的搅拌方式有阴极移动、空气搅拌和用泵强制循环电解液。这三种方式的应用范围如下。

（1）阴极移动。一般应用在遇空气不稳定的电解液，例如，氰化物电解液、碱性溶液和含有易氧化的低价金属的电解液。氰化物电解液含有氰化钠和氢氧化钠，前者易被空气中的氧氧化，后者遇空气中的CO_2形成Na_2CO_3。低价金属的电解液，如氯化物镀铁等。

阴极移动的强度一般用m/min或次/min表示。常用的是2～5m/min或10～30次/min，移动行程为50～140mm。阴极移动有水平和垂直两种，其中水平移动应用较广。

（2）空气搅拌。一般应用于遇空气溶液组成不变化的电解液，例如光亮镀镍、光亮酸性镀铜等电解液。

空气搅拌的强度比阴极移动大，对允许的电流密度上限的提高也比较显著。空气搅拌的强度用每平方米电解液每分钟多少立方米表示，单位为m³/min·m²。中等程度搅拌，所需压缩空气的压力可按每米深0.16kg/cm²计算。

采用压缩空气搅拌要注意两点：

第一，一定要防止空气带油污，采用三级离心式或隔膜式都能从结构上杜绝油污；

第二，一定要配以连续循环过滤，否则槽底沉渣泛起，与镀层共沉积而使镀层粗糙或产生毛刺。

（3）强制循环电解液。适用范围同空气搅拌，对光亮电镀特别适用，可提高正品率，延长镀液大处理的周期，提高经济效益。

2.6.4 电流波形的影响

随着电子工业的发展，供电镀用电源也发生了很大变化，由长期以来使用的直流发电机变成硅整流电源和可控硅整流电源，直至今天的各种脉冲电源。由于电源产生的电流

（或电压）波形不同，对镀层质量会产生不同的影响，有时影响很大。不同电源提供的电流波形如图 2-22 所示。直流发电机提供稳定平滑的直流。硅整流电源提供单相半波、单相全波、三相全波电流。可控硅整流电源提供随导通角 θ 变化的相控脉动电流。所以除直流发电机给出的直流以外，其他均为脉动电流。

电流波形是通过阴极电位和电流密度的变化来影响阴极沉积过程的，并进一步影响到镀层的组织结构，甚至成分，使镀层性能和外观都发生变化。从考察生产实际发现，铬镀层受电流波形影响较大，平滑的波形可获得光亮细致的镀层，相反，镀层变得灰暗、粗糙。对焦磷酸盐镀铜采用单相半波和全波整流波形，可提高镀层光亮性和阴极使用的电流密度。碱性镀锡受脉动波形影响较大，容易产生针孔。铜-锡合金由于采用脉动电流而提高了合金中铜的含量。其他镀种视溶液不同，有的影响较小，有的影响较大，有的没有影响。脉动电流波形的影响，根据使用的电源和溶液及除电流密度以外的工艺条件做具体考查，以得到准确的结果。

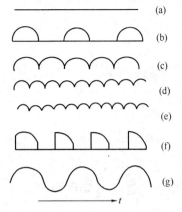

图 2-22 不同电源的电流波形
(a) 平滑直流 脉动率 $\omega=0$；(b) 单相半波整流 $\omega=121\%$；(c) 单相全波整流 $\omega=48\%$；(d) 三相半波整流 $\omega=18\%$；(e) 三相全波整流 $\omega=4.5\%$；(f) 可控硅相控整流 $\omega>0$；(g) 交直流叠加 $0<\omega<\infty$

2.7 析氢对镀层的影响

在大多数的镀液中，阴极上除了金属沉积外，总或多或少地有氢气析出。析氢对电镀过程和镀层性能有很大影响，主要表现在以下几个方面：

（1）使镀层产生孔洞和麻点。阴极析出的氢气泡粘附在阴极表面，阻碍了金属离子在该部位的正常放电。若氢气泡在整个电镀过程中，滞留在一个部位不脱落，那么就会在该处形成孔洞。如果气泡在阴极表面产生周期性的滞留与脱落，那么就会造成镀层的麻点。析氢还会使阴极区的 pH 值升高，这样容易造成氢氧化物的夹杂，导致形成疏松多孔的镀层。

（2）使镀层起泡。在氢气析出时，基体金属表面的裂纹和微孔处，会聚集一定的吸附氢，当周围介质温度升高时，往往因膨胀而产生一种压力，使镀层起泡。

（3）产生"氢脆"。在阴极析氢时，其中有一部分会以原子氢的状态渗入到基体金属和镀层中，使基体金属和镀层韧性下降而变脆。前者以高碳钢、弹性零件、薄壁件为甚，后者以铬镀层为甚。

（4）使零件局部无镀层或镀层不正常。对于形状复杂的镀件，析出的氢气往往会滞留在局部不易排出的"死角"，使该处无镀层。在另外一些情况下，因氢气连绵不断地在同一处析出，遮挡了电流，而形成气流条纹等缺陷。

（5）降低电流效率。阴极氢气析出多了，沉积上去的金属相对减少，因而电流效率下降，延长了电镀时间，降低了生产效率，增加了电能的消耗。

2.8　阳　极　过　程

在电镀生产中,阴极过程和阳极过程是对互相依存的矛盾。诚然,阴极过程往往是矛盾的主要方面,相关研究工作也较多。但阳极过程常常由于缺乏足够的重视而引起电镀故障,值得注意。

阳极的作用主要是组成电镀的电流回路,也可通过其阳极反应补充镀液中被消耗的金属离子。

2.8.1　阳极过程的特点

在电镀过程中,逐步升高电压,阳极电位也逐渐升高,我们可以设法消除阴极电位变化的影响,而得到如图 2-23 所示的阳极极化曲线。开始(AB 段),电流随阳极电位升高而逐渐增大,金属正常的溶解,即阳极处于活化状态。到达 B 点后,电流急剧减小,下降到 C 点,这时升高阳极电位,电流并不增长或增长得很慢,直至达到 D 点,即阳极处于钝化状态。超过 D 点以后,阳极电流再次随阳极电位升高而逐渐增大,金属的溶解速度重新加快,或者在阳极上发生析氧反应。但在有的阳极过程中,观察不到 DE 段,而 CD 段可以长达几十伏。

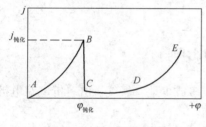

图 2-23　阳极极化曲线

2.8.2　阳极溶解过程

只生成一价金属离子的阳极溶解过程比较简单。如果生成多价金属离子,阳极过程很可能分成若干个单电子步骤进行,其中失去最后一个电子的步骤最慢。这样随着阳极极化增大,中间价态粒子将会积累起来,其浓度显著升高。但是,有时却测不出中间价态粒子。

如果溶液中间价态粒子积累到较高浓度,还可能出现平行的化学反应步骤,如某些活性较高的中间粒子可能被溶液中的组分氧化:

$$M^{(z-1)+} + H^+ \longrightarrow \frac{1}{2}H_2 \uparrow + M^{z+}$$

这时出现两个乍看起来"反常"的现象:金属阳极溶解的电流效率超过 100%,阳极极化时,有氢气放出。

金属阳极的溶解过程也受电解液中阴离子、络合剂和表面活性物质的影响。如果阴离子能与金属表面原子生成同晶格结合较弱的表面络合物(与水分子形成的表面络合物相比)则有利于金属溶解,如果生成的表面络合物难溶(与水分子形成的表面络合物相比),则由于占据表面位置反而不利于阳极的溶解。也就是说,由于表面位置有限,溶液中同时存在几种阴离子和水分子时,它们竞争吸附,因此,单独存在时有活化作用的几种阴离子,若在一种溶液中同时存在,它们的活化作用并不能加和,与之相反,活化作用较弱的阴离子会减弱活化作用较强的阴离子的效能。在阴离子中,卤素离子对阳极溶解的活化作用最为突出。

关于络合剂和表面活性物质对金属阳极溶解过程的影响研究得不多，一般认为，能使阴极还原过程极化增大的络合剂和表面活性物质，也会增大阳极极化，使阳极溶解比较均匀。

2.8.3　阳极钝化

阳极钝化是一种表面现象，刷洗阳极可以消除钝化就证明了这一点。有人认为，金属溶解时，在表面上生成紧密的、附着性良好的固态产物（成相膜），把金属表面和溶液机械地隔离开来，使金属的溶解速度显著降低，导致金属钝化。另一些人认为，只要在金属表面或部分表面上生成氧和含氧粒子的吸附层，改变了金属/溶液界面的结构，就可以导致金属的钝化。可以认为，金属钝化时，先形成第一层"氧层"，然后再继续成长出较厚的致密氧化层（成相膜），进一步阻止阳极的溶解。

研究电镀过程的阳极钝化现象，有很重要的实际意义。在一些情况下，例如硫酸盐电解液中镀镍，要尽量避免出现阳极钝化现象。此时，一方面需要减小钝化因素，比如降低电流密度等；另一方面可以采用活化措施，例如在镀镍电解液中加入含氯离子的物质等。但是在另外一些场合下，则希望阳极过程是在钝态存在下进行。例如，在碱性镀液中镀锡时，为了避免阳极以二价锡的形态正常溶解，必须使阳极转化为钝态，从而创造出四价锡的溶解条件，以利于阴极沉积出致密镀层。

2.8.4　阳极的类型

阳极主要分两类，即可溶性和不溶性阳极。它们的阳极反应情况和使用方法各不相同，现分述如下：

1. 可溶性阳极

这类电极主要发生金属本身失电子的氧化反应，并从阳极溶解下来成为金属离子，如铜阳极：

$$Cu - 2e \longrightarrow Cu^{2+}$$

但在阳极也可能伴随发生其他电极副反应，例如发生析氧反应。在中性或碱性镀液中反应为：

$$4OH^- - 4e \longrightarrow O_2 \uparrow + 2H_2O$$

在强酸性溶液中，反应为：

$$2H_2O - 4e \longrightarrow 4H^+ + O_2 \uparrow$$

某些情况下还有 Cl^- 放电生成氯气，有机物在阳极的氧化，低价金属离子氧化为高价金属离子等。因此阳极也存在电流效率问题。

当采用可溶性阳极时，最理想的情况是，阴极沉积析出多少金属，阳极也溶解等量的金属，以维持镀液中金属离子浓度，使其处于最佳状态。同时要求在通电情况下能平滑而均匀地溶解，溶解过程中形成的阳极泥非常少；阳极金属的纯度较高，且经济性又比较好。通常情况下阳极电流效率与阴极电流效率不会完全相等，且允许的电流密度也不相等，因而往往要规定阴阳极面积比，以维持槽液成分的平稳。

制备阳极的方式也很重要。铸造制成的阳极，一般在槽液中容易带入铸模的剥蚀产物，同时粗大的晶粒结构也会引起不均匀溶解。轧制加工成的阳极比较好，这种加工方式可以消除孔隙，使金属结构变得紧密均匀，有利于阳极平滑均匀地溶解。

2. 不溶性阳极

不溶性阳极除在无法加工得到可溶性阳极的情况下采用外，当阴极电流效率明显低于阳极电流效率时也采用。例如氰化镀锌中常在槽液中锌离子浓度升高时，采用不溶性铁阳极与锌阳极搭配，使阳极的平均电流效率与阴极电流效率基本相等。有时合金电镀中也采用不溶性阳极，以调节两种金属在溶液中的浓度比。

电镀中采用不溶性阳极最典型的例子是铬酸镀铬中的铅阳极。这既因为铬性脆无法加工，也因铬阳极溶解的电流效率显然高于效率极低的阴极镀铬。铅纯度可达 99.9%，由于铅较软，为了加工成一定形状的阳极，常向其中加入合金元素锡、锑和银等，一般为 6%～7% 左右。铅阳极一般先电解，以形成稳定的、导电的棕色过氧化铅（PbO_2）膜。处理溶液为稀硫酸，阳极电流密度为 $10\sim50A/dm^2$，时间几分钟。在大多数电镀工艺中，都以阳极能否形成 PbO_2 作为阳极能否正常工作的判断标准。

使用不溶性阳极能长期保证阳极的形状不变，一则对象形阳极有利，二则阴阳极间距易控制。不溶性阳极的缺点是不能补充溶液中消耗的金属离子，而使镀液成分不断变化，因此，必须定期向溶液中补充金属离子。

为了最充分地利用阳极金属，使阳极电流合理地分布，阳极的形状也很重要，根据需要可以采用板状、棒状、椭球状，甚至球状阳极。利用的方式可以是整体的，也可以是可拆卸的，甚至用钛金属篮盛阳极金属碎块的形式加以利用。

复习思考题

1. 金属离子沉积的热力学条件是什么？分析金属离子在水溶液中沉积的可能性。

2. 电镀溶液的组成及作用是什么？

3. 分析单盐和络盐镀液的电化学性质的基本区别。

4. 金属电沉积包括哪几个基本步骤？说明其物理意义。

5. 单盐镀液的极化特征如何？铁族金属的镀液通常是不用络盐的，为什么？

6. 以反应方程说明单盐镀液中水化金属离子沉积的电极反应。

7. 络合物镀液的极化特征如何？金属沉积的电极反应是什么？参与放电的络离子为什么是配位数较低的，而不是在溶液中稳定存在的配位数较高的离子？

8. 电结晶过程有几种可能的方式？

9. 试述原子晶面的继续生长的可能途径。

10. 说明形核理论成立的条件及形核理论的基本观点。

11. 电结晶的形核几率和阴极过电位有什么关系？这种关系是怎样得来的？

12. 简述螺旋位错生长机理。

13. 从不同晶面的沉积速度、外延生长、织构等概念，说明镀层生长的基本规律及组织状态。

14. 镀层组织结构与其性能有何关系？

15. 电解液对沉积层结构是如何影响的？

16. 有机物对镀层质量有什么有利和不利影响？

17. 电解规范对沉积层结构是如何影响的？

18. 说明析氢对镀层的影响。

19. 说明阳极过程的溶解与钝化、阳极的类型。

3 电解液的分散能力

3.1 基本概念

在电镀生产实践中，金属镀层的厚度、均匀性和完整性是检查镀层质量的重要指标之一，因为镀层的防护性能、孔隙率等都与镀层厚度有直接关系。特别是阳极性镀层，随着厚度的增加，镀层的防护性能也随之提高。如果镀层厚度不均匀，往往在最薄的地方首先破坏，其余部位镀层再厚也会失去保护作用。

镀层厚度的均匀性取决于电解液本身的性能和电解规范。一般来说，氰化物等络合物电解液的镀层厚度均匀性最好，简单盐电解液的次之，镀铬电解液的最差。为什么电解液的类型不同，会造成镀层厚度分布均匀性的差别呢？

根据法拉第定律，镀层厚度的计算公式如下：

$$\delta = \frac{j_k A_k t E}{\rho}$$

式中，δ 为镀层厚度；j_k 为阴极电流密度；A_k 为阴极电流效率；t 为电镀时间；E 为镀层金属的电化当量；ρ 为镀层金属的密度。

由上式可知，对于一定的电极反应，镀层金属的电化当量 E 和密度 ρ 都是常数。因此，当通电时间一定时，镀层厚度只与电流密度和电流效率有关。众所周知，电极上各部位的电流密度并非均匀分布，而且绝大部分电解液的阴极电流效率都随电流密度的变化而变化。因此，可以断言，零部件表面上镀层厚度的分布也一定是不均匀的。它依赖于电流密度的分布以及电流效率随电流密度的变化关系。

为了评定金属或电流在阴极表面的分布情况，在电镀工艺中，人们常采用"分散能力"这一术语。所谓分散能力（或均镀能力），就是电解液使零件表面镀层厚度均匀分布的能力。若镀层在阴极表面分布比较均匀，就认为这种电解液具有良好的分散能力；反之，分散能力就比较差。

另外，在电镀工艺中还常用另一个术语叫做"覆盖能力"（或深镀能力），所谓覆盖能力，就是电解液使零件深凹处沉积金属镀层的能力。

这两个概念不要混淆起来。分散能力是说明金属在阴极表面上分布均匀程度的问题，而覆盖能力是指金属在阴极表面深凹处有无的问题。只要在零件的各处都有镀层，就认为覆盖能力好，至于厚度均匀与否并没有说明。在实际生产中，由于电解液的分散能力和覆盖能力往往有平行关系，即分散能力好的镀液，其覆盖能力一般也比较好，但也不要把两个概念混淆起来。

3.2 电解液分散能力的数学表达式

为了提出电解液分散能力的数学表达式，首先讨论电流在阴极表面的分布问题。在讨

39

论电流在阴极表面的分布时，采用的电解槽如图 3-1 所示。

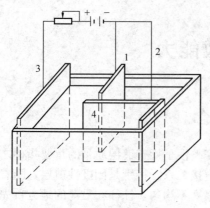

图 3-1　远近阴极电解槽

1—近阴极；2—远阴极；3—阳极；

4—绝缘隔板

当直流电通过电解槽时，遇到三种阻力：

（1）金属电极的欧姆电阻，以 $R_{电极}$ 表示；

（2）电解液的欧姆电阻，以 $R_{电液}$ 表示；

（3）发生在固体电极与电解液（金属/溶液）两相界面上的阻力。这种阻力是由于电化学反应或放电离子扩散过程缓慢引起的，也就是由电化学极化和浓差极化造成的，等效地称为极化电阻，以 $R_{极化}$ 表示。

一般使用较大的电极面积，因此，$R_{电极}$ 可以忽略不计。设加在电解槽上的电压为 U，根据欧姆定理，通过电解槽的电流强度（I）为

$$I = \frac{U}{R_{电液} + R_{极化}}$$

由于金属电极的电阻可以忽略不计，那么在电镀时，阴极上任何一点与阳极间的电压降都相等。也就是近阴极与阳极的电压降和远阴极与阳极的电压降相等。都等于槽压 U。

设通过近阴极的电流强度为 I_1，通过远阴极的电流强度为 I_2；近阴极与阳极间电解液的电阻为 $R_{电液1}$，远阴极与阳极间电解液的电阻为 $R_{电液2}$；近阴极的极化电阻为 $R_{极化1}$，远阴极的极化电阻为 $R_{极化2}$；阳极极化一般忽略不计，则

$$I_1 = \frac{U}{R_{电液1} + R_{极化1}} \tag{3-1}$$

$$I_2 = \frac{U}{R_{电液2} + R_{极化2}} \tag{3-2}$$

所以，在近阴极和远阴极上电流强度之比就可以表示阴极上电流的分布，即

$$\frac{I_1}{I_2} = \frac{\dfrac{U}{R_{电液1} + R_{极化1}}}{\dfrac{U}{R_{电液2} + R_{极化2}}} = \frac{R_{电液2} + R_{极化2}}{R_{电液1} + R_{极化1}} \tag{3-3}$$

因为所采用的近阴极和远阴极的面积相等，故分布在近阴极上的电流强度比就等于电流密度比。若以 j_{k1} 表示近阴极的电流密度，j_{k2} 表示远阴极的电流密度，则

$$\frac{I_1}{I_2} = \frac{j_{k1}}{j_{k2}} = \frac{R_{电液2} + R_{极化2}}{R_{电液1} + R_{极化1}} \tag{3-4}$$

从式（3-4）可以看出，电流在阴极不同部位上的分布与电流到达该部位的总阻力成反比，也就是说，若电流到达该部位受到的阻力大，则分布在该部位的电流就小；反之，电流就大。由此可见，决定电流在阴极上分布的主要因素是电流到达阴极的总阻力，包括电解液的欧姆电阻和电极与溶液两相界面的极化电阻。电解液的欧姆电阻与两相界面的极化电阻是影响电流在阴极上分布的主要矛盾。下面讨论两种电流分布，从而得到电解液分散能力的数学表达式。

3.2.1 初次电流分布

假设阴极极化不存在时的电流分布称为初次电流分布（又称一次电流分布）。此时 $R_{极化} \approx 0$，这种情况出现在通电的瞬间，则

$$\frac{I_1}{I_2} = \frac{j_{k1}}{j_{k2}} = \frac{R_{电液2}}{R_{电液1}} \qquad (3-5)$$

电解液的电阻 $R = \frac{\rho \cdot l}{S}$。由于所采用的远近阴极的截面积 S 相同，电解液相同，则 ρ（电阻率）也相同，所以电解液的电阻只与长度（l）成正比，因此，式（3-5）可写成

$$\frac{I_1}{I_2} = \frac{j_{k1}}{j_{k2}} = \frac{l_2}{l_1} = K \qquad (3-6)$$

式中，l_1，l_2 分别表示阳极与近、远阴极的距离。

可见，当阴极极化不存在时，近阴极和远阴极上的电流密度与它们和阳极的距离成反比。初次电流分布等于两阴极与阳极间距离之比，等于常数 K，这种电流分布是最不均匀的。

初次电流分布只表示由电极几何因素所决定的溶液电阻的影响，但在实际电镀时，电流经过电极会产生很大的电化学极化，极化电阻会改变电流的初次分布。所以初次电流分布只能适合于极化很小的镀液，没有普遍意义。

3.2.2 二次电流分布

阴极极化存在时的电流分布称为二次电流分布（又称实际电流分布）。二次电流分布的表达式如式（3-4）所示。在生产中，不管哪一种电解液，阴极极化总是存在的，因此，二次电流分布比初次电流分布更具现实意义。

现在比较初次电流分布与二次电流分布，从式（3-6）可知，当阴极极化不存在时，近阴极和远阴极上电流强度与它们和阳极的距离成反比，当近阴极与阳极的距离比远阴极与阳极的距离小 K 倍时，电流也就大 K 倍。

当阴极极化存在时，由式（3-4）可见，由于近阴极的电流强度 I_1 比远阴极的电流强度 I_2 大，从一般电化学规律来看，随着电流密度的增加，阴极极化都是增大的，故 $R_{极化1}$ 总是大于 $R_{极化2}$。

比较式（3-4）的分子与分母两项数，虽然 $R_{电液2} > R_{电液1}$，但是由于分子加上一项较小的 $R_{极化2}$，分母加上一项较大的 $R_{极化1}$，使得分子与分母的数值趋于接近，也就使 I_1/I_2 更接近于 1，即 I_2 更接近 I_1。这说明阴极极化存在时电流的分布趋于更均匀，这对得到厚度均匀的镀层具有重要意义。

讨论了初次电流分布和实际电流分布之后，就可以提出分散能力（$T \cdot P$）的数学表达式。通常电解液的分散能力用实际电流分布和初次电流分布的相对偏差来表示。即

$$T \cdot P = \frac{K - \dfrac{I_1}{I_2}}{K} \times 100\% \qquad (3-7)$$

如果电流效率为 100%，I_1/I_2 与沉积金属的重量（M_1 与 M_2）或厚度成正比，即

$$T \cdot P = \frac{K - \dfrac{M_1}{M_2}}{K} \times 100\% \tag{3-8}$$

式（3-8）中，M_1 为近阴极上的沉积金属的重量，M_2 为远阴极上的沉积金属的重量。

虽然提出了分散能力的数学表达式，但是，此表达式没有说明分散能力与极化度和电导率的关系。下面将进一步讨论实际电流分布与极化度、溶液电导率、几何尺寸的关系。

当直流电通过如图 3-1 所示的电解槽时，近、远阴极同阳极间的电压降应该是同一数值，即

$$U = \varphi_A - \varphi_{k1} + I_1 R_1 = \varphi_A - \varphi_{k2} + I_2 R_2$$

由此，得

$$I_1 R_1 - \varphi_{k1} = I_2 R_2 - \varphi_{k2} \tag{3-9}$$

式中，I_1 和 I_2 分别表示近、远阴极的电流强度；R_1 和 R_2 分别表示近、远阴极与阳极间电解液电阻；φ_{k1} 和 φ_{k2} 分别表示近、远阴极的电极电位。

整理式（3-9）得

$$I_1 R_1 = \varphi_{k1} - \varphi_{k2} + I_2 R_2 \tag{3-10}$$

因为 $R = \dfrac{\rho}{l/S}$，并从图 3-2 看出

$$\varphi_{k1} - \varphi_{k2} = \Delta j \cdot \frac{\Delta \varphi}{\Delta j} = (j_1 - j_2) \cdot \frac{\Delta \varphi}{\Delta j}$$

代入式（3-10），得

$$I_1 \frac{l_1}{S} \rho = (j_1 - j_2) \cdot \frac{\Delta \varphi}{\Delta j} + I_2 \frac{l_2}{S} \rho \tag{3-11}$$

由于

$$\frac{I}{S} = j$$

代入式（3-11），得

$$j_1 l_1 \rho - (j_1 - j_2) \cdot \frac{\Delta \varphi}{\Delta j} = j_2 l_2 \rho$$

设 $l_2 = l_1 + \Delta l$，并代入上式得

$$j_1 l_1 \rho - (j_1 - j_2) \cdot \frac{\Delta \varphi}{\Delta j} = j_2 \rho (l_1 + \Delta l)$$

等式经整理后，两边同除 $j_2 \rho$，得

$$\frac{j_1 - j_2}{j_2} \cdot \frac{l_1 \rho - \dfrac{\Delta \varphi}{\Delta j}}{\rho} = \Delta l$$

$$\frac{j_1}{j_2} - 1 = \frac{\Delta l}{l_1 - \dfrac{1}{\rho} \cdot \dfrac{\Delta \varphi}{\Delta j}}$$

因为在阴极极化时，$\Delta\varphi/\Delta j$ 是负值，为了使它取正需加一负号，即

$$\frac{j_1}{j_2} = 1 + \frac{\Delta l}{l_1 + \frac{1}{\rho} \cdot \frac{\Delta\varphi}{\Delta j}} \qquad (3\text{-}12a)$$

或

$$\frac{I_1}{I_2} = 1 + \frac{\Delta l}{l_1 + \frac{1}{\rho} \cdot \frac{\Delta\varphi}{\Delta j}} \qquad (3\text{-}12b)$$

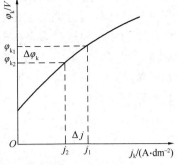

图 3-2 阴极极化曲线

式中，j_1/j_2 或 I_1/I_2 就是阴极的实际电流分布；ρ 为电解液的电阻率；Δl 为远阴极和近阴极与阳极距离之差；$\Delta\varphi/\Delta j$ 为阴极极化度，从图 3-2 可以看出，即为阴极极化曲线的斜率。它的物理意义是当电流通过电极时，阴极电位随电流密度的变化率。当电流改变很小时，阴极电位就移动很大，这就是阴极极化度大；反之，则极化度小。

3.3　影响电流和金属在阴极表面分布的因素

分散能力由实际电流分布与初次电流分布的相对偏差来表示，当实际电流分布 I_1/I_2 趋近于 1，也就是近阴极和远阴极上的电流 I_1 和 I_2 趋近于相等时，分散能力是好的。从式（3-12b）可以看出，要使 $I_1/I_2 \to 1$，就必须使等式右边第二项趋近于零，即

$$\frac{\Delta l}{l_1 + \frac{1}{\rho} \cdot \frac{\Delta\varphi}{\Delta j}} \to 0$$

这就是说，凡是能使这一项趋近于零的因素，都可以使电流在阴极表面均匀分布，从而改善电解液的分散能力，使这一项趋近于零的条件如下：

$\Delta l \to 0$，即 Δl 越小越好；ρ 越小越好，也就是电解液的电阻率要小，电导率要大；$\Delta\varphi/\Delta j$ 要大。l_1 要大，即零件和阳极的距离要尽可能大些。

除上述因素外，还有一些影响分散能力的因素，下面分别予以讨论。

3.3.1　几何因素的影响

几何因素包括电解槽的形式、电极的形状、尺寸及相对位置等。几何因素比较复杂，首先是被镀零件的形状和尺寸是多种多样的，因此研究电流在复杂零件表面的分布也是比较复杂的。其次，当讨论实际电流分布时，我们认为电力线是垂直于电极表面和直线分布的，但实际上的电力线不全是垂直于电极表面的。为了研究几何因素的影响，有必要了解一下电力线的概念和边缘效应。

当一个直流电压加在电解槽的两极上时，电解液中的正负离子在电场作用下就要发生电迁移。我们把在电场作用下离子运动的轨迹形象地称为电力线。当电解槽和电极的形状及它们的相对位置不同时，电力线的分布情况也不同。

实验证明，只有当阳极和阴极平行，电极完全切过电解液时，电力线才互相平行并垂

直于电极表面,此时电流在阴极表面分布就均匀,如图 3-3(a) 所示。当电极平行但不完全切过电解液时,也就是悬在电解液中,电极上下有多余的电解液时,除了有平行的电力线外,电力线还要通过多余的电解液而向电极的边缘集中,如图 3-3(b) 所示。当电极的形式复杂一点时,电力线的分布就更复杂了。如图 3-3(c) 所示,在阴极的边缘和尖端电力线比较集中,也就是在边缘、棱角和尖端处,电流密度就较大,这种现象称为边缘效应或尖端效应。

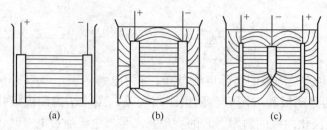

图 3-3　电力线分布示意图

了解电力线分布的特点之后,下面讨论几何因素对电流在阴极表面分布的影响。

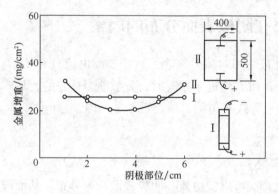

图 3-4　金属在阴极上分布与电解槽尺寸的关系

1. 电解槽的形状

图 3-4 仅仅为两个宽度不同的电解槽,而其他条件(电极尺寸、形状、极间距)都相同时,铜在阴极上的分布曲线。可以看出,用槽 I 时,镀层在阴极上的分布是很均匀的,而用槽 II 时,虽然用式(3-12)的分析,$\Delta l = 0$,但镀层分布不均匀,这是由于在槽 II 中存在着边缘效应,致使阴极两边的电流大,中间的电流小,故阴极两边沉积的金属比中间的多。

在实际生产中,不可能使用像槽 I 那样的电解槽,但根据上述道理,要使电流分布均匀,应将阳极和零件均匀地挂满整个电解槽,而不应该将阳极和零件只挂在电解槽的中间或一边。

2. 远、近阴极与阳极距离之差（Δl）

由式(3-12)可知,当 Δl 趋近于零,也就是说,当 $l_1 \approx l_2$ 时,电流在阴极表面分布就均匀。这说明,当阳极为平板时,零件形状越简单,越接近平面,电流分布就越均匀。在实际生产中,零件形状比较复杂,这就在客观上造成了电流分布不均匀的因素。为了使复杂零件上电流分布均匀,根据 $\Delta l \to 0$ 使电流分布均匀的道理,生产中采用象形阳极。例如,灯罩反射镜镀铬时,如果使用一般的平板阳极 [图 3-5(a)],则 Δl 大,电流分布就很不均匀,甚至在凹处镀不上铬。在这种情况下,就要采用

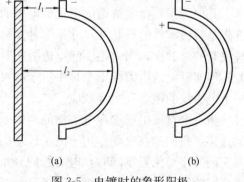

图 3-5　电镀时的象形阳极

象形阳极［图 3-5(b)］，使阳极和零件各处的距离相等，即 $\Delta l \to 0$，这样就可以使电流分布均匀。

但是，应该指出，并非所有在 $\Delta l = 0$ 的情况下，电流分布都一定均匀。如上所述，由于存在边缘效应，即使在平面零件电镀时，往往也是边缘的电流密度大于中间部位的电流密度。为了消除边缘效应，在生产中常采用辅助阴极（图 3-6）。

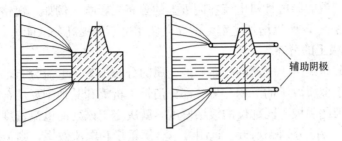

辅助阴极

图 3-6　采用辅助阴极后电力线分布

采用辅助阴极后，使原来在边缘和尖端集中的电力线，大部分分布到辅助阴极上，零件受到保护而不致被"烧焦"。与辅助阴极相类似，还可以采用非金属绝缘材料来保护，在零件的尖端部位放置绝缘板，屏蔽一部分电力线，从而使电流分布均匀。

由上述可知：采用象形阳极是为了解决零件深凹处镀不上镀层的问题，而采用辅助阴极是为了防止尖端或边缘被烧焦的问题，两种方法都可使电流在零件表面分布得较均匀。

3.3.2　电化学因素的影响

除几何因素对电流分布和分散能力有影响外，更重要的是电化学因素的影响，电化学因素包括两个方面：极化度（$\Delta\varphi/\Delta j$）的大小；电解液的电阻率。

1. 极化度对电流分布的影响

极化度是阴极极化随电流密度变化的速度。在阴极极化曲线上反映出来的是极化曲线的斜率。从式（3-12）可以看出，增大极化度，电流分布就均匀。在电镀生产中，氰化物电解液的分散能力都比较高，就是因为氰化物电解液有较高的极化度。为什么极化度高，电流分布就均匀，分散能力就好呢？我们来分析极化度不同的阴极极化曲线。如图 3-7 所示，曲线（Ⅰ）较平坦，斜率小，即极化度小；曲线（Ⅱ）较陡，斜率大，即极化度大。当远近阴极电位差相同，即 $\Delta\varphi_1 = \Delta\varphi_2$，极化度大的电解液（曲线Ⅱ）远近阴极上电流的差值 Δj_2 就比极化度小的电解液（曲线Ⅰ）的电流差值 Δj_1 小，也就是说极化率大的电解液的电流分布均匀，分散能力也好。在这里应特别指出，影响电解液分散能力的是极化度，而不是极化值。

综上所述，要使复杂零件得到厚度均匀的镀层，最主要的途径是采用具有较高极化度的电解液。例如，选择适当的络合剂和添加剂可以达到这一目的。

2. 电解液的电阻率（ρ）

电解液的导电性能对电流分布和分散能力也有较大影响。一般来说，电解液电阻率减小，即电导

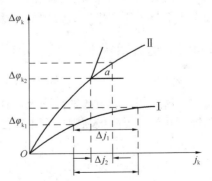

图 3-7　不同斜率的极化曲线

45

率升高，分散能力就增加。这是因为电解液的电阻率降低，远近阴极与阳极间电解液的电压降低，电流分布趋于均匀。所以，在电解液中往往要加入碱金属盐类或铵盐，以提高电解液的导电性能，使分散能力提高。

应该提出，电解液的电阻率和极化度是互相影响的，这可以从式（3-12）看出。只有当电解液的阴极极化度 $\Delta\varphi/\Delta j \neq 0$，增加电解液的导电性，才能改善电流在阴极上的分布。反之，则电解液的导电性对电流在阴极上的分布无影响。例如，镀铬电解液在电流密度较大时，$\Delta\varphi/\Delta j \to 0$，所以增加电解液的导电性，也不能提高分散能力。

3. 金属在阴极上的分布

镀层金属的分布决定于电流的分布，但金属的分布不等于电流分布，因通过阴极的电流，一部分消耗于金属离子的沉积，另一部分消耗于析氢和其他副反应，也就是说存在电流效率的问题。因此阴极不同部位的镀层厚度，就决定于该处的电流密度和电流效率。如用 M_1，M_2 和 A_{k1}，A_{k2} 分别表示近、远阴极上金属重量和电流效率，则金属分布等于电流密度与电流效率的乘积之比，即

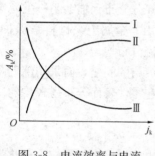

图 3-8　电流效率与电流密度的关系

$$\frac{M_1}{M_2} = \frac{j_1}{j_2}\frac{A_{k1}}{A_{k2}} \qquad (3-13)$$

分析各种镀液电流效率与电流密度的关系，主要存在三种情况：如图 3-8 所示，曲线（Ⅰ），电流效率不随电流密度而改变，$A_{k1}=A_{k2}$，金属分布与实际电流分布相同，电流效率对金属分布没有影响，只有少数镀液如硫酸盐镀铜等是这种类型；曲线（Ⅱ），电流效率随电流密度升高而下降，由于 $j_1>j_2$，而相对应的 $A_{k1}<A_{k2}$，电流效率的这种补偿作用使金属的分布比实际电流分布更均匀，一般络合物镀液都有这样的规律；曲线（Ⅲ），电流效率随电流密度的升高而加大，这种情况会使电流密度高的部位沉积金属更加增多，造成金属的分布比实际电流分布更不均匀，镀铬溶液具有这种特殊规律。

3.4　电解液分散能力的测量

目前测定分散能力的方法及设备很多，而且没有统一的规定，采用不同的方法就会得到不同的数据。因此对不同镀液的分散能力进行比较时，必须固定设备及工艺参数才有意义。以下是科研和生产上常用的方法。

3.4.1　远近阴极法

该法是由哈林（Harjng）和布留姆（Blum）首先提出的，它的原理是在矩形槽中放置两个尺寸相同的金属平板阴极，在两个阴极之间放一个与阴极尺寸相同的带孔的或网状阳极，并使两个阴极与阳极有不同的距离，一般使远阴极和阳极的距离与近阴极和阳极的距离比为 5：1($K=5$) 或 2：1($K=2$)。电镀一定时间后，称取远、近阴极上沉积金属的重量，带入公式，即可求出电解液的分散能力。

测量装置如图 3-9 所示。测量时，设 M_1、M_2 为近、远阴极镀层重量；$M=M_1/M_2$。

用 $T \cdot P$ 表示分散能力的百分数，根据测量数据可用三种不同的计算公式，得出不同的结果，见表 3-1。

表中 $M=1$ 为最均匀的分布，$M=K$ 为最差的情况，相当于初次分布。由于在表 3-1 中公式（1）的形式比较简单，分散能力最好为 100%，若 $M=K$，分散能力为零，表达得清楚，是最常用的计算公式。在极端情况下，即远阴极无镀层时，$M=-\infty$，则 $T \cdot P=-\infty$。所以公式（1）表示分散能力的范围为 100%～$-\infty$。

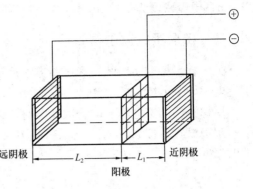

图 3-9 分散能力测量装置示意图

表 3-1 不同公式计算的分散能力

K	M	公式（1） $T \cdot P = \dfrac{K-M}{K-1} \times 100\%$	公式（2） $T \cdot P = \dfrac{K-M}{K} \times 100\%$	公式（3） $T \cdot P = \dfrac{K-M}{K+M-2} \times 100\%$
2	1	100	50	100
2	2	0	0	0
5	1	100	80	100
5	5	0	0	0
数值范围		100%～$-\infty$	80%～$-\infty$	100%～-100%

3.4.2 弯曲阴极法

此法在生产中的应用日益增加，其特点是所用的弯曲阴极和生产中复杂形状的零件相似，可以直接观察到不同受镀面上镀层的外观情况。

测量时，将 174mm×29mm 的轧制软钢片或黄铜片（厚度为 0.2～0.5mm）弯曲成如图 3-10（b）所示的特殊形状的阴极，阳极用与工业电镀相同的材料制成 150mm×50mm×5mm 大小，浸入溶液部分长度为 110mm（相当于进入溶液的面积为 0.55dm²）。实验槽尺寸为 160mm×180mm×120mm，装试液 2.5L。按图 3-10 配置阴极和阳极，以一定电流密度通电一定的时间后，取出阴极，分别测定阴极上 A、B、D、E 四个部位中部镀层的厚度 δ_A、δ_B、δ_D 和 δ_E，然后按式（3-14）计算出分散能力

$$T \cdot P = \frac{\dfrac{\delta_B}{\delta_A} + \dfrac{\delta_D}{\delta_A} + \dfrac{\delta_E}{\delta_A}}{3} \times 100\%$$

$$(3-14)$$

电流密度和通电时间依电解液的性质来选择。一般地，当使用的电流密度为 0.5～1.0A/dm² 时，电镀时间为

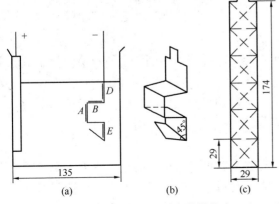

图 3-10 弯曲阴极法测定分散能力

20min；电流密度为 $2A/dm^2$ 时，电镀时间为 15min。

3.4.3 梯形槽（赫尔槽）法

关于梯形槽的实验装置和试验方法后面另有叙述，这里仅简要地介绍用梯形槽实验来测定电解液分散能力的方法。

用梯形槽测定电解液的分散能力时，以某一固定电流将阴极试片电镀一定时间，然后取出阴极试片，按如图 3-11 所示将其中部划分成 8 个方格，分别测出 1～8 号方格中央镀层的厚度 δ_1，δ_2，……，δ_8，按式（3-15）计算电解液的分散能力

$$T \cdot P = \frac{\delta_i}{\delta_1} \times 100\%$$

（3-15）

式中，δ_1 为 1 号方格镀层的厚度；δ_i 为 2～8 号方格中任意一格的镀层厚度，一般常选用 δ_5 来计算。这样求得的分散能力在 0～100% 之间。

另外，可以将镀层厚度值对方格顺序号做分布曲线。这样，由所得的曲线就可直观地看出镀层厚度分布的均匀程度，若曲线与方格顺序号的坐标轴平行，则该电解液的分散能力最好。

试验时，电流强度可在 0.3～3A 内选择，电镀时间可以在 10～15min 内选择。

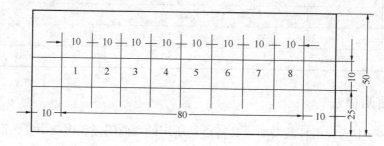

图 3-11　梯形槽测定分散能力的阴极试样图形

3.5 电解液的覆盖能力

覆盖能力是影响电解液的重要性能之一，本节讨论影响覆盖能力的因素及测定方法。

3.5.1 影响覆盖能力的因素

根据结晶原理已知，金属离子能够沉积，阴极电位必须达到一定的数值。由于电流在零件表面分布不均匀，在较低电流密度区的极化值小，以致达不到金属的析出电位，此处就没有镀层，就是说该电解液的覆盖能力不好。影响覆盖能力的因素，一般可归纳为以下几个方面。

1. 电解液本性的影响

金属的析出电位与电解液的组成有关。有些金属可以在很低的电流密度下由某镀液中沉积出来，表明金属沉积的过电位不大，或者说其析出电位较正，这样的镀液其覆盖能力一定很好。反之，则覆盖能力不好。例如镀铬电解液，其中的 CrO_4^{2-} 离子还原为金属铬的

析出电位很低，在被镀零件的凹洼处，由于电流密度较低，该处电位达不到 Cr^{6+} 还原为 Cr 的电位，只能发生 Cr^{6+} 还原为 Cr^{3+} 以及析出氢气的副反应，而无金属铬的沉积，所以，镀铬电解液的覆盖能力极差。另外，对于不同的电解液，阴极上实际电流分布的均匀性不同。实际电流分布均匀性差的电解液，阴极深凹部位的电流密度低，该处电位达不到镀层金属的析出电位，因而没有镀层沉积。

2. 基体材料本性的影响

实践表明，金属在不同基体材料上电沉积时，同一镀液的覆盖能力也差别很大，例如，铬酸溶液镀铬，金属铬在铜、镍、黄铜和钢上沉积时，该镀液的覆盖能力依次递减。这是因为金属离子在不同基体材料上还原沉积时，其过电位的数值有很大差别，过电位小的则析出电位较正，即使在电流密度较低的部位，也能达到其析出电位的数值，因而其覆盖能力较好。基体材料对金属析出过电位与氢的过电位的影响有下列关系（在简单盐溶液中）：

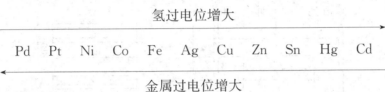

以上顺序并非永远如此，但说明氢过电位越小，金属的过电位越大。如果基体金属很容易析氢，镀层金属就不容易沉积。所以当零件表面含有易析氢的金属杂质时，金属的覆盖能力降低。

3. 基体材料表面状态的影响

基体材料的表面状态对覆盖能力的影响比较复杂，一般来说，同一镀液，其在光洁度高的表面上的覆盖能力要比其在粗糙表面上的覆盖能力好。这是因为光洁度高的表面其真实电流密度高，容易达到金属的析出电位，而粗糙表面，由于真实表面积大，其真实电流密度低，不易达到金属的析出电位，而只有大量析出氢气。另外，如果基体表面镀前处理不良，存在未除净的油膜、各种膜层和污物等，也将妨碍镀层的沉积而使覆盖能力降低。

3.5.2　改善覆盖能力的途径

针对上述影响覆盖能力的因素，可以采取以下措施改善镀液的覆盖能力。

（1）增加冲击电流。冲击电流是指在通电的瞬间，以高于正常施镀电流密度数倍甚至数十倍的大电流通过镀件，造成比较大的阴极极化，在被镀零件表面迅速形成一薄层镀层，将表面全部覆盖，然后再将电流降至正常电流密度值继续电镀。

（2）增加预镀工序。在镀覆正常镀层前，预先在一定组成的镀液中电镀一层薄层镀层，该镀层可以是与正常镀层相同的金属，也可以是正常镀层容易在其上析出的金属层。后一种情况的例子是黄铜件镀铬前的预镀镍层，这是因为铬在金属镍上比在黄铜上更易于沉积的缘故。

（3）加强镀前处理工序。电镀前零件表面油污和各种膜层必须消除干净，并且设法提高表面的光洁度。

3.5.3 覆盖能力的测定方法

电解液的覆盖能力可以用以下几种方法测定，但是，为了对比，只能用同一种方法来测定。

1. 内孔法

用一空心圆管作阴极，吊挂在试验槽中，圆管长度方向与阳极表面垂直，管口距阳极50mm，实验装置如图3-12所示。在槽子中注入试验溶液，以一定的电流密度电镀10～15min，然后将圆管阴极取出，洗净吹干，沿轴向切开，测量管孔中镀层的镀入深度。以深径比（镀入深度与内径之比）来表示试验镀液的覆盖能力。作为阴极的圆管材质，可以是低碳钢、铜或黄铜，内径为10mm，长度为50mm或100mm。阳极使用与工业电镀相同的材料。

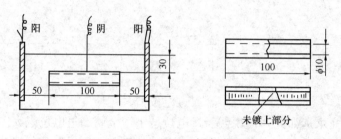

图 3-12　内孔法测覆盖能力示意图

2. 凹穴法

在截面积 25mm×25mm，长为200mm 的长方形金属棒的一个侧面上，按如图3-13所示的尺寸钻10个直径相同而深度不同的孔，孔径为12.5mm，孔深度与孔径比由第一个孔至第十个孔递增，即深径比由10%递增至100%。以此金属棒做阴极，水平悬挂在试验槽中，使带孔的一个侧面平行于阳极表面。以一定的电流密度通电一段时间后，取出阴极，洗净并干燥，观察凹穴槽内表面镀上金属的情况，以评定试验镀液的覆盖能力。如第七个凹穴内全部镀上了镀层而第八个凹穴的内表面只有一部分镀上镀层，将这种情况下试验电解液的覆盖能力定为70%。

3. 直角阴极法

这种方法只适用于覆盖能力较低的电解液，如镀铬、酸性镀锌和镀铜等电解液。

用厚度为 0.2mm 的软钢片或铜片，做成如图3-14（a）所示的尺寸和直角形状的阴极，试验时将其直角面对着阳极而背面涂漆绝缘，直角端与阳极的距离应不小于50mm。阳极为平板，材料与工业电镀相同。按一定的电流密度和时间电镀后，取出阴极，洗净并干燥，然后展平，用带格的有机玻璃板度量有镀层覆盖的面积，以有镀层面积占阴极总面积的百分比表示该电解液的覆盖能力。

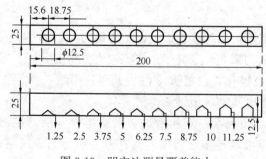

图 3-13　凹穴法测量覆盖能力

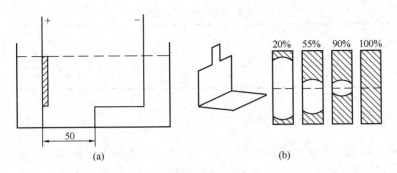

图 3-14　直角阴极法测覆盖能力

3.6　赫尔槽和特纳槽试验

3.6.1　赫尔槽试验的应用

利用电流密度在远近阴极上分布不同的特点，赫尔（Hull）于 1935 年设计了一种平面阴极和平面阳极构成的具有一定斜度的小型电镀试验槽，此槽称为赫尔槽（又称为梯形槽）。赫尔槽操作简单，所需溶液体积少，实验效果好，从一次试验的阴极样板上就可以获得宽广电流密度范围内镀层状况变化的信息，因此，在电镀生产和电镀研究中得到了广泛的应用。赫尔槽试验可以用来简便而迅速地确定外观合格镀层的工艺条件（电流密度、温度、pH 值等）；可用于选择合理的电解液组成；用于研究镀液各种成分和添加剂对镀层质量的影响；用于帮助判断镀液成分和添加剂含量的变化以维持正常生产；用于解决一般化学法难以进行的微量杂质和添加剂的分析；用于帮助分析电镀溶液产生故障的原因；用于测定电解液的某些性能，如分散能力等。尽管在许多方面只能得到定性的结果，但是赫尔槽无论是在电镀新工艺的研究还是在电镀生产操作中，仍具有很重要的实用价值。

3.6.2　赫尔槽的结构

赫尔槽的基本结构如图 3-15 所示，其俯视图形状似一直角梯形，平板阳极和阴极分别沿梯形的直角边和斜边垂直放置，因此，阴极上不同部位与阳极之间的距离，在一定范围内是连续变化的。槽体一般用有机玻璃制造。槽子的尺寸依试验所用溶液的体积不同而不同，试验所用溶液体积虽然有多种，但 1000mL 和 267mL 的两种类型较为常用，而且以 267mL 的一种更为普遍。在我国则常采用 267mL 的赫尔槽而使用 250mL 溶液进行试验，这是为了便于控制镀液中组分的变化，例如在试验槽中某组分每添加 1g，即相当于该组分在镀液中的浓度增加 4g/L。试验溶液为 1000mL 和 267mL 的两种赫尔槽的内部尺寸列于表 3-2 中。

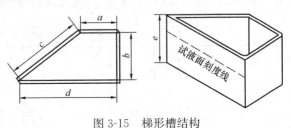

图 3-15　梯形槽结构

表 3-2　赫尔槽的内部尺寸　　　　　　　　　　　　　　　　mm

规格	a	b	c	d	e
267mL	48	64	102	127	65
1000mL	119	86	127	213	85

3.6.3　赫尔槽阴极上的电流分布

前已述及，赫尔槽阴极上各部位到阳极的距离是不相同的，因而阴极上各个部位的电流密度也应该是不相同的。实际上由实验测定发现，距离阳极最近的一端（称为近端）的阴极上电流密度最大，而距离阳极最远的阴极一端（称为远端）上的电流密度最小，从阴极的近端到远端，电流密度以某种曲线的形状分布，如图 3-16 所示。

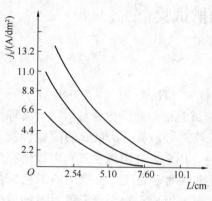

图 3-16　梯形槽阴极上电流密度
的分布曲线

根据图 3-16 所示曲线可以看出，赫尔槽阴极上电流密度的分布符合以下数学表达式所表示的对数关系：

$$j_k = I(C_1 - C_2 \lg L) \tag{3-16}$$

式中，j_k 为阴极上某点的电流密度（A/dm²）；I 为通过赫尔槽的试验电流（A）；L 为阴极上某点至阴极近端的距离（cm）；C_1、C_2 为与电解液性质有关的常数。为了求出式（3-16）中的常数 C_1 和 C_2，可通过对酸性镀铜、酸性镀镍、氰化物镀锌和氰化物镀镉 4 种常用电解液的实验测定，由在不同试验电流强度下所得结果的平均值而得到 C_1 和 C_2。对于不同类型的赫尔槽这两个常数值也不同。将它们分别代入式（3-13）中而分别得到不同类型赫尔槽阴极上电流密度分布的经验公式，即

$$267\text{mL 槽} \quad j_k = I(5.1019 - 5.2401 \lg L) \tag{3-17}$$

$$1000\text{mL 槽} \quad j_k = I(3.2557 - 3.0451 \lg L) \tag{3-18}$$

由于我国进行赫尔槽试验时，是用 250mL 溶液置于 267mL 槽中，按式（3-17）计算得到 j_k 值还应该再乘以一个校正系数 267/250＝1.0680，则

$$250\text{mL 槽} \quad j_k = 1.0680 I(5.1019 - 5.2401 \lg L) \tag{3-19}$$

由于种种原因，靠近阴极两端的电流密度分布是不规则的，因而式（3-19）只是在 L＝0.635～8.255cm 范围内才适用。为了方便应用，把装有 250mL 溶液赫尔槽于不同电流时阴极上各点的电流密度计算出来，列于表 3-3 中。对于不同的电解液，由于其电导、极化度等性能有差异，故上述计算得到的电流密度值只是近似的。

表 3-3　250mL 赫尔槽阴极上的电流密度分布

I/A ＼ $j_k/(\text{A/dm}^2)$ ＼ L/cm	1	2	3	4	5	6	7	8	9
1	5.45	3.74	2.78	2.08	1.54	1.09	0.27	0.40	0.11

I/A \ j_k/(A/dm²) \ L/cm	1	2	3	4	5	6	7	8	9
2	10.90	7.48	4.17	4.17	3.08	2.18	1.43	0.79	0.21
3	16.31	11.21	6.25	6.25	4.61	3.27	2.15	1.19	0.32
4	21.79	14.95	11.11	8.33	6.15	4.36	2.86	1.58	0.43
5	27.33	18.69	13.88	11.11	7.69	5.45	3.58	1.98	0.53

3.6.4 赫尔槽试验

1. 试验溶液

为了获得正确的试验结果，试验溶液应有代表性，取样时应充分混合。对于大槽中体积很大的镀液，混合有困难或不允许搅拌时，可用移液管在镀槽的不同部位按分析取样的方法吸取溶液，经充分搅拌混合后再注入赫尔槽中进行试验。当使用不溶性阳极进行试验时，每槽试液经 1~2 次试验后，应更换新液。若试验是用可溶性阳极来进行时，每槽试液最多经 6~8 次试验后也应该更换。当测试有机添加剂或微量杂质对镀层质量的影响时，每槽试验液试验的次数更应该少一些，最好每次都用新试液进行，这样，就不至因添加剂或杂质浓度的明显变化而影响试验结果。

2. 电极尺寸及其材料

赫尔槽的阳极和阴极均为长方形薄板。对于 250mL 槽阳极尺寸为 （68×70）mm，其厚度为 3~5mm，若阳极易钝化时，则可用几何厚度不大于 5mm 的瓦楞形或网状阳极。阳极所用材料与电镀生产中所用相同。阴极试片的尺寸为 （100×70）mm，厚度为 0.25~1.0mm。试片的非工作表面需涂漆绝缘。阴极试片所用的材料视试验的要求而定，一般采用冷轧钢板、镀锌铁皮、铜或黄铜片等。试片必须平整光洁。

1000mL 试验赫尔槽，其阳极和阴极的材料及厚度跟 250mL 槽所用的相同，而尺寸分别为 （85×90）mm 和 （125×90）mm。

3. 试验工艺规范

赫尔槽试验所用的电流取决于试验电解液的性能。若溶液允许的电流密度上限较高，则试验电流可选用大些；反之，则选用小一些的试验电流。对于大多数的电解液，可选用的电流均在 0.5~3A 的范围。对光亮电镀溶液可选用上限；对装饰性镀铬电解液，试验电流应更高些，例如可选用 5A；对镀硬铬电解液应该选用更高的试验电流，例如 5~10A。

通电电镀的试验时间，通常在 5~10min 范围内，试验电流大的则试验时间应该短一些，而对某一些镀液则可再延长一些。但是，为了便于比较，要比较的同类试液的试验时间必须相同。

试验温度应该与试验目的所涉及溶液的温度相同，一般可用恒温槽来控制赫尔槽中的溶液温度。但对于使用大电流的试验，由于溶液电阻产生的热量容易使试液温度迅速上升，而有机玻璃的槽壁又不利于传热，这时可用改良型的赫尔槽，置于恒温槽控制下的较大体积试验溶液中进行试验。改良型赫尔槽与正常赫尔槽的尺寸完全相同，只是在短的侧壁上钻4个孔，在长的侧壁上钻6个孔，孔径为12.5mm。

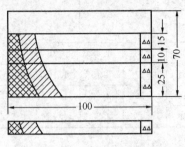

图3-17　阴极试验结果部位选取

4. 阴极试片镀层外观的表示方法

试验时发现，在阴极试片的同一 L 处，其镀层的外观随浸入溶液的深度不同而有所不同。为了便于对比，统一规定选取距试片底边 25～35mm 的区域为结果记录区域（图3-17）。

为了便于将试验结果绘图记录下来，可采用如图3-18 所示的符号来标明阴极试片上镀层的情况。当这些符号还不足以说明镀层的实际状况时，还可以用文字来配合说明。若想较长时间保存阴极样板时，可用酒精将试片干燥，再涂以清漆，然后存放于干燥器中。

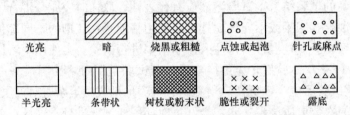

| 光亮 | 暗 | 烧黑或粗糙 | 点蚀或起泡 | 针孔或麻点 |
| 半光亮 | 条带状 | 树枝或粉末状 | 脆性或裂开 | 露底 |

图3-18　阴极试片的镀层状况记录标记

3.6.5　特纳槽

赫尔槽尽管有很多优点，但它的电流密度计算公式是经验公式，准确度不够。有人推导出了理论计算公式，但是太复杂。为了克服上述缺点，1978 年日本的寺门龙一和长板秀雄设计了一个代替赫尔槽的试验槽——特纳槽，其结构如图3-19 所示。

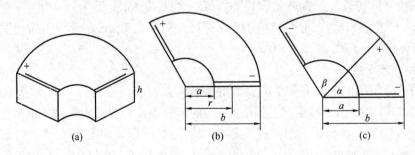

图3-19　特纳槽

（a）整体示意图；（b）阴极位于一端；（c）阴极位于两端

特纳槽是一种同心圆筒型槽，阳极和阴极可以沿着半径线放在圆筒的任意位置上。当阳极和阴极分别放在两端侧面，总电流为1A 时，阴极试片上任意一点的电流密度用下面的公式计算

$$j_k = \frac{1}{h \cdot \lg(b/a)} \cdot \frac{1}{r} \ (\text{A/dm}^2)$$

$$(3-20)$$

式中，h 为特纳槽高度；a、b 为特纳槽大、小同心半径；r 为阴极试片任意一点至圆心的距离。

若阴极 A、B 位于两端，阳极位于中间，并与阴极 A 成 α 角，与阴极 B 成 β 角。这样更加扩大了电流密度的范围，提高了试验效率。这种形式是特纳槽的标准形式。常用尺寸：$a=20mm$；$b=120mm$；$h=100mm$。当电流强度为 1A 时，阴极上任意点的电流密度为

$$j_{kA} = \frac{\beta}{(\alpha+\beta) \cdot h \lg(b/a)} \cdot \frac{1}{r} (A/dm^2) \tag{3-21}$$

$$j_{kB} = \frac{\alpha}{(\alpha+\beta) \cdot h \lg(b/a)} \cdot \frac{1}{r} (A/dm^2) \tag{3-22}$$

该槽的优点是结构简单，阴极上电流密度范围宽，一次试验相当于几次试验所得到的电流密度范围。此槽还可用来测量电解液的分散能力。

复习思考题

1. 简述电解液分散能力和覆盖能力的基本概念，有何实际意义？

2. 初次电流分布、二次电流分布、金属分布的要点是什么？如何用公式表达？

3. 影响电流和金属在阴极表面分布的因素有哪些？如何改善镀液的分散能力？如何测定？

4. 影响镀层覆盖能力的主要因素有哪些？如何测定？

5. 赫尔槽阴极上的电流是如何分布的？它在电镀中有哪些应用？

4 金属制件的镀前处理

4.1 镀前预处理的重要性

电镀过程是在金属和电解液的界面上发生的电化学还原过程，其先决条件就是保证电解液和金属表面间有充分的接触，如果接触不良，电化学反应难以进行，甚至完全不能发生。附着于制品表面的油、锈、氧化皮等污物，是妨碍电解液和金属基体充分接触的中间障碍，在这种表面上不能发生电化学反应，也就不能形成电镀层。当污物除得不净时，如局部上仍残留有点状油污或氧化物，会造成镀层不密实且多孔、不连续，或者镀层受热时出现小气泡，甚至"爆皮"。当镀件上附着极薄的甚至肉眼看不见的油膜和氧化膜时，虽然能得到外观正常、结晶细致的镀层，但是结合强度大为降低，在弯曲、受冲击或冷热变化时，镀层就会开裂或脱落，这是容易忽视的隐患。

金属制件的镀前处理，是指在制件进入镀液之前对其表面进行的各种精整与清理工序，如机械磨光、除油和浸蚀等。主要是除去零件表面的浮灰、残渣、油脂、氧化皮等各种腐蚀产物，即使是肉眼看不到的氧化物膜也应完全除去，使基体金属呈现出洁净的晶体表面，接受金属离子的沉积，以获得完整、致密的镀层。如果镀前处理不彻底，镀层就会出现气泡、脱皮的现象，严重时镀不上镀层，致使镀件报废。所以镀层与基体的结合力、耐腐蚀性和外观质量的好坏，与镀前处理质量的优劣密切相关。如果镀件进行返工，不仅延长了生产周期，降低了生产效率，也影响镀层的表面质量。所以镀前处理是电镀工艺中的重要步骤，它对镀层质量起着决定性的作用。

4.1.1 金属制件镀前的表面性质、状态

1. 金属表面的氧化膜和锈蚀产物

大多数金属在空气中都要氧化生成氧化膜，经过较长时间存放以后会逐渐锈蚀，生成各种锈蚀产物，如在铜上出现的"铜绿"，主要成分是碱式碳酸铜；在钢铁上出现的黄锈，是铁氧化以后又与水结合生成的氧化铁水化物（$XFeO \cdot YFe_2O_3 \cdot nH_2O$）。金属材料不同，锈蚀产物也不同。

经过机械加工的零件氧化膜较薄，经过热处理、锻造、铸造或焊接的零件会生成较厚的氧化皮，而且氧化皮的成分会发生变化，结构也比较复杂。例如钢铁在 575℃以上热处理，表面生成了黑色氧化铁，最外层是含氧量最高的三氧化二铁（Fe_2O_3），中间层是四氧化三铁（Fe_3O_4），最靠近基体的内层是含氧量最低的氧化亚铁（FeO）。

2. 零件表面的毛刺、型砂

铸造零件表面都残留着许多毛刺和型砂，造成表面的砂眼、坑凹和不平整状态，这些缺陷都必须采用相应的方法除去，否则会在表面积留酸碱性残液，不仅污染溶液，还会使镀层结合不良或出现漏镀现象。

3. 零件表面的油污

金属零件从原材料到加工成型，不可避免地要与各种油类介质接触，如封存防锈油、热处理、机械加工的润滑油和冷却液等。工人操作与零件接触也会有油污、手汗污染零件。生产经验证明，油脂清洗不干净是影响镀层质量的重要因素。

4. 金属材料的特殊性质

有些金属如铝合金、钛合金、不锈钢等是极易氧化的金属，在空气中氧化生成一层比较致密的氧化膜，尤其是铝合金氧化速度非常快，以致使用常规方法除去氧化膜后，还来不及进行电镀就立即重新氧化了。又如钢铁零件在酸性镀铜液中直接镀铜，铜制零件直接在镀银液中镀银，都会产生置换反应，出现接触镀层影响与基体的结合。所以对这些零件要进行特殊处理，改变金属材料表面原有的化学性质，才能正常电镀。

4.1.2 镀层与基体的结合力

1. 机械结合力

由于基体表面的微观粗糙不平，使镀层与基体的接触表面增加，造成镀层与基体之间的机械咬合作用。

2. 镀层金属与基体金属原子间的引力

原子间的引力只有在原子间的距离小于 $50\mathring{A}=0.1nm$ 时比较明显。超过这个距离，原子间的引力几乎可以忽略不计。如果金属表面有油膜或氧化膜时，镀层原子与基体金属原子间的距离远远超过 $50\mathring{A}=0.1nm$，因此，镀层与基体结合不牢固。

3. 金属间力

沉积金属的晶格延伸到基体金属的晶格，或者沉积金属原子扩散到基体金属晶格之中，这种情况使镀层与基体结合十分牢固。镀层金属晶格在基体上生长的情况有三类，如图4-1所示。（a）和（b）都属于镀层在基体金属的晶格延伸，逐渐过渡到镀层金属本身的晶格；（c）镀层按本身的晶格生长，镀层晶格常数与基体金属晶格相差较大，这种情况称为不吻合。

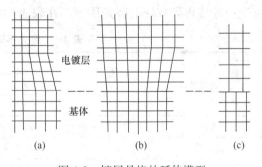

图 4-1　镀层晶格的延伸模型

只有当镀层与基体金属以分子间力和金属力结合时，镀层与基体的结合才是牢固的。

4.1.3 镀前表面处理的几个方面

（1）粗糙表面的整平。包括磨光、机械抛光、电抛光、滚光、喷砂处理等。

（2）除油。除去表面的油污、抛光膏或其他憎水性有机物质，包括有机溶剂除油、化学除油和电化学除油。

（3）浸蚀（又称除锈）。除去表面的氧化物、锈蚀物、钝化膜等，包括强浸蚀、电化学浸蚀和弱浸蚀（活化）。

金属并非都需要经过上述各工序处理，要根据具体要求而定。

4.2 粗糙表面的整平

4.2.1 磨光

磨光是粗糙表面获得平整的初步加工工序，是用装在磨光机上的磨轮进行磨削加工的。磨轮上粘附着磨料并做高速旋转，切削零件表面。所以选用的磨轮、磨料以及磨轮的旋转速度对表面清理和整平的效果有很大影响。

（1）磨轮。磨轮是用皮革、毛毡、呢绒、棉布为原料，经过压粘或缝合而成的，轮子有较好的强度和刚度。根据金属制作材质的软硬以及磨削量的大小，可分别采用硬磨轮或软磨轮。

（2）磨料。磨轮的磨料有天然金刚砂（$Al_2O_3 \cdot Fe_2O_3$）、人造金刚砂（Al_2O_3）、人造刚玉（Al_2O_3）和石英砂（SiO_2）等。人造金刚砂的硬度较高，矿物硬度值为9.5，但脆性大、容易破裂，用于硬度较高的工具钢、高强度钢和铸铁的磨光。人造刚玉的硬度为9.0，韧性较好，用于淬火钢、可锻铸铁等的磨光。天然金刚砂和石英砂的硬度为7～8，对一般黑色及有色金属均可使用。磨料的粒度应根据加工要求选择。粗磨粒度为12～14目；中磨粒度为50～150目，用于切削量中等或尺寸较小的零件，可以消除粗磨的痕迹和轻度锈蚀层；精磨粒度为180～360目，可以得到平整表面。

（3）磨轮速度。金属制件的材料及表面状态、磨轮与磨料以及磨轮速度，三者之间相互适应才能得到较好的磨光质量。在表4-1中列出了磨光不同金属材料的速度。

表4-1　磨光不同金属材料的速度

金属材料	圆周速率 /(m/s)	磨轮直径/mm				
		200	250	300	350	400
		转速/(r/min)				
铝、铸铁、镍、铬	18～30	2850	2300	1880	1620	1440
铜、锌、银	14～18	2400	1900	1500	1350	1196
铝、铅、锡	10～14	1900	1570	1260	1090	960

4.2.2 机械抛光

机械抛光与磨光基本上相类似，是用布重叠起来做成圆轮，代替磨光轮，与砂轮不同的是抛光轮有弹性，表面没有粘结磨粒。

抛光的目的不是为了改变工件的尺寸精度，而是要提高表面光亮度，具有机械平整的作用。机械抛光既可用于镀前处理，也可用于镀后精加工。

抛光轮所用的材料有棉布、麻、毛、纸、丝绸、皮革以及它们的混合物。抛光时，同时需用抛光膏。抛光膏分三种：白膏、红膏和绿膏。抛光膏由磨料、硬脂酸和粘结剂等多种成分组成。

白膏中的磨料为无水氧化钙和少量氧化镁。氧化钙粒子很细，呈圆形，无锐利的棱面，所以适用于抛光软金属及要求低粗糙的精抛光，如用于镍、黄铜、铝、银等有色金属的抛光。

红膏的磨料为 Fe_2O_3。Fe_2O_3 粒子具有中等硬度，适用于钢铁工件的镀前抛光，如铜及其合金镀层的抛光。

绿膏的磨料为 Cr_2O_3，粒子硬而锋利，适用于不锈钢、硬质合金和铬镀层的抛光。

抛光和磨光的加工方法基本相同，但抛光对金属表面没有明显的切削作用，是使金属表面产生微区塑性变形而达到整平目的。因为在零件与抛光轮摩擦时产生了大量热能，使表面温度升高，在抛光压力和高温作用下，将表面微观凸起的部分压成扁平状，出现了塑性流动填补到周围凹洼处，以此变得平整并获得光亮的表面。在抛光过程中，由于高温的作用加速了金属的氧化，表面生成了氧化膜，在挤压过程中氧化膜会被碾碎排除，刚出现的纯净金属表面又被氧化，这种情况在不断反复进行着，所以抛光时产生的粉尘大部分是金属氧化物。

4.2.3 滚光

滚光是将零件和磨削介质一起放入滚桶中，滚桶做一定速度的运转，依靠零件与磨料之间的相互摩擦和介质的化学作用来清除小零件表面上的锈、毛刺和粗糙不平，得到较光滑的表面。滚光适用于大批量、形状比较简单的小零件，对形状复杂，带有螺纹、深孔和尖角的零件不宜采用滚光处理。

（1）滚桶。制作滚桶的材料通常采用硬聚氯乙烯塑料板，能耐酸碱介质，但耐磨性较差。用普通钢板制造的滚桶耐磨性好，但只能使用碱性滚光液，滚动时有较大的噪声。滚桶的形式有圆形、六边形、八边形等。多边形滚桶的优点在于零件位置易变动，零件表面相互摩擦的机会增多，磨削力大，滚光作用均匀。而圆形滚桶易滑动不易翻滚，尤其是片状零件会造成重叠降低滚光效果。滚桶尺寸主要指桶的直径和长度，小型滚桶的内切圆直径为 300～500mm，大型滚桶内切圆直径可达 600～800mm，薄而易变形的零件宜采用小滚桶。

（2）磨料和滚光液。对于材质较硬的金属零件可以使用金刚砂、铁砂、花岗石、浮石等，这些磨料的磨削力较强；对于材质较软的金属可用碎皮革、锯末等。零件有孔眼时，应使磨料全部通过孔眼，或全部不能通过，以免发生磨料堵塞孔眼的问题。滚光液有碱性和酸性两种，碱性滚光液一般采用除油液再加入适当磨料，酸性滚光液的成分列于表 4-2。碱性滚光液兼有除油作用，零件进入滚桶之前不必另进行除油，采用酸性滚光液时，零件必须先除油。

表 4-2　酸性滚光液配方

溶液成分	黑色金属	铜合金	锌合金
硫酸（H_2SO_4），98%/(g/L)	15～25	5～10	0.5～1
皂角粉/(g/L)	3～10	2～3	2～5
OP 乳化剂/(g/L)	2～5	2～5	2～5

（3）装载量。正常情况装载量应占滚桶体积的 60%～70%。装载量不足，零件翻滚激烈，摩擦较弱，表面容易粗糙或变形损坏；装载量过多，填压较紧，零件不易翻滚，表面滚光不均匀。

59

（4）滚桶转速和滚光时间。滚光所需时间依滚桶转速而定，转速增加，零件碰撞和摩擦机会增多，可缩短时间。但转速达到某一速度后继续增加时，则因零件受离心力影响，贴于桶壁，碰撞与摩擦的机会减少，时间反而要延长。生产上使用的小、中型滚桶的转速为 $30\sim60r/min$。滚光时间除受转速影响外，也决定于零件的材料和表面状态，滚光时间太短不能使表面整平、光亮，时间太长也会使表面过腐蚀而损坏，一般采用 $1\sim3h$。

4.2.4 喷砂

喷砂是以压缩空气为动力，使砂粒形成高速砂流射向金属制件表面，依靠砂粒的切削进行处理的。主要用于某些不易采用常规前处理方法的材料和零件，如对氢脆性非常敏感的高强度钢，在水溶液中极易腐蚀的镁合金制件，机床底座、水闸门等大型设备、铸铁件等。其次，喷砂用来清理焊接件的焊缝，对保证组合件的质量也有很大意义。经过喷砂处理后可以得到比较均匀、细致的麻面，清除了金属制品表面的毛刺、氧化皮、焊渣以及铸件表面上的熔渣。

喷砂时砂子的粒度及空气压力的大小，取决于加工零件的材料、形状、表面状态以及对表面加工质量的要求。使用石英砂时，压缩空气的动力一般不应大于 3 个大气压，压力过大时，空气流速太大，砂子易破碎，工效反而低，零件较薄、材料较软或较脆时，空气压力应低些。

4.3 除 油

金属零件在各种成型和机械加工过程中沾满了油污，在进行电镀之前必须将油污清洗干净。这一专门除去油脂的工序通常称为除油。零件表面油脂的成分比较复杂，有鲸蜡油、蓖麻油、亚麻油等动植物油，动植物油的组分以脂肪酸甘油脂为主，这一类油不溶于水但能与碱起皂化反应将油脂溶解，所以称为可皂化油脂；还有各种矿物油，含碳氢化合物，是防锈油、润滑油、切削油的重要组分，矿物油既不溶于水也不与碱起反应，是一种非皂化油脂。零件沾附各种油脂是难以避免的，机械加工过程需用油脂润滑；半成品储存运输时要涂防锈油脂；所有零件在加工和运输中都要与人手接触，人手分泌物多含有油脂；抛光过的零件上也沾附有抛光油脂等。无论是何种油脂，沾附多寡，都必须在电镀前除去。

工业上的除油方法很多，而且各具特点，要深入了解各种除油方法的原理、功效和优缺点，并根据零件沾附油的情况选择某一种方法或几种方法并用。常用的镀前除油方法有：有机溶剂除油、化学除油、电化学除油等。在超声波场中，可提高溶剂除油和化学除油的速度及质量。

4.3.1 有机溶剂除油

有机溶剂除油是皂化油和非皂化油的普遍溶解过程。由于两种油脂都能迅速除去，所以此法在现代获得广泛的应用。常用的有机溶剂分为有机烃和氯代烃两类。

有机烃类有汽油、煤油、苯、二甲苯、丙酮等，生产上主要采用前两种。其特点是毒性较小，对大多数金属无腐蚀作用，用冷态浸渍或擦拭的方法将油脂溶去，零件上的溶剂能很快挥发、自行干燥，但在表面上仍会留下薄薄的油渍。所以有机烃除油并不能完全彻底，主要用于油污较多情况下的粗洗，对于电镀零件还需要采用其他方法进一步处理。零件表面散发出来的有机气氛都有一定毒性，对人体和环境是有害的，而且这类溶剂的闪点低、易燃烧，工作时应有通风和防火设施，但其除油速度高于化学除油。

氯代烃类有三氯乙烯和四氯乙烯。氯代烃溶剂比较稳定、挥发性小、不易燃烧，除油效果比有机烃好，但毒性较大。氯代烃除油可以采用浸渍法，为了充分利用溶剂的作用，应进行蒸气脱脂。除油是在专门的净化设备中进行的，先将溶剂加热至沸点（三氯乙烯为87℃，四氯乙烯为121℃）使其汽化，汽态溶剂会在零件表面凝结并溶解油脂，溶解下来的油脂随溶剂滴落下来，在溶剂的汽化、冷凝反复过程中将油脂溶解干净。氯代烃对油脂有很大的溶解能力和载油能力，但随着溶剂中含油量提高，溶剂沸点上升，应防止温度过高发生分解，否则生成二氧化碳和氯化氢，不仅降低除油效果还会腐蚀零件。这种除油方法成本高，只在少量贵金属制品中使用。

4.3.2 碱性化学除油

化学除油是利用碱溶液对皂化性油脂的皂化反应和乳化剂对非皂化性油脂的乳化作用而除去零件表面油污的处理方法。其特点是设备简单、操作容易、成本低、除油液无毒且不易燃。但是常用的碱性化学除油工艺其乳化作用较弱，对于镀层结合力要求高，仅采用碱性化学除油是不够的，特别是当表面油污中主要是矿物油时，必须用电解除油进一步彻底清理。

1. 除油原理

油污中的动植物油是靠皂化反应除去的，皂化反应就是油脂与除油液中的碱发生化学反应生成肥皂的过程。一般动植物油中的主要成分是硬脂酸，它和碱发生如下的反应：

$$(C_{17}H_{35}COO)_3C_3H_5 + 2NaOH \Longrightarrow 3C_{17}H_{35}COONa + C_3H_5(OH)_3$$

生成的硬脂酸钠（即肥皂）和甘油都易溶于水，这样便清除了零件表面的皂化性油污。

矿物油是靠乳化作用而除去的。零件表面上的油膜在溶液中乳化剂的作用下，变成很多细小的油珠并分散在溶液中形成乳状液。这样，零件表面上的油污便被清除出去。

乳化剂是一种表面活性物质。当粘附油污的零件浸入含有乳化剂的溶液中时，乳化剂便吸附在相应的各种界面上。吸附在金属与溶液间界面上的乳化剂，其憎水基团向着金属而亲水基团向着溶液，使金属与溶液间界面的张力降低，溶液对金属的润湿性增强，因而溶液对零件表面粘附油膜的排挤作用加强；同时，吸附在油膜与溶液间界面上的乳化剂，使该界面的张力降低，能增加溶液与油膜接触的面积，从而在流体动力因素作用下，油膜便破裂成细小油珠并脱离零件表面，转移到溶液中去形成乳浊液。已脱离零件表面的小油滴上也吸附了这些乳化剂，其憎水基团向着油珠而亲水基团向着溶液，形成一层吸附膜（图4-2）。这层吸附膜使小油珠不致因互相碰撞而重新聚集成大油滴，从而使已形成的乳浊液稳定。另外，除油过程的皂化反应也使乳化作用得到加强。这一方面是由于皂化反应生成的肥皂本身就是一种乳化剂；另一方面，皂化反应首先将油膜较薄

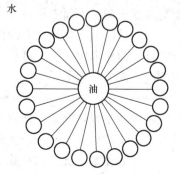

图4-2 水包油型乳浊液

处的油污清除干净，除油液与零件的金属表面接触面积增大，除油液对油膜的排挤作用进一步加强，最后使油膜完全破裂成细小油珠进入除油液中形成乳浊液，零件表面上的油污就得到彻底清除。

常用碱性化学除油溶液的配方及工艺列于表4-3。

表 4-3　碱性化学除油成分与工艺条件

成分与工艺条件	钢铁		铝、镁及其合金		铜及其合金		锌及锌合金
	1	2	1	2	1	2	
氢氧化钠（NaOH）/(g/L)	50～100	20～30	—	—	10～15	—	—
碳酸钠（Na$_2$CO$_3$）/(g/L)	20～40	30～40	40～50	15～20	20～30	10～20	15～30
磷酸钠（Na$_3$PO$_4$）/(g/L)	30～40	5～10	40～50	—	50～70	10～20	15～30
碳酸氢钠（NaHCO$_3$）/(g/L)	—	—	—	5～10	—	—	—
焦磷酸钠（Na$_2$P$_2$O$_7$）/(g/L)	—	—	—	10～20	—	—	—
硅酸钠（Na$_2$SiO$_3$）/(g/L)	5～15	5～15	10～15	1～2	10～20	10～20	10～20
表面活性剂（LT·83）/(g/L)	1～2	—	—	—	—	—	—
OP 乳化剂/(g/L)	—	—	—	—	2～3	2～3	—
海欧洗涤剂/(mL/L)	—	2～4	—	—	—	—	—
温度/℃	80～95	80～90	70	40～70	80～95	70	60～80

2. 化学除油溶液的成分及工艺条件

（1）氢氧化钠。它与动植物油脂发生皂化反应。当 pH 值低至 8.5 时，皂化反应几乎停止；pH<10.2 时，肥皂将发生水解；氢氧化钠过高时皂化反应生成的肥皂溶解度降低，而且使金属表面发生氧化生成褐色膜，而不溶解的肥皂附着于金属上使除油过程难以继续进行。另外使用过浓的碱也不安全。一般对黑色金属，pH 值采用 12～14；对有色金属和轻金属，pH 值采用 10～11 为宜。

（2）碳酸钠。是除油溶液的良好缓冲剂，当 pH 值降低时发生水解，生成的氢氧化钠可以维持溶液的碱度。碳酸钠的皂化作用和对油脂的分散作用都比较弱，但因碱性低是有色金属除油液的主要成分。

$$Na_2CO_3 + 2H_2O \longrightarrow 2NaOH + H_2CO_3$$

（3）磷酸钠。磷酸钠起缓冲作用，将除油液维持在一定的碱度范围。其清洗性好，能使水玻璃易于从零件表面洗去。同时它还可以使硬水软化，防止除油时形成的固体钙、镁肥皂覆盖于制品表面上。

（4）硅酸钠。是碱性除油液中良好的乳化剂，这种物质黏度较大，有很强的吸附性，在零件表面能形成一层不可见的薄膜，使零件不易清洗。如果洗不干净，零件进入酸性浸蚀剂时可能发生以下反应：

$$Na_2SiO_3 + 2HCl \longrightarrow H_2SiO_3 \downarrow + 2NaCl$$

生成的硅酸是胶体物质同样具有很强的吸附性，为了提高水洗能力，必须同时加入磷酸钠或其他表面活性剂来改善清洗效果。

（5）乳化剂。乳化剂在除油过程中起乳化作用，除油效果好。

（6）温度。化学除油，温度是重要的工艺条件，黑色金属应在 85～95℃，有色金属应在 70～80℃下进行。温度升高可以加快皂化反应，增加油脂的溶解速度，也能增加硬脂酸钠的溶解度，对除去油脂是有利的。但温度过高就会降低乳状液的稳定性，会使油脂提前析出、聚集，甚至重新附着到零件表面。若温度太高，则溶液沸腾飞溅，蒸汽夹带碱雾严重，对环境不利且危害工人安全。

4.3.3 电化学除油

在碱性溶液中零件为阳极或阴极，在直流电的作用下将零件表面的油脂除去，即称为电化学除油。另一电极用镍板或镀镍的铁板，它只起导电作用。溶液成分和化学除油溶液相似，但可以少加或不加乳化剂，是依靠电解的作用强化除油效果，能使油脂彻底除净。所以经过有机溶剂或其他化学方法除油的零件，仍需要再经电化学处理，以确保除油质量。

1. 电化学除油原理

当把带油污的零件浸入电解液后，油与溶液之间的界面张力降低，油膜便产生收缩变形和裂纹。同时，电极通电后产生电极极化，随着电极的极化，零件表面电荷逐渐增多，电荷密度加大。由于同性电荷的相互排斥作用，力图将金属与溶液界面的双电层面积扩展，界面张力降低。表面电荷密度越大，界面张力越小，溶液对金属的湿润性增加，溶液便从油膜裂纹和不连续处对油膜发生排挤作用，因而油在金属上的附着力就大大减弱。与此同时，在电流作用下电极上析出大量的气体。金属制品做阴极时析出氢气：

$$4H_2O + 4e \longrightarrow 2H_2 \uparrow + 4OH^-$$

金属制品做阳极时析出氧气：

$$4OH^- - 4e \longrightarrow O_2 + 2H_2O$$

这些气体以大量小气泡形式逸出，对油膜产生强烈的冲击作用，导致油膜撕裂分散成极小的油珠，而小气泡又易于滞留在小油滴上，当气泡逐渐长大到一定尺寸后，就带着油珠离开电极而上升到液面。析出的气体对溶液发生强烈的搅拌作用，从而使油珠被强烈地乳化。这种乳化作用比乳化剂的作用强得多，故加速了除油过程。

对比阴极除油和阳极除油，在相同的电流密度下，阴极析出的氢气比阳极析出的氧气多一倍，且氢气气泡小而密，乳化能力强，因而阴极除油比阳极除油效果更好。另外，由于氢离子的放电，阴极附近的液层中 pH 值升高，这对除油很有利。但阴极除油易引起工件产生氢脆。某些电位较正的杂质也容易在工件表面沉积。阳极除油虽然没有这些缺点，但容易造成工件表面的氧化和溶解。采用阴极除油还是阳极除油，应视工件的材料和要求而定。目前常采用联合电化学除油法，即先进行阴极除油，然后再进行短时间的阳极除油，这样可以弥补彼此的不足。

2. 电化学除油溶液的成分及工艺条件

电化学除油溶液的成分与工艺条件见表 4-4，对于黑色金属零件，大多数可采用联合除油方法，而承受重负荷的零件、薄钢片以及弹性零件，为避免渗氢造成的危害，只应采用阳极除油。

对于铜和铜合金，不能用阳极除油，而应采用阴极除油，而且碱液中不应含苛性钠，防止阳极除油时铜及其合金会发生阳极溶解和氧化变色。除油溶液要求加热是为了提高皂化作用和增加溶液的导电能力。

表 4-4　电化学除油成分与工艺

成分与工艺条件	钢铁	铜及其合金	锌及其合金
氢氧化钠(NaOH)/(g/L)	10～20	—	—
碳酸钠(Na₂CO₃)/(g/L)	50～60	25～30	5～10
磷酸钠(Na₃PO₄)/(g/L)	50～60	25～30	10～20
温度/℃	60～80	70～80	40～50
电流密度/(A/dm²)	5～10	5～8	5～7
时间	阴极 1min 后，阳极 15s	阴极 30s	阴极 30s

4.3.4　表面活性剂清洗剂

　　表面活性剂按其分子结构有四类，即阴离子型、阳离子型、非离子型和两性离子型。水基清洗剂的主要成分是表面活性剂、助溶剂和缓蚀剂。以非离子型表面活性剂和阴离子型表面活性剂使用最多，因具有良好的润滑、分散、乳化、增溶和洗涤作用，能将表面油污清洗干净，缓蚀剂起保护作用，防止金属零件在清洗过程中锈蚀。

　　表面活性剂除油是靠乳化作用将油除去的，因此必须搅拌溶液，可以在常温或稍高温度下使用，节省能源。该方法适用于各种金属零件，但由于成本较高，目前仅应用于一些精密制品的除油。国内清洁剂产品很多，以下列举几种供参考使用，见表 4-5。

表 4-5　清洗剂成分及使用

名　称	成　分	用途及使用方法
105 清洗剂	聚氧乙烯脂肪醇醚 102，24%；OP-10 乳化剂，12%；十二烷基二乙醇酰胺，24%；水，40%	使用浓度为 2%～5%，适用于钢铁及铝制零件，对铜有腐蚀
771 清洗剂	聚醚，35%；二乙醇酰胺，15%；油酸钠，15%；油酸三乙醇胺，30%；稳定剂，15%	使用浓度为 2%～3%，适用于钢铁及铜、铝零件的清洗
YB-5 清洗剂	10%水溶液	用于黑色金属，效率高
820 清洗剂	20%水溶液	用于钢铁、铜、铝、镁零件，在 40～60℃下使用

4.3.5　超声波除油

　　将粘附油污的制品放在除油液中以一定频率的超声波辐照进行除油的过程，叫做超声除油。超声波是通过超声波发生器产生的，频率一般为 30kHz 左右，小型工件使用较高的频率，大型工件使用较低的频率。这种频率已超出了人耳的听力。超声波除油的基本原理是空化作用。当超声波作用于液体时，反复交替地产生瞬间负压力和瞬间正压力，在振动产生负压的半周期内，液体中产生真空空穴，液体蒸汽或溶解于溶液中的气体进入空穴中形成气泡，接着，在正压力的半周期，气泡被压缩而破裂，瞬间产生强大的压力（可高达上千个大气压），它产生巨大的冲击波，对溶液产生强烈的搅拌作用，并形成冲刷工件表面油污的冲击力，使零件表面深凹和孔隙处的油脂也易于除去。超声波除油可应用于有机溶剂除油、化学除油和电化学除油过程中。除油过程中的化学及物理化学的作用主要是靠除油溶液本身的性质，但超声波的引入能大大加强这些过程的作用，从而可以提高除油的效率和能力。

超声波强化除油对于形状复杂件、多孔隙多空穴的铸件、压铸件、小零件以及经抛光附有抛光膏油脂的制件，除油效果远优于一般除油方法。考虑到超声波直线传播的性质，应使零件在除油槽内旋转翻动，以便其表面上各个部位都能得到超声波的辐照，而收到良好的除油效果。

4.4　浸　蚀

金属零件进入酸性或碱性溶液中，除去锈蚀产物或氧化膜的过程称为浸蚀。按照浸蚀的作用和用途可分为强浸蚀（除去厚层氧化皮和零件的废旧镀层）、一般浸蚀（除去轻度锈蚀产物和氧化膜）、光亮浸蚀（可提高零件表面的光亮度）、弱浸蚀（是在零件进入镀液之前进行的，起到中和残碱溶液和再度除去眼睛看不见的薄层氧化物的工序）。

4.4.1　化学浸蚀

化学浸蚀方法简单、成本低、效果好，生产上广泛采用。对于大多数金属的浸蚀都采用酸性溶液，所以通常又称为酸洗。由于不同金属材料的锈蚀产物、氧化膜的成分与组织结构有很大差别，应采用相应的溶液进行处理，所以下面主要根据材料的性质进行讨论。

1. 碳素钢的浸蚀

碳素钢包括低碳钢、中碳钢和高碳钢，这类钢的厚层氧化皮成分为三氧化二铁、四氧化三铁和氧化铁。除去这些氧化物，常用硫酸、盐酸或二者的混合酸。

当采用硫酸为浸蚀液时发生如下反应：

$$Fe_2O_3 + 3H_2SO_4 \longrightarrow Fe_2(SO_4)_3 + 3H_2O \tag{4-1}$$

$$Fe_3O_4 + 4H_2SO_4 \longrightarrow FeSO_4 + Fe_2(SO_4)_3 + 4H_2O \tag{4-2}$$

$$FeO + H_2SO_4 \longrightarrow FeSO_4 + H_2O \tag{4-3}$$

硫酸还可以通过疏松、多孔的氧化皮渗至内部，与铁发生反应并析出氢气：

$$Fe + H_2SO_4 \longrightarrow FeSO_4 + H_2 \uparrow \tag{4-4}$$

铁的溶液使氧化层与基体之间出现了间隙，又由于析出氢气的冲击作用，氧化皮能很快脱落（图 4-3）。并且生成的活性氢可将铁的高价氧化物还原成低价氧化物（$Fe_2O_3 + 2H \longrightarrow 2FeO + H_2O$），低价氧化物既易溶解，其产物溶解度也大，故加速浸蚀过程。但是基本金属的过量溶解会使零件出现过腐蚀，大量析氢会造成氢脆破坏。

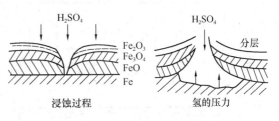

图 4-3　硫酸浸蚀过程示意图

当用盐酸来浸蚀碳素钢时，其反应与硫酸类似：

$$Fe_2O_3 + 6HCl \longrightarrow 2FeCl_3 + 3H_2O \tag{4-5}$$

$$Fe_3O_4 + 8HCl \longrightarrow 2FeCl_3 + FeCl_2 + 4H_2O \tag{4-6}$$

$$FeO + 2HCl \longrightarrow FeCl_2 + H_2O \tag{4-7}$$

$$Fe + 2HCl \longrightarrow FeCl_2 + H_2 \uparrow \tag{4-8}$$

在硫酸溶液中，硫酸铁盐尤其是 $Fe_2(SO_4)_3$ 在溶液中的溶解度很小，使反应方程（4-1）、反应方程（4-2）进行比较缓慢，由于 Fe_2O_3、Fe_3O_4 处于氧化皮的最外层，二者的溶解速度决定了氧化皮整体的溶解速度，所以在浸蚀过程中氧化物的溶解量较小，而反应方程（4-4）相对地起着重要的作用。也就是说：氧化层的除去，主要依靠氢气的剥离，化学溶解只占次要地位。与以上情况相反，在盐酸溶液中 $FeCl_2$ 和 $FeCl_3$ 的溶解度较大，氧化物溶解反应能顺利进行，氧化物溶解量的加大使反应方程（4-8）的作用相对减小。

当电镀零件表面只有少量锈蚀产物和氧化膜时，可采用盐酸浸蚀，既能够快速地除去氧化膜，又可减少因基体腐蚀带来的危害。对于厚层氧化皮需要进行强浸蚀，应采用硫酸或盐酸与硫酸的混合酸进行处理，主要是利用氢气对氧化皮的撕裂作用，加强浸蚀效果，但应特别注意防止金属的过腐蚀与氢脆。

为了减少强浸蚀过程中基体金属的溶解，确保金属制品的几何尺寸，并减轻渗氢，防止氢脆，可以在浸蚀液中加入缓蚀剂。缓蚀剂能选择性地吸附在裸露的基体金属上，而氧化物上却不能吸附。因此，在不影响氧化物化学溶解的情况下，提高了金属表面析氢的过电位，从而减缓酸对基体金属的腐蚀。由于缓蚀剂抑制了氢的产生，这也减轻了渗氢现象。对钢铁零件，特别是对氢脆异常敏感的高强度钢制品的强浸蚀液，常加入 2% 左右的缓蚀剂。在硫酸浸蚀液中加入邻二甲苯硫脲，而在盐酸浸蚀液中加入六次甲基四胺。缓蚀剂的效果随温度的升高而下降，因此不宜在加热条件下操作。

一般随浓度增加，浸蚀速度加快，但对应于最大浸蚀速度有一个最佳浓度，对硫酸来说，这个浓度约为 25%，浓度进一步提高，浸蚀速度又重新下降，这是由于浓硫酸溶液里氢离子的活度下降的缘故（图 4-4）。为减少铁基体的损失，一般用 20% 的硫酸。对盐酸而言，虽然浓度增加浸蚀速度一直加快，但实验表明（图 4-5）当浓度超过 20% 时，基体的溶解速度比氧化物的溶解速度要快得多，因此不宜用浓盐酸，为避免盐酸挥发损耗和污染环境，宜采用 15% 左右的盐酸。采用混合酸时，多用 10% 的 H_2SO_4 和 10% HCl 相混合，当然这一比例不是固定不变的，可根据实际情况调整，有的还使用硫酸和硝酸相混合。

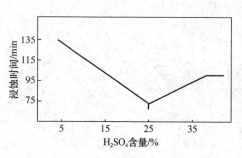

图 4-4 室温下钢在硫酸中浸蚀时间与
酸浓度的关系

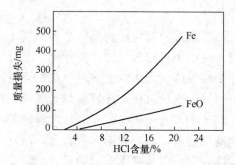

图 4-5 室温下铁和氧化物浸蚀速度与
盐酸浓度的关系

温度对化学浸蚀也有颇大的影响，见表 4-6。

表 4-6 温度对浸蚀速度的影响

温度/℃	在下列温度下的浸蚀时间/min		
酸浓度	18	40	60
10%HCl	18	6	2
10%H$_2$SO$_4$	120	32	8

从表 4-6 可以看出，随温度升高，浸蚀速度大为加快。但为减少基体的腐蚀和防止酸雾的逸出，一般不采用高温浸蚀（特殊情况例外）。硫酸浸蚀时温度不宜超过 60℃；盐酸或混酸浸蚀时，温度一般不超过 40℃。

浸蚀过程中酸不断在消耗，浸蚀效率将逐渐降低，这是酸浓度降低和铁盐浓度升高的缘故，继续使用这种溶液就得加温作业，不然浸蚀时间就要延长，而且大量积累的 Fe^{2+}、Fe^{3+}，特别是 Fe^{3+} 浓度高很有害，它与基体铁发生下列反应，使基体遭到更大损失。

$$2Fe^{3+} + Fe = 3Fe^{2+}$$

当溶液中含铁达 90g/L 以上时，就要全部或大部分更换，此时溶液中的余酸约为 3%～5%，上述两个数字是浸蚀溶液的控制指标。

在黑色金属制品中，铸件的浸蚀往往需加氢氟酸，这是由于铸件表面一般都夹有硅，其他酸不能溶解它，氢氟酸能与其反应生成可溶性的氟硅酸。

$$SiO_2 + 6HF = H_2SiF_6 + 2H_2O$$

生产中多用 2%～5% 的 HF 溶液，氢氟酸的毒性和浸蚀性相当强，使用时应注意防护。

2. 合金钢的浸蚀

加入合金钢的合金元素中，比铁容易氧化的有 Si、Ti、Al、Cr、W、Mn 等，比铁难氧化的有 Ni、Co、Mo 等。

事实证明，不锈钢和耐热钢中加入的 Cr、Si、Al 能使钢铁形成稳定的氧化膜，如对含 15%～16%Cr 不锈钢进行分析，氧化膜中仅含 23.1% 的 Fe$_2$O$_3$，而含有 70%Cr$_2$O$_3$，及难溶的 FeCrO$_4$ 的化合物及少量碳化物（Fe$_3$N、Ni$_2$C、Cr$_4$C）和其他的氧化物，所以合金钢在一般碳素钢浸蚀液中不易溶解，生产上都采用混酸。对于某些合金钢，尤其是加入 Ti 元素的钢，为了提高浸蚀速度，获得光亮的表面，应加入适量氢氟酸。在航空发动机上应用耐热钢较多，当零件经过某种热处理，表面上的氧化皮很厚而且致密，如果零件直接进入浸蚀液，不仅浸蚀速度很慢而且不均匀，表面质量较差。在浸蚀前对氧化皮进行松动处理，浸蚀以后再清除挂灰，才能得到光亮的表面。合金钢的浸蚀工艺见表 4-7。

表 4-7 合金钢的浸蚀工艺

成分与工艺条件	1	2	3
硫酸（H$_2$SO$_4$98%）/(g/L)	60～80	—	—
盐酸（HCl 37%）/(g/L)	—	60～80	—
硝酸（HNO$_3$）/(g/L)	20～30	200～300	300～400
氢氟酸（HF48%）/(g/L)	—	100～140	80～120
硫化媒/(g/L)	1～2	—	—
温度/℃	55～65	室温	室温
时间/min	40～50	10～20	15～40

67

配方 1 主要用于铬钢如 1Cr13；对于铬镍钢如 1Cr18Ni9Ti，用配方 2；如零件材料是耐热钢 GH30，经过热处理以后有厚层氧化皮，先经过"松动"处理，再用配方 3 进行浸蚀。

3. 铜和铜合金的浸蚀

随加工温度不同，铜表面生成两种形式的氧化物，温度低于 1100℃时，生成黑色氧化铜，高于此温度则生成氧化亚铜。去掉铜的氧化皮可用 10%的 H_2SO_4。如果氧化铜含量多，则用硫酸 160g/L、重铬酸盐 50g/L 的混合溶液。

两种铜的氧化物都能与稀硫酸起作用，氧化亚铜与硫酸的反应如下：

$$Cu_2O + H_2SO_4 \longrightarrow Cu_2SO_4 + H_2O$$

$$Cu_2SO_4 \longrightarrow CuSO_4 + Cu$$

对于黄铜来说，其氧化皮主要成分是氧化锌，锌可以使氧化铜还原，故用稀硫酸浸蚀即可。

进入电镀车间的铜件大部分是机加工件，没有显著的氧化皮，一般用 H_2SO_4、HNO_3 和 HCl（也可用 NaCl）的混合酸进行短时间的光亮酸洗，以获得光亮的铜表面。黄铜光亮酸洗的配方如下：浓 HNO_3 300mL，浓 H_2SO_4 300mL，浓 HCl 4mL，水 396mL。

这里起主要作用的是 HNO_3，但它会使铜腐蚀：

$$Cu + 4HNO_3 \longrightarrow Cu(NO_3)_2 + 2NO_2 \uparrow + 2H_2O$$

硫酸使硝酸从硝酸铜中游离出来，使硝酸再生：

$$H_2SO_4 + Cu(NO_3)_2 \longrightarrow CuSO_4 + 2HNO_3$$

氯离子的作用主要是加速锌的溶解，如果混酸中不加氯离子，浸蚀后黄铜表面锌富集而发灰，氯离子过高，也因铜富集而发红。对黄铜浸蚀一定要注意时间，因极易造成过腐蚀，使零件表面发花或变成麻面。

4. 铝及其合金的浸蚀

铝为两性金属，可以用碱浸蚀，也可以用酸浸蚀。用碱液浸蚀，浸蚀速度比较快，且当制件表面油污较少时可不必预先除油，因为在碱性浸蚀液中可同时完成除油污和除锈两道工序。若采用酸浸蚀液浸蚀时，制件必须先经过较彻底的除油。表 4-8 为铝及铝合金制件强浸蚀工艺举例。

铝零件在碱性溶液中发生以下反应：

$$Al_2O_3 + 2NaOH \longrightarrow 2NaAlO_2 + H_2O$$

$$2Al + 2NaOH + 2H_2O \longrightarrow 2NaAlO_2 + 3H_2 \uparrow$$

采用碱溶液浸蚀时要求操作温度较高，浸蚀时间较长。若铝合金中含有铜、镍、锰、硅等合金元素时，经碱溶液浸蚀后，表面会生成暗色膜，这是合金元素生成的氧化物及其他杂质形成的浮灰，如含铜时表面呈黑色，含硅时表面呈灰褐色。需要在酸溶液中漂洗才能得到光亮的表面，这一工序称为出光。对于一般铝合金均可采用 HNO_3 30%～50%（体积比）的溶液，高硅铝合金和铸铝合金，采用 HNO_3：HF＝1：3 的混合酸，使硅变成氟硅酸脱离铝基。对于建筑铝合金，因含 Si、Mg 少，基本不含 Cu、Mn、Fe 等，可采用废硫酸氧化液，既废物利用，又防止将杂质带入氧化槽，可谓一举两得。

表 4-8　铝及铝合金的强浸蚀工艺

成分及工艺条件	1	2	3
硝酸（HNO₃）/(g/L)	450	90～270	—
氢氟酸（HF）/(g/L)	—	5～15	—
氢氧化钠（NaOH）/(g/L)	—	—	100～250
氯化钠（NaCl）/(g/L)	—	—	20～30
温度/℃	室温	室温	50～80
时间/s	5～20	5～20	60～120

4.4.2　电化学浸蚀

在浸蚀溶液中借助电解的作用，除去金属表面的氧化皮、废旧镀层及其他腐蚀产物的方法称为电化学浸蚀。这种方法主要用于黑色金属，有色金属用的较少。与化学浸蚀法相比，电化学方法的优点是浸蚀速度快，生产效率高，溶液消耗较少，所以浓度变化较慢，而且浓度变化和铁盐的积累对浸蚀速度影响不大。各种成分的碳钢、合金钢都可以进行电解浸蚀。但电化学方法消耗电能的同时也增加设备，电解液的分散能力较差，对于形状复杂的零件应注意装挂的位置，否则浸蚀效果降低。如果零件表面带有致密的氧化皮，由于有较高的电阻使电解电压增加、电极反应降低，不应直接进入电解液，而应先进行化学浸蚀或松动处理，使氧化皮疏松才可进入溶液。电解浸蚀通常采用直流电，零件作为阳极时称阳极浸蚀，零件作为阴极时称阴极浸蚀，各有不同的特点及应用。浸蚀溶液主要是酸性的，少数溶液是碱性的。

1. 阳极浸蚀

零件在阳极依靠电化学溶解、电极上析出氧气的机械剥离以及化学溶解作用将氧化物除去，所以浸蚀速度快、表面质量好，在生产上应用的较多，但由于存在着不可避免的基体金属的溶解，在操作时应注意过腐蚀问题。

阳极浸蚀在硫酸或酸化了的亚铁盐溶液中进行。表面带有大量的氧化皮的零件适用单一硫酸溶液，含 H_2SO_4 200～250g/L；表面氧化膜较薄时可采用以亚铁盐为主的溶液，含 $FeCl_2$ 150g/L、NaCl 50g/L、HCl 10g/L，电流密度为 5～10A/dm²。二价铁离子能在阳极氧化为三价铁离子，减缓了基体金属的钝化，提高金属钝化的电流，允许采用较高的电流密度，提高了浸蚀速度。加入了少量的盐酸促使溶液酸化，氯化钠起着导电及加速浸蚀的作用。电流密度是影响表面质量的重要因素，随着电流密度升高，浸蚀速度加快，这是由于阳极析出大量氧气对氧化膜的剥离起着主要作用。但电流密度不能太大，否则会引起金属的钝化，所以电流密度应严格控制在工艺范围内。温度升高可以增加浸蚀速度，但其效果并不像化学浸蚀那样明显，在一般情况可在室温下进行操作，必要时可加热至50～60℃。阳极浸蚀可采用铅或铁板做阴极。为了防止基体金属过腐蚀可以加入邻二甲苯硫脲或磺化木工胶，含量为 3～5g/L。

2. 阴极浸蚀

零件在阴极浸蚀主要是依靠电极上析出氢气的机械剥离和化学溶解作用，不存在电化学溶解，所以基本上不影响零件尺寸，并大大降低了基体金属过腐蚀的危险性。但是由于大量析氢带来了严重的氢脆问题，高强度钢及对氢脆比较敏感的合金钢不宜采用阴极浸蚀。同时一些金属杂质能在阴极沉积污染零件表面。

阴极浸蚀一般采用硫酸和盐酸的混合液，溶液成分为 H_2SO_4 30～50g/L，HCl 25～35g/L，NaCl 20～30g/L，溶液中大量的 Cl^- 可疏松氧化皮，提高浸蚀速度。还可以加入乌洛托品或甲醛为缓蚀剂，含量为 3～5g/L。为了提高电极反应速度，溶液需要加热，温度为 60～70℃，采用的电流密度可以比阳极浸蚀稍高，为 7～10A/dm²。阴极浸蚀还可以采用与上述阳极浸蚀相同的硫酸溶液，并采用阴阳极联合浸蚀的方法。先在阴极进行较长时间的浸蚀，将氧化物基本除净，然后转向阳极短时间浸蚀，溶去在阴极浸蚀时附着在零件表面上的沉积物，并能减少氢脆的危害，这样可以利用阴阳极浸蚀的优点，达到最好的效果。

4.4.3 弱浸蚀

弱浸蚀是金属制品进行电镀前的最后一道预处理工序，其目的就是除去零件待镀过程中所生成的薄层氧化膜。顾名思义，该工序不会带来金属表面宏观上的显著变化，只是呈现金属微观晶体结构，使之与镀层金属产生金属间或分子间的结合，所以又叫活化工序。这是容易被人们忽视的重要工序，绝对不可马虎从事，制品经弱浸蚀后，应立即清洗，进槽电镀，如果弱浸蚀液是镀液的组成之一，或它的带入不污染电解液，则不需清洗而直接进槽电镀。

弱浸蚀的特点是：浸蚀介质浓度低，处理时间短，多在室温下进行，黑色金属的弱浸蚀可用3％～5％的 H_2SO_4 或 HCl 溶液，浸 0.5～1min，采用电化学弱浸蚀时，用阳极浸蚀，所用酸度可更低一些，阳极电流密度为 5～10A/dm²。镀硬铬可在镀铬液中浸蚀。在氰化液中电镀，其浸蚀液最好用 3％～5％氰化钠溶液，零件表面可达到高度活化。

4.5 抛　　光

本节讨论的抛光是在适当的溶液中，用电化学或化学方法对具有微观粗糙表面的零件进行处理，能获得镜面光亮与整平的精饰加工工艺。可以用于装饰性电镀的前处理，也可以独立地作为零件表面精加工的方法。电化学方法抛光的光亮性和整平性比较好，溶液使用寿命长，但溶液的分散能力差，不适于形状复杂的零件，消耗的电能较大。化学方法抛光设备简单，能够处理细管、深孔及形状复杂的零件。

4.5.1 电化学抛光

1. 抛光原理

电化学抛光又称为电解抛光或电抛光，是金属制品在一定的组成溶液中进行特殊的阳极处理，以获得平滑光亮表面的精饰过程，适用于钢铁、铝、铜等多种金属材料抛光，一般均采用以磷酸为主的抛光液，零件为阳极，产生阳极溶解。电化学抛光的速度快、质量好，在生产上应用已有几十年的历史，但对于抛光机理的研究并不十分完善，至今没有得到统一的理论。零件在阳极可能发生以下三种反应。

金属的溶解：

$$M-e \longrightarrow M^{2+} \quad (M \text{ 为二价金属})$$

氧的析出：

$$2H_2O-4e \longrightarrow 4H^+ + O_2 \uparrow$$

氧化膜的形成：

$$M-2e+H_2O \longrightarrow MO+2H^+$$

根据阳极反应和电解液成分的作用如何解释抛光过程，曾提出过不同的理论，其中以黏膜理论和氧化膜理论为主。

(1) 黏膜理论：认为抛光主要是由于阳极电极过程和表面磷酸盐膜共同作用的结果。在许多电解抛光溶液中都含有磷酸，阳极溶解下来的金属离子与磷酸形成磷酸盐。因为磷酸盐的溶解度小、黏性大、扩散速度小，会慢慢地积累在阳极附近，附在阳极表面，形成了黏滞性较大的电解液层。黏液的比重大，导电能力差，由于黏膜在微观表面上分布不均匀，也影响了电流密度在表面上的分布。很明显，黏膜在微观凸起处比凹洼处的厚度小，电力线集中在凸起的地方，凸起处的电流密度较高，溶解速度也快。随着黏膜的流动，凸凹位置的不断变换，粗糙的表面逐渐地变得平整。图 4-6 是电解抛光时黏膜形成示意图。

黏膜理论可以通过铜在磷酸溶液中电解抛光时的阳极极化曲线来进一步说明。在图 4-7 中，曲线 AB 段随电位升高电流加大，表面处于活化状态，这是阳极的一般溶解过程，零件表面不光亮也得不到整平。B 点开始溶解电流不再加大，说明阳极表面形成了黏膜，电极出现极化。当黏膜积累到一定的厚度，对整平起良好作用时才能开始抛光，即 C 点，抛光可以从 C 点延续到 D 点。在抛光过程中凸表面呈活化状态，溶解速度快；凹洼部分黏膜厚，表面呈钝化状态，溶解速度慢，由于活化与钝化的位置在不断变化，由此达到整平。D 点以后，电流随电位的增加急剧上升，说明阳极溶解反应激烈，会使表面重新粗糙，同时有大量氧气析出。实验证明，当抛光工艺控制在 D 点附近时，表面能达到最光亮的效果。

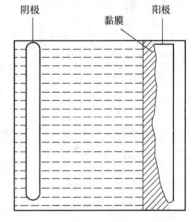

图 4-6 电解抛光时黏膜形成示意图

(2) 氧化膜理论：在抛光工艺中，阳极能达到氧的析出电位，新生态的氧能与金属形成氧化膜，使电极极化。在电解液的作用下氧化膜又会被溶解，所以零件表面的氧化膜处于不断形成与溶解的状态。但氧化膜的溶解速度是不同的，凸起的地方受氧气冲击作用较大，溶液流动快，易更新，溶解速度快，溶解产物也易扩散。相对凹处来说凸处是活化点，所以电流密度较大，金属的溶解速度也快。同时在较高的电流密度下生成的氧化膜比较疏松，利于溶解。在凹处的情况与上述相反，氧化膜溶解速度较慢，相对于凸处表面是钝态，溶解金属的电流较小。随着零件表面状态的变化，电流在不断地重新分布，但总是凸起的地方溶解速度

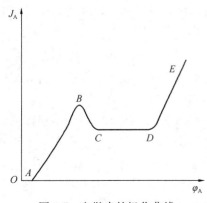

图 4-7 电抛光的极化曲线

快,所以能将表面整平。与黏膜理论相比,这里氧化膜的形成与溶解代替了黏膜的作用。

从以上讨论可以看出,这两种理论都能解释一定的实验现象,但又不能独立地解释所有生产中的问题。其中黏膜理论比较完善,为大家公认,能适用多数情况,但也不能说明所有现象。如在高氯酸溶液中抛光,没有磷酸盐膜存在,同样可以得到整平的效果,在这种情况下,氧化膜理论很好地解释了这一问题。这说明目前的任何一种理论都不全面,还有许多问题需要进一步研究。

2. 抛光工艺

碳钢和不锈钢等钢铁零件的抛光,常采用以碳钢为主的酸性电解液,可以加入少量甘油、明胶等有机添加剂来改善表面质量。钢铁材料的种类很多,成分相差很大,不同钢材不能用同种溶液抛光,应通过试验选择才有最好的效果,表 4-9 列出了几种金属抛光溶液可供参考。

表 4-9 不同金属电化学抛光工艺

成分与工艺条件	碳钢	不锈钢	铝、铝铜合金	铝镁、铝锰合金
磷酸（H_3PO_4, 85%）/(g/L)	50~60	560mL/L	40~45	55~60
硫酸（H_2SO_4, 98%）/(g/L)	15~40	400mL/L	40~45	12~16
铬酸（CrO_3）/(g/L)	—	50~60	3~5	8~10
甘油 [$CH_3(OH)_3$]/(g/L)	12~45	—	—	—
明胶/(g/L)		7~8	—	—
温度/℃	50~70	55~65	70~80	80~85
电流密度/(A/dm²)	20~80	20~50	30~50	17~20
时间/min	2~8	4~5	2~5	3~8
阴极材料	铅	铝或不锈钢	铅或不锈钢	铅或不锈钢

磷酸是抛光液的主要成分,磷酸的黏度大,与金属生成的磷酸盐也有很大的黏滞性,附着在金属表面在抛光中起重要作用,磷酸的酸度较低,对金属的腐蚀性较小。溶液中加入一定量硫酸可以提高抛光速度和增加光亮性,但含量不能过高,否则会引起腐蚀。加入铬酸可以提高抛光效果,因为铬酸是氧化性酸,有利于金属表面形成氧化膜,提高整平作用,如果不加铬酸,表面也不光亮。以高氯酸为主的电解液,有的还有醋酸和酒精等,这类电解液电阻大,电解液不稳定,使用不安全,而且成本高,需要 50~200V 高压直流电源,但是可以获得光洁度很高的表面,多用于金相磨片的抛光。

铝及铝合金的抛光液也采用以磷酸、硫酸体系为主(表 4-9),由于零件是在阳极进行处理,所以抛光后除能得到光亮、平整的外观,还能形成一层完整的氧化膜,提高耐蚀性。合金中铜、锰、镁等合金元素对抛光质量有很大影响,应分别进行处理。

电流密度对抛光质量也有很大影响,从抛光原理中可以看出,对于一定的溶液体系应有适当的电流密度范围,才能获得最好的抛光效果,电流密度过低整平作用很差,电流密度过大会引起过腐蚀。温度对抛光质量的影响与电流密度有类似的规律,生产上使用电解液时一般稍加温,可以提高溶液的导电能力,提高金属溶解速度,改善表面质量,但在抛光工艺中温度不是决定性的因素。搅拌溶液以提高抛光的速度和质量。

4.5.2 化学抛光

化学抛光具有与其他化学处理一样的优点，很受生产上的重视。但对在各个金属抛光的溶液中有较高的浓度的硝酸、盐酸，挥发性很大，对人体和环境危害很大。尤其是硝酸发出大量黄棕色的氮氧化物污染非常严重，在应用上受到一定限制。为了克服这一缺点，近年提出了很多低硝酸和无硝酸抛光溶液，即所谓无黄烟抛光溶液配方，已在生产上得到应用（表4-10）。

表 4-10　几种金属材料的化学抛光工艺

成分与工艺条件	铝及铝合金	铜及铜合金	不锈钢
磷酸(H_2PO_4，85%)/(g/L)	800	—	10
硫酸(H_2SO_4，98%)/(g/L)	200	100	2
硝酸(HNO_3，65%)/(g/L)	—	—	10
冰醋酸(CH_3COOH)/(g/L)	—	30～40	—
过氧化氢(H_2O_2，30%)/(g/L)	—	140～160	—
乙醇(C_2H_5OH)/(g/L)	—	40～60	—
添加剂(WXP-1)/(g/L)	0.2	—	—
磺基水杨酸钠/(g/L)	—	—	0.3
聚乙二醇/(g/L)	—	—	2
8-羟基喹啉/(g/L)	—	120～160	—
温度/℃	90～120	20～45	95
时间/min	5～8	0.5～1.5	5

为了减少和取代硝酸的作用，溶液的特点是在以磷酸和硫酸等无机酸为基础的溶液中，加入适当的光亮剂、缓蚀剂和络合剂来达到整平的作用。所有的光亮剂和缓蚀剂大都是有机物质，具有表面活性物质的特点，分子中极性基团吸附在金属表面形成了吸附层。由于溶液的流动和扩散作用，吸附层是不均匀的。在凸起的地方吸附量少而且更容易脱附，表面相对活化，金属首先发生溶解。凹处吸附量较多，不宜脱附，表面处于钝化状态，金属溶解速度小，在有机物质的吸脱附作用和金属溶解的过程中逐渐达到光亮和整平。缓蚀剂和光亮剂的选用都应与溶液成分和金属材料的种类相适应，必须通过试验来确定。缓蚀剂的另一种作用是扩大了浸蚀液的使用范围，防止金属产生氢脆和过腐蚀。络合剂对表面活化和溶解起辅助作用，提高溶解速度，还可以遮蔽溶液中的杂质，延长溶液使用寿命，如磺基水杨酸、柠檬酸、氨三乙酸等。

对于不同的金属其抛光时溶解的方式也不同。与氢离子相比离子化倾向大的金属，即比氢活泼的金属，金属的溶解主要是由于金属与氢离子的置换反应。比氢离子化倾向小的金属，也就是比氢不活泼的金属，金属的溶解首先是金属被氧化，然后是金属的氧化物与酸的反应。

4.6　制定表面预处理工艺流程的原则

金属制品的预处理要根据基体材料，油污和锈蚀情况来选择。确定合理的预处理流程对电镀的成败有重要意义。这里谈谈制定预处理流程的一般原则。

（1）若零件粘附大量的油污，且锈蚀严重时，在浸蚀之前必须进行粗除油，否则浸蚀液不能与金属氧化物接触，化学溶解受阻。

（2）制品经除油后，应在80℃以上的热水中清洗，因热水对洗去碱液、皂液、乳浊液及硅酸盐效果好。热水最好是流动的，否则要定期更换。随后用冷水逆流漂洗两次，防止水玻璃和肥皂带入浸蚀液中形成固态的硅胶和脂肪酸。

（3）制品强浸蚀后，至少要经两次逆流冷水漂洗，漂洗槽中水的流动方向要设计合理，以利污物排出，不要用热水洗，以防遭到腐蚀。

（4）制品粘附矿物油多或抛光膏多时，最好先用有机溶剂除油，除油后要等干燥后再转入化学除油，以防有机溶剂带入。

（5）制品经常规预处理，在电镀之前最好再进行一次电解除油，在弱浸蚀后迅速电镀。这对保证结合力是至关重要的环节。

（6）弱浸蚀永远是镀前预处理的最后一道工序，是否还需要清洗视具体情况而定。若清洗后不马上电镀应存于稀碳酸钠中，电镀前还应弱浸蚀。

（7）绝对不允许酸性物质带到氰化电解溶液中去，否则会产生剧毒氢氰酸，易造成氢脆的金属零件，应先阴极除油后再进行阳极除油。氧化皮的去除尽可能采用喷砂等机械方法。

前处理的典型工艺流程：

（1）一般耐蚀电镀

化学除油→热水洗→冷水洗→强浸蚀（酸洗）→冷水洗→冷水洗→电化学除油→热水洗→冷水洗→弱浸蚀（活化）→冷水洗→电镀。

（2）防护—装饰性电镀

磨光（抛光）→溶剂粗除油（电抛光）→干燥→化学除油→热水洗→冷水洗→一般浸蚀→冷水洗→冷水洗→电化学除油→热水洗→冷水洗→弱浸蚀→冷水洗→电镀。

（3）小零件电镀

滚光（除油、锈）→冷水洗→冷水洗→弱浸蚀→冷水洗→电镀。

随着科学技术的发展，前处理工艺流程有了很大的新进展、主要表现在常温（低温）除油，除油除锈一步法以及超声波除油、超声波浸蚀的研究和应用。手工操作预处理作业比较灵活，可根据情况决定取舍或重复工作。机械自动线流水作业前处理要特别慎重，除油和浸蚀工序都要十分充分和可靠。

4.7 难镀基体金属材料的镀前预处理

4.7.1 不锈钢的镀前预处理

不锈钢由铁、镍、铬、钛等组成，表面容易生成一层薄而透明且附着牢固的钝化膜，此膜除去后又会在新鲜表面迅速形成。因此，按一般钢铁件的镀前预处理不能获得附着力良好的镀层。在不锈钢电镀前，除按钢铁的除油和浸蚀外，通常还需进行活化预处理，活化处理是保证电镀层有足够附着力的重要步骤。一般活化处理方法有阴极活化法、浸渍活化法和镀锌活化法。

1. 阴极活化法

阴极活化处理是由于阴极表面析出氢气后,强烈的还原作用防止了氧化膜的形成,从而保持新鲜的不锈钢表面,其工艺规范见表4-11。

表4-11 不锈钢阴极活化工艺规范

组成及工艺条件	1	2	3
硫酸($d=1.84$)/(mL/L)	50~300	—	150~200
盐酸($d=1.19$)/(mL/L)	—	50~500	—
温度/℃	室温	室温	室温
电流密度/(A/dm^2)	0.3~0.5	0.5~2.0	1~2
时间/min	1~5	1~5	先阳极1min,后阴极2min

2. 浸渍活化处理

不锈钢浸渍活化处理的工艺规范见表4-12。

表4-12 不锈钢浸渍活化处理的工艺规范

组成及工艺条件	1	2
硫酸($d=1.84$)/(mL/L)	200~300	10
盐酸($d=1.19$)/(mL/L)	—	1
温度/℃	60~80	室温
时间/min	析出氢气后再持续1min	0.5

3. 镀锌活化处理

在不锈钢上镀一层很薄的金属锌,然后进入还原性酸中,由于锌与不锈钢的电极电位不同,在介质中构成微电池使锌层腐蚀溶解,而不锈钢基体作为阴极,析出的氢气对其表面的氧化膜起还原活化作用,从而提高覆盖层的结合力。

镀锌活化处理的具体操作过程为:首先对不锈钢作除油处理;然后在500mL/L的盐酸中浸蚀5~10min,氧化皮较厚,在盐酸中可适量添加氢氟酸、硫酸或磷酸,并适当延长浸蚀时间;最后在普通镀锌槽中电镀锌1~2min,最多不超过5min,然后在500mL/L盐酸或硫酸中退除锌层,再重复镀锌和退锌,即可电镀其他金属镀层。

4.7.2 锌合金压铸件的镀前预处理

锌合金压铸件具有精度高、加工过程无切割或少切割、密度小、有一定机械强度等优点。因此,在工业上对受力不大、形状复杂的结构或装饰零件,广泛采用锌合金压铸件。锌合金由于电位较负、化学稳定性差、容易被腐蚀,故常采用电镀层作为防护层或防护装饰层。锌合金压铸件结构是疏松多孔的,其主要成分是两性金属锌,很容易在酸、碱溶液中腐蚀,而且压铸件表面存在成分偏析现象,所以在前处理除油、浸蚀、活化时会使某些偏析铝或锌优先溶解,表面产生针孔,影响锌层质量,而且目前的表面处理方法仍存在质量问题,主要是结合力差,易产生鼓泡、脱皮、针孔等缺陷,有的厂家产品返工率高达50%。锌合金压铸件镀前预处理的合理性是保证获得良好结合力的关键。

1. 预处理

锌合金压铸件首先应磨去表面的毛刺、分模线、飞边等表面缺陷，而后用布轮抛光使零件获得机械整平和光泽。锌合金压铸件抛光后，表面的大量油污、抛光膏等必须预清洗，预清洗可采用有机溶剂或化学除油，并且预除油工序应在抛光后尽快进行，以免抛光膏日久硬化难除去。经预除油后，应再进行电化学除油。除油尽量采用低温、低碱浓度溶液（pH＜10，一般不添加氢氧化钠）。尽量不采用阳极电解除油，以避免锌合金表面氧化或溶解产物腐蚀或生成白色胶状腐蚀物和麻点。常用锌合金压铸件的化学除油及电化学除油工艺规范见表4-13。

表 4-13　常用锌合金压铸件的化学除油及电化学除油工艺规范

组成及工艺条件	化学除油	电化学除油	
		1	2
磷酸三钠/(g/L)	15～20	25～30	20
碳酸钠/(g/L)	10～20	15～30	
氢氧化钠/(g/L)			＜0.5
硅酸钠/(g/L)	3～5		20
表面活性剂 OP-10/(g/L)	适量		0.5
温度/℃	40～60	50～70	70～80
时间/min	0.5～1	0.5～1	0.5～1
电流密度/(A/dm²)	—	3～5(阴极)	1.5～3(阳极)

锌合金压铸件除油后，表面会有一层极薄的氧化膜，为彻底清除此氧化膜，保证镀层的结合力，常用稀酸溶液浸蚀清除。锌合金压铸件浸蚀的工艺规范见表4-14。

表 4-14　锌合金压铸件浸蚀的工艺规范

组成及工艺条件	1	2	3	4
硫酸(d=1.84)/(mL/L)	—	20～30	10～15	15～25
盐酸(d=1.19)/(mL/L)	—	—	—	10～15
氢氟酸(质量分数为40%)/(mL/L)	20～30	—	5～10	—
温度/℃	室温	室温	室温	室温
时间/min	3～5	3～5	3～5	3～5

浸蚀溶液浓度和时间应严格控制，因其对镀层结合力及镀层起泡故障有一定影响。浸蚀时间应以表面均匀产生小气泡且呈现轻微变色为准。

为了进一步提高预镀层与基体的结合力，需要进行活化处理。活化液的成分是预镀溶液的主配合剂，当用氰化工艺预镀铜或黄铜时，可在3～10g/L的氰化钠溶液中浸渍活化，不清洗就带电入槽预镀；当采用中性柠檬酸盐工艺预镀时，可在30～50g/L柠檬酸溶液中浸渍活化，不清洗带电入槽镀镍。

2. 预镀

锌合金的电极电位较负，为防止发生置换反应，影响镀层结合力，锌合金压铸件通常氰化预镀铜或中性预镀镍。其预镀铜、镍的工艺规范见表 4-15、表 4-16。

表 4-15　锌合金压铸件氰化预镀铜的工艺规范

组成及工艺条件	1	2	3
氰化亚铜/(g/L)	18~25	20~30	8~12
氰化钠(游离)/(g/L)	7~12	6~8	15~20
碳酸钠/(g/L)	10~15	—	—
酒石酸钾钠/(g/L)	—	35~45	—
温度/℃	35~45	40~50	40~50
阴极电流密度/(A/dm²)	0.5~1.5	0.5~1.5	1~2

表 4-16　锌合金压铸件中性预镀镍的工艺规范

组成及工艺条件	1	2
硫酸镍/(g/L)	90~100	150~180
氯化钠/(g/L)	10~15	10~20
柠檬酸钠/(g/L)	110~130	170~200
硫酸镁/(g/L)	—	10~20
硼酸/(g/L)	20~30	—
pH 值	7.0~7.5	6.5~7.0
温度/℃	50~60	35~45
阴极电流密度/(A/dm²)	1.0~1.5	0.8~1.0
搅拌方式	阴极移动	阴极移动

为了保证形状复杂的锌合金压铸件有良好的电镀分散能力和覆盖能力，并防止锌与电镀液中电位较正的金属离子发生置换反应，影响镀层的结合力，锌合金压铸件应带电入槽，入槽后采用 2~3A/dm² 大电流冲击电镀 1~3min，以便很快镀覆一层完整而孔隙较少的致密镀层，然后恢复正常电流密度电镀，采用阴极移动电沉积铜时，可获得结晶细致、平滑的铜镀层。

锌合金压铸件预镀铜底层的厚度一般不应小于 5μm，预镀铜层太薄，镀层会多孔，在后续进行酸性镀铜或镀镍时不能有效地阻止溶液对锌合金的浸蚀。此外铜很容易向锌合金内扩散，形成较脆的铜锌合金中间层，铜层越薄扩散作用发生越快，因表面镀层与锌合金基体的电位差而引起的电化学腐蚀越严重。因此铜镀层应厚一些，达到 10μm 左右为好。由于闪镀的电流效率较低，可在沉积 1~2μm 后，再在其他镀铜溶液中加厚，如中浓度的氰化镀铜、焦磷酸盐镀铜、羟基乙叉二膦酸（HEDP）镀铜溶液等。

形状不太复杂的锌合金压铸件可采用中性镀镍溶液预镀。表 4-17 列出了几种常用锌合金压铸件的表面处理工艺。

表 4-17 常用锌合金压铸件的表面处理工艺

方 法	工艺流程	工艺特点
电镀	预处理→预镀中性镍→镀亮镍→镀铬	该工艺适合于形状较为复杂的锌合金压铸件，产品合格率达到95%
	预处理→预镀氰化铜→镀亮镍→镀铬	该工艺成熟，且镀层与基体结合力良好，但环保性不好
	预处理→预镀氰化铜→焦磷酸盐镀铜→镀亮镍→镀铬	预镀氰化铜后，在焦磷酸盐镀铜溶液中电镀10min。焦磷酸盐镀铜溶液的分散能力和覆盖能力较强，可以弥补氰化镀铜层多孔性的缺陷，对提高锌合金压铸件的预镀层质量较为有效
	预处理→浸氰→预镀氰化铜→预镀黄铜→酸性光亮镀铜	浸氰工艺能中和复杂工作深盲孔中的残留酸，同时可以除去工作表面极薄的氧化膜，保证镀层结合力；预镀黄铜不但能满足镀层厚度的要求，而且能保证预镀层光滑、细致、致密性良好
	预处理→氰化预镀黄铜→酸性亮铜→光亮镀镍→钝化	该工艺适用于滚镀镍，对于小型工件，可以省略氰化镀铜工序
化学镀	预处理→碱性电镀锌→碱性化学镀镍→酸性化学镀镍	该工艺具有良好的结合力和镀层外观质量，镀液的稳定性好
	预处理→低温碱性化学镀镍→中温碱性化学镀镍→高温酸性化学镀镍	该工艺获得的镀层有良好的结合力和镀层外观，并且腐蚀电阻和屏蔽性都得到了加强
黑色氧化	预处理→清洗→黑色氧化→油封或特殊的镀后处理	锌合金压铸件的黑色氧化价格便宜、耐腐蚀性好、外观好、应用广泛，适用于小型工件

铝及其合金、镁及其合金的镀前预处理在第14章进行介绍。

复习思考题

1. 根据零件表面的性质及状态分析电镀前处理的目的。如果电镀前处理质量不好，对镀层质量有什么影响？

2. 粗糙表面的精整包括哪些处理方法？各在什么情况下应用？

3. 用于除油的有机溶剂有几类？举例说明其性质与应用。

4. 简述化学除油的原理、基本组成及各成分的作用。

5. 简述电化学除油的原理，与化学除油相比它有什么特点？

6. 请说明阴极电解除油和阳极电解除油的优缺点，生产上如何应用二者？

7. 表面活性剂应用在除油上可起到哪些作用？

8. 浸蚀分为哪几种？简述 HCl 浸蚀与 H_2SO_4 浸蚀的不同特点。

9. 什么叫弱浸蚀？其特点是什么？弱浸蚀后进入镀液前是否需要经过水洗？

10. 铝及铝合金前处理有哪几种工序？举例说明各个工序的工艺流程。

11. 如何防止和减少浸蚀过程中的过腐蚀和氢脆？

12. 电化学抛光、化学抛光及机械抛光各有什么特点？

13. 制定表面预处理工艺流程的原则是什么？

14. 某钢件表面粘附大量油污且锈蚀严重，请制定出一般前处理工艺流程。

5　镀　锌

5.1　概　述

5.1.1　镀锌层的性质及应用

金属锌呈银白色，标准电极电位为 $-0.76V$，易溶于酸，也易溶于碱，是典型的两性金属。

锌在干燥空气中几乎不发生变化，在常温和中性介质中耐蚀性很好；锌腐蚀的临界湿度大于 70%，在潮湿大气中能与二氧化碳和氧作用，生成一层主要由碱式碳酸锌组成的薄膜，这层膜有一定的缓蚀作用；锌能和硫化氢及含硫化合物起反应生成硫化锌；锌不耐氯离子腐蚀，在海水中不稳定。

锌的标准电位比铁负，对钢铁而言锌是典型的阳极性镀层，可提供可靠的电化学保护，所以锌层广泛用作黑色金属的保护层，其防护寿命几乎与其厚度成正比关系。

锌在 70℃以上的水中，电位反而比铁正，锌就失去了电化学保护的作用。在高温高湿且含有有机酸气氛中，镀锌层的耐腐蚀性极差。镀锌层的气氛腐蚀速度与腐蚀气氛的浓度有很大关系，浓度越高，腐蚀越严重。因此，在大气中，只有在没有有机挥发气氛或者在完全干燥的空气中，镀锌层才是可靠的防护性镀层。

实际使用的镀锌层是经过钝化处理的。因为将镀锌层在含有铬酸的溶液中钝化，可以在镀锌层表面获得一层化学稳定性较高的各种色彩的铬酸盐薄膜，其防护能力可提高 5～8 倍，而且表面美观，增加了装饰效果。

5.1.2　镀锌电解液的类型

镀锌溶液可分为：碱性溶液镀锌，如氰化物镀锌、锌酸盐镀锌和焦磷酸盐镀锌等；酸性溶液镀锌，如硫酸盐镀锌等；弱酸性溶液镀锌，如氯化钾（钠）镀锌、氯化铵镀锌等。目前生产中较常使用的有如下几种类型。

1. 氰化物镀锌电解液

氰化物镀锌电解液是以氰化钠为络合物的电解液。该电镀液的分散能力和深镀能力好，所得电镀层结晶细致，光泽性好。电解液对杂质的允许含量高，阴极电流密度及操作温度范围宽，因而工艺容易控制。镀液对设备的腐蚀性小。其缺点是阴极电流效率低，电能消耗大，电解液中含剧毒的 NaCN，因此废水处理费用高，车间应有良好的通风设备和必要的安全措施。

2. 锌酸盐镀锌电解液

镀层光亮细致，钝化膜色泽均匀，抗蚀性好，电解液对设备腐蚀性小。其缺点是阴极电流效率低，沉积速度慢，对铸铁件不易得到完整镀层，电解液对杂质较敏感，电镀时有碱雾逸出，需有良好的通风设备。

3. 氯化钾（钠）镀锌电解液

该工艺的特点是镀液稳定，成本低廉，操作简便，电解液的分散能力和深镀能力好，阴极电流效率高，沉积速度快，镀层结晶细致，光泽性好，污水处理容易。

5.2 氰化物镀锌

5.2.1 镀液成分及工艺条件

氰化物镀液根据含氰量多少分为高氰、中氰、低氰三种类型。为了减轻或消除氰化物对环境的污染，近年来在生产中应用了不少无氰镀锌的工艺。同时对原有的氰化物镀锌电解液也进行了改进，出现了由高氰（指游离氰化钠）逐渐向中氰、低氰过渡的趋势。

氰化物镀锌常用的配方及工艺条件见表 5-1。

表 5-1　氰化物镀锌液配方及工艺条件

组成与工艺条件	高　氰	高氰（光亮）	中　氰	低　氰
氧化锌(ZnO)/(g/L)	30~50	35~40	16~24	9~10
氰化钠(NaCN)/(g/L)	80~120	80~100	45~55	10~13
氢氧化钠(NaOH)/(g/L)	60~100	70~90	75~90	75~80
硫化钠(Na$_2$S)/(g/L)	—	0.5~2	0.5~3	—
甘油[C$_3$H(OH)$_3$]/(mL/L)	—	3~5	3~5	—
HT 光亮剂/(mL/L)	—	—	—	0.5~1
HT 净化剂/(mL/L)	—	—	—	0.1~0.2
温度/℃	15~40	15~40	15~40	15~32
j_k/(A/dm^2)	1~2.5	1~5	1~5	1~3

目前中氰镀液应用较多，这类镀液含锌量也低，其 NaCN/Zn 比较近于高氰，因此镀层质量也比较好。低氰镀液一般配合使用合适的光亮剂，来提高镀层质量和镀液分散能力。

5.2.2 镀液中各成分的作用及影响

1. 氧化锌

氧化锌作为溶液中锌离子的来源，其含量应控制在规定范围内。锌含量过高，而又不能同时增加 NaCN 和 NaOH 的含量时，则将降低阴极极化，分散能力下降，镀层发暗粗糙。当锌离子含量低时，阴极极化增大，分散能力提高，镀层结晶细致。但由于阴极析氢量增多，阴极电流效率下降。

2. 氰化钠

在中、高氰镀液中，氰化钠是镀液中的主要络合剂。它的作用主要是络合镀液中的锌离子，形成[Zn(CN)$_4$]$^{2-}$络离子，增大阴极极化，使镀层结晶细致；保持一定量的氰化钠，可防止阳极钝化，促进锌阳极正常溶解，保持溶液中主盐浓度；为了保持镀层质量和镀液性能，需要保持一定游离量的氰化钠，才能获得结晶细致的镀层，否则会降低镀液的分散能力和覆盖能力。但过高的氰化钠含量，会严重降低阴极电流效率，造成镀层针孔、麻点等缺陷。

3. 氢氧化钠

氢氧化钠在高氰镀液中主要起提高电导和电流效率的作用。在双电层中$[Zn(CN)_4]^{2-}$转化为$[Zn(OH)_4]^{2-}$，再经前置转化为直接放电的络离子。反应式如下：

$$[Zn(CN)_4]^{2-}+4OH^- \longrightarrow [Zn(OH)_4]^{2-}+4CN^- （配体交换）$$

$$[Zn(OH)_4]^{2-} \longrightarrow Zn(OH)_2+2OH^- （配位数下降）$$

所以氰化镀锌中锌主要是从锌酸盐中电析的，如果不加氢氧化钠，高氰电解液的阴极电流效率只有15%，镀层灰暗疏松。随氢氧化钠含量的升高，电流效率升高，镀层质量改善；达到80g/L时，阴极电流效率达到最大值。当NaOH含量很高而没有NaCN时，虽然电流效率很高，但镀层粗糙，为疏松海绵状镀层。根据实际生产经验，若以当量为单位，$R_{CN^-}=CN^-/Zn=1.5\sim2$，$R_{OH^-}=OH^-/Zn=2\sim3$，$R_{CN^-+OH^-}=(CN^-+OH^-)/Zn=3.5\sim5$为宜（$R$为各项比值）。

在低氰镀液中，氢氧化钠既是络合剂，又是导电盐。适当的浓度对于提高电流密度上限值，保持镀液的稳定性，改善阳极溶解都是必要的。

4. 光亮添加剂

加入Na_2S，除了能除去重金属杂质（如Pb^{2+}、Sn^{4+}等）外，还具有使镀层产生光亮的作用，加入量为$0.5\sim3g/L$。含量过低，起不到光亮作用；含量过高，会使镀层脆性增大。

甘油的作用是为了提高阴极极化，有利于获得均匀细致的镀层，加入量为$3\sim5g/L$。

在低氰镀液中，由于NaCN含量低，镀液的分散能力下降、镀层发灰粗糙，这时，需加入合适的光亮剂，才能保证镀层质量。HT光亮剂加入到低氰镀液中，在电极表面有较大的吸附和提高阴极极化值的作用，使镀层细致光亮，分散能力提高。HT光亮剂若添加过量，会造成阴极电流效率下降、结合力不良和镀层脆性等故障。在某些情况下，为了改善镀层的光亮性，也可加入少量用于锌酸盐镀锌的添加剂到氰化镀液中，同样起到镀层增光和提高镀液分散能力的作用，但效果没有HT光亮剂好。

5.2.3 操作条件分析

（1）电流密度。低氰镀锌比高氰镀锌电流密度范围要窄一些，一般可在$1\sim3A/dm^2$范围内使用。若电流密度过高，则是镀层粗糙，边角易烧焦，而且随着电流密度升高，电流效率下降。电流密度过小时，沉积速度慢，生产效率低，容易出现阴、阳面。

（2）温度。低于10℃，溶液电导降低，允许电流密度上限值降低，沉积速度慢，高于40℃会加速下述反应：

$$2NaCN+2NaOH+2H_2O+O_2 \Longrightarrow 2Na_2CO_3+2NH_3\uparrow$$

（3）阳极。低氰镀锌抗重金属杂质的干扰能力比高氰低，宜用高纯锌（99.98%以上）做阳极。压延阳极比铸造阳极杂质少，产生泥渣少，而且溶解性能好。选择优质锌阳极是减少镀液故障的关键。阳极允许电流密度为$1\sim2A/dm^2$，高于$2A/dm^2$阳极易钝化。为增大阳极面积又不导致锌离子浓度升高，可采用部分镀镍的铁板做辅助阳极。

5.2.4 镀液中杂质的影响及排除

氰化物镀锌电解液对杂质的敏感性较小。但是，一些重金属离子和碳酸盐积累到一定的量时，还是对镀层质量有影响的，因此，必须将其除去。现分述如下：

1. Cu^{2+}、Pb^{2+}、Cd^{2+} 等重金属杂质

若阳极或其他试剂纯度不高，则可能引入铜、铅、镉等重金属杂质。这些金属与金属锌共沉积，将使镀层粗糙、颜色发黑，钝化后色泽发暗，而且含有铜、铅的镀层耐蚀性差。这些重金属杂质的去除，可采用以下几种方法：

（1）因为铜、铅、镉杂质金属都比锌更容易从水溶液中电解析出，因此用低电流密度（阴极电流密度为 $0.1\sim0.2A/dm^2$）电解处理一定时间后，可以将它们除去；

（2）在不断搅拌下按 $2.5\sim3g/L$，加入 Na_2S，使重金属离子以硫化物的形式沉淀析出。Na_2S 的量不可添加过多，以免溶液中锌损失过多。

（3）除去铜杂质还可以用加入锌粉的方法。使锌和 Cu^{2+} 离子发生置换反应将铜除去，加入锌粉后静置24h后过滤将铜除去，以免铜的重新溶解。

2. 六价铬

六价铬可能因挂具上沾有钝化液而引入镀液。六价铬杂质会降低阴极电流效率，或者造成局部无镀层。可用锌粉处理或加入 $0.2\sim0.5g/L$ 的保险粉（连二亚硫酸钠），过滤除去。

3. 铁杂质

氰化物镀锌对铁杂质允许含量较高（一般为 $15g/L$），铁杂质对镀层外观影响不大，但铁与锌共沉积会降低锌镀层的耐蚀性。铁杂质也可以采用 Na_2S 处理法除去。

4. 碳酸钠杂质

镀液中的氰化钠及氢氧化钠与空气中的二氧化碳作用生成碳酸钠。镀液中碳酸钠含量过高，将会降低阴极电流效率。若碳酸钠结晶析出将使镀层变粗糙，色泽发暗。除去碳酸钠的方法有两种：

（1）加入氢氧化钙使之生成碳酸钙沉淀除去；

（2）将镀液降温至 $0℃$ 以下，使碳酸钠结晶析出。

5. 有机杂质

有机杂质主要来源于添加剂的分解产物，有时造成镀层针孔、条纹等缺陷。可以用活性炭处理消除有机杂质。

5.3 锌酸盐镀锌

碱性锌酸盐镀锌由于镀液不含剧毒的氰化物而消除了毒害，自20世纪70年代初发展以来，经过不断改进和应用，至今已是我国广泛应用的镀锌液之一，其中DE型和DPE型锌酸盐镀锌工艺应用最为普及。

5.3.1 镀液成分及工艺条件

DE型和DPE型镀锌工艺规范见表5-2。

表 5-2　DE 型和 DPE 型镀锌液配方与工艺规范

组成与工艺条件	DE 型	DE-81	DPE-Ⅲ型	ZB-80 型
氧化锌(ZnO)/(g/L)	10～12	10～12	11～13	10～12
氢氧化钠(NaOH)/(g/L)	100～120	100～120	1100～130	100～120
DE 添加剂/(mL/L)	3～5	—	—	—
DE-81 添加剂/(mL/L)	—	3～5	—	—
香草醛/(g/L)	0.05～0.1	—	—	—
EDTA/(g/L)	0.5～1	—	—	—
ZBD-81 光亮剂/(mL/L)	—	3～5	—	—
DPE-Ⅲ 添加剂/(mL/L)	—	—	4～8	4～6
三乙醇胺/(mL/L)	—	—	10～20	—
ZB-80 或 WB2-3/(mL/L)	—	—	—	2～4 或 3～5
温度/℃	10～40	10～40	15～40	10～40
j_k/(A/dm²)	1～3	1～4	1～3	1～4
$S_阴/S_阳$ 面积比	1∶1.5～2	1∶1.5～2	1∶1.5～2	1∶1.5～2

5.3.2　溶液配制方法

酸盐镀锌所用的原料纯度和配置方法对工艺质量影响很大。必须注意：氧化锌要用工业一级品，纯度大于 98%；氢氧化钠要用 95% 以上的固体碱，不能用液碱。

（1）将计算量的氢氧化钠倒入槽中，注入总体积 1/5 的水（冬季用热水），迅速搅拌溶解；

（2）将计算量的氧化锌用少量水调成糊状，在不断搅拌下逐渐加入热碱液中，直至搅拌到全部溶解，将镀液稀释至总体积；

（3）待溶液冷却到 40℃ 以下时，加入 2～3g/L 锌粉（无锌粉可用 0.2g/L 的硫化钠代替；先溶解并稀释 100 倍后慢慢加入），充分搅拌 20～30min，静置 4～8h 后虹吸过滤。

（4）加入计算量的主添加剂和光亮剂，香草醛光亮剂用稀碱液溶解后加入，充分搅拌均匀，即可试镀。

5.3.3　络合平衡与电极反应

1. 络合平衡

在镀液中 NaOH 是络合剂，它可以和 ZnO 生成锌酸盐，其反应式为：

$$ZnO + 2NaOH + 2H_2O \longrightarrow Na_2Zn(OH)_4$$

锌酸盐电离：

$$Na_2Zn(OH)_4 \rightleftharpoons 2Na^+ + [Zn(OH)_4]^{2-}$$

由于镀液中 NaOH 含量是过高的，所生成的 $[Zn(OH)_4]^{2-}$ 络离子其不稳定常数比较小，因而溶液比较稳定。

2. 电极反应

（1）阴极反应。当溶液中的四羟基合锌络离子迁移到阴极表面后，进行电极反应。首先是配位数下降，然后放电。

$$[Zn(OH)_4]^{2-} \longrightarrow Zn(OH)_2 + 2OH^-$$

$$Zn(OH)_2 + 2e \longrightarrow [Zn(OH)_2]^{2-}_{吸附}$$

$$[Zn(OH)_2]^{2-}_{吸附} \longrightarrow Zn_{晶格} + 2OH^-$$

另外，在阴极上还发生析氢反应：

$$2H_2O + 2e \longrightarrow H_2 \uparrow + 2OH^-$$

（2）阳极反应。主要是锌阳极的电化学溶解：

$$Zn + 4OH^- - 2e \longrightarrow [Zn(OH)_4]^{2-}$$

当电流密度较高时，阳极电位变正，阳极上 OH^- 离子放电析出氧气：

$$4OH^- - 4e \longrightarrow O_2 \uparrow + 2H_2O$$

5.3.4 各成分的作用及其影响

（1）氧化锌。这是镀液中主要成分，如前所述，它的浓度和含量必须与溶液中其他成分相适应。当镀液中氧化锌含量提高时，镀层粗糙，光亮度差，分散能力下降。当氧化锌含量过低时，电流效率低，沉积速度慢，ZnO 的含量通常控制在 $10 \sim 13g/L$ 为宜。

（2）氢氧化钠。它是锌的络合剂，具有保持溶液稳定并促进阳极溶解、提高镀液的导电性等作用。因此，控制 NaOH 含量与 Zn 含量在一定比例范围内，是获得质量优良镀层的关键。通常 Zn：NaOH＝1：12 为最佳比例。NaOH 含量稍高些，有利于络合离子的稳定，提高阴极极化和获得结晶细致的镀层。但含量过高时，使阳极溶解太快，造成镀液中锌离子浓度过高，镀层结晶粗糙。若 NaOH 含量过低，则会造成锌酸盐水解，生成氢氧化物沉淀，同样影响了镀锌层的质量。

（3）添加剂。在锌酸盐镀液中，添加剂是保证镀层质量的关键。在不含添加剂时，只能得到海绵状的沉积，镀层不能使用。当加入某些有机添加剂后提高了镀液的阴极极化值，所获得的镀层均匀细致。常用的 DE、DPE-Ⅲ 等添加剂是有机大分子化合物，是水溶性表面活性物质。它们分别是二甲氨与环氧氯丙烷以及二甲基氨基丙烷、乙二胺与环氧氯丙烷的缩合产物，能吸附在电极表面上，有较宽的吸附电位范围，能增大阴极极化，使镀层结晶细致，但镀层无光泽。因此，为了得到光亮的镀层，必须同时加入一些醛类光亮剂以及混合光亮剂（单乙醇胺、三乙醇胺与茴香醛的混合物），以提高镀层的光亮效果。另外还有香草醛、ZB-80、KR-7 等类的光亮剂，这些添加剂的加入可使镀层更光亮、平滑，且能降低镀层的应力。光亮剂常采用少加勤加的方法，使其控制在工艺范围内，因为当含量不足时镀层不亮，而含量过高则使镀层脆性增大。

5.3.5 镀液维护

1. 注意温度和电流密度的相互关系

镀液电流密度对温度有很大的依赖关系。温度低时，添加剂吸附强，脱附困难，溶液的导电性能差，此时绝不能采用高的电流密度，否则会造成添加剂在镀层中夹杂，脆性增大，边角烧焦。温度高时，添加剂吸附性弱，极化降低，溶液导电性好，必须采用较大的电流密度，以提高阴极极化，细化结晶，防止阴阳面。所以必须根据镀液温度调节电流密度，低于 20℃，采用 $1 \sim 1.2A/dm^2$；$20 \sim 30℃$宜用 $2 \sim 3A/dm^2$。

2. 杂质的危害及清除

锌酸盐镀液对杂质较敏感，镀锌生产过程中大部分故障的原因是由杂质引起的。当铜 >20mg/L、铅>15mg/L、铁>50mg/L 时都会造成镀层乌暗、发黑，产生黑色条纹等疵病。生产中除注意阳极纯度外，定期用锌粉 1～3g/L 置换清除重金属是最有效的。目前生产每隔数日用化学纯的硫化钠除杂质，但每次加入量不得超过 0.15g/L，并要溶解稀释 100 倍后加入，边加边充分搅拌。

添加剂和光亮剂的分解产物、油脂的带入都会引起镀层发脆，产生条纹、发花等疵病，每月或每季用 3～5g/L 活性炭处理一次。活性炭对主添加剂影响很小，但会吸附部分光亮剂，要适当补充一部分光亮剂。

5.4 氯化钾（钠）镀锌

5.4.1 氯化钾镀锌的特点

氯化物镀锌可以分为氯化铵镀锌和无铵氯化物镀锌两大类。前者由于对设备腐蚀严重、废水处理困难等，已逐渐被淘汰。20 世纪 70 年代末发展起来的无铵氯化物镀锌即氯化钾镀锌不仅完全具备氯化铵镀锌的优点，而且还克服了其存在的缺点，因此发展很快。

氯化钾镀锌电解液中的 Cl^- 离子和 Zn^{2+} 离子的络合能力很弱，与氯化铵、氰化物及锌酸盐镀锌相比，其废水处理简单。在电镀过程中除了少量氢气及氧气逸出外，无其他碱雾、氨气等污染，无须排风设备。另外该工艺所得镀层极适宜与低铬酸钝化及超低铬酸钝化配合使用，这就大大减轻了钝化废水的处理。可见，该工艺具有显著的环境效益。

采用适宜的添加剂后，可以由氯化钾镀锌电镀液中获得结晶细致，光泽性好的镀层。镀层的内应力低，电解液的操作温度范围宽（5～65℃），夏天不需降温，冬天不必加温，即可维持正常生产。

该电解液的阴极电流效率高达 95%～100%，沉积速度快，且电解液的分散能力和深度能力好，在铸铁件、高碳钢件上都能镀覆合格的镀层。

5.4.2 氯化钾（钠）镀锌液配方及工艺条件

氯化钾（钠）镀液以氯化钾（钠）和氯化锌为基础，其不同之处主要是添加剂和光亮剂的不同。目前仍有不少新型光亮剂问世，希望在镀液使用温度方面更宽和镀层脆性降低方面取得进展。其常用的氯化钾（钠）镀液组成见表 5-3。

表 5-3 氯化钾（钠）镀锌液配方及工艺条件

组成与工艺条件	氯锌-1 号		CT-2A		组合光亮剂
	钾盐型	钠盐型	钾盐型	钠盐型	
氯化锌/(g/L)	60～70	60～70	55～75	55～75	50～80
氯化钾/(g/L)	180～220	—	210～240	—	200～250
氯化钠/(g/L)	—	200～220	—	210～220	—
硼酸/(g/L)	25～35	30～35	25～30	30～35	25～35

85

续表

组成与工艺条件	氯锌-1号		CT-2A		组合光亮剂
	钾盐型	钠盐型	钾盐型	钠盐型	
氯锌一号/(mL/L)	14～18	16～18	—	—	—
CT-2A/(mL/L)	—	—	12～18	12～18	—
组合光亮剂/(mL/L)	—	—	—	—	15～25
温度/℃	10～50	10～50	5～50	5～50	10～30
pH 值	4.5～6	5～6	5.4～6.2	5～6	4.5～6
j_k/(A/dm²)	1～6	1～6	0.5～3.5	1～2	1～4
$S_阴/S_阳$ 面积比	1:1.5～2	1:1.5～2	1:1.5～2	1:1.5～2	1:1.5～2
滚镀转速/(r/min)	≥10	≥10	—	—	—

注：1. 氯锌一号和氯锌二号交换互补，可节省成本，一号加一次，二号加两次交替补充；

2. CT-2 配槽，CT-2B 补充使用。

5.4.3 各成分的作用

（1）氯化锌。$ZnCl_2$是镀液的主盐。它易吸水，在水中极易水解。必须保持一定的酸性才能使镀液稳定。$ZnCl_2$浓度高，允许使用的阴极电流密度宽，但分散能力差，尤其是滚镀时，主盐不宜过高，否则镀层会粗糙无光。浓度低时，镀液的分散能力可以提高，镀层结晶细致，但沉积速度降低。夏季锌浓度高时浊点下降，容易出现浑浊，锌浓度宜控制在 60～70g/L 范围内，夏天偏低，冬天偏高。

（2）氯化钾（钠）。氯化钾（钠）是导电盐，氯根与锌离子之间有缔和作用，可降低锌离子的活度，提高阴极极化，改善分散能力。氯离子还促进阳极正常溶解。

使用 KCl 和 NaCl 作为导电盐主要区别在于：

① NaCl 比 KCl 的溶解度稍大，在20℃时，KCl 溶解度为34.7g，NaCl 的溶解度为35.7g，KCl 和 NaCl 的含量同样在 200g/L 时，在低于 10℃，含 KCl 的镀液有结晶析出，而含有 NaCl 的镀液则没有结晶析出；

② 钾盐的导电性大于钠盐的导电性；

③ 在锌离子含量、导电盐浓度及光亮剂含量等条件相同的情况下，钾盐镀液的阴极极化值大于钠盐镀液的极化值；

④ 钾盐镀液的温度范围比钠盐镀液的使用温度范围宽，在同样条件下，钾盐镀液温度升到50℃时，镀液清亮透明；而钠盐温度升到33℃就有混浊现象；

⑤ 在同样条件下，从钾盐镀液得到镀层的脆性比钠盐镀液得到的镀层脆性小，硬度也低些。

总之，从镀层性能和镀液性能等综合考虑，钾盐镀液要稍优于钠盐镀液，但钾盐镀液的成本要高些。

（3）硼酸。硼酸是缓冲剂。因阳极电流效率比阴极电流效率高。故 pH 值有缓慢上升趋势。在双电层中 pH 值比溶液本体高，所以如果阴极区 pH 值高将导致氢氧化锌在镀层中夹质，镀层质劣。用硼酸使 pH 值保持在 4.6～5.6 之间，pH 值偏高可用醋酸或盐酸调整。

(4) 添加剂。从未加入添加剂的氯化钾镀锌电解液中，所得镀锌层颜色灰白，且镀层粗糙，只有加入一定量的添加剂，才能在宽广的电流密度范围内获得结晶细致、整平性好、光泽性强且厚度均匀的镀锌层。因此，光亮添加剂是氯化钾镀锌电解液中一个极其主要的组分。几十年来，在这方面的研究实验较多，不少研究成果已经商品化。

目前生产应用的氯化物镀锌光亮添加剂的种类很多，它们都是由主光亮剂、载体光亮剂和辅助光亮剂三个组分构成的。

① 主光亮剂。能吸附在阴极表面，增大阴极极化，使镀层结晶细致、光亮。有些主光亮剂还能增大阴极极化度，使电解液的分散能力得到改善。这类光亮剂是一种能产生有显著光亮和整平作用的有机物，从分子结构来说，主要是芳香醛、芳香酮以及一些含氮杂环化合物，如肉桂醛、苄叉丙酮、苯甲酰丙酮、3-吡啶甲酰胺等。

② 载体光亮剂。氯化钾镀锌所采用的主光亮剂不溶于水，必须加入一定量的助剂，使主光亮剂在助剂的增溶作用下，呈极高的分散度分散在电解液中，才能在电镀过程中发挥作用。这些助剂就称为载体光亮剂，常用的有：OP-乳化剂，聚氧乙烯脂肪醇醚，也有HW、MO 等合成的商品载体光亮剂。

它们都是非离子型的表面活性物质，其亲水基团向着溶液，憎水基团向着不溶于水的主光亮剂。选用载体光亮剂时应选聚合度高的，因为聚合度越高的表面活性物质，亲水性越好，浊点越高，对主光亮剂的增溶效果越好。

载体光亮剂除了对主光亮剂的增溶作用外，还能特性吸附在阴极表面，降低阴极与溶液界面张力，增加润湿性，消除镀层针孔，而且还能增大阴极极化，使镀层结晶细致光滑。

③ 辅助光亮剂。与主光亮剂配合使用，可增加电沉积锌的阴极极化和极化度，特别是对低电流密度区影响更大。由于添加了辅助光亮剂，在低电流密度区也能得到光亮镀层，同时使电解液的分散能力提高。添加辅助光亮剂后，还能适当减少主光亮剂的用量。

目前生产中采用的辅助光亮剂有：芳香族羧酸盐，例如苯甲酸钠；芳香族羧酸，例如肉桂酸；磺酸盐，例如亚甲基双萘磺酸盐等。

国内市售的 W、101、CT-1、CT-2，氯锌-1 等都是选择上述物质相互搭配而成的。匹配的优劣直接影响光亮剂的质量。表 5-3 中组合光亮剂配比如下：苄叉丙酮（用酒精溶解）20g/L；平平加 160～180g/L；苯甲酸钠 30～40g/L；扩散剂 NNO 50～60g/L。组合光亮剂加入量为 15～25mL/L，新配槽时另补充平平加 3～5g/L。

5.4.4 操作条件分析

(1) pH 值。根据配方不同，pH 值可在 4～6 之间变动。pH 值偏低将使析出氢气的过电位降低，氢气大量析出必然降低阴极电流效率；另外，pH 值过低，还会加速阳极的自溶解，使电解液中锌离子浓度升高，降低电极溶液的分散能力，可用 KOH 或 NaOH 调整。若 pH 值过高，镀层粗糙，不光亮，当 pH＞6 时，将发生氯化锌水解为氢氧化锌的反应，氢氧化锌在镀层中夹杂，使镀层发黑，且脆性增加；若氢氧化锌粘附于阳极表面，还会造成阳极钝化。电解液的 pH 值是靠 H_3BO_3 的缓冲作用来维持的。

(2) 温度。一般维持在 10～50℃，即夏天不需降温，冬天不必升温。该电解液的操作温度与组合光亮剂的种类有很大关系。若组合光亮剂的浊点较高，则允许使用较高的温度操作。但随着温度的提高，阴极极化过电位下降，而且分散能力和深度能力下降。若温度过低，允许使用的电流密度上限下降，沉积速度降低。

(3) 电流密度。阴极电流密度与电解液中锌离子的浓度、温度及搅拌情况有关。若锌离子浓度较高，操作温度高，而且有阴极移动装置，则不致出现浓差极化控制，因此可以使用较高的阴极电流密度。但是电流密度过高，光亮剂易夹杂在镀层中，使镀层内应力增大，光泽下降。该电解液的阴极电流密度一般控制在 $0.5\sim5A/dm^2$ 范围内。

(4) 阳极。由于镀液中没有强络合剂，不能掩蔽金属杂质，因而要采用 0 号或 1 号高纯锌，以免阳极带入过多的杂质。

5.4.5　镀液中杂质的影响及排除

(1) 镀层发雾主要是铅、铜杂质引起的，这些杂质大于 $5mg/L$，就有明显影响，可用小电流电解或锌粉处理（需过滤）。

(2) 镀层经过硝酸出光时变灰，主要是铁杂质大于 $1g/L$ 引起的，可提高 pH 值至 6.5，沉淀过滤。

(3) 镀层粗糙是溶液中沉渣泛起、长期不过滤的溶液或阳极钝化造成成片剥落的阳极渣造成的，应过滤镀液。

(4) 镀层光亮性差，主要是光亮剂不足，也可能是 Zn 和 H_3BO_3 不足造成的，光亮剂随镀液温度升高而消耗速度加快，组合光亮剂补充量为 $80\sim100mL/K.A.h$，氯锌 1 号为 $300\sim400mL/K.A.h$。

5.5　镀锌层的镀后处理

为了消除镀锌过程中产生的一些缺陷，改善镀层的装饰性，提高镀层的机械性能，特别是提高镀层的耐蚀性，必须在电镀之后进行锌镀层的镀后处理。锌镀层的镀后处理包括除氢出光和钝化。

5.5.1　除氢处理

不论采用哪种镀锌工艺，其阴极电流效率均不可能达到 100%，在阴极上都会有析出氢气的副反应发生，其中绝大部分氢以氢气泡的形式逸出；还有少部分原子氢进入锌和基体的晶格中，使金属晶格发生歪扭，这种现象叫渗氢。此外，金属零件在电镀前的化学腐蚀、阴极电化学浸蚀以及阴极电化学除油中也常常发生渗氢现象。渗氢会使基体金属及镀层的脆性增加，甚至造成零部件突然脆性断裂，这就是通常所说的氢脆。氢脆对材料的机械性能危害很大，它常常会降低零部件的使用寿命，甚至造成机械设备的损坏。因此必须对这些电镀产品进行除氢处理。

除氢是对金属进行热处理的一种方法。具体方法是将需除氢的部件加热并恒温一定时间，以便使渗入晶格中的氢变成氢气逸出，除氢的效果与温度和加热时间有关。温度高处理时间长则除氢彻底。

除氢前镀件必须彻底清洗干净。除氢通常在烘箱内进行。温度为 $190\sim220℃$，控制温度的高低应由基体材料决定，如锡焊件不能加热过高。对于弹性材料，0.5mm以下的薄壁件及机械强度要求较高的钢铁零件必须要求除氢。

5.5.2 出光处理

目前生产中应用的电镀锌工艺除了氯化钾光亮镀锌以外，所得锌镀层的光亮性都不高。为了提高锌镀层表面的光洁度，常常要在一定组成的溶液中进行出光处理。

常用锌镀层的出光处理工艺如下：硝酸（HNO_3）40～60g/L；温度室温；时间为3～10s。

将镀锌的零部件在稀硝酸溶液中浸渍，由于锌层表面微观凸起处活性较高，在溶液中优先溶解，因此使表面得到整平，提高了光洁度。

对于低铬酸钝化，而镀锌层又不是光亮度层的，在钝化处理前应先进行出光处理。

5.5.3 钝化处理

所谓钝化，就是将镀件在一定的溶液中进行化学处理，使锌层表面形成一层致密的稳定性较高的薄膜。形成的薄膜叫钝化膜。这层钝化膜可使锌镀层的耐腐蚀性提高6～8倍，并赋予锌以美丽的装饰外观和提高耐污染的能力。

作为油漆或染色的前处理，钝化膜能增加锌层与漆层的结合力，使防护性能提高许多；经过高孔隙化钝化处理的多孔钝化有利于吸附各种染料，达到钝化无法达到的装饰效果。

1. 钝化液类型

传统的钝化工艺为高浓度铬酐的三酸一次、三酸二次钝化处理。20世纪70年代后，为消除或降低铬酐对环境的污染，人们研究并应用了低铬酸钝化、超低铬酸钝化等新工艺，还有三价铬钝化及一些无铬的钛盐和钼酸盐钝化液，以降低对环境的污染，以上分类是根据钝化液中铬酐浓度划分的。目前国内应用最多的是低铬酸钝化工艺（表5-4）。

表5-4 铬酸彩色钝化配方与工艺条件

组成与工艺条件	高铬一次钝化	高铬二次钝化		低铬酸钝化	超低铬酸钝化
		一次钝化	二次钝化		
铬酐（CrO_3）/(g/L)	250～300	170～200	40～50	5	1.2～1.7
硝酸（HNO_3）/(mL/L)	30～40	7～8	5～6	2～3	0.4～0.5
硫酸（H_2SO_4）/(mL/L)	10～20	6～7	2	2～3	0.4～0.5
醋酸（CH_2COOH）/(mL/L)	—	—	—	0～5	2
氯化钠（NaCl）/(g/L)	—	—	—	—	0.3～0.4
pH值	—	—	—	1～2	1.5～1.8
温度/℃	15～30	15～30	15～30	15～30	15～30
溶液浸渍时间/s	5～15	20～30	20～30	15～45	30～60
空中停留时间/s	5～15			5～10	5～10

钝化液还可以根据获得的钝化膜外观色彩来分类，有：彩虹色钝化，蓝色钝化，白色钝化，黑色钝化，军绿色钝化，金黄色钝化等。

2. 铬酸盐钝化膜的形成机理

镀锌层的钝化是锌层与钝化溶液发生的化学反应过程，钝化膜的形成大致包括以下步骤：

（1）锌的溶解。钝化液中其主要成分是铬酐，铬酐溶于水后生成铬酸及重铬酸。这两种酸都是强氧化剂，当镀锌的零件浸入钝化溶液中以后，在镀锌层与钝化液界面上将发生氧化还原反应，六价铬被还原成三价铬，而金属锌则被氧化成锌离子。反应式为：

$$Cr_2O_7^{2-} + 3Zn + 14H^+ = 3Zn^{2+} + 2Cr^{3+} + 7H_2O$$

$$2CrO_4^{2-} + 3Zn + 16H^+ = 3Zn^{2+} + 2Cr^{3+} + 8H_2O$$

（2）膜的形成。由于以上两个反应的进行，金属锌与钝化液界面层中 Cr^{3+} 离子和 Zn^{2+} 离子的浓度不断增加，另外，上述两个氧化还原反应消耗了大量氢离子，这将使界面层中 pH 值逐渐上升，而更多的重铬酸根离子将变为铬酸根离子，于是有以下反应发生：

$$Cr_2O_7^{2-} + 2OH^- = 2CrO_4^{2-} + H_2O$$

$$Cr^{3+} + OH^- + CrO_4^- = Cr(OH)CrO_4$$

$$2Cr^{3+} + 6OH^- = Cr_2O_3 \cdot 3H_2O$$

$$2Zn^{2+} + 2OH^- + CrO_4^{2-} = Zn_2(OH)_2(CrO_4)$$

$$Zn^{2+} + 2Cr^{3+} + 8OH^- = Zn(CrO_2)_2 + 4H_2O$$

以上反应生成的 $Cr(OH)CrO_4$、$Zn_2(OH)_2(CrO_4)$、$Zn(CrO_2)_2$ 及 $Cr_2O_3 \cdot 3H_2O$ 等化合物形成了钝化膜。

在钝化膜形成的过程中伴随着膜的溶解，开始时以膜的生成为主，随着膜的生长，溶解速度加快，这是因为溶液中氢离子向界面扩散，使界面 pH 值降低。因此钝化时控制时间是很重要的。

3. 铬酸盐钝化膜的性质

（1）膜的组成与结构。钝化膜主要由两部分组成，即不溶性的三价铬化合物和可溶性的六价铬化合物。不可溶部分，具有足够的强度和稳定性，它组成膜的骨架，可溶性部分填充在骨架内部，形成匀质结构。当镀层钝化层受到损伤时，露出的锌层与钝化膜中的可溶性部分作用使该处钝化，即具有自动修复的作用，抑制了损伤部位镀锌层的腐蚀。

近年有文献报道，根据电子能谱的分析结果，认为钝化膜的结构可能有以下几层组成：锌/氢氧化锌/三价铬氢氧化物，三价铬的碱式盐和锌的碱式盐混合物，六价铬的化合物（主要存在外层）。

（2）膜的颜色，长期以来，人们认为钝化膜的彩虹色是由化学组成决定的。三价铬呈现淡绿色或绿色；六价铬呈橙黄色至红色；不同价态和不同量的铬相混合，就出现了五颜六色。这就是化学成色学说的观点。但是化学成色学说不能解释如下现象：从不同角度看，颜色各异；钝化膜的色调随膜层厚度增加而有规律的变化，恰似不同光波波长所显示的颜色变化；不同钝化手法可得到有层次的色阶；以及干燥过程中色泽变化等现象。于是有人提出了物理成色即光波干涉成色的学说。根据光波干涉原理，入射光到达钝化膜表面，一部分被反射，一部分透过钝化膜由锌表面再反射出来，于是从外表面和内表面反射出来的光就产生了光程差。当光程差等于某种颜色的光波之半或它的奇数倍时，就会发生光波干涉而抵消一部分，我们肉眼所见的只是该颜色的辅色。例如钝化时间极短，膜很薄使光波干涉发生在紫外区，这时的颜色取决于化合物的本色；随膜层增厚，从内外表面反射出来的蓝色光波发生干涉而减弱，我们看到的是黄色（蓝的辅色）；继续增厚，较长光波的绿色光受到干涉，肉眼所见为蓝色，最后可见光波长最长的红色光发生干涉而显示出绿色。当膜层厚度大于 $0.7\mu m$ 时，钝化膜又呈现其本色——棕褐色。由于工件运动，膜层厚度不均匀，各种颜色交选一起就呈现出五彩缤纷的色彩。

关于彩色钝化膜的成色原因，上述两种学说都不能相互替代，理论上的问题还有待继续研究。

4. 钝化液中各成分作用及操作条件分析

（1）各成分作用

铬酐：它是成膜的主要成分，其浓度可在 $3\sim400g/L$ 范围内变化，铬酐浓度高，扩散动力大，反应速度快，浸渍时间可缩短。浓度低则相反。低浓度配方含量以 $4\sim5g/L$ 为宜。铬酐浓度与钝化膜色彩浓淡以及耐腐蚀性能方面一般来说没有必然联系。实践表明，只要各成分配比恰当，低铬钝化同样可以达到高铬钝化的技术指标。

硝酸：硝酸对钝化层起整平作用，它可以使钝化膜的微观凸起处优先溶解，给镀层以光洁的外观。硝酸含量过低，钝化膜的光泽性差；硝酸含量过高，会加速钝化膜的溶解速度，使钝化膜变薄。

硫酸：只有铬酸而无硫酸时，则不能获得彩色钝化膜。这是因为铬酸是强氧化剂，锌层一经浸入铬酸盐溶液中，很快就会生成一层无色透明性氧化膜，使锌层处于钝态，阻碍了锌层和六价铬继续发生氧化还原反应。硫酸的作用在于防止了锌层氧化，使锌层保持活性状态，使氧化还原反应得以顺利进行。当硫酸含量逐渐增加时，钝化膜成长速度增加。但是当硫酸含量过高时，钝化膜的形成速度反而下降，甚至使膜的溶解速度增加，或者通过膜的孔隙进入膜的内部而溶解，使膜的结构变得疏松多孔。

醋酸：加入醋酸可以显著提高膜的附着力，而且色泽均匀，光亮度提高。

（2）操作条件分析

pH 值：对于高铬酸钝化液，由于该溶液是强酸性的，膜的溶解速度大于膜的形成速度，因此，必须采用气相成膜或二次钝化。而在低铬酸及超低铬酸钝化工艺中，由于 pH 值较高，成膜速度大大的高于溶解速度，可以使钝化膜在钝化液中一次形成。pH 值过低钝化膜薄而疏松，pH>2 成膜速度很慢。

温度：钝化液的温度范围较宽，一般来说以 $20\sim35℃$ 最好。温度较高，传质速度快，成膜容易，可以适当缩短钝化时间，而且钝化膜的色彩也比较均匀，但温度过高，钝化膜疏松多孔易脱落；温度过低，成膜速度慢，钝化膜颜色浅，且钝化时间长。

钝化时间：钝化时间的长短可根据钝化溶液的类型来确定。对于高铬酸钝化，无论是气相成膜还是二次钝化成膜，零件均不能在钝化液中停留时间过长，应在膜成长至最大厚度之前停止钝化，以免由于膜在钝化液中溶解加速，使钝化膜的厚度减小，或使膜层变得疏松多孔。在低铬酸或超低铬酸钝化液中，钝化膜的形成速度比溶解速度大得多，因此随着钝化时间的延长，膜层不断增厚，但钝化时间不能过长，否则膜层将变得疏松多孔，结合强度低，钝化膜色泽暗淡。

老化处理：经钝化的零件在一定温度下进行烘干处理，使钝化膜进一步强化，耐腐蚀性提高，这一过程叫老化处理。老化处理的温度一般控制在 60℃ 左右。温度过高，易出现钝化膜龟裂现象，使耐腐蚀性下降。

5. 镀锌层的其他色彩的钝化

以上较详细地介绍了镀锌层彩虹色钝化的工艺。为了满足不同的使用和目的，又出现了军绿色、蓝白色、金黄色、黑色钝化工艺。这些不同色彩的镀锌钝化层是通过改变溶液组成及操作条件获得的。现举例如下：

（1）军绿色钝化。溶液组成及操作条件如下：铬酐（CrO_3）30～50g/L；磷酸（H_3PO_4）10～15mL/L；硫酸（H_2SO_4）（$d=1.84$）5～8mL/L；硝酸（HNO_3）（$d=1.41$）5～8mL/L；盐酸（HCl）（$d=1.19$）5～8mL/L；pH 值 0.5～2；温度 20～35℃；时间 45～90s。

镀锌层在上述溶液中钝化后，需在 60～70℃ 条件下老化处理 5～10min，钝化膜的颜色呈现军绿色，耐腐蚀性强，与油漆的结合力好。但由于溶液成分多，维护比较困难；另外在钝化膜未干燥时不牢固，不得用水猛冲，否则会使膜脱落，清洗后应立即进行烘干老化。常用于油漆的底层，以及军品、纺织机械零部件锌镀层的钝化处理。

（2）金黄色钝化。钝化液组成及操作条件如下：铬酐（CrO_3）3g/L；磷酸（H_3PO_4）0.3mL/L；硝酸（HNO_3）（$d=1.41$）0.7mL/L；温度为室温；时间 45～90s。

该钝化工艺适用于氯化钾锌镀层的金黄色钝化处理，具有钝化液成分简单、铬含量低、污水处理容易、易于维护、钝化色调均匀、不变色等特点。

（3）黑色钝化。镀锌层的黑色钝化工艺有以下两种：

① 铜盐黑色钝化。钝化液组成及操作条件为：铬酐（CrO_3）15～30g/L；硫酸铜（$CuSO_4 \cdot 5H_2O$）30～50g/L；甲酸钠（$HCOONa \cdot 2H_2O$）20～30g/L；醋酸（CH_3COOH）（$d=1.049$）70～120mL/L；pH 值 2～3；温度 20～30℃；时间 120～180s。

② 银盐黑色钝化。钝化溶液组成及其操作条件为：

铬酐（CrO_3）6～10g/L 硝酸银（$AgNO_3$）0.3～0.5g/L；硫酸（H_2SO_4）（$d=1.84$）0.5～1mL/L；醋酸（CH_3COOH）（$d=1.049$）40～50mL/L；pH 值 1～1.8；温度 20～30℃；时间 2～3min。

镀锌层的黑色钝化成膜机理与彩虹色钝化成膜机理基本相同。所不同的是，界面上发生氧化还原反应产生了 Cu_2O、Ag_2O 及金属银的细小的黑色颗粒，夹杂于钝化膜中，使钝化膜呈黑色。

（4）蓝白色钝化。有些零件要求钝化后的外观不是彩虹色，而成蓝白色。一般可由彩色钝化膜漂白得到，或直接钝化得到白色膜。这种白色膜的防护能力不如彩色膜，只适用于防护性要求不高的日用小五金产品和轻工业品。

所谓漂白处理，就是将从彩虹色钝化出来的零件，立即用水洗净放入到漂白液中，把形成的彩色钝化膜在漂白液中溶解掉一层，可使钝化膜变成白色。

常用的彩虹色钝化膜漂白液和低铬酸白钝化配方及工艺条件见表5-5。

铬酐漂白液获得白色膜质量最好，注意不要混入硫酸根离子，若有硫酸根则生成彩色膜。可加碳酸钡沉淀硫酸根，保证膜为白色。

表 5-5　彩色钝化膜漂白液及低铬酸白钝化配方及工艺条件

组成与工艺条件	漂白处理液			低铬酸白钝化	
	1	2	3	1	2
铬酐(CrO_3)/(g/L)	150～200	—	—	2～5	2～5
氢氧化钠(NaOH)/(g/L)	—	10～20	10～20	—	—
碳酸钡($BaCO_3$)/(g/L)	1～6	—	—	—	—
硫化钠(Na_2S)/(g/L)	—	—	3～7	—	—
硝酸(HNO_3)/(g/L)	—	—	—	25～35	30～50
硫酸(H_2SO_4)/(g/L)	—	—	—	10～15	10～15
三氯化铬($CrCl_3$)/(g/L)	—	—	—	0～5	2
氢氟酸(HF)/(g/L)	—	—	—	2～4	—
氟化钠(NaF)/(g/L)	—	—	—	—	2～4
温度/℃	室温	室温	室温	室温	室温
时间/s	10～30	10～30	10～30	10～30	10～30
钝化膜颜色	白色	白色	淡蓝色	白蓝色	青蓝白色

6. 三价铬钝化

三价铬毒性仅为六价铬的 1%，因此用三价铬代替六价铬用于锌镀层的钝化处理，对降低污染、保护环境具有极其重要的意义。三价铬的外观、色泽和亮度可和六价铬钝化接近，钝化膜的耐磨性优于六价铬钝化膜层，且膜层附着力良好，抗蚀性能可达到标准，三价铬盐钝化液较稳定，使用寿命长，补充新钝化液即可长期使用。

（1）三价铬钝化的工艺规范。三价铬钝化的工艺规范见表 5-6。

表 5-6　锌镀层三价铬钝化的工艺规范

钝化液组成及工艺条件	1	2	3	4
氯化铬/(g/L)	8～12	—	—	50
硫酸铬/(g/L)	—	30	—	—
硝酸钠/(g/L)	7～9	90	—	80
氟氢化铵/(g/L)	1.0～1.5	—	—	—
硫酸镍/(g/L)	—	11	—	3
氯化锌/(g/L)	0.5	—	—	—
柠檬酸/(g/L)	—	30	—	—
润湿剂/(g/L)	—	3	—	—
BH-375 钝化剂/%(体积分数)	—	—	10～12	—
pH 值	1.5～2.5	—	1.9～2.2	1.8～2.0
温度/℃	40～70	30～50	25～30	15～35
钝化时间/s	40～80	40～80	20～35	30～60
空停时间/s	—	3～8	2～5	—
搅拌	移动或空气搅拌			

（2）三价铬钝化的主要成分。三价铬钝化按钝化膜颜色可分为彩色、蓝白色、黑色钝化等。按钝化膜功能可分为耐蚀性钝化和装饰性钝化两种。三价铬钝化的主要成分分述如下。

① 成膜剂。成膜剂一般是三价铬化合物，如氯化铬、硫酸铬、硝酸铬、醋酸盐、草酸盐、氟氢酸盐等。

② 氧化剂。氧化剂可加快成膜速度，增加钝化膜厚度，常用的氧化剂有硝酸盐、高锰酸盐、氯酸盐、铝酸盐等。在钝化过程中，氧化剂能和锌、铬生成氧化物隔离层。

③ 配位剂。配位剂能与三价铬形成较稳定的配合物。过去常用的是氟化物，由于氟化物也有较大的毒性和腐蚀性，目前很少使用；现在常用的配位剂有铵盐、醋酸盐、草酸盐、有机羧酸（丙二酸、柠檬酸、酒石酸、丁二酸、丁烯二酸、苹果酸等）。

④ 其他金属离子。如铁、钴、镍、钼、锰、镧、铈及稀土金属混合物等，它们能加速钝化反应，提高钝化膜的耐蚀性。

⑤ 无机酸或盐。钝化液中加入一定量的无机酸或盐，如硫酸、硝酸、盐酸、磷酸、氢氟酸及其盐等，可使钝化液保持一定的 pH 值，钝化反应能够正常进行。

⑥ 润湿剂。如十二烷基硫酸钠、十二烷基苯磺酸钠等，润湿剂能使钝化膜均匀细致。

（3）常用封闭工艺。三价铬钝化膜中没有可渗出的六价铬，钝化膜没有自修复能力，当钝化膜破损时很容易发生腐蚀，为了弥补此缺陷，需要对钝化膜进行封闭处理。此外封闭处理可以起到降低摩擦系数、改善产品外观的作用。常用的封闭工艺如下：

① 硅酸盐封闭。将锌镀层钝化工件浸入 65℃ 左右的硅酸盐溶液中 20～40s 即可，溶液中需加入一定量的添加剂，以提高膜层的耐磨性。

② 有机漆封闭。清漆能提供较硬的阻挡层，不仅能提高装饰性，还能提高耐蚀性，也可作为膜层的底层；可选择水溶性室温或高温干燥的清漆，高温漆常具有很好的化学交联作用，并有良好的耐蚀性，但高温漆使用较为复杂，需要较高的干燥温度（150℃左右），膜厚大约为 5μm；在自动生产线上要选择低黏度空气干燥漆，膜层厚度为 0.5～1.0μm 即可；漆液中常加入微量的有机抗蚀剂，使膜层的耐蚀性更好。

③ 硅烷基封闭。硅烷可与表面形成共价键，与表面结合牢固，其厚度可以很薄，不超过 10nm。过去常用硅烷作为钢铁磷化和铝表面涂漆之前铬酸盐清洗液的代用品，其质量分数约为 1%，室温下使用，硅烷封闭液比较稳定。

为了进一步简化钝化工艺和提高生产效率，近年提出将钝化与封闭合并为一步的处理方法。其基本方法是将水溶性封闭剂加入到钝化液中，当将锌镀层放入到钝化液中时，由于钝化液中加入了封闭剂，故在钝化液中处理时，使三价铬钝化和封闭处理在同一槽液中完成。

复习思考题

1. 目前生产中较常使用的镀锌溶液有哪几种类型？各有什么特点？

2. 氰化物镀锌中各成分主要起什么作用？为什么不加添加剂也能获得实用的细致镀层？

3. 锌酸盐镀锌中加入添加剂会对镀层质量带来什么影响？添加添加剂的原则是什么？

4. DPE-Ⅲ型电解液如何配制？各成分作用是什么？简述其阴极和阳极反应。DPE-Ⅲ

添加剂过量或不足会对镀层质量产生什么影响?

    5. 为什么目前大量应用氯化钾镀锌?

    6. 说明氯化物镀锌液中使用 KCl 和 NaCl 作为导电盐的主要区别。

    7. 氯化钾镀锌液中光亮添加剂包括哪几部分? 各起什么作用?

    8. 说明镀锌层钝化膜形成的简单机理。

    9. 说明铬酸彩色钝化液各成分的作用及影响。

    10. 简述几种主要的铬酸盐钝化工艺流程。

6 镀 铜

6.1 概 述

铜呈玫瑰红色，富有延展性，原子量为 63.54，密度 8.93g/cm³，熔点 1083℃。一价铜的电化学当量为 2.732g/A·h，二价铜的电化学当量为 1.186g/A·h。铜的标准电极电位 $\varphi^0_{Cu^+/Cu}=+0.52V$，$\varphi^0_{Cu^{2+}/Cu}=+0.34V$。纯铜质地柔软，易于机械抛光，是电和热的良导体。铜易溶于硝酸、铬酸及热硫酸，但在盐酸、稀硫酸中溶解很慢，易为有机酸所腐蚀，除氨水外不宜与碱发生作用。铜在空气中易于氧化，尤其在加热条件下，极易失去金属光泽。铜表面受潮湿空气中的二氧化碳或氯化物作用后，将生成一层碱式碳酸铜或氯化铜膜，铜受硫化物作用时极易变色生成棕色或黑色氧化膜。

铜镀层对于钢铁工件是阴极镀层，加之其化学稳定性较差，一般不宜用作防护性镀层。但镀铜层具有致密、韧性好的优点，可降低整体镀层的内应力，是一种使用最广泛的电镀底层和中间层。镀铜层经过适当化学、电化学处理可获得铜绿色、古铜色、黑色等具有装饰性效果的氧化膜。镀铜层经常用作增加导电性，减摩，防止不锈钢和耐热钢螺纹件高温下的咬死及局部渗碳、渗氮、氰化等化学热处理的隔离保护层。此外，镀铜工艺还常用于电铸各种模板和模具、印制电路板等场合。

镀铜工艺的出现可以追溯到 1810 年，最早用于工业的是氰化物和硫酸盐镀液，此外还有氟硼酸盐、焦磷酸盐、氨基磺酸盐、有机胺、羧酸盐、HEDP 等类型的镀液。近代在发展酸性光亮镀铜工艺中开发、使用多种高效添加剂取得了长足的进步。

6.2 氰化物镀铜

氰化物镀铜工艺最为显著的特点是镀液分散能力好，容易维护控制，可以在钢铁工件上直接电镀获得结合力良好的镀铜层，由于镀液呈强碱性而对工件产生补充除油作用。

铁的标准电极电位 $\varphi^0_{Fe^{2+}/Fe}=-0.44V$，所以当钢铁工件浸入硫酸盐等单盐型镀液时，会发生置换反应而在钢铁工件表面生成一层很薄的、结合力很差的置换铜层（亦称为置换铜）。而在钢铁工件上用焦磷酸盐镀液镀铜，或在锌及其合金铸件上镀铜时，也存在结合力较差问题。为了解决这类问题，在氰化物镀铜液中有一类专用的镀液，称之为预镀液。氰化物镀铜的另两类镀液是一般镀液和高效率镀液。

虽然目前在氰化物镀铜液中有使用光亮剂的倾向，但是传统的氰化物镀铜层是不光亮的，不能作为装饰性镀层，整平能力差，普通镀液电流效率低，氰化物有剧毒是氰化物镀铜的主要缺点。

6.2.1 镀液成分与工艺条件

氰化物镀铜的几个配方和工艺条件见表 6-1。以氰化亚铜和氰化钠为主要成分,镀液中的铜离子与游离氰化钠的比值可以表征镀液的基本性质。如果比值较高,则阴极电流效率高而分散能力较差。

表 6-1 氰化物镀铜的典型配方和工艺条件

组成与工艺条件	1	2	3	4	5
氰化亚铜(CuCN)/(g/L)	15	18~26	30~50	19~45	49~127
氰化钠(NaCN)/(g/L)	23	—	40~65	26~53	62~154
游离氰化钠/(g/L)	6	5~10	—	4~9	11~19
碳酸钠(Na$_2$CO$_3$)/(g/L)	15	15~20	20~30	15~60	—
氢氧化钠(NaOH)/(g/L)	—	—	—	—	22~37
酒石酸钾钠(NaKC$_4$H$_4$O$_6$·4H$_2$O)/(g/L)	—	—	30~60	30~60	—
pH 值	—	11.0~12.2	—	—	—
温度/℃	40~60	20~50	50~60	55~70	60~80
j_k/(A/dm^2)	1~3	0.5~2	1~3	1.6~6.5	1~11
j_A/(A/dm^2)	0.5~1.0	—	—	0.8~3.3	—

注:配方 1、2 为预镀镀液;配方 3、4 为一般镀液;配方 5 为高效率镀液。

预镀液的分散能力很好,阴极电流效率在 10%~60% 之间,只能得到很薄的镀层,其厚度不宜超过 2.5μm,一般控制在 0.5~1.0μm 之间。在预镀液中有时加入硫酸氢钠、硫代硫酸钠来改善镀层性质。

一般使用的普通镀液阴极电流效率在 30%~70% 之间,分散能力优于高效率镀液,低于预镀液。可以不用预镀而直接在锌压铸件及其他金属件上镀覆 2.5~7.5μm 厚的镀层,但厚度不宜超过 13μm。有时使用硫氰酸钾、硫酸锰作为光亮剂和整平剂。

高效率镀液阴极电流效率可达到 99%,但其分散能力是氰化物镀铜中最低的。可以在高效率镀液中获得光亮而又较厚的镀层。用于高效率镀液光亮剂的物质较多,如硫氰酸盐、亚硒酸、苯甲酸、炔醇类及一些非离子型表面活性剂。在使用周期换向电流时,呋喃、香豆素、硫脲等也具有较好的光亮效果。

6.2.2 镀液的组成及电极反应

1. 镀液的组成

在氰化物镀铜液中,存在着下面三个络合平衡:

$$CuCN + NaCN \Longrightarrow Na[Cu(CN)_2]$$
$$CuCN + 2NaCN \Longrightarrow Na_2[Cu(CN)_3]$$
$$CuCN + 3NaCN \Longrightarrow Na_3[Cu(CN)_4]$$

可见镀液中的铜氰络合离子为:$[Cu(CN)_2]^-$、$[Cu(CN)_3]^{2-}$ 和 $[Cu(CN)_4]^{3-}$,它们的不稳定常数都很小,分别为 1.0×10^{-24}、2.6×10^{-29} 和 5.0×10^{-32},所以,镀液中铜离子的含量可以忽略不计。而在工艺中使用的镀液都要保持一定量的游离氰根,以满足工艺要求，游离氰根含量适中，铜氰络离子以$[Cu(CN)_3]^{2-}$的形式存在。因此，在氰化物镀铜液中最重要的组分是$[Cu(CN)_3]^{2-}$和CN^-。当游离氰根含量下降时，$[Cu(CN)_3]^{2-}$转化为溶解度较小的$[Cu(CN)_2]^-$。倘若在氰化物镀铜槽中出现部分沉淀，而在加热或加入少量氰化钠后沉淀消失，则说明镀液中已形成了足够量的$[Cu(CN)_2]^-$。当游离氰根含量过高时，$[Cu(CN)_3]^{2-}$将转化为$[Cu(CN)_4]^{3-}$，阴极电流效率会下降。游离氰根以氰化钠计算，应控制在$5\sim11g/L$范围内。

2. 电极反应

根据现代电镀理论，在阴极上放电的络离子品种以在镀液中含量较高且配位数适中的$[Cu(CN)_3]^{2-}$为主：

$$[Cu(CN)_3]^{2-}+e\longrightarrow Cu+3CN^-$$

在氰根含量不足时出现$[Cu(CN)_2]^-$放电：

$$[Cu(CN)_2]^-+e\longrightarrow Cu+2CN^-$$

$[Cu(CN)_2]^-$放电时阴极极化较小，对镀层质量不利。$[Cu(CN)_4]^{3-}$在阴极上放电比较困难，需要较大的阴极极化，相应的阴极电流效率降低：

$$[Cu(CN)_4]^{3-}+e\longrightarrow Cu+4CN^-$$

阴极上的副反应是析氢：

$$2H_2O+2e\longrightarrow H_2\uparrow+2OH^-$$

在阳极上发生的反应主要是铜的溶解：

$$Cu-e\longrightarrow Cu^+$$

可以认为铜的溶解依下面方程式进行：

$$Cu+2CN^--e\longrightarrow[Cu(CN)_2]^-$$

$$Cu+3CN^--e\longrightarrow[Cu(CN)_3]^{2-}$$

当镀液中氰根含量较低时会出现Cu^+，生成氢氧化铜沉淀，从而影响镀层质量。若氰根较少、阳极极化较大时，铜阳极发生钝化。此时阳极上发生析氧的副反应：

$$4OH^--4e\longrightarrow O_2\uparrow+2H_2O$$

阳极上析出的氧气会使氰化钠分解，并造成镀液中碳酸盐积累：

$$2NaCN+2NaOH+2H_2O+O_2===2Na_2CO_3+2NH_3\uparrow$$

碳酸盐积累的另一个原因是镀液吸收空气中的二氧化碳形成碳酸钠。

6.2.3 镀液成分的作用

1. 氰化亚铜

即主盐。氰化亚铜不溶于水，配置镀液时应将其缓慢加入氰化钠溶液中溶解。当游离氰根和温度不变时，降低氰化亚铜含量可提高阴极极化，获得细致的镀层，提高分散能力和覆盖能力，但阴极电流效率和允许电流密度的上限会降低。所以预镀铜采用较低浓度的氰化亚铜，而高效、快速镀铜则采用较高浓度的氯化亚铜。

2. 氰化钠

即络合剂。提高游离氰根的含量可以增加阴极极化，使镀层结晶细致，改善镀液的分散能力和覆盖能力，也有活化阳极、促进阳极溶解的作用。游离氰根过高时，阴极电流效率将会大为下降。氰化物镀铜工艺的关键，就在于控制氰化亚铜和游离氰根的含量。在实际生产中通常维持二者的比值在一定范围之内，以期达到最佳的工艺指标。

3. 酒石酸盐

即阳极去极化剂。其作用是降低阳极极化，促进阳极溶解。阳极钝化时产生的二价铜离子能形成氢氧化铜附着在阳极上，阻碍铜的正常溶解。酒石酸盐可以与二价铜离子结合，从而消除阳极钝化。镀液中添加的氢氧化钠，除了更好地导电和提高分散能力外，也起到了促进阳极溶解的作用。

4. 碳酸盐

即缓冲剂。碳酸盐在预镀液和一般性镀液中有较好的缓冲作用，使 pH 值易于控制，也有一定的降低阳极极化的作用。太高的碳酸盐含量将会产生暗红色的粗糙层及降低阴极电流效率。在高效率镀液中未发现碳酸盐的有益影响，由于氰化钠的分解和镀液吸收空气中的二氧化碳，碳酸盐在镀液中可以自行积累。

6.2.4　工艺条件的影响

1. 温度

氰化镀铜工艺所采用的温度大都在 40～80℃ 的范围内，温度较高时允许使用的阴极电流密度较高，电流率也较高，同时也能提高镀液的分散能力(图 6-1)。在希望使用大电流提高沉积速度或采用高浓度镀液时，可以选择较高的温度，但温度过高将引起氰化钠分解，镀液稳定性下降。

2. 电流密度及其波形

在使用高电流密度以提高沉积速度时，应同时考虑提高镀液中铜含量，降低游离氰根和提高操作温度，过高的电流密度会使镀层粗糙、孔隙率增加。使用周期换向电流可以改善镀液的整平能力，得到光亮致密的镀层。所谓周期换向电流是在一定的时间间隔内通正向电流(正常电镀)，交替通反向电流(镀层溶解，特别是在凸起处首先溶解)，换向周期以 15～20s∶5s 为宜。另外也可采用间歇(断)电流，通断比为 8～10s∶2～3s。前者实质上就是带有反向电流的方波电流，后者为反向电流为零的方波电流。

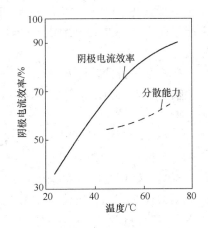

图 6-1　氰化镀铜液工艺温度对阴极电流效率和分散能力的影响

3. 其他

虽然在相当多的氰化镀铜工艺中未把 pH 值列为必须控制的工艺条件，但是预镀液和一般镀液中，特别是在配制镀液时加入了碳酸盐的镀液，应当注意将 pH 值控制在一定范围之内，以获得最佳的工艺性能。采用镀液连续过滤或搅拌，可以增加沉积速度，减少麻点，提高镀层质量。阳极一般使用压延的高纯度电解铜板。阳极电流也应加以控制，太高将导致阳极的钝化，太低在阳极表面上由于晶界腐蚀可能形成铜颗粒，沉降在工件表面上，产生严重的粗糙。

6.2.5　镀液的维护及故障处理

氰化物镀铜液的维护，最重要的是控制游离氰化钠和金属铜的含量，一般的控制含量范围可参考表 6-2。

表 6-2　氰化物镀铜液中游离氰化钠和金属铜的含量范围

镀液种类	游离氰化钠/(g/L)	金属铜/(g/L)
预镀	5~11	10~16
普通	4~9	—
高效率	10~20	45~55

对于预镀和普通镀液，阳极电流效率高于阴极电流效率，可以挂一部分钢板作为不溶性阳极，以保持物料平衡。

过多的碳酸盐会缩小阴极电流密度范围，降低阴极电流效率，增大镀液黏度，使镀层孔隙增加。对于碳酸钠可用冷冻法使其结晶出来，然后过滤除去，碳酸钾、碳酸钠均可用钡盐或钙盐沉淀除去。

六价铬对氰化镀铜液危害很大，其浓度达到 0.3mg/L 即产生影响，使镀层发脆；六价铬还会降低阴极电流效率乃至镀不出铜，产生条纹，六价铬可用保险粉（连二亚硫酸钠 $Na_2S_2O_4 \cdot 2H_2O$）处理。

锌含量达 0.1g/L 时将影响镀层的色泽，出现条纹，可用硫化钠或低电流（0.3~0.5A/dm^2）电解处理除去。

铅含量在 0.015~0.03g/L 时可作为光亮剂，达到 0.1g/L 时便会影响镀层色泽，使镀层粗糙，含量更高则镀层发脆，达到 0.5g/L 时镀层变为海绵状。铅亦可用硫化钠除去。

有机杂质可使镀层发暗或者产生麻点，应加强除油，防止进入镀槽。可用活性碳处理有机杂质，含有机添加剂的镀液处理后应补加有机添加剂。

6.3　硫酸盐镀铜

硫酸盐镀铜是酸性镀铜中应用最广泛的工艺。其主要特点是成分简单，镀液稳定，整平能力较好，阴极电流效率较高，是生产成本最低的镀液之一。另外其沉积速度快，几乎可以获得任意厚度的镀层，这是硫酸盐镀铜用于电铸、电精炼、制造铜粉以及修复磨损工件的主要原因。最初在硫酸盐镀液中不能得到光亮的镀层，20 世纪 20 年代开始采用明胶、对苯二酚、蛋白胶及二甲基苯胺等添加剂，虽然这些添加剂能使镀层结晶趋于细致光滑，但还算不上是光亮镀层。20 世纪 40 年代至 50 年代采用硫脲等添加剂得到了半光亮的、脆性较高的镀层。到了 20 世纪 60~70 年代间，开始使用染料、含硫基的杂环化合物作为光亮剂，得到了高整平、镜面光亮且韧性良好的镀层，但这些光亮剂的最适宜操作温度一般在 25℃ 左右，超过 30℃ 时，镀层便产生白雾、发暗，整平性能下降，以后又研制出许多新型光亮剂。各种不同作用的添加剂配合使用才能达到最佳效果。因此目前市售的性能优良的硫酸盐镀铜添加剂都是由主光亮剂、整平剂、表面活性剂组成的组合光亮剂。

硫酸盐镀铜工艺目前存在的问题是分散能力较差，钢铁基体及锌压铸件需要预镀而不能直接用硫酸盐镀液镀铜。滚镀尚不能得到光亮镀层。

6.3.1 镀液成分和工艺条件

硫酸盐普通镀铜液的成分和工艺条件：硫酸铜($CuSO_4 \cdot 5H_2O$)150～220g/L，硫酸(H_2SO_4)50～70g/L，温度15～50℃，j_k 为 1～3A/dm²。

硫酸盐光亮镀铜液的成分以普通镀液为基础，加入各类添加剂。表6-3列出了一些常用光亮镀铜的添加剂和工艺条件。此外，还有很多市售的组合光亮剂，如 KG5、CB-1、CB-2、MT、TPS 等，一般使用量为 5mL/L。

表 6-3 硫酸盐光亮镀铜的添加剂和工艺条件

添加剂与工艺条件	1	2	3	4
四氢噻唑硫酮/(g/L)	0.0005～0.001	—	—	—
聚二硫二炳烷磺酸钠/(g/L)	0.01～0.02	0.015～0.02	—	—
聚乙二醇/(g/L)	0.02～0.05	0.05～0.1	—	—
2-巯基苯并咪唑/(g/L)		0.0003～0.001	—	—
乙撑硫脲/(g/L)	—	0.0003～0.0008	—	0.0003～0.0008
噻唑啉基二硫代炳烷磺酸钠/(g/L)	—	—	0.005～0.02	—
OP乳化剂/(g/L)	—	—	0.2～0.5	0.7～1.4
甲基紫/(g/L)			0.01	0.01～0.02
TPS/(g/L)			—	0.01～0.015
十二烷基硫酸钠/(g/L)	0.055～0.2	0.05～0.1	—	—
氯离子(Cl^-)/(g/L)	0.02～0.08	0.02～0.08	0.02～0.08	0.02～0.08
温度/℃	10～25	10～40	7～40	7～40
j_k/(A/dm²)	2～3	2～4	1～2.5	1.5～3

注：阳极材料均为磷铜板；搅拌方式用阴极移动或空气搅拌。

6.3.2 电极反应

硫酸盐镀铜为单盐型镀铜，其主要组成为 Cu^{2+}、H^+、Cl^- 以及一些有机物质。其主要电极反应有：

阴极：

$$Cu^{2+} + 2e \longrightarrow Cu$$

$$2H^+ + 2e \longrightarrow H_2 \uparrow$$

阳极：

$$Cu - 2e \longrightarrow Cu^{2+}$$

阳极还可能发生不完全氧化：

$$Cu-e \longrightarrow Cu^+$$

阳极与镀液接触时产生歧化反应：

$$Cu+Cu^{2+} \Longleftrightarrow 2Cu^+$$

亚铜离子容易在阳极表面产生"铜粉"（Cu_2O）进入镀液，使阴极表面形成粗糙无光泽的镀层。

6.3.3 镀液中各成分的作用

1. 硫酸铜

主盐。硫酸铜含量越高，允许的阴极电流密度上限越大，但镀液的分散能力则随之下降，一般控制在 $150\sim220g/L$ 之内。在印刷电路板电镀工艺中常采用高分散能力的硫酸铜光亮镀铜，其含量一般在 $80\sim120g/L$ 之内。为了防止硫酸铜发生结晶，冬季应适当降低其含量。

2. 硫酸

硫酸可以提高镀液的导电性和电流效率。硫酸能防止铜盐水解，保证镀液稳定，在无硫酸或硫酸含量过低的镀液中，硫酸铜或硫酸亚铜易发生水解：

$$CuSO_4+2H_2O \Longleftrightarrow Cu(OH)_2 \downarrow +H_2SO_4$$

$$Cu_2SO_4+2H_2O \Longleftrightarrow 2CuOH \downarrow +H_2SO_4$$

$$2CuOH \longrightarrow Cu_2O \downarrow +H_2O$$

水解产物易使镀层光亮度下降。硫酸的含量较高时可适当降低硫酸铜的含量，提高镀液的阴极极化，从而改善镀液的分散能力，并使镀层结晶细致。硫酸的含量可以在较大的范围内变化，较适宜的含量是 $50\sim70g/L$，在高分散能力硫酸铜镀液中硫酸含量可高达 $200g/L$，此时分散能力大为提高，但镀层的光泽性和整平性将受到一定程度的影响。

3. 氯离子

在光亮硫酸盐镀铜溶液中必需有少量的氯离子才能得到全光亮镀层，含量一般在 $20\sim80mg/L$ 范围。含量过低，镀液整平性和镀层光亮性均下降，且易产生光亮树枝状条纹，严重时镀层粗糙甚至烧焦。过高时，镀层光亮度也下降，光亮区变窄，这与因光亮剂不足造成的结果完全一样，因此要经常检查镀液中氯离子含量。氯离子可以与亚铜离子生成难溶于水的氯化亚铜，从而消除亚铜离子的影响。氯离子还可以消除光亮铜层由于夹杂光亮剂及其分解产物而产生的内应力，提高镀层的韧性。氯离子可以以盐酸或氯化铜的形式加入。

4. 有机添加剂

硫酸盐镀铜所用的有机添加剂可分为光亮剂和表面活性剂两类。按照光亮剂作用机理又可分为两类。

（1）硫基杂环化合物和硫脲衍生物，通式为 R—SH，R 为含氮或硫的杂环化合物或其磺酸盐。这类光亮剂主要通过较强的吸附作用来阻止铜的电沉积过程，提高阴极极化，增大形核几率，使镀层结晶显著细化，吸附是受浓差扩散步骤控制的，所以具有整平的作用，因此它们既是光亮剂又是整平剂。常用的此类物质主要有：

H-1，即 2-四氢噻唑硫酮，结构为

$$\begin{array}{ccc} H_2C-NH & & H_2C-N \\ | \quad | & \rightleftharpoons & | \quad | \\ H_2C \quad C=S & & H_2C \quad C-SH \\ \backslash \; / & & \backslash \; / \\ S & & S \end{array}$$

乙基硫脲，结构为

$$NH_2-\overset{\displaystyle ||}{\underset{\displaystyle S}{C}}-NHC_2H_5$$

此外，还有 2-巯基苯并咪唑（M）、乙撑硫脲（N）、2-噻唑硫酮（H-6）、2-巯基苯并噻唑、噻唑啉基二硫代炳烷磺酸钠（SH-110）等光亮剂。

（2）聚二硫化合物，其通式为：$R_1-S-S-R_2$，式中 R_1 可以是芳香烃、烷烃、烷基磺酸盐或杂环化合物，R_2 为烷基磺酸盐或杂环化合物。聚二硫化合物虽然是光亮剂，但必须与硫基杂环化合物或硫脲衍生物配合使用，才能获得全光亮的镀层。这类物质的吸附作用不如硫脲衍生物，但它们能与铜离子结合，形成表面结合物，阻化金属铜的电沉积过程，特别是阻化亚铜离子的还原过程；另一方面表面结合物的形成更能有效地防止转化反应发生，避免因"铜粉"的生成而降低镀层的结合力和光亮度，也稳定了镀液，其含量低时光亮度下降，镀层边缘产生毛刺；含量过高时，镀层产生白雾，低电流密度区发暗。

常用的此类物质主要有：

苯基聚二硫炳烷磺酸钠（S-1）

$$\langle\!\!\!\bigcirc\!\!\!\rangle-S-S-(CH_2)_3SO_3Na$$

聚二硫二炳烷磺酸钠（S-9）

$$NaSO_3(CH_2)-S-S-(CH_2)_3SO_3Na$$

聚二硫炳烷磺酸钠（S-12）

$$Na-S-S-(CH_2)_3SO_3Na$$

等。

另一类添加剂则是表面活性物质。采用非离子型或阴离子型表面活性剂。它们可以在阴极表面上定向排列吸附，提高阴极极化，使铜镀层的晶粒更为均匀、细致和紧密。如不加入表面活性剂则不能得到全光亮和高整平的镀层。表面活性剂的润湿作用可以消除镀铜层产生的针孔和麻点。采用非离子型表面活性剂时，由于其吸附作用较强，会在阴极表面上产生一层憎水膜，以致影响铜镀层作为底层或中间层时与其他镀层的结合力，所以镀后必须在碱溶液中采用阳极电解除膜。

常用的此类表面活性剂主要有：

聚乙二醇 $CH_2OH(CH_2CH_2O)_nCH_2OH$（相对分子量 6000），代号为 P；

OP-10 或 OP-21 乳化剂

$$C_8H_{17}\text{—}\bigcirc\text{—}O(CH_2CH_2O)_nH$$

十二烷基硫酸钠（$C_{12}H_{25}SO_4Na$）等。

某些染料也可以作为硫酸盐光亮镀铜液的光亮剂和整平剂。在与前述两类光亮剂配合使用条件下，可提高镀液的工作温度，并能在低电流密度区产生较好的光亮作用。染料的吸附作用较强，镀液长期使用后易在镀层表面产生点状物，只有连续过滤镀液，才能得到满意的效果。

5. 镀铜后的除膜活化

若在光亮镀铜液中使用了非离子型表面活性剂，在镀覆其他金属之前需要用下面的方法除膜活化。

（1）电解除膜：在氢氧化钠（20g/L）、碳酸钠（20g/L）水溶液中，阳极电流密度 $3\sim5$（A/dm^2），温度 $30\sim50℃$，通电 $5\sim15s$。

（2）化学除膜：在氢氧化钠（$30\sim50g/L$）、十二烷基硫酸钠（$2\sim4g/L$）水溶液中，温度 $40\sim60℃$下浸泡 $5\sim15s$。

6.3.4 工艺条件的影响

1. 温度

普通硫酸盐镀铜的操作范围较宽，而光亮镀铜则随着光亮剂的不同而不同。一般地，温度升高，可以使用较高的电流密度，镀层光亮性和整平性提高，而且韧性也好。温度过高，低电流密度区镀层会产生白雾或发暗，甚至得不到光亮镀层，光亮剂也会加快分解。温度过低，易在槽底、槽壁及阳极表面析出硫酸铜晶体，使镀层结晶粗糙或产生针孔。

2. 阴极电流密度

电流密度与镀液的操作温度、硫酸铜含量、搅拌强度均有关系。当硫酸铜含量较高、搅拌强度较高时，阴极电流密度可以增大一些。

3. 搅拌

搅拌可以降低浓差极化，提高阴极电流密度，防止镀层产生条纹，减少针孔和毛刺，使镀层更均匀。若用空气搅拌，有助于镀液中亚铜离子氧化成铜离子，减少"铜粉"的产生。若同时采用循环过滤，则可除去镀液中可能存在的微量铜粉。光亮剂分解产物、悬浮的固体杂质，有利于改善镀层质量，稳定镀液。

4. 阳极

在硫酸盐光亮镀铜工艺中使用磷铜阳极是很重要的。磷含量对阳极过程有较大影响，含磷量高，阳极易钝化，而溶解性能差；含磷量低，则阳极上溶解下来的一价铜增多，比较理想的阳极材料是含磷 $0.04\%\sim0.3\%$之间的压延磷铜板。正常的磷铜阳极在电镀过程中会形成一层中黑色的膜而不影响其导电性和正常溶解。为了防止阳极泥进入阴极区，可用涤纶布做成阳极袋盛放阳极。

6.3.5 镀液维护和故障处理

硫酸盐光亮镀铜液出现的故障大部分是由于光亮剂失调造成的。光亮剂的消耗量与电镀时通入的电量、阳极溶解状况和其他工艺条件都有关系。由于有机物分解产物的积累，会使镀层的光亮范围缩小，光亮度下降，如果不能再通过调整光亮剂的含量来恢复，必须净化处理，除去镀液中的有机杂质。处理方法是将镀液加热到 $60\sim70℃$，边搅拌边加入 $1\sim2mL/L$ 30％的双氧水，充分搅拌约 1h，再加入 $3\sim5g/L$ 活性炭粉末，搅拌 30min，静止后过滤，再补充配方量的各种光亮剂。

可以用双氧水消除一价铜。不采用空气搅拌的镀液，每班应加入 $0.1\sim0.2mL/L$ 30％的双氧水。停用的镀液应适当增加用量。当然，会有部分光亮剂因此被消耗。

过多的氯离子是有害的，可用下列方法去除：用硫酸银或碳酸银沉淀氯离子效果好，但银盐价格高；用锌粉可将二价铜离子还原为一价铜离子，一价铜离子与过多的氯离子生成氯化亚铜沉淀，此法效果亦好，但锌离子将积累在镀液中，达到一定程度也有害；目前市场已有去氯剂供应，如 QCL 去氯剂，使用时加入镀液并搅拌即可，每克可除去 $60\sim10mg$ 氯离子；又如 WCH 特效去氯剂，每克可去除 300mg 氯离子，其成本只是银盐的十八分之一。

硫酸盐镀铜液对大多数金属离子杂质敏感性小，一般不会由于金属离子的存在而产生故障，但锡、银、镁的影响较大，应尽量防止它们进入镀液。镀层烧焦、起麻点是常见故障，可以考虑下列因素：硫酸铜含量低；温度过低；氯离子浓度过大；电流过大；光亮剂失调；氰化预镀后清洗不彻底而带入氰根。

6.3.6 光亮酸性硫酸盐镀铜的预镀问题

光亮酸性镀铜不能直接在钢铁零件上获得结合力良好的铜镀层，为了解决结合力问题，国内外都进行了大量的研究工作。

结合力不好的原因主要是由于钢铁件在电解液中存在置换反应

$$Fe + Cu^{2+} \longrightarrow Fe^{2+} + Cu\downarrow$$

置换铜是疏松的，在疏松的置换铜上继续电镀，不可能获得与基体结合良好的镀层。发生置换反应的原因是由于在酸性镀铜溶液中，铜的平衡电势远大于铁在该溶液中的稳定电势，Cu^{2+} 浓度近似等于 $1mol/L$ 时，铜的平衡电势和铁的稳定电势为

$$\varphi^0_{Cu^{2+}/Cu} = 0.34V, \quad \varphi^0_{Fe^{2+}/Fe} = -0.44V$$

那么，铜铁电偶的电位差 $\Delta\varphi = \varphi^0_{Cu^{2+}/Cu} - \varphi^0_{Fe^{2+}/Fe} = 0.78V$，且铜在铁上析出的过电势小，所以，置换反应很快。

在氰化物镀铜电解液中，铜和铁的电势分别为：铜的平衡电势 $\varphi^0_{Cu^{2+}/Cu} = -0.614V$，铁的稳定电势 $\varphi_{Fe^{2+}/Fe} = -0.619V$。

由于铁、铜电偶电势非常接近，几乎没有置换反应发生，所以钢铁零件可在氰化镀铜电解液中直接镀铜，且结合力良好。

目前国内解决光亮酸性镀铜结合力问题主要采用预镀、化学浸镀等方法。

（1）预镀

预镀有预镀镍、预镀氰化铜，以预镀镍较多。预镀镍电解液组成及工艺条件列于表 6-4 中。

氰化预镀铜电解液组成及工艺条件：氰化亚铜 30g/L，氰化钠，45g/L，酒石酸钾钠，10g/L，氢氧化钠，10g/L，硫代硫酸钠，0.5g/L，温度 $18\sim35℃$，电流密度，$1.5\sim2.0A/dm^2$。

表 6-4　预镀镍电解液组成及工艺条件

组成与工艺条件	1	2
硫酸镍($NiSO_4 \cdot 7H_2O$)/(g/L)	180～250	120～140
氯化钠(NaCl)/(g/L)	10～20	7～9
硼酸(H_3BO_3)/(g/L)	30～35	30～40
无水硫酸钠(Na_2SO_4)/(g/L)	20～30	50～80
硫酸镁($MgSO_4$)/(g/L)	30～40	—
十二烷基硫酸钠($C_{12}H_{25}SO_4Na$)/(g/L)	—	0.01～0.02
pH 值	5.0～5.5	5.0～6.0
温度/℃	18～35	30～50
电流密度/(A/dm^2)	0.5～1.0	0.8～1.5

（2）浸镍预镀

浸镍预镀是浸镍和电镀镍同时进行的过程。目前该工艺已大量用于生产。实践证明，这种工艺所用电解液性能稳定、维护方便，是酸性镀铜预镀的良好工艺，尤其适用于铁管状零件，因为浸镍预镀能像化学镀镍一样，内壁也镀上镍。该工艺所用电解液组成与工艺条件为：氯化镍 320～380g/L，阳极镍板，硼酸 30～40g/L，时间，3～5min，pH 值 1.5～3.5，电流密度 0.1～0.4A/dm^2。

6.4　焦磷酸盐镀铜

最早的焦磷酸盐镀铜文献是在 1847 年发表的，但直到 1941 年才出现商业性的焦磷酸盐镀铜液。焦磷酸盐镀铜工艺的特点是分散能力好，无腐蚀，无毒；但在钢铁上电镀时需要预镀，镀液黏度大不宜过滤，成本较高，废水处理也困难。

6.4.1　镀液成分和工艺条件

焦磷酸盐镀铜可分为普通镀铜、光亮镀铜、高速镀铜和滚镀铜等不同类型，其镀铜成分和工艺条件见表 6-5。

表 6-5　焦磷酸盐镀铜成分和工艺条件

成分和工艺条件	1	2	3	4	5
焦磷酸铜($Cu_2P_2O_7$)/(g/L)	70～100	—	70～100	50～60	60～80
硫酸铜($CuSO_4 \cdot 5H_2O$)/(g/L)	—	37～43	—	—	—
焦磷酸钾($K_4P_2O_7$)/(g/L)	300～400	175～185	300～400	300～350	300～400
柠檬酸铵/(g/L)	20～25	—	—	—	—
酒石酸钾钠/(g/L)	—	—	25～30	—	15～20
氨水(NH_4OH)/(mL/L)	—	—	—	2～3	—
氨三乙酸/(g/L)	—	—	20～30	20～30	—
磷酸氢二钠/(g/L)	—	20～30	—	—	—

成分和工艺条件	1	2	3	4	5
硝酸铵(NH_4NO_3)/(g/L)	—	10~14	—	—	20~30
二氧化硒(SeO_2)/(g/L)	—	—	0.0008~0.02	0.0008~0.002	—
2-巯基苯并咪唑/(g/L)	—	—	0.002~0.004	0.002~0.004	0.005
2-巯基苯并噻唑/(g/L)	—	—	—	0.002~0.004	—
pH 值	8.0~8.8	7.2~7.8	8.0~8.8	8.5~9.0	7.0~7.5
温度/℃	30~50	35~45	30~50	30~40	65~70
j_k/(A/dm²)	0.8~1.5	0.8~1.2	2~4	0.6~1.2	4~6
搅拌方式	阴极移动	阴极移动	阴极移动	—	空气搅拌

注：配方1、2为普通镀铜；配方3为光亮镀铜；配方4为滚镀铜；配方5为快速镀铜。

6.4.2 络合平衡及电极反应

镀液的主要成分为焦磷酸铜和焦磷酸钾。焦磷酸根作为配位体与铜离子形成络盐：

$$Cu_2P_2O_7 + 3K_4P_2O_7 \rightleftharpoons 2K_6[Cu(P_2O_7)_2]$$

随着 pH 值的变化，络合离子有不同的可能存在的形式：

pH<5.3 　　　　　　　$[Cu(P_2O_7)]^{2-}$

5.3<pH<7.0 　　　　　$[Cu(HP_2O_7)(P_2O_7)]^{5-}$

7.0<pH<10.0 　　　　$[Cu(P_2O_7)_2]^{6-}$

$[Cu(P_2O_7)_2]^{6-}$的不稳定常数为 1.0×10^{-9}，当镀液中有过量的焦磷酸根离子存在时，这种络合离子最稳定。

阴极反应：

$$[Cu(P_2O_7)_2]^{6-} + 2e \longrightarrow Cu + 2P_2O_7^{4-}$$

阴极过电位较高时：

$$2H_2O + 2e \longrightarrow H_2\uparrow + 2OH^-$$

有硝酸根存在时：

$$NO_3^- + 7H_2O + 8e \longrightarrow NH_4^+ + 10OH^-$$

$$NH_4^+ \longrightarrow NH_3\uparrow + H^+$$

阳极反应：

$$Cu + 2P_2O_7^{4-} - 2e \longrightarrow [Cu(P_2O_7)_2]^{6-}$$

副反应有：

$$4OH^- - 4e \longrightarrow O_2\uparrow + 2H_2O$$

$$Cu - e \longrightarrow Cu^+$$

$$2Cu^+ + 2OH^- \longrightarrow 2CuOH \longrightarrow Cu_2O\downarrow + H_2O$$

焦磷酸盐镀铜液在生产过程中很容易产"铜粉"。亚铜离子的来源除铜阳极的不完全氧化外，还可能有歧化反应产生：

$$Cu + Cu^{2+} \rightleftharpoons 2Cu^+$$

以及铜离子被铁还原：

$$2Cu^{2+} + Fe \longrightarrow 2Cu^+ + Fe^{2+}$$

镀液中产生"铜粉"后，附着在镀件上使镀层粗糙或产生毛刺，是一种常见故障。

6.4.3　焦磷酸盐镀铜与基体的结合力

在焦磷酸盐镀铜液中，焦磷酸根对铜离子有一定的络合能力，但铜的电位仍高于铁：$\varphi^0_{Cu^{2+}/Cu} = -0.42V$，$\varphi^0_{Fe^{2+}/Fe} = -0.44V$。所以钢铁件在溶液中仍然存在置换反应，置换出来的铜是疏松的，严重影响了镀层与钢铁基体的结合力。焦磷酸盐镀液虽属碱性，但其pH值远低于氰化物镀铜液，不具备良好的进一步除油污的能力，这也被认为是造成结合力不如氰化物镀液的原因之一。解决的方法有以下几种：

（1）预镀。预镀镍和氰化物镀铜是常用的。

（2）化学浸渍。利用丙烯基硫脲在钢铁基件上的吸附作用，阻止镀件进入镀液时发生置换反应。

（3）采用高浓度的焦磷酸钾镀液，或在镀液中加入 EDTA 等强络合剂，防止钢铁件表面处于钝化状态。

（4）曾经报道过用带电下槽的方法可以避免产生置换铜。

6.4.4　镀液中各成分的作用

（1）焦磷酸铜和硫酸铜。主盐，一般铜含量控制在 $20 \sim 25g/L$ 之间。铜含量过低，镀层的光亮、整平性较差，而且允许工作电流范围窄；铜含量过高，阴极极化作用降低，镀层易粗糙。虽然可以通过提高焦磷酸根的含量来提高阴极极化，但由于镀液黏度增大，电导率降低，焦磷酸盐的溶解度也有限而受到一定限制。硫酸根过多会使镀层粗糙，在光亮镀铜中不宜用硫酸铜做主盐。

（2）焦磷酸钾。主络合剂，其作用是使络合物稳定，防止生成沉淀，改善镀层质量，提高镀液分散能力，促进阳极溶解。

（3）柠檬酸盐，酒石酸盐，氨三乙酸和铵盐。这几种物质均可以和铜离子络合，是辅助络合剂。其作用是改善镀液分散能力，促进阳极溶解，防止产生铜粉，提高镀层光亮度，增加镀液的缓冲能力。柠檬酸盐效果最好，若用氨三乙酸或酒石酸盐代替，镀层的整平性和光亮性稍差。铵离子有助于改善镀层外观。

（4）正磷酸盐。正磷酸盐是焦磷酸水解生成的：

$$P_2O_4^{4-} + H_2O \Longleftrightarrow 2HPO_4^{2-} \Longleftrightarrow 2PO_4^{3-} + 2H^+$$

少量正磷酸盐对镀液的 pH 值有良好的缓冲作用，并能促进阳极溶解。但浓度超过 $100g/L$，镀液的导电性能降低，镀层光亮范围缩小，阴极电流密度上限下降，电流效率降低，镀层出现条纹或粗糙。

（5）光亮剂。可用于焦磷酸盐镀铜的光亮剂很多。有代表性的有机光亮剂是 2-巯基苯并咪唑，其特点是镀层光亮，且比较稳定，还具有整平和提高电流密度的效果。亚硒盐或二氧化硒可以降低镀层的内应力而获得更好的光亮度。镀液经双氧水处理后，因亚硒盐被氧化，应当重新调整其含量。

（6）硝酸盐。硝酸盐具有提高电流密度上限，减少针孔，降低镀液操作温度的作用。硝酸根可在高电流密度区还原，抑制氢离子的还原；还原产物氨可与铜络合，减少高电流密度区烧焦的趋势，从而提高了阴极电流密度。

6.4.5 工艺条件的影响

（1）pH 值。焦磷酸盐镀铜液的 pH 值大都在 7.0～9.0 之间。pH 值过低时，镀液中焦磷酸根易水解成正磷酸根；pH 值过高，允许电流密度降低，镀层光亮范围缩小，色泽暗红，结晶粗糙疏松，镀液的分散能力和电流效率下降。

（2）温度。焦磷酸盐镀铜的温度可控制在 30～50℃ 范围内。提高温度可以增大阴极电流密度，但温度过高，会使氨挥发增加，低温时的分散能力较好，但使镀层易烧焦。

（3）电流波形。焦磷酸盐镀铜所用电源有一定要求。直流电机的平稳波形使镀层较粗且发暗。采用单相半波、单相全波、桥式、直流间歇、周期换向等波形可获得细致光亮的镀层。

（4）搅拌。常用的搅拌是阴极移动。阴极移动速度对镀层光亮度和阴极电流密度影响较大。普通镀液可采用 100mm 行程，15～25次/min；光亮镀液则采用 25～30次/min。空气搅拌的效果更好。为了防止槽底沉淀物泛起，可配合使用连续过滤装置。

（5）阳极。宜用经过压延的电解铜板。阳极电流密度低于 $1A/dm^2$，以免阳极发生钝化。

6.5　无氰镀铜

我国无氰电镀铜工艺研究取得了丰硕成果。已投入使用的有柠檬酸－酒石酸盐镀铜和羟基乙叉二膦酸盐（HEDP）直接无氰镀铜工艺，经试验表明，这两种镀液稳定，分散能力和覆盖能力好，镀层和基体结合牢固，下面分别介绍这两种镀液。

6.5.1　柠檬酸-酒石酸盐镀铜（一步法无氰镀铜）

（1）溶液组成及工艺条件

碱式碳酸铜	55～60g/L
酒石酸钾钠	30～55g/L
柠檬酸	250～280g/L
碳酸氢钠	10～15g/L
二氧化硒	0.008～0.02g/L
防霉剂	0.10～0.5g/L
pH 值	8.5～10
温度	30～40℃
电流密度	0.5～2.5A/dm²
阴极移动	25～30 次/min
阴阳极面积比	1∶(1.5～2)

（2）溶液各组分作用及工艺条件的影响

碱式碳酸铜是主提供铜离子盐。碱式碳酸铜 $[Cu(OH)_2 \cdot CuCO_3 \cdot nH_2O]$ 含铜质量分数为 52%～56%。可用硫酸铜溶液和碳酸钠溶液制备：

$$2CuSO_4 + Na_2CO_3 + 2H_2O = Cu_2(OH)_2CO_3 + 2NaHSO_4$$

沉淀用水洗涤数次，以去除 SO_4^{2-}。

柠檬酸是含有三个羧基和一个羟基的有机酸，无毒可食，分子式为 $C_6H_8O_7$，结构式如下所示，可简写成 H_3Cit。

$$\begin{array}{c} H_2-C-COOH \\ | \\ HO-C-COOH \\ | \\ H_2-C-COOH \end{array}$$

柠檬酸是铜离子的主配位剂，它与溶液中铜离子的配合反应为

$$2Cit^{3-} + Cu^{2+} + 2OH^- \rightleftharpoons [Cu(OH)_2(Cit)_2]^{6-}$$

在碱性溶液中形成的混合配体配合物 $[Cu(OH)_2(Cit)_2]^{6-}$ 是比较稳定的，其 $K_{不稳} = 1.7 \times 10^{-19}$，因此它在阴极放电时有较大的阴极极化作用。

柠檬酸含量过低，阴极极化降低；含量过高，电解液黏度增加，影响电解液的导电能力。一般 Cit^{3-}/Cu^{2+} 控制在 $8 \sim 9$ 为宜。

酒石酸钾钠是含有二个羧基和二个羟基的有机盐。作为辅助配位剂，它与电解液中的铜离子配合反应如下：

酒石酸配合物—OOCCHOHCHOHCOO—可简写为 $Tart^{2-}$

$$Tart^{2-} + Cu^{2+} + 2OH^- \rightleftharpoons [Cu(OH)_2(Tart)]^{2-}$$

配离子 $[Cu(OH)_2(Taet)]^{2-}$ 的不稳定常数 $K_{不稳} = 7.3 \times 10^{-20}$，它较铜离子与柠檬酸根所形成的配离子更稳定，有利于提高阴极极化和镀层的结合力，使电解液更稳定。

实验结果表明，加入酒石酸钾钠后，使得光亮镀层的电流密度范围增大，和二氧化硒配合使用获得光亮镀层。电解液中加入酒石酸钾钠还有利于阳极溶解，但酒石酸钾钠含量过高，会增加镀层硬度。

碳酸氢钠为缓冲剂。

二氧化硒为无机光亮剂，加入微量的二氧化硒，就能使镀层光亮。

pH 值直接影响柠檬酸和酒石酸盐对铜的配合能力。pH 值升高，配合能力提高，阴极极化增加，镀层结合力相应提高，但当 pH>10 时，光亮区范围缩小，易烧焦，阳极区易生成 CuOH 沉淀，进而转成 Cu_2O，所以 pH 值不宜超过 10，最佳为 9.5 ± 0.5。

随着温度的升高，电解液导电能力增加，浓差极化降低，因此光亮区范围扩大。但温度不宜过高，温度升高会使阴极极化降低，结合力降低，最佳温度范围为 $30 \sim 40℃$。

（3）电解液的配制

电解液性能的好坏与配制方法有关系，一步法无氰镀铜电解液的配制步骤如下：

首先用电解液体积的 1/2 的蒸馏水将柠檬酸溶解，并加入氢氧化钾将 pH 值调到 $3 \sim 4$ 左右。然后将碱式碳酸铜用水调成糊状，并在不断搅拌下慢慢加入槽内，此时有大量 CO_2 气体逸出，严防溶液溢出。在不断搅拌下加入氢氧化钾溶液，将 pH 值调到 10 左右，再加入活性炭 $1 \sim 3g/L$，搅拌均匀，静置 24h 过滤。用水分别溶解酒石酸钾钠、碳酸氢钠和光亮剂，加入槽内，最后用水稀释至所需体积，调整 pH 值至 9.5 ± 0.5，即可试镀。调整 pH 值用柠檬酸和氢氧化钾溶液。

6.5.2 羟基乙叉二膦酸盐镀铜（简称 HEDP 镀铜）

电解液组成与工艺条件如下：

铜	8～12g/L
HEDP（100%）	80～130g/L
碳酸钾	40～60g/L
酒石酸钾	10g/L
过氧化氢	2～4mL/L
pH 值	9～10
温度	30～50℃
电流密度	1A/dm²
阴阳极面积比	1∶1
阳极电解铜板	
搅拌方式	机械搅拌，压缩空气

HEDP——羟基乙叉二膦酸，其结构式为

它是铜离子的配位剂。其含量取决于电解液中铜含量，应控制[HEDP]/[Cu²⁺]（摩尔比）比值。当比值大时，镀层结合力较好，镀层结晶细致，电解液分散能力好，阳极溶解正常。但比值太大时，阴极电流效率下降，沉积速度降低。反之，当比值太小时，不但阴极上有绿色铜盐析出，而且结合力下降。实验表明，控制[HEDP]/[Cu²⁺]（摩尔比）比值在3～4，能镀得外观细致、光亮、结合力好的镀层。配方中，碳酸钾作为导电盐，酒石酸钾作为辅助配位剂，过氧化氢用以氧化 HEDP 中存在的少量还原性杂质（如亚磷酸根），其用量视 HEDP 的质量而定，一般过氧化氢用量在 2～4mL/L 为宜。

复习思考题

1. 试分析氰化物镀铜的阴极过程。
2. 氰化物镀铜液中游离氰化钠的含量对镀液、镀层性能有何影响？
3. 为什么氰化物镀铜层与钢铁基体结合力很好，而硫酸盐镀铜和焦磷酸盐镀铜在钢铁件上却需要预镀？
4. 怎样抑制在硫酸盐光亮镀铜液中产生的"铜粉"？
5. 少量的氯离子在光亮镀铜液中有什么作用？
6. 举例说明硫酸盐酸性光亮镀铜光亮剂的作用。
7. pH 值的变化对焦磷酸盐镀铜有何影响？

7 镀　　镍

7.1 概　　述

镍是一种银白色略带黄色的金属。镍的原子量为 58.69，密度为 8.9g/cm³，熔点为 1452℃，二价镍的电化学当量为 1.095g/A·h，标准电极电位 $\varphi^0_{Ni^{2+}/Ni}=-0.25V$。镍镀层硬度因电镀工艺的不同可在 Hv50～600 之间变化。由于镍镀层具有优异性能，其应用几乎遍及现代工业的所有部门。在电镀工业中，镀镍层的生产量仅次于镀锌层而居第二位。

镍具有很高的稳定性，在常温下能很好地抵抗水＼大气和碱的侵蚀，镍的电位比钢铁高，特别是镍具有强烈的钝化能力，钝化后的电位更高，所以镍镀层不能单独作为钢铁的防护层，而常常作为防护装饰性镀层体系的中间层或底层。镍层在大气中容易失去金属光泽，常在镍层上罩一层薄铬膜，称为套铬。作为装饰性镀层的光亮镀镍，人们追求的是高整平、全光亮和快速出光，这方面在近十几年中发展较快，装饰性镍层的另一发展趋势是色调柔和、不反光的缎面镍。镀镍层的功能性，例如电铸生产有特殊要求的工件，修复局部磨损的大型工件，以镍为基复合各种硬质微粒以期达到耐磨目的等，日益受到人们的重视。

早在 1837 年就有了在铂电极上电解氯化镍或硫酸镍来获得金属镍的报道。19 世纪 60 年代后期，在美国和欧洲镀镍达到了工业化生产的程度，当时使用的是中性的硫酸镍铵镀液，在室温、低电流密度下操作。19 世纪 70 年代，用硫酸镍镀镍和添加硼酸分别取得了专利。19 世纪末开始用氯化物作为阳极腐蚀剂。1916 年瓦特镀镍液问世，这种镀镍液以硫酸镍和氯化镍为主盐，硼酸为缓冲剂，并且加热镀液使用高电流密度。瓦特镍为现代镀镍工艺奠定了基础，不仅普通镀镍仍然沿用瓦特镍，而且半光亮和光亮镍也是瓦特镍液中添加各种光亮剂而成的。

在镀镍工艺的不断发展过程中，陆续有十几种类型的镀镍溶液问世，表 7-1 给出了部分不同类型镀镍溶液的工艺特点和应用情况。

表 7-1　部分不同类型镀镍工艺特点和应用情况

镀液类型	工艺特点	用　途
普通镀镍液	镀层结晶细致，韧性好，易于抛光，耐蚀性优于亮镍，操作简单，维护方便	预镀、滚镀，高浓度可用于厚镍、电铸
全硫酸盐镀液	镀液价廉，对设备腐蚀小，镀层韧性好，内应力小，可用不溶性阳极，配方简单，控制方便，且沉积速度快	管、筒件内壁镀镍、预镀
全氯化物镀液和高氯化物镀液	镀液导电性好，分散能力好，镀层结晶细致，内应力高，硬度 Hv230～260，对设备腐蚀大，主盐浓度较低，可用大电流密度	修复磨损工件，电铸，微裂纹铬底层

镀液类型	工艺特点	用途
半光亮镀镍液	以瓦特镍为基础加入添加剂，整平性好，含硫量低于 0.005％	多层镍中间层或底层
光亮镀镍液	以瓦特镍为基础加入添加剂，高整平性，全光亮，镀层较脆，不宜镀厚，耐蚀性较差	用量很大的装饰性镀层
氨基磺酸盐镀液	镀液价昂，镀层韧性好，内应力低，分散能力好，镀层机械性能好	电铸，特别是尺寸精度要求高的工件，如电铸板、唱片压模
氟硼酸盐镀液	镀液价昂，镀层韧性好，内应力低，镀液导电性好，阳极溶解好，对金属杂质的敏感性低，对设备腐蚀大	电铸
焦磷酸盐镀液	镀液呈碱性，对设备腐蚀小	可直接在锌及其合金压铸件上电镀
缎面镍	镀液含有低浊点表面活性剂，或直径为 $0.1\sim1.0\mu m$ 的固体颗粒	装饰、防眩
黑镍	镀层含有一定量的硫和锌，黑色	光学仪器、消光
硬镍	镀液含铵，镀层硬度可达 Hv500，强度、内应力高，韧性差	耐磨镀层

7.2 镀 暗 镍

暗镍又称无光泽镍、普通镍。暗镍镀液的主要成分是硫酸镍、氯化镍（或氯化钠）、硼酸。暗镍的镀覆工艺很重要，它不仅是生产普通镀镍产品的手段，还是其他镀镍工艺的基础。暗镍镀液是一种典型的单盐电解液，由于其成分简单，镀液稳定，镀层内应力低，与钢铁结合力好，常用于防护装饰性镀层的中间层或底层，也用于镀厚镍或电铸。

7.2.1　镀液成分和工艺条件

一些典型的暗镍镀液配方和工艺条件列于表 7-2。

表 7-2　几种暗镍镀液的成分和工艺条件

组成与工艺条件	1	2	3	4	5	6
硫酸镍($NiSO_4 \cdot 7H_2O$)/(g/L)	250~300	150~250	120~140	200~250	300	100
氯化镍($NiCl_2 \cdot 6H_2O$)/(g/L)	30~60	—	—	—	—	200
氯化钠($NaCl$)/(g/L)	—	10~11	10~11	5~12	—	—
硼酸(H_3BO_3)/(g/L)	35~40	35~40	30~40	30	30	30~40
硫酸钠(Na_2SO_4)/(g/L)	—	20~30	50~80	—	—	—
硫酸镁($MgSO_4$)/(g/L)	—	30~40	—	50	—	—
氟化钠(NaF)/(g/L)	—	—	—	4	—	—
双氧水($H_2O_2 \cdot 30\%$)/(mL/L)	—	—	—	0.1	—	—
十二烷基硫酸钠/(g/L)	0.05~0.1	—	0.01~0.02	—	—	—
pH 值	3~4	5.0~5.5	5.0~5.6	4.0~4.5	3.8	2.5~4.0

组成与工艺条件	1	2	3	4	5	6
温度/℃	45～60	20～35	30～35	45～50	55	40～70
j_k/(A/dm²)	1.0～2.5	0.8～1.5	0.8～1.5	1.0～1.5	1～13	1～10
搅拌	视需要	视需要	视需要	—	强制循环	强制循环

配方 1 即著名的瓦特镀镍液,其特点是沉积速度快,成分简单,操作、控制都比较方便。配方 2 为普通镀镍液,其导电性能好,可在低温下操作,节省能源,使用方便。配方 3 为低浓度预镀液,它与基体或其他镀层结合力较好。配方 4 为滚镀液,其导电性能好,镀液的覆盖能力好。配方 5、6 为高速镀液。

7.2.2 电极反应

镍的交换电流密度很小,例如 Ni/1mol NiSO₄ 体系的交换电流密度仅为 1.0×10^{-8} A/dm²,所以镍离子在阴极上还原时出现较大的电化学极化,这对形成细晶的镍镀层具有决定性作用。这也是不必采用络合剂,只用单盐镀液就能获得令人满意的镀层的主要原因。

镀镍液中存在的阳离子有 Ni^{2+}、Na^+、H^+ 和 Mg^{2+},由于 Na^+、Mg^{2+} 的电极电位很低,镀镍的阴极过程实际上只是 Ni^{2+} 和 H^+ 的竞相放电。其电极反应为:

$$Ni^{2+} + 2e \longrightarrow Ni$$

$$2H^+ + 2e \longrightarrow H_2 \uparrow$$

按照标准电位,$\varphi^0_{H^{2+}/H_2}$ 比 $\varphi^0_{Ni^{2+}/Ni}$ 高 0.25V,似乎是析氢反应更容易进行。但是一方面镀镍液的 pH 值一般控制在 3～5,而在阴极区 pH 值一般要比本体溶液高 1.0 左右,实际的阴极过程是在 pH 值大约为 6 的条件下进行的,按能斯特方程,氢析出的平衡电位负移了 0.36V;另一方面氢在镍上析出的过电位比镍的析出过电位更大,这就使得在实际镀镍过程中,镍不但优先析出,而且有较高的阴极电流效率。

电镀镍时的阳极反应主要是金属镍的溶解:

$$Ni - 2e \longrightarrow Ni^{2+}$$

镍具有较高的钝化能力,若阳极极化较大,则可能导致阳极析氧:

$$2H_2O - 4e \longrightarrow 4H^+ + O_2 \uparrow$$

活性很强的新生氧使其钝化更为严重。特别是二价镍离子在阳极被氧化为三价镍离子后,将在阳极表面生成一层暗棕色三氧化二镍,此时镍阳极停止溶解,镍离子浓度则迅速下降,导致阴极电流效率下降和镀层质量恶化,阳极电位较高时,也会发生析氯:

$$2Cl^- - 2e \longrightarrow Cl_2 \uparrow$$

正常溶解的阳极色泽是灰白色。

阳极钝化问题已被很好解决。方法之一是镍阳极中添加 0.02%～0.03% 的硫,制成所谓的活性镍。方法二是在镀液中加入氯离子,促进阳极溶解。各种镍阳极在镀镍液中的溶解行为及氯离子对阳极溶解的活化作用示于图 7-1。可见含硫活性镍即使在不含氯离子的镀液中也溶解的很好,而氯离子则可使其他各种镍阳极的溶解电位降低 1.2V 以上。

7.2.3 镀液成分的作用

(1) 硫酸镍。主盐，镀镍溶液中硫酸镍含量范围较大，在 100～350g/L 之间。硫酸镍含量较低时，镀液的分散能力好，镀层结晶细致，因此预镀镍液使用的硫酸镍含量较低；但此时阴极电流效率较低，工作电流密度较小，沉积速度较慢。硫酸镍含量较高时，容易镀出色泽均匀的无光镀层，允许使用较高的电流密度，适于快速镀镍。硫酸镍含量过高，则阴极极化降低，分散能力变差，同时镍盐因镀液带出而增大损耗。

(2) 氯化镍、氯化钠。其作用是为镀液提供阳极活化剂——氯离子。它能够吸附在阳极表面，降低阳极电位，去极化作用非常显著。氯离子阻止二价镍离子被氧化成三价镍离子，从而阻止了钝化膜的形成。加入氯化钠的镀液由于引入较多

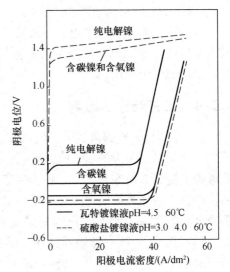

图 7-1 氯离子对各种镍阳极
溶解行为的影响

的钠离子，使镀层发脆，内应力高，结合力差，光亮性也差。氯离子含量较高的镀液对设备的腐蚀性也大。氯化镍有提供氯离子和镍离子的双重作用，但成本较高。

(3) 硼酸。缓冲剂，其作用是稳定镀液的 pH 值。硼酸的缓冲作用在 pH 值 4～6 之间最强，其含量低于 20g/L 时，缓冲作用很弱，一般用量在 30～40g/L 之间。浓度较高，缓冲作用加强，因为随着硼酸浓度的提高，有一部分硼酸会转化为四硼酸：

$$4H_3BO_3 \rightleftharpoons H_2B_4O_7 + 5H_2O$$

四硼酸对防止镍离子在阴极膜中形成氢氧化镍或碱式硫酸镍的作用，比硼酸更强，缓冲作用更好。所以在镀镍溶液中硼酸的含量以稍高一些为宜。但是硼酸在室温下只能溶解 40g/L 左右，加热虽能增加它的溶解，但在镀液温度降低时，溶液的硼酸又会结晶析出，影响镀层质量，镀镍的阴极电流效率也随硼酸含量增高而下降。

(4) 氟化钠。其作用是进一步提高镀液的缓冲能力。这可能是由于氟离子与硼酸根作用形成氟硼酸根的缘故。氟化物会与镀液中的钙、镁离子作用生成沉淀，导致镀层粗糙，同时还使镀液处理某些杂质比较困难，因此应用不多。

(5) 硫酸钠、硫酸镁。导电盐，可以改善镀液的分散能力。硫酸镁的导电能力不如硫酸钠，但能使镀层光滑、柔软、呈银白色。添加导电盐也有不利影响，比如钠离子对镀层性能有不良影响。现代镀镍已有避免向镀液中加入钠离子的趋势。

(6) 十二烷基硫酸钠。防针孔剂，十二烷基硫酸钠是一种阴离子表面活性剂，吸附在阴极表面能降低镀件与镀液的界面张力，使镀液能很好地润湿电极表面，减小了氢气泡与电极表面的润滑接触角，氢气泡便难以在阴极上停留，从而减少了镀层的针孔。降低界面张力的另一个好处是减少了镀液的带出量。其用量为 0.1g/L 左右，含量太低不能有效地消除针孔；含量过高，去除针孔的作用并不随之增加，却在电镀时产生较多泡沫覆盖在镀液表面，使氢气聚集而产生爆鸣现象。当 pH 值较高时，十二烷基硫酸钠能与镍离子反应生成不溶性化合物，故其消耗量较大，即使 pH 值较低，也有一定的消耗，因此最好每天

补充一些。经活性炭处理过的镀液,应按配方量重新补加。

(7) 双氧水。双氧水也是一种防针孔剂。它的作用机理是将氢氧化成氢离子而减少氢气泡的生成。由于它是一种强氧化剂,可以破坏光亮镀镍溶液所含的光亮剂,所以不能在镀亮镍的镀液中使用。

7.2.4 工艺条件的影响

(1) pH 值。镀镍液的 pH 值对镀层质量影响很大。在镍的沉积过程中,由于氢同时析出,使阴极区附近的 pH 值升高,在 pH 大于 6 时,阴极区中将会生成氢氧化镍或碱式硫酸镍沉淀,夹杂在镀层中,使镀层变脆,孔隙率增加,产生麻点。如果 pH 值过低,氢的析出量将增加,镀层产生较多的针孔。一般来说,pH 值越高,镀液的分散能力较好,阴极电流效率高,但为防止因析氢造成的阴极区碱化,只能使用较小的阴极电流密度。pH 值较低,可以提高镀液导电性,促进阳极溶解,可以使用较高的阴极电流密度。可见pH 值的影响有利有弊,一般镀镍液的 pH 值控制在 3.8~5.6 之间。pH 值的调解可使用稀氢氧化钠或稀硫酸和稀盐酸。

(2) 温度。温度对镀层内应力有较大影响。温度升高,内应力显著降低,镀层柔软而有延性。提高镀液温度,可以增加盐的溶解度,增大镀液电导,降低阴、阳极极化,从而可以使用较高的阴极电流密度。但升高温度也有一些不利之处,如盐类水解及生成氢氧化物沉淀的倾向增加,特别是铁杂质的水解可能形成针孔故障,镀层易钝化,镀液分散能力降低。

(3) 阴极电流密度。如前所述,镀镍所用的电流密度与 pH 值、温度、主盐浓度等因素有密切关系,这些因素又是互相影响和制约的。一般地,随着主盐浓度、溶液温度的提高,搅拌强度的加大以及 pH 值的降低,可以采用较高的阴极电流密度,在正常的阴极电流密度范围内,随着电流密度的升高,电流效率略有增加。

(4) 搅拌。搅拌可以提高阴极电流密度,加速氢气泡逸出,缩短其滞留在阴极表面的时间,有效地减少镀层的针孔和麻点。搅拌方式有压缩空气搅拌、阴极移动、镀液循环过滤等。

(5) 阳极。纯度很高的电解镍阳极在电镀时很容易钝化,而且在含氯化物的镀液中,约有 0.5%左右的镍阳极成为疏松的镍渣,不但浪费了贵重的金属镍,而且镀层容易产生毛刺,比较适宜的镍阳极有以下几种:

第一,含碳镍阳极。在熔融的电解镍中,加入 0.25%~0.35%的碳和 0.25%~0.35%的硅铸造而成,或再经轧制,在含氯化物的镀液中溶解性能较好。

第二,含氧镍阳极(亦称去极化阳极)。在熔融的电解液中,加入 0.25%~1.0%的氧化镍经浇铸、轧制而成。适用于瓦特镀镍液,溶解平稳均匀,表面有棕色膜,需要使用阳极袋。

第三,含硫镍阳极。镍阳极中含有 0.02%~0.03%的硫。这种阳极溶解性好,活性强,可以使用大的阳极电流而不致钝化,所含的硫溶解进入溶液中可以除去其中的铜杂质。特别适于全硫酸盐镀液,不需要氯离子的活化,参见图 7-1。

传统的阳极悬挂方式是将长方形镍板挂于镀槽的阳极杠上,随着镍阳极的不断溶解,使槽内的电力线分布趋于不合理,所剩镍板头也造成浪费。目前大多采用钛篮,将镍阳极做成球形、球冠、圆饼或仍用镍板，放在篮内再悬挂在阳极杠上，这样可以使全部镍阳极都置于镀液内，除了可以充分利用镍阳极外，阳极面积能维持不变，阳极极化小，节约了电能和减少了有机添加剂的氧化分解。

7.2.5 镀液维护和故障处理

镀镍液出现故障，少数是由于成分比例失调、操作工艺条件不当引起的，大多数是由各种杂质的含量超过了允许范围造成的。镀镍液的维护除常规的分析调整各成分外，要经常监测 pH 值的变化、阳极溶解状态和及时处理镀液中累积的各种杂质。

（1）铁杂质

二价铁离子在 pH 值大于 5.5，三价铁离子在 pH 值大于 4.7，即可发生水解。二价铁的水解产物是极细小的 $[Fe(OH)_2]$ 胶体，它可吸附 Fe^{2+} 形成 $[nFe(OH)_2] \cdot Fe^{2+}$，这种带正电荷的胶体可向阴极移动并夹杂在镀层中，使镀层的孔隙率上升，脆性增加，出现针孔、粗糙、龟裂等故障。其极限含量是 0.05g/L。当铁杂质的含量大于 0.1g/L 时，镀液浑浊，有絮状悬浮物出现，它将沉积在阳极袋周围，堵塞袋孔，影响阳极正常溶解。温度降低，铁杂质的有害影响有所降低。

铁杂质可用化学沉淀法除去，其原理是用双氧水或高锰酸钾将 Fe^{2+} 氧化成 Fe^{3+}，利用 Fe^{3+} 在 pH 值较低时发生水解沉淀再过滤除去。目前市场上有除铁剂出售，其原理是将镀液中的 Fe^{3+} 还原为 Fe^{2+}，并形成某种形式的络离子，使 Fe^{2+} 与 Ni^{2+} 共沉积而不影响镀层质量，称为沉积型除铁剂。

（2）铜杂质

铜杂质的允许极限含量是 0.01g/L，镀液类型和添加剂不同，允许含量也有所不同。铜杂质超过允许含量时，在低电流密度区出现暗色粗糙镀层；含量更高时，镀层呈黑色海绵状。镀层含铜时，耐蚀性变差。

去除铜杂质的经济而有效的方法是用小电流通电处理。$\varphi^0_{Cu^{2+}/Cu} > \varphi^0_{Ni^{2+}/Ni}$，所以铜可以优先于镍沉积出来，用瓦楞铁板做阴极，通以 $0.05 \sim 0.1 A/dm^2$ 的阴极电流，可以除去铜杂质。市售"QT 去铜剂"或奎宁酸沉淀剂可以使铜沉淀出来。

（3）锌杂质

锌杂质的允许极限含量是 0.02g/L。锌杂质的危害是使镀层内应力增加，镀层光亮而脆，更高的锌杂质含量会使镀层发黑或出现黑色条纹。镀液 pH 值较高时，锌杂质还常常引起针孔。

锌杂质也可以用化学沉淀法除去，锌杂质较多时，一般一次处理不能除尽，需要重复处理。也可以用电解法除去，用瓦楞铁板做阴极，在搅拌下通 $0.2 \sim 0.4 A/dm^2$ 电流。

（4）铬杂质

镀镍溶液对铬杂质非常敏感，允许极限含量为 0.02g/L。微量的六价铬存在就使镀液的分散能力显著降低，镀层发黑，结合力变坏。当六价铬含量达到 0.1g/L 以上时，镍就不能沉积了，阴极上只有氢析出。

去除六价铬可用保险粉或硫酸亚铁将六价铬还原为三价铬，再提高 pH 值将氢氧化铬沉淀出来过滤去除。

（5）硝酸根杂质

硝酸根也是镀镍溶液中十分有害的杂质，它使镀镍的阴极电流效率显著降低。微量的硝酸根即可使镀层发脆、发黑，低电流区无镀层。硝酸根达到一定量时，整个阴极表面都镀不上镀层。

通常采用电解法去除硝酸根，在 pH 值 1～2、温度 60～70℃条件下，先用大电流 j_k ＝1～2A/dm^2，然后逐步降至 0.2A/dm^2，一直电解至正常为止。低 pH 值有利于硝酸根在阴极上还原，高温则使氨在镀液中溶解度降低。

（6）有机杂质

有机杂质含量较高时将使镀层出现雾状、发暗、发花、变脆、出现针孔、产生橘皮状镀层等。

有机杂质可用双氧水或高锰酸钾与活性炭联合处理。所用活性炭应选用吸附性能较强的粉末状化学纯或医药用活性炭。颗粒状活性炭效果差，应适当增加用量或粉碎后加入。不宜用含锌量高的工业活性炭处理镀镍液。

上述方法不能去除胶类物质，如各种动物胶，而少量的动物胶就会造成镀层针孔或起皮等故障。动物胶可用单宁酸沉淀。方法是镀液加热至 60℃左右，搅拌下加入 0.03～0.05g/L 单宁酸，镀液内会出现浅蓝色絮状沉淀，可静置过滤除去，过量的单宁酸亦可用活性炭吸附除去。

7.3 镀光亮镍

镀光亮镍已成为现代电镀工业的一个重要的基本镀种。在镀光亮镍工艺问世之前，获得的光亮镍层是由暗镍经机械抛光而来的。镀光亮镍工艺大大减轻了工人的劳动强度，消除了机械抛光引起的粉尘污染，节省了金属镍的消耗，提高了劳动生产率，给自动化连续生产"铜-镍-铬"或"镍-镍-铬"等防护装饰性镀层体系创造了有利条件。

最早使用的镀镍光亮剂是镉盐，其后陆续使用了萘二磺酸、糖精、香豆素等有机光亮剂。1955 年开始使用的 1,4-丁炔二醇，标志着光亮镀镍工艺的成熟。以后又发现了丁炔二醇对镀层的平整性和韧性还不够理想，光亮区电流密度范围不够宽；香豆素的平整性能虽然很好，但引起镀层较大的脆性，且其在阴极的分解产物影响镀层质量。近代主要发展了丁炔二醇与环氧乙烷、环氧丙烷及环氧氯丙烷的缩合物，作为高效长寿镀镍光亮剂；还发展了速度快、光亮范围宽的辅助光亮剂。传统的表面活性剂——十二烷基硫酸钠也开始被无泡润湿剂 2-乙基己基硫酸钠（即 26-1 无泡润湿剂）所取代。

7.3.1 镀液成分和工艺条件

镀光亮镍的溶液大都是在瓦特镍液的基础上添加各种光亮剂而成的。表 7-3 给出了部分有代表性的常用配方和工艺条件。

表 7-3 几种常用的镀光亮镍溶液配方和工艺条件

组成与工艺条件	1	2	3	4	5
硫酸镍（NiSO$_4$·7H$_2$O）/(g/L)	250～300	250～300	350～380	200～250	250～300
氯化镍（NiCl$_2$·6H$_2$O）/(g/L)	30～50	30～50	30～40	—	30～60

续表

组成与工艺条件	1	2	3	4	5
硼酸(H_3BO_3)/(g/L)	35～40	35～40	40～45	35～40	35～40
氯化钠(NaCl)/(g/L)	—	—	—	15～20	—
硫酸镁($MgSO_4$)/(g/L)	—	—	—	20～25	—
糖精/(g/L)	0.8～1.0	0.6～1.0	0.8～1.0	0.5～1.0	1～2
1,4-丁炔二醇/(g/L)	0.4～0.5	0.3～0.5	—	—	—
香豆素/(g/L)	—	0.1～0.2	—	—	—
BE/(mL/L)	—	—	0.5～0.75	—	—
791/(mL/L)	—	—	—	—	—
BN816/(mL/L)	—	—	—	—	2～3
十二烷基硫酸钠/(g/L)	0.05～0.15	0.05～0.15	0.05～0.10	—	0.05～0.1
pH 值	4.0～4.6	3.8～4.6	3.8～4.2	5.4～5.6	4.0～4.5
温度/℃	40～50	45～55	50～58	20～35	55～60
j_k/(A/dm^2)	1.5～3.0	2～4	3～5	0.5～1.0	2～6
搅拌	需要	需要	需要	需要	需要

注：配方 1 是常用的光亮镀镍；配方 2、3、5 具有高的整平性；配方 4 为滚镀亮镍液。

7.3.2 镀光亮镍所用的添加剂

镀镍光亮剂可分为两类：第一类光亮剂又称为初级光亮剂、载体光亮剂，第二类光亮剂又称为次级光亮剂。目前有人倾向于把能降低镀液对金属杂质的敏感性、拓宽光亮范围、缩短镀层出现光亮性和整平性所需电镀时间，同时可以减少次级光亮剂在阴极的消耗的一类添加剂，称为辅助光亮剂，即实际上的第三类光亮剂。

1. 初级光亮剂

初级光亮剂具有显著降低镀层晶粒尺寸的作用，使镀层产生柔和的光泽，但不能产生镜面光泽。镀液加入初级光亮剂会使镀层呈现压应力，在与次级光亮剂配合使用时可以抵消其产生的拉应力，增加了镀层的延展性，因此有时也把初级光亮剂称为去应力剂。初级光亮剂对阴极电位的影响比次级光亮剂小，当其浓度较低时，一般可使阴极过电位平均增加 15～45mV，浓度提高，阴极过电位并不明显增加。初级光亮剂能使高电流密度区具有一定的光泽，而单独使用初级光亮剂只能在低电流密度区产生全光亮镀层。有次级光亮剂存在时，初级光亮剂的作用更为明显，两类光亮剂配合使用能够获得最佳光亮效果。

初级光亮剂的化合物多数是具有 $\diagdown C—SO_2—$ 结构的有机化合物。其通式为

$R_1—SO_2—R_2$，式中 R_1 为有一个或数个双键的芳香烃（苯、甲苯、萘等），R_2 为—OH、—ON、—NH_2、—NH、—H 等基团。这类物质的水溶性较差，它们的钠盐水溶性大大提高，所以镀镍用的初级光亮剂常常是它们的钠盐，使用它们的镍盐或许更好。生产中使用较多的初级光亮剂有：

芳族磺酸类，例如，苯磺酸：

$$\text{（苯环）}—SO_3H$$

1，3，6-萘磺酸：

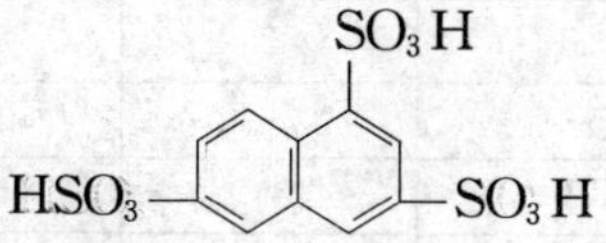

$$SO_3H$$

（HSO_3 — 萘环 — SO_3H 结构式）

芳族黄酰胺类，例如，对甲苯黄酰胺：

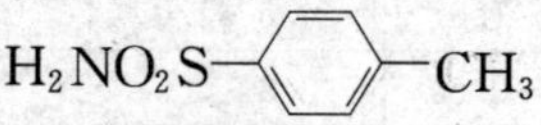

H_2NO_2S — 苯环 — CH_3

芳族黄酰亚胺类，例如，邻磺酰苯酰亚胺（糖精）：

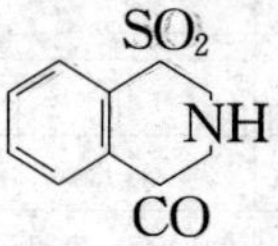

（结构式：苯并环 SO_2 — NH — CO）

杂环磺酸类，例如，噻吩-2-磺酸：

（五元环 — SO_3H）

芳族亚磺酸类，例如，苯亚磺酸：

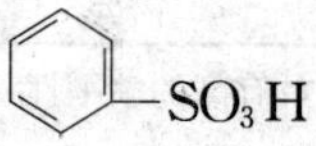

（苯环 — SO_3H）

2. 次级光亮剂

次级光亮剂的作用是：使镀液具有良好的整平能力，与初级光亮剂配合使用可获得具有镜面光泽的镀层，镀层的延展性良好。次级光亮剂单独使用虽然可获得光亮的镀层，但光亮范围窄，拉应力高，有较大的脆性。次级光亮剂对杂质比较敏感，浓度高时本身也容易造成针孔，也会使镀层的覆盖能力降低。次级光亮剂大多是含有不饱和基团，如羰基 $C{=}O$ 和炔基 $—C{\equiv}C—$ 的有机化合物。

常用的有机次级光亮剂的基团及实例见表 7-4。

表 7-4 部分有机次级光亮剂

活性基团	化合物类型	实 例
C=O	醛、氯代或溴代醛、磺化芳基醛	甲醛 $H—\overset{O}{\underset{H}{C}}$　　水合氯醛 $Cl_3C—\overset{OH}{\underset{H}{C}}—OH$
C=C	丙烯基和乙烯基化合物，丙烯基醛，芳香族醛及其磺化物	丙烯基磺酸 $CH_2{=}CH—CH_2—SO_3H$ 香豆素（结构式：萘并环 O、=O） 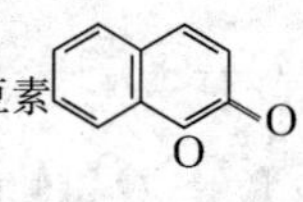
C≡C	炔醇化合物、羧酸、磺酸、胺、醛	1,4-丁炔二醇 $HO—CH_2—C{\equiv}C—CH_2—OH$ 苯基丙炔酸（苯环）$—C{\equiv}C—COOH$ 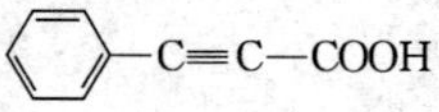 1,4-丁炔二磺酸 $HSO_3—CH_2—C{\equiv}C—CH_2—SO_3H$

活性基团	化合物类型	实 例
C≡N	腈类、硫代腈类	乙撑氰醇 NO—CH₂—CH₂—C≡N 琥珀二腈 N≡C—CH₂—CH₂—C≡N
N—C=S	硫脲及衍生物	硫脲 NH₂—C(=S)—NH₂ 丙烯基硫脲 CH₂=CH—CH₂—NH—C(=S)—NH₂
N=N	偶氮	对氨基偶氮苯 ⬡—N=N—⬡—NH₂

我国目前使用最广泛的次级光亮剂是 1,4-丁炔二醇及其衍生物，有时也适当配合使用香豆素等。市售的 BF、PK、Dx、791、BN816、912、H-2 等次级光亮剂，都是丁炔二醇与环氧乙烷、环氧丙烷、环氧氯丙烷、吡啶的反应产物或它们两次加成后的磺化产物。这类光亮剂由于在丁炔二醇的分子上加上了亲水性的环氧化物而增加了表面活性，加成产物的碳比丁炔二醇长，保护了叁链，使其在镀液中更稳定。还可以用 1-丁炔三醇、2-丙炔-1-醇、4-戊炔-3-醇、3-乙炔-2,5-二醇与环氧化合物缩合，或缩合后再磺化，制成镀镍光亮剂。缩合物与磺化缩合物配合使用，效果更好。这种类型的次级光亮剂比丁炔二醇的光亮范围宽，出光速度快，使用寿命长。

次级光亮剂能够大幅度提高阴极极化，例如香豆素可使过电位增加 200~300mV。初级光亮剂对镀液的分散能力几乎没有影响，但次级光亮剂则能较好地改善分散能力。图 7-2 是光亮剂对整平能力的影响，次级光亮剂的作用远比初级光亮剂显著。由图可知，添加剂的浓度存在着最佳值。

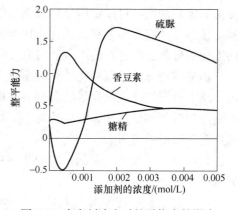

图 7-2 光亮剂浓度对整平能力的影响

3. 辅助光亮剂

此类光亮剂大多数是脂肪族不饱和化合物，例如，丙烯基磺酸(CH₂=CH—CH₂—SO₃Na)、丙烯基磺酰胺(CH₂=CH—CH₂—NH—SO₂—NH₂)、乙烯磺酸钠(CH₂=CH—SO₃Na)。它们既含有初级光亮剂的 C—S 基团，又含有次级光亮剂的 C=C 基团，但它们单独使用时镀层的光亮性不佳，其作用有如下几个方面：

（1）改善镀层的覆盖能力，为了提高光亮镀镍液的覆盖能力，得到高质量镀层，因而在高整平全光亮的镀镍液中，辅助光亮剂是不可缺少的。

（2）降低镀镍液对金属杂质的敏感性，减少针孔。

（3）缩短获得光亮和整平镀层的电镀时间，即出光速度快，因而在防护装饰性镀层中有利于采用厚铜薄镍工艺。

（4）降低次级光亮剂消耗量。

7.3.3 工艺条件的影响

(1) pH 值。光亮镀镍液的 pH 值在 2.0～4.5 之间，通常以 3.5～3.8 为最佳。稍低的 pH 值，可以减少有机添加剂的消耗量。低 pH 值有利于阳极溶解，避免了因阳极钝化而在高电位下的有机添加剂氧化。如果 pH 值较高，有机物可能被絮状的金属氢氧化物吸附，这种来自水解过程的氢氧化物也会使镀层质量变坏。

(2) 温度。含有 40g/L 硼酸的镀液工作温度不应低于 35℃，否则硼酸将结晶析出。工作温度较低时，阴极电流效率也稍低，使用的电流密度也应低一些。

(3) 电流密度与搅拌。提高搅拌强度、主盐浓度、温度、初级光亮剂的浓度及降低 pH 值都有利于提高电流密度。高电流密度可以改善镀液的分散能力。搅拌的方式主要是阴极移动。若用空气搅拌，应使用 2-乙基己基硫酸钠而不用十二烷基硫酸钠做润湿剂，前者消除针孔能力略低于后者，但它不会产生太多的泡沫而宜于用空气搅拌。

7.3.4 镀液维护和故障处理

镀光亮镍溶液的成分比较复杂，加强镀液的维护和严格控制工艺参数是很重要的，光亮镍镀液对金属杂质比暗镍镀液敏感得多，许多故障是由金属杂质引起的，金属杂质的影响及处理方法可参阅本章镀暗镍一节的有关内容。

在光亮镀镍液的维护中，最重要的是各种光亮剂的补充和分解产物的处理，定期分析、调整某些光亮剂是可行的，如糖精、1,4-丁炔二醇、香豆素等已经可以用化学分析的方法测定其浓度，可以定期分析控制。但化学分析的手续比较繁杂、速度慢、准确性也较差，尤其是还有许多光亮剂无法用化学分析的方法测定，使这种方法受到很大限制。简便而准确的分析方法还有待于今后研究发展。

用赫尔槽试验可以简便快速地确定镀液中各种光亮剂是否在正常的工艺要求范围之内。预先将已知光亮剂含量的各种赫尔槽试片作为标准试片保存，然后将生产上正在使用的镀液的赫尔槽试片和标准试片对比，即可大致确定光亮剂的实际含量。赫尔槽试片的下列情况分析可供参考。

(1) 整个试片是光亮的，但未达到镜面光泽。镀液中可能缺少丁炔二醇或其他次级光亮剂。

(2) 高电流密度区出现无光或灰色镀层，而其余部位是镜面光泽，镀液中可能缺少糖精。

(3) 高电流密度区出现镀层"烧焦"。可能是镀液中主盐含量过低，pH 值过高或硼酸浓度太低。

(4) 镀层光亮，但整平性能差。镀液中可能缺少香豆素或其他整平剂。

(5) 低电流密度区镀层有黑色条纹。可能是镀液中有机添加剂浓度过高，或镀液中铜、锌、铁等金属杂质超过允许含量，或镀液被有机杂质污染。

(6) 镀层有针孔。可能是因为镀液中缺少润湿剂，或丁炔二醇分解产物积累太多，或铁杂质含量过高。

(7) 低电流密度区无镀层。可能是镀液中混入了六价铬杂质或有机添加剂浓度太高。

(8) 镀层脆而内应力大。可能是镀液中糖精含量过低。

在电镀过程中，光亮剂的消耗与操作温度、采用的电流密度、pH 值的高低、阳极溶解状况，甚至各类光亮剂之间的配比都有关系。人们在实践中通过长期的积累经验发现，消耗量与通过镀液的电量线性依赖关系最好。比如，镀液工作 1000A·h 以后，大致消耗糖精 8～12g，丁炔二醇 20～30g，香豆素 6～8g。目前国内已有光亮剂自动控制装置，这种装置主要由安培小时计和补加装置组成。

镀光亮镍溶液的 pH 值控制尤为重要，一般要求 pH 值得波动范围在 0.2 以内。国内已有 pH 值自动控制装置出售。在缺少自动控制的场合，应当经常检验、调整 pH 值，使之维持尽可能小的波动。

光亮镀镍液中有机添加剂的分解产物容易积累而影响镀层质量，应根据镀液的具体情况用双氧水-活性炭联合处理法定期清除。

7.4　镀多层镍

镍镀层对钢铁基体是阳极性镀层。暗镍层是多孔的柱状结构，光亮镍层虽然是比较疏密的层状结构，由于含硫，其电位也可以达到接近铁的电位，但内应力较高，不能镀的较厚，且亮镍层仍没有阳极保护作用，所以镀镍层的防护作用较差。为了改善镀镍层的防护能力，人们利用电化学腐蚀的原理，提出了多层镍的结构，提高了防护能力。首先，美国于 1955 年成功在汽车工业中使用了双层镍体系，继而又开发了三层镍工艺、镍封工艺和高应力镍工艺。

7.4.1　多层镍的耐蚀机理

多层镍的组合形式：

钢铁/半光亮镍/光亮镍/常规铬；

钢铁/半光亮镍/高硫镍/光亮镍/常规铬；

钢铁/半光亮镍/光亮镍/镍封闭/微孔铬；

钢铁/半光亮镍/光亮镍/高应力镍/微裂纹铬。

1. 双层镍的耐蚀机理

镀镍层的含硫量越高，其稳定电位越低。底层的半光亮镍不含硫，或含硫量很低（含硫 0.005％以下），电位较高；表层的光亮镍含硫量为 0.05％左右，由含硫量不同而造成的双层镍之间的电位差可达 120～160mV。在电化学腐蚀过程中，光亮镍层为阳极，从而大大提高了双层镍体系的耐腐蚀性。比较图 7-3 中的（a）与（b），可以清楚地说明这一点。

2. 三层镍的耐蚀机理

三层镍的耐蚀机理分两类。高硫镍组合镀层与双层镍基本相同，属于牺牲阳极型。在双层镍中间加的一层高硫镍的含硫量约为 0.1％～0.2％，其稳定电位最低。高硫镍与半光亮镍间的电位差高达 240mV，与光亮镍间的电位差也达 80～100mV。正是由于高硫镍的这一化学特性，使其阳极保护作用较光亮镍更强。在三层镍中，高硫镍取代光亮镍作为腐蚀原电池的阳极。透过表层铬和光亮镍的腐蚀介质到达高硫镍层后，高硫镍优先腐蚀，使腐蚀沿着高硫镍层横向发展，保护了底层半光亮镍和使基体金属免遭腐蚀。如图 7-3（c）所示。

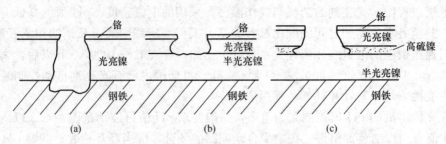

图 7-3　多层镍耐蚀机理示意图

（a）单层镍；（b）双层镍；（c）三层镍

高硫镍组合的多层镍耐蚀性取决于镍层之间的电位差，而电位差又取决于镍层的含硫量。因此，如何控制好半光亮镍、高硫镍的含硫量就成了多层镍电镀工艺的关键。

镍封闭及高应力镍组合的镀层的耐蚀机理为腐蚀分散型。腐蚀分散型是以适当的工艺，在铬层上形成大量数目的微孔隙或微裂纹，从而使腐蚀电流大大分散，以达到延缓腐蚀，使整个镀层体系的耐腐蚀性明显提高。微间断铬（微孔铬或微裂纹铬）的耐腐蚀性能比常规铬体系好，因为常规铬表面的孔隙或裂纹粗而少，腐蚀电流较集中，腐蚀迅速地向纵深发展，贯穿到底层。而在微间断铬中，由于铬层表面有大量的微孔隙或微裂纹，在这些部位形成大量的腐蚀微电池，分散了镍层的腐蚀电流，从而延缓了镍层因受腐蚀而穿透的速度，使整个镀层体系的耐腐蚀性明显提高，如图 7-4 所示。

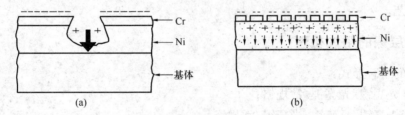

图 7-4　微裂纹镀铬腐蚀机理示意图

（a）普通镀；（b）微裂纹镀铬腐蚀示意图

7.4.2　镀双层镍

为了保证双层镍具有优良的耐蚀性，半光亮镍与光亮镍层的电位差一定要控制在120mV 以上。要达到这个目标，重要的是如何选择半光亮镍与光亮镍的添加剂类型和用量。双层镍的耐腐蚀性还与工艺条件、半光亮镍与光亮镍厚度的比例以及镍层的质量有关。

1. 镀液配方和工艺条件

常用的镀双层镍的配方和工艺条件列于表 7-5。

表 7-5　镀双层镍的配方及工艺条件

组成与工艺条件	1	2	3	4	5
硫酸镍（$NiSO_4 \cdot 7H_2O$）/(g/L)	320～350	240～280	280～320	320～350	280～320
氯化镍（$NiCl_2 \cdot 6H_2O$）/(g/L)	—	45～60	35～45	—	35～45

组成与工艺条件	1	2	3	4	5
氯化钠(NaCl)/(g/L)	12～16	—	—	12～16	—
硼酸(H₃BO₃)/(g/L)	35～45	30～40	35～45	35～45	35～45
香豆素/(g/L)	0.1～0.15	—	—	—	—
甲醛/(g/L)	0.2～0.3	—	—	—	—
DN-1/(mL/L)	—	—	3～5	—	—
冰醋酸/(mL/L)	—	1～3	1～1.5	—	—
1,4-丁炔二醇/(g/L)	—	0.2～0.3	—	0.3～0.5	—
糖精/(g/L)	—	—	—	0.8～1.0	1.5～2.0
BN-86/(mL/L)	—	—	—	—	4～6
十二烷基硫酸钠/(g/L)	0.05～1.0	0.01～0.02	0.05～0.10	0.05～1.0	0.05～0.10
pH 值	3.5～4.5	4.0～4.5	3.5～4.5	3.5～4.5	3.8～4.2
温度/℃	50～55	45～50	50～60	50～55	55～60
j_k/(A/dm²)	2～3	3～4	3～4	2～3	3.5～4.0
搅拌	空气或机械	空气或机械	空气或机械	空气或机械	空气或机械
过滤	连续	连续	连续	连续	连续

注：配方 1、2、3 为半光亮镀镍液；配方 4、5 为光亮镀镍液。

2. 镀双层镍的工艺要点

（1）添加剂的选择。镀半光亮镍的添加剂应选择不含硫的香豆素、甲醛、DN-1、SB-1、SB-2、811 及 1,4-丁炔二醇等，以保证半光亮镍层不含或含极低的硫量，也正是因为这些光亮剂都是次级光亮剂，才只能得到半光亮镀层。光亮镍的添加剂可选用糖精，它是光亮镍中硫的主要提供者。镀层中硫含量与糖精浓度的关系如图 7-5 所示。镀层中硫的含量并不随着糖精浓度的增加而一直增加，硫进入镀层是受吸附扩散控制的过程。研究表明，某些次级光亮剂（如硫脲）会阻碍糖精所含的硫进入镀层，认为是糖精的吸附能力较低之故。某些次级光亮剂却能大大促进糖精所含硫进入镀层，图 7-6 给出了这类次级光亮剂的实例，图 7-6 中电镀条件是：pH 值 4，温度 55℃，电流密度 4A/dm²，糖精浓度 0.002mol/L。可见，镀光亮镍配方中的糖精含量已大大超过了为进入镀层的硫提供来源

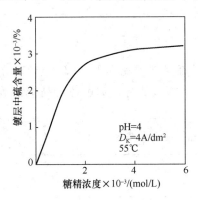

图 7-5　糖精浓度对镀层含硫量的影响

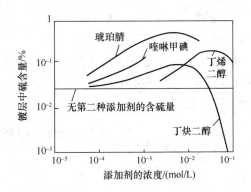

图 7-6　几种添加剂对镀层含硫量的影响

的需要，实际上也兼顾了糖精作为初级光亮剂、去应力剂的作用。配方中的次级光亮剂除起光亮镀层的作用外，还有提高镀层中硫含量的作用。这是有机添加剂之间相互作用的一个典型例子。自然，为了保证光亮镍层的含硫量，除注意补加糖精外，也要注意调整次级光亮剂的浓度。

（2）双层镍之间的结合力。若镀液中各部分添加剂不均匀和有机杂质、金属杂质积累，会助长镀层表面钝化和内应力增大，使双层镍间结合力变坏，因此要求镀液连续过滤并定期进行净化处理。

镍镀层表面在空气中和水洗时容易产生钝化，故中间水洗应简化，工件可直接从半光亮镍槽进入光亮镍槽。杜绝工件逆行，以防止含硫添加剂进入半光亮镍槽。

注意避免产生双极性现象，自动机在取出、放入工件时，如果镍槽中仍有镀件在电镀，则被取出、放入的镀件上会因双极性现象而生成钝化膜。可以考虑带电出半光亮镍槽，带电入亮镍槽，或者镀槽内只挂单列镀件。手工操做时，工件出、入镍槽应减小电流，以减轻双极性现象。

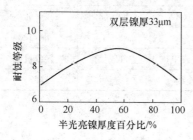

图 7-7 双层镍厚度比对耐蚀性的影响（腐蚀膏试验）

工件在空气中移送时，要尽量防止镍层表面钝化，车间内排气装置完善，使周围操作气氛得到净化。

（3）双层镍的厚度比例。双层镍的总厚度为 $20\sim40\mu m$，表面在镀覆一层 $0.25\mu m$ 左右的光亮铬层。半光亮镍与光亮镍的厚度比例对双层镍的耐蚀性有较大影响，如图 7-7 所示，当半光亮镍镀层的厚度占双层镍总量的 60% 时，其耐蚀性最高。半光亮镍和光亮镍的整平能力虽然都比较高，但其分散能力却较差，对形状比较复杂的工件要考虑镀层厚度分布问题。如果半光亮镍用丁炔二醇做添加剂，会使双层镍的耐蚀性略有降低，以上诸因素以及工件的使用环境都是选择双层镍总厚度时应当加以考虑的。

7.4.3 镀三层镍

三层镍工艺是在双层镍工艺的基础上发展起来的。虽然其防护机理与双层镍机理相同，但当三层镍的总厚度较薄时，仍然具有很好的耐蚀性，对各个镍层的厚度也没有严格的比例要求。

1. 高硫镍

（1）镀液的成分和工艺条件

三层镍是由半光亮镍（不含硫或很少含硫）、高硫镍（含硫 $0.1\%\sim0.2\%$）、光亮镍（含硫 0.05%）和薄铬层组成的。半光亮镍、光亮镍的镀液成分已如前述，高硫镍的镀液成分和工艺条件列于表 7-6。

表 7-6　高硫镍的镀液成分和工艺条件

组成与工艺条件	1	2	3	4
硫酸镍（$NiSO_4 \cdot 7H_2O$）/(g/L)	$320\sim350$	300	$90\sim110$	$280\sim320$
氯化镍（$NiCl_2 \cdot 6H_2O$）/(g/L)	—	40	—	$30\sim50$

组成与工艺条件	1	2	3	4
氯化钠($NaCl$)/(g/L)	12～16	—	25～35	—
硼酸(H_3BO_3)/(g/L)	35～45	40	25～35	35～45
柠檬酸($C_6H_8O_7 \cdot H_2O$)/(g/L)	—	—	90～110	—
糖精/(g/L)	0.8～1.0	—	—	0.8～1.2
1,4-丁炔二醇/(g/L)	0.3～0.5	—	—	—
苯亚磺酸钠/(g/L)	0.5～1.0	—	—	—
TN-1(或 NT-2)/(mL/L)	—	2～6	—	—
BS-1/(mL/L)	—	—	1～3	—
BS-2/(mL/L)	—	—	—	6～10
十二烷基硫酸钠/(g/L)	0.05～0.15	0.05～0.10	—	—
pH 值	2.0～2.5	3.0～3.5	6±0.5	4±0.2
温度/℃	50～50	40～50	40±5	30±5
j_k/(A/dm²)	3～4	3～4	1～3	1～3
时间/min	2～4	2～3	2～3	2～3
S_k/S_A	—	—	1:2	1:2
搅拌	机械	空气	空气	空气
过滤	连续	连续	连续	连续

高硫镍镀液仍由瓦特型镀液加入不同的添加剂而成。配方 3 是个例外。镀液中基本成分的作用和工艺条件的影响可参照前述的暗镍镀液。

（2）高硫镍镀液所用的添加剂

高硫镍镀液的含硫添加剂是镀层中所含硫的来源。其中，苯亚磺酸为国内常用的含硫添加剂，当添加量为 4～8mL/L 时，镀层内含硫量为 0.2%～0.3%。苯亚磺酸钠的稳定性较差，消耗量较大，为防止其迅速氧化而不能使用空气搅拌，金属杂质必须在添加剂破坏以后才能用电解法去除，其消耗量为 1mL/A·h。

糖精虽然也能为镀层提供硫，但它只能使镀层含硫 0.05% 左右。在高硫镍镀液使用糖精的主要目的是为了消除镀层的内应力。

（3）镀高硫镍的工艺要点

① 镀层中含硫量的控制。高硫镀层中的含硫量主要取决于添加剂的种类和添加剂浓度，其次是工艺条件。工艺条件影响一般规律为：添加剂的浓度提高，镀液的操作温度降低，阴极电流密度低，镀液的 pH 值低，都会使镀层中含硫量提高。

② 高硫镍层与半光亮镍层、光亮镍层之间的结合力。高硫镍具有较高的化学活性，它与半光亮镀层和光亮镀层均有很好的结合力。但是，高硫镍层从镀液中取出后，不能在空气中暴露时间过长，或清洗次数太多，否则，镀层表面易发生钝化，造成高硫镍层与光亮镍层之间结合力不好，甚至脱皮。镀三层镍时若出现双极性现象也会影响镀层之间的结合力，特别是出现工件局部结合力较差故障时，应首先检查是否存在双极性现象。

③ 高硫镍镀液的维护。高硫镍镀液的维护与光亮镍镀液相似。要特别注意严防高硫镍镀液带入半光亮镍镀液，否则虽然镀层外观没有太大变化，但三层镍体系的腐蚀性会因半光亮镍含硫而下降。在选择半光亮镍、高硫镍、光亮镍的镀液配方时，最好选用性能接

近的添加剂，以增加各镀液间的相溶性。高硫镍镀液的维护比光亮镀液的要求更高。

（4）三层镍的耐蚀性

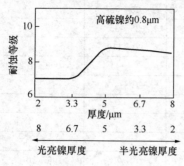

图 7-8　三层镍厚度比对耐蚀性的
影响（腐蚀膏试验）

三层镍的耐蚀性很好。例如，以 DN-1 为添加剂镀 $15\mu m$ 的半光亮镍，TN-1 为添加剂镀 $1\mu m$ 的高硫镍，再镀 $14\mu m$ 光亮镍和 $0.25\mu m$ 铬而得到的三层总厚度为 $30\mu m$，它可以经受 120h 的 CASS 试验。同样厚度的单层镍只能经受 10h 的 CASS 试验。事实上，高硫镍层稍薄一些，$0.8\sim1.0\mu m$ 厚就足够了。半光亮镍和光亮镍的厚度比例没有要求，但一般做法是半光亮镍层稍厚一些，光亮镍层稍薄一些，总厚度 $20\sim25\mu m$。这不仅是出于耐蚀性的考虑，半光亮镍的工艺比光亮镍容易控制，生产成本也略低。图 7-8 给出了半光亮镍与光亮镍的不同厚度比例时腐蚀膏试验的结果。

2. 镍封闭

镍封闭又称复合镀镍，镍封闭工艺是在一般光亮镀镍电解液中加入固体非金属微粒（微粒直径 $<0.5\mu m$）。借助搅拌，使固体微粒与镍离子共沉积，并均匀分布在金属组织中，在制品表面形成由金属镍和非金属固体颗粒组成的致密镀层。在这种镀层上沉积铬时，由于微粒不导电，所以微粒上无铬沉积，从而得到微孔型的铬层。这种铬层对提高镍-铬防护性镀层体系的耐蚀性起着重要作用。据资料报道，作为防护装饰性镀层，铬层厚度在 $0.25\sim0.5\mu m$ 为好，因为随着各层厚度的增加，微孔会因形成"桥架"而消失。目前生产上采用的镍封闭镀液及工艺见表 7-7。

表 7-7　镍封闭镀液成分和工艺条件

组成与工艺条件	1	2	3
硫酸镍（$NiSO_4 \cdot 7H_2O$）/(g/L)	280~350	250~300	250~350
氯化镍（$NiCl_2 \cdot 6H_2O$ /(g/L)	40~60	30~40	50~60
硼酸（H_3BO_3）/(g/L)	35~45	40~45	40~50
糖精/(g/L)	1.5~2.5	1~2	—
1,4-丁炔二醇/(g/L)	0.2~0.5	0.3~0.5	—
乙二胺四乙酸二钠/(g/L)	1.0~1.5	—	—
聚乙二醇（$M=6000$）/(g/L)	—	0.1~0.2	—
硫酸钡（$BaSO_4$）/(g/L)	40~60	—	—
二氧化硅微粉（$d<0.5\mu m$）/(g/L)	—	50~80	—
镍封粉/(g/L)	—	—	15~20
添加剂	—	—	适量
pH 值	4.0~4.2	4.0~4.5	4.0~4.5
温度/℃	55~60	50~60	50~60
j_k/(A/dm²)	3~4	3~4	1~2
时间/min	3~5	2~4	1~2
搅拌	空气搅拌	空气搅拌	空气搅拌

3. 高应力镍

高应力镍工艺通常是在光亮镍层上再镀一层应力很高且结合力良好的薄镍层（约 $1 \sim 2.5 \mu m$），然后在标准镀铬槽中镀铬。因为高应力镍层应力大易龟裂成微裂纹，铬层也相应呈微裂纹状。

高应力镍镀液的主盐多采用氯化镍，也可部分采用硫酸盐，为了使镀层有高的应力，常使用多种有机添加剂。国外常用的有机添加剂有：3-吡啶甲醇、异烟酸、对苯二甲酸、六水合呱嗪、3-吡啶羧酸、六甲基四胺等。国内也开始了这方面的研究工作。高应力镍镀液的成分与工艺条件列于表 7-8 中。

表 7-8　高应力镍的镀液成分和工艺条件

组成与工艺条件	1	2	3	4
氯化镍($NiCl_2 \cdot 6H_2O$)/(g/L)	250	220	220	220～250
硫酸镍($NiSO_4 \cdot 7H_2O$)/(g/L)	—	—	80	—
醋酸铵/(g/L)	—	6.0	—	—
3-吡啶甲醇/(g/L)	—	0.4	—	—
异烟酸/(g/L)	—	—	0.2	—
润湿剂/(mL/L)	—	—	1	—
乙酸钠/(g/L)	50	—	—	60～80
异烟肼/(g/L)	2	—	—	0.2～0.5
pH 值	4.0	3.5	3～4	4.5～5.5
温度/℃	29	35～45	40	30～35
j_k/(A/dm²)	8	5～15	5～15	4～8
时间/min	1～3	0.5～1.0	0.5～1.0	2～5
搅拌	空气搅拌	空气搅拌	空气搅拌	空气搅拌
裂纹数/(条/cm²)	600	1500	1500	250～800

7.5　镀缎面镍、黑镍和枪色镍

缎面镍又称丝光镍、无光镍、丁沙镍，是一种装饰性镀层。缎面镍具有柔和的金属光泽，人眼注视后不会觉得疲劳，主要应用于汽车、医疗手术器械、机床零件及家具。黑镍主要应用于光学工业、武器制造及各种名牌，也有人利用黑镍层对太阳具有较高的吸收率的特性作为吸收太阳能的特种涂层。枪色镀镍层外观不是纯黑色，而是铁灰略带褐色、闪寒光，与枪色颜色接近，有一种典雅的色泽，主要用作观赏性的装饰性镀层。如在光亮铜层上电镀枪色镍或黑镍，然后进行拉丝处理，可获得仿古铜或仿古青铜的闪光表面。本节只简单介绍这几种镀层的电镀工艺。

7.5.1　镀缎面镍

镀取缎面镍有四种方法：

（1）在经过特殊处理的基体表面上镀整平作用小的光亮镍。比如，对基体表面进行喷砂、刷光、酸洗、预镀中间镀层等预处理，使基体具有一定的粗糙度，再镀一层薄镍层即可得到缎面镍。

（2）复合镀镍。在光亮镍镀液中加入直径在 $0.1\sim1.0\mu m$ 之间的不溶性微粒，通过与镍共沉积而进入亮镍层。

（3）使用低浊点添加剂。

（4）使用低光泽添加剂。

表 7-9 给出了后三种方法镀缎面镍的配方和工艺条件。

表 7-9　镀缎面镍的配方和工艺条件

组成与工艺条件	1	2	3
硫酸镍($NiSO_4 \cdot 7H_2O$)/(g/L)	350～380	220～290	280～350
氯化镍($NiCl_2 \cdot 6H_2O$)/(g/L)	—	40～45	—
氯化钠(NaCl)/(g/L)	12～18	—	12～15
硼酸(H_3BO_3)/(g/L)	40～45	33～40	35～40
糖精/(g/L)	2.5～3.0	—	—
1,4-丁炔二醇/(g/L)	0.4～0.5	—	—
聚乙二醇($M=6000$)/(g/L)	0.15～0.2	—	—
二氧化硅($d<0.5\mu m$)/(g/L)	50～70	—	—
Velous M30/(mL/L)	—	2～4	—
Velous D100/(mL/L)	—	8～50	—
ST-1/(mL/L)	—	—	3～4
ST-2/(mL/L)	—	—	0.4～0.6
pH 值	4.2～4.6	4.0～5.0	4.4～5.1
温度/℃	55～60	50～60	50～60
j_k/(A/dm²)	3～4	1.5～8	3～5
j_A/(A/dm²)	—	<4	—
时间/min	3～5	—	10～20
搅拌	空气	阴极移动	阴极移动

配方 1 为复合镀，要求强烈搅拌以保证微粒均匀地悬浮在镀液中，镀层中微粒夹杂量应达到 $2\%\sim3\%$。配方 2 为低浊点添加剂镀缎面镍，Velous D100 为光亮剂，Velous M30 的浊点为 $22\sim28\,℃$，25℃以下易溶，温度升高变为乳状液滴（$5\sim60\mu m$），从而产生缎面镍镀层。为了稳定乳化效果，需要每小时有 1/4～1/8 镀液被冷却到 25℃ 以下，过滤后重新加热回槽，此法所获得缎面镍质量较好，耐蚀性亦高。配方 3 为低光泽添加剂缎面镍，镀液透明且稳定，缎面效果可由添加剂种类和浓度调节。

7.5.2　镀黑镍

镀黑镍的镀液有两类，第一类含有硫酸锌和硫氰酸盐，第二类含有钼酸盐。其配方和工艺条件见表 7-10。

表 7-10 镀黑镍的配方和工艺条件

组成与工艺条件	1	2	3	4	5
硫酸镍($NiSO_4 \cdot 7H_2O$)/(g/L)	70~100	60~75	—	120~150	—
氯化镍($NiCl_2 \cdot 6H_2O$)/(g/L)	—	—	75	—	67.5
硼酸(H_3BO_3)/(g/L)	25~35	—	—	20~25	—
氯化锌($ZnCl_2 \cdot 7H_2O$)/(g/L)	—	—	30	—	11.25
氯化钠($NaCl$)/(g/L)	—	—	—	—	22.5
硫氰酸钠($NaSCN$)/(g/L)	—	12.5~15	15	—	—
硫酸锌($ZnSO_4 \cdot 7H_2O$)/(g/L)	40~45	30	—	—	—
硫氰酸铵(NH_4SCN)/(g/L)	25~35	—	—	—	—
硫酸镍铵[$NiSO_4 \cdot (NH_4)_2SO_4 \cdot 6H_2O$]/(g/L)	40~60	35~45	—	—	—
钼酸铵[$(NH_4)_4Mo_7O_{24}$]/(g/L)	—	—	—	30~40	—
氯化铵(NH_4Cl)/(g/L)	—	—	30	—	67.5
酒石酸钾钠($NaKC_4H_4O_6 \cdot 6H_2O$)/(g/L)	—	—	—	—	11.25
pH 值	4.5~5.5	5.8~6.1	5	4.5~5.5	6.0~6.3
温度/℃	30~60	20~25	20~25	20~25	24~38
j_k/(A/dm²)	0.1~0.4	0.05~0.15	0.15	0.15~0.3	0.1~0.2

配方 1、2、3、4 为挂镀液，配方 5 为滚镀液。一般黑镍层厚度约为 $2\mu m$，耐蚀性较差，常常在镀后涂漆或涂油。黑镍层较硬较脆，耐磨性也差。一方面是为了提高黑镍层的耐蚀性，另一方面是为了改善与机体的结合能力，通常是在亮镍、暗镍、锌、镉、铜等底层上镀黑镍。在新鲜的镀锌层上镀黑镍，可以获得较好的黑镍层。

镀黑镍时，电解液不需要搅拌。为了避免产生针孔，可以加入少量润湿剂（如十二烷基硫酸钠 0.01~0.03g/L）。零件需带电入槽，中途不能断电。挂具用过 2~3 次后，应退去镀层以免接触不良。

关于镀黑镍的成分有几种不同的报道，大致认为是由锌、镍、硫及少量的氮、碳、有机物组成。有人认为锌是以氧化物，镍是以硫化物的形式存在。而黑色的成因是因为形成了黑色化合物，也有人认为黑色是镀层结构所致。

7.5.3　镀枪色镍

枪色镍镀层的耐蚀性差，因此必须有底镀层来提高防护性能。用暗镍或亮镍作枪色镍的底层可提高结合力，亮镍作底层能获得光泽。也可通过喷漆、浸油或上蜡等处理来提高耐蚀性。枪色镍镀层比较硬、内应力较大，因此镀层不能太厚，一般不超过 $2\mu m$。

镀枪色镍的溶液配方和工艺条件见表 7-11。

表 7-11　镀枪色镍的溶液配方和工艺条件

组成与工艺条件	枪色镍	枪色锡镍
硫酸镍($NiSO_4 \cdot 7H_2O$)/(g/L)	70	70
硫酸亚锡($SnSO_4$)/(g/L)	—	15
焦磷酸钾($K_4P_2O_7$)/(g/L)		280
硼酸(H_3BO_3)/(g/L)	35	—
柠檬酸盐/(g/L)	90	—
氯化钠(NaCl)/(g/L)	20	—
乙二胺/(g/L)	—	15
蛋氨酸/(g/L)	3~5	5
pH 值	6~7	9
温度/℃	25~40	55~65
j_k/(A/dm²)	0.5~2	3
阳极	镍板	石墨

　　枪色镀层的发黑剂是含氮的有机化合物，枪色锡镍合金比枪色镍有更好的性能，通常含锡 60%、含镍 30%、其他 10%，枪色锡镍合金没有固定色调，当锡达到 70%左右时，镀层为白而略带浅玫瑰色，随锡含量下降，色调逐渐变化，到一定比例时出现枪色，若锡含量继续下降，经过过渡色又重新变为白色。

复习思考题

1. 为什么能在单盐型镀液中获得高质量的镀镍层？
2. pH 对镍的电沉积有何影响？在工艺上应该怎么控制 pH 值？
3. 镀光亮镍的添加剂有哪些类型？各有何作用？
4. 怎样维护镀光亮镍溶液？
5. 多层镀镍为什么会有较高的耐蚀性？
6. 影响双层镍耐蚀性的因素有哪些？
7. 影响镍阳极正常溶解的因素有哪些？

8 镀　铬

8.1　概　述

电沉积铬的研究始于 19 世纪 50 年代，鉴于镀铬过程的特殊性，直到 1925 年前后才研究出具有实用价值的镀液和工艺条件，并开始在工业上得到广泛应用，当时使用的镀铬成分一直沿用至今。由于铬层的良好性能，使镀铬一直在电镀工业中占有重要地位，并相继发展了微裂纹和微孔铬、黑铬、松孔镀铬、低浓度镀铬、三价铬镀铬等。电镀铬属于单金属电镀，与其他单金属电镀相比，有许多共同之处，但是它又有一些其他单金属电镀所没有的特点。因此，镀铬是电镀单金属中一个比较特殊的镀种。

8.1.1　铬镀层的性质及应用

铬是一种略带蓝色的银白色金属，原子量为 51.944，密度为 $6.9 \sim 7.21 \mathrm{g/cm^3}$，熔点为 $1875 \sim 1920 ℃$，标准电极电位为 $\varphi^0_{Cr^{3+}/Cr} = -0.74\mathrm{V}$，$\varphi^0_{Cr^{3+}/Cr^{2+}} = -0.41\mathrm{V}$ 和 $\varphi^0_{Cr^{6+}/Cr^{3+}} = -1.33\mathrm{V}$，铬是一种较活泼的金属，但由于它在空气中极易钝化，其表面常被一层极薄的钝化膜所覆盖而显示贵金属的性质，即有较高的化学稳定性。例如，铬镀层在潮湿的空气中不起变化，与硫酸、硝酸及许多有机酸、硫化氢、碱等均不发生作用，但易溶于氢卤酸及热的硫酸中。

在经过抛光的表面上或光亮镀层的表面上镀铬时，可以获得银蓝色且具有镜面光泽的镀铬层。在大气中只要温度不超过 500℃，镀铬层能长久保持其光泽的外表，具有极好的反光性能和装饰性能。

金属铬具有很高的硬度，一般得到的铬镀层其硬度也相当高。在一定组成的镀液中，控制一定的操作条件，还可得到硬度极高的硬铬镀层，其硬度值超过最硬的淬火钢，仅次于金刚石。由于镀铬层的硬度高，因而耐磨性好，但在干摩擦条件下且温度较高时，镀层易脱落。

镀铬工艺有许多类型，所得铬层各自应用于不同的场合。

（1）防护装饰性镀铬。利用铬镀层的钝化能力、良好的化学稳定性和反射能力，铬层与铜、镍、铜锡合金等组成的防护装饰性体系，广泛应用于汽车、自行车、缝纫机、钟表、仪器仪表、日用五金等零部件，既保持产品表面光亮和美观，又达到防护之目的。这类镀层的厚度一般在 $0.5\mu m$ 左右。

（2）镀硬铬（耐磨铬）。铬层具有高的硬度和低的摩擦系数，常常镀覆在制件表面以提高其抗磨损能力，延长工件的使用寿命，如一些轴类和切割刀具等常需要镀硬铬。另外，有些被磨损的零部件也用电镀硬铬来修复。这类镀层的厚度根据需要而定，从 $1\mu m$ 到几个 mm。

（3）松孔镀铬。松孔镀铬层是在硬铬镀层基础上进行特殊加工，而得到表面具有许多一定深度和宽度沟纹的硬铬镀层。这种镀层具有贮存润滑油的能力，可以减少制件表面的摩擦系数，提高制件的耐磨性。常用于耐热抗蚀、耐磨的零件，如内燃发动机汽缸内腔、活塞环等。

（4）乳白铬。乳白铬镀层韧性好，孔隙率低，颜色乳白，光泽性差，硬度低，常用于量具表面镀覆，以提高其耐磨性和耐蚀性。

（5）黑铬。黑铬镀层与其他黑色镀层（如黑镍镀层）相比，有较高的硬度，耐磨损及耐热性能好，而且有极好的消光性能，常用于光学仪器、照相机等零部件。

8.1.2　镀铬过程的特点

与其他镀种相比，镀铬过程相当复杂而具有很多特点。

（1）镀铬过程的阴极率极低，通常只有 $13\% \sim 18\%$，而且有三个异常现象：电流效率随 CrO_3 浓度升高而下降；随温度升高而下降；随电流密度增加而提高。

（2）在铬酸电解液中，必须添加一定量的局外离子，如 SO_4^{2-}、SiF_6^{2-}、F^- 等，才能实现金属铬的电沉积过程。

（3）镀铬所使用的阴极电流密度很高，比其他单金属电镀所使用的阴极电流密度高数倍，甚至数十倍。镀铬的槽电压通常需采用 12V 以上电源，而其他镀种使用 6V 以上电源就可以了。

（4）镀铬电解液的分散能力极差，对于形状复杂的零件，必须采用象形阳极、保护阴极和辅助阳极，才能得到厚度比较均匀的镀层。

（5）镀铬的操作温度和阴极电流密度有一定的依赖关系。可以通过改变二者的关系，在同一镀液中得到光亮铬镀层、乳白铬镀层和硬铬镀层。

（6）镀铬不采用金属铬做阳极，而是用铅或铅合金[(Pb-Sb)、(Pb-Sn)]不溶性阳极。镀液内由于沉积等原因消耗的铬仅仅靠添加铬酐来补充。

8.2　镀　铬　原　理

8.2.1　镀铬电解液

常规的镀铬电解液由 CrO_3 和 H_2SO_4 组成，并维持有一定量的 Cr^{3+}。CrO_3 溶于水时，随着铬酐的浓度和 pH 值不同，溶液中六价铬的存在形式不同。

在 CrO_3 400g/L 以上时：
$$4CrO_3 + H_2O \longrightarrow H_2Cr_4O_{13} \qquad (8\text{-}1)$$
$$3CrO_3 + H_2O \longrightarrow H_2Cr_3O_{10} \qquad (8\text{-}2)$$

在 CrO_3 200～400g/L 以上时：
$$2CrO_3 + H_2O \longrightarrow H_2Cr_2O_7 \qquad (8\text{-}3)$$
$$CrO_3 + H_2O \longrightarrow H_2CrO_4 \qquad (8\text{-}4)$$

在 CrO_3 200g/L 以下时：
$$Cr_2O_7^{2-} + H_2O \longrightarrow 2CrO_4^{2-} + 2H^+ \qquad (8\text{-}5)$$

重铬酸和铬酸处于动态平衡状态：

$$2H_2CrO_4 \rightleftharpoons H_2Cr_2O_7 + H_2O \tag{8-6}$$

当 CrO_3 浓度增加时，平衡向右移动，$Cr_2O_7^{2-}$ 离子增加。平衡状态还受 pH 值影响，溶液 pH>6 时，CrO_3 以 CrO_4^{2-} 形式存在；pH 在 2～6 之间时，CrO_4^{2-} 和 $Cr_2O_7^{2-}$ 之间处于平衡状态；pH<1 时，主要形式为 $H_2Cr_2O_7$。

从上述分析可以知道，当镀铬电解液中 CrO_3 浓度和 pH 值变化时，电解液中平衡移动趋势为

$$2H_2CrO_4 \underset{\text{加水稀释或升高 pH 值}}{\overset{\text{增加 CrO}_3\text{ 或降低 pH 值}}{\rightleftharpoons}} H_2Cr_2O_7 + H_2O \tag{8-7}$$

镀铬电解液属于强酸性电解液，其 pH<1，因此，溶液中存在大量的 $Cr_2O_7^{2-}$ 离子和 H^+ 离子，此外，还有一定量的 CrO_4^{2-} 离子、SO_4^{2-} 离子和 Cr^{3+} 离子，欲了解镀铬过程，必须弄清上述离子是怎样参与电极过程的，为此需了解以下问题：

(1) 金属铬是从哪一种离子，即是从三价铬还原还是六价铬还原的，如果是从六价铬还原的，那么究竟是它的哪一种离子？

(2) 六价铬如何在阴极上还原为金属铬？与此同时，阴极上又伴随着怎样的过程发生？

(3) 镀铬溶液中，少量的局外阴离子和三价铬在铬沉积过程中究竟起什么作用？

(4) 为什么同其他金属的情形相反，升高镀液温度、降低电流密度会使铬沉积的电流效率下降？

8.2.2 镀铬的阴极过程

尽管铬镀液十分简单，但铬沉积的机理却甚为复杂。关于金属铬是从三价铬还原还是从六价铬还原的问题，已有定论。卡斯珀（C. Kasper）通过用放射性铬（Cr_{51}）作示踪原子的实验断定并被证实，金属铬是从六价铬直接还原的。至于六价铬的各种离子形式中究竟哪一种放电形成金属铬，仍有不同的假设，迄今尚未提出满意的电沉积理论。拥护者较多的要算 C. A. 斯内夫里（C. A. Smavely）1947 年提出的镀铬过程的胶体膜理论。下面介绍镀铬的阴极反应，然后再介绍胶体膜理论。

1. 阴极反应

用恒电位法测得镀铬液（含硫酸和不含硫酸）的阴极极化曲线如图 8-1 所示。当镀液中不含硫酸时（曲线 1），阴极上除析氢外，不发生任何其他的还原过程。当镀液中含有少量硫酸时（曲线 2），曲线由几个曲线段组成，不同的曲线段各自进行着不同的电极反应。

在 ab 段，阴极上氢气和金属铬均不析出，此时，阴极表面附近的 pH 值小于 1，进行的电极反应是 $Cr_2O_7^{2-}$ 还原为 Cr^{3+}

$$Cr_2O_7^{2-} + 14H^+ + 6e \longrightarrow 2Cr^{3+} + 7H_2O \tag{8-8}$$

随着电极电位向负方向移动，反应速度不断增加，b 点达到最大值。

当电极电位达到 b 点以后，除了 $Cr_2O_7^{2-}$ 离子还原

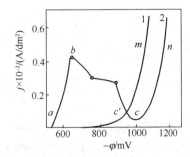

图 8-1 电流密度与阴极电位的关系
1—自 250g/L CrO_3 镀铬液中获得；2—自 250g/L CrO_3 和 5g/L H_2SO_4 电解液中获得

为 Cr^{3+} 外，氢气开始明显析出

$$2H^+ + 2e \longrightarrow H_2 \uparrow \qquad (8-9)$$

在 bc 段，同时进行着 $Cr_2O_7^{2-} \longrightarrow Cr^{3+}$ 和 $H^+ \longrightarrow H_2$ 两个反应，但是，从曲线上看到反应速度是逐渐减小的，这主要是因为电极表面状态发生了变化，生成了一层膜，阻碍了电极反应的进行，致使反应速度大大降低。另外，由于氢气析出，消耗了大量 H^+，使阴极表面附近 pH 值增加，这就给 $Cr_2O_7^{2-}$ 离子转化为 CrO_4^{2-} 离子创造了条件，于是阴极表面附近的 CrO_4^{2-} 离子浓度大大增加，当电极电位到达 c 点时，发生了 CrO_4^{2-} 转化为 Cr 的反应：

$$CrO_4^{2-} + 6e + 8H^+ \longrightarrow Cr + 4H_2O \qquad (8-10)$$

因此，在 c 点以后的电位下，阴极上同时进行着三个电极反应，即金属铬生成的主反应以及三价铬生成和氢气析出的副反应。有人曾经测定过 c 点以后曲线段某一点上消耗于三个反应中每一反应的电流量，表明六价铬还原为金属铬的比例很小，在正常使用的电流密度下仅占总电流的 $13\% \sim 15\%$。

从上面的分析中可以看出，要从铬酸电解液中得到铬镀层，需要在比较负的电极电位下才能实现。然而，要造成比较大的阴极极化，对于镀铬溶液来说，必须升高电流密度。又因为镀铬过程中产生了大量的气体，因而，溶液欧姆电阻很大，使得槽电压升高。因此，在镀铬生产中需采用电压较高的直流电源，这是电极过程本身决定的。

2. 阴极胶体膜理论

从上述可见，镀铬层是由 CrO_4^{2-} 离子在阴极上放电得到的，但是，为什么在电解液中要加入一定量的 SO_4^{2-} 呢？图 8-1 曲线 1 表明，如果电解液中没有 SO_4^{2-}，则在正常的电流密度下，阴极上只析氢，而沉积不出铬来。如果没有一定量的 Cr^{3+}，也不可能得到质量合格的铬镀层。关于 SO_4^{2-} 和 Cr^{3+} 在镀铬过程中的作用，曾有过各种解释，今将目前较普遍的一种看法介绍如下。

在镀铬过程中，由于氢气的析出，使阴极表面附近镀液的 pH 值升高，一方面促使 $Cr_2O_7^{2-}$ 转化为 CrO_4^{2-}，另一方面当 pH 值升到 3 左右时，便产生了 $Cr(OH)_3$ 胶体沉淀，它和六价铬一起组成了带正电荷的碱式铬酸铬 $[Cr(OH)_3Cr(OH)CrO_4]$，这是一种黏膜状物质，一般叫做胶体膜，覆盖在阴极表面，所以又称作阴极膜或阴极胶体膜，其结构可能为：

$$
\begin{array}{c}
(OH)_2 \\
| \\
Cr \\
\| \\
CrO_4 \\
| \\
Cr \\
\| \\
(OH)_2
\end{array}
$$

比较图 8-1 曲线 1 和 2 便知，局外阴离子 SO_4^{2-} 的存在，一方面使发生反应（8-8）的曲线 ab 部分朝电位较正方向推移，有利于生成 Cr^{3+} 的反应（8-8）的进行，为阴极胶体膜的形成创造了条件；另一方面，又由于阴极膜的形成，阻化了电极过程，使极化曲线朝电位负方向推移了大约 0.1V，达到了 Cr^{6+} 的析出电位，因此，胶体膜的存在是 Cr^{6+} 还原为 Cr^0 的必要条件，但还不是充分条件，因为胶体膜十分致密，只允许 H^+ 通过，而阻止

CrO_4^{2-} 的通过，使其不能达到电极表面，镀液中加入 SO_4^{2-} 后，由于 SO_4^{2-} 吸附在阴极胶体膜上，并发生反应，使胶体膜溶解，即

$$
\begin{array}{c}
\text{(OH)}_2 \\
\text{Cr} \\
\diagup \quad \diagdown \\
\text{CrO}_4 + 2\text{H}_2\text{SO}_4 \longrightarrow \text{CrO}_4 + 4\text{H}_2\text{O} \\
\diagup \quad \diagdown \\
\text{Cr} \\
\text{(OH)}_2
\end{array}
\qquad\qquad\qquad\qquad\qquad\qquad (8\text{-}11)
$$

生成易溶于水的化合物。胶体膜的溶解使阴极表面局部暴露，致使局部电流密度增加，阴极极化增大，最后，达到 CrO_4^{2-} 在阴极析出的电位而获得铬镀层。与此同时，在阴极表面新的胶体膜又不断生成。也就是说，膜的生成和溶解是周而复始交替进行着，这样才能实现镀铬过程。

综上所述，可得到以下结论：要使零件镀上铬镀层，阴极表面上生成一层胶体膜，而这种膜的生成必须有 Cr^{3+} 和 CrO_4^{2-} 存在时才有可能，SO_4^{2-} 的溶膜作用又是铬沉积不可缺少的条件。

3. 对镀铬过程特异现象的解析

现在我们已经掌握了镀铬现象的内在规律，就能正确理解和回答镀铬为何出现与众不同的特异现象，这都与 $Cr_2O_7^{2-}$ 转化为 CrO_4^{2-} 的条件相关联。由式（8-7）可知：

（1）当 CrO_3 浓度升高时，pH 值下降，阴极碱化倾向小，反应向右方向进行，CrO_4^{2-} 离子浓度低，故电流效率下降。

（2）当温度升高时，H^+ 扩散快，阴极区域 pH 值变化小，$Cr_2O_7^{2-}$ 向 CrO_4^{2-} 转化难，放电的 CrO_4^{2-} 离子浓度低，故电流效率下降。

（3）当采用搅拌时，同样有利于 H^+ 扩散，与升高温度相同。

（4）提高电流密度时，因析氢增多，阴极区 pH 值迅速增高，有利于 $Cr_2O_7^{2-}$ 转化成 CrO_4^{2-}，即放电的离子浓度升高，电流效率也随之升高。

8.2.3 镀铬的阳极过程

为了全面认识镀铬过程，还必须了解阳极过程。

1. 镀铬用阳极

一般欲使电镀过程正常进行，阳极溶解的金属量和阴极析出的金属量应相对平衡，才能稳定地进行生产。电镀用阳极一般都是可溶性的，但镀铬却不能用金属铬做阳极，而用不溶性阳极，其原因是：

（1）用铬做阳极时，阳极金属铬溶解的效率大大高于阴极金属铬沉积的电流效率，于是造成电解液中六价铬离子大量积累，使电解液变得不稳定。

（2）铬存在着几种价态，铬阳极溶解成不同价态，并以 Cr^{3+} 为主，造成镀液中 Cr^{3+} 浓度升高，使镀铬过程难以正常进行。

（3）金属铬的脆性大，难以加工成各种形状。

作为镀铬用的不溶性阳极有铅，铅锑（含锑 6%～8%）、铅锡（含锡 6%～8%）合金等。铅锑、铅锡合金在含有 SiF_6^{2-} 的镀液中有更好的耐蚀性。

在正常电镀过程中，铅或铅合金阳极表面生成一层棕色的二氧化铅薄膜，但如果膜太厚，影响电流分布可用擦刷或浸蚀的方法除去。停止工作时，应将阳极取出，否则二氧化铅膜被溶解，生成黄色铬酸铅膜，它的电阻大，造成槽电压升高，甚至不导电。此外，镀铬液的分散能力和覆盖能力较差，必须注意阳极的形状和排布。在电镀复杂零件时，应采用象形阳极或辅助阳极。

2. 镀铬的阳极反应

在阳极上进行的反应有：

$$2H_2O - 4e \longrightarrow 4H^+ + O_2 \uparrow \quad （主要反应） \qquad (8-12)$$

$$2Cr^{3+} + 6H_2O - 6e \longrightarrow 2CrO_3 + 12H^+ \qquad (8-13)$$

$$Pb + 2H_2O - 4e \longrightarrow PbO_2 + 4H^+ \qquad (8-14)$$

由生产实践得知，为了获得优良镀层，新配好的电镀液首先进行电解，产生一定量的 Cr^{3+}。为了维护电解液中 Cr^{3+} 含量在一定范围内，应保持阳极面积与阴极面积比值为 2：1 或 3：2。若电解液中 Cr^{3+} 含量过低，采用大阴极和小阳极电解一段时间即可。这是因为用大阴极时，阴极电流密度低，使六价铬还原为三价铬效率升高。

8.3　镀铬电解液成分和工艺条件

8.3.1　镀铬电解液的类型

1. 普通镀铬液

这种镀铬液成分简单，使用方便，是目前应用最广泛的镀铬液。电解液中仅含铬酐和硫酸两种成分，铬酐和硫酸根的重量比一般控制在 100：1，根据电解液中铬酐含量的不同，可分为低浓度（50～150g/L）、中等浓度（150～350g/L）和高浓度（350～500g/L）三种。习惯上把 CrO_3 250g/L 和 H_2SO_4 2.5g/L 的中等浓度镀液称为"标准镀铬液"。低浓度镀液的电流效率较高，铬层的硬度也较高，但覆盖能力差；高浓度镀液稳定，导电性好，电解时只需要较低的电压，覆盖能力比低浓度的好，但电流效率较低；标准镀铬液的性能介于两者之间。

2. 复合镀铬液

镀铬溶液中除含铬酐和硫酸外，还加入一定量的氟硅酸，氟硅酸的添加，使阴极电流效率可达 20％以上，也能提高镀液的覆盖能力，可用于滚镀铬。但是，氟硅酸对阳极和阴极零件镀不上铬的部位及镀槽的铅衬均有较强的腐蚀性，必须采取一定的保护措施。

3. 自动调节镀铬液

这种镀铬液中含有铬酐、硫酸锶和氟硅酸钾。在一定的温度和铬酐浓度的镀液中，硫酸锶和氟硅酸钾的溶度积是一个常数，即

$$SrSO_4 \rightleftharpoons Sr^{2+} + SO_4^{2-} \quad [Sr^{2+}][SO_4^{2-}] \Longrightarrow S_{SrSO_4}$$

$$K_2SiF_6 \rightleftharpoons 2K^+ + SiF_6^{2-} \quad [K^+]^2[SiF_6^{2-}] \Longrightarrow S_{K_2SiF_6}$$

当溶液中 SO_4^{2-} 或 SiF_6^{2-} 浓度增大时，其相应的离子浓度积将大于溶度积常数，溶液中将析出 $SrSO_4$ 或 K_2SiF_6 沉淀；若溶液中 SO_4^{2-} 或 SiF_6^{2-} 不足时，镀槽内的 $SrSO_4$ 或 K_2SiF_6 沉淀溶解，补充槽内的 SO_4^{2-} 或 SiF_6^{2-} 离子，直至相应的离子浓度积等于溶度积为止。所以，

当电解液的温度和铬酐浓度固定时，其中 SO_4^{2-} 和 SiF_6^{2-} 的浓度可通过溶解沉淀平衡而自动调节，并不随电解过程的进行而变化，这类镀液具有电流效率高（27%）、允许用电流密度大（高达 $100A/dm^2$）、沉淀速度快（$50\mu m/h$）、分散能力和覆盖能力好等优点，但镀液的腐蚀性强。

4. 快速镀铬液

在普通镀铬液的基础上，再加入硼酸和氧化镁，允许使用较高的电流密度，从而提高了沉积速度，所得镀铬层的内应力小，与基体的结合力好。

5. 四铬酸盐（$Na_2Cr_4O_{13}$）镀铬液

这种镀液除含有铬酐和硫酸外，还含有氢氧化钠和氟化钠，以提高阴极极化作用。用糖做还原剂，以稳定 Cr^{3+}；添加柠檬酸钠以稳定铁离子。这类镀液具有电流效率高（35%以上），沉积速度快，分散能力好，电解液不需加热等优点。但镀层硬度低，光泽性差，若作为装饰性镀层，则镀后需要机械抛光。

6. 低浓度铬酸镀液

这种镀液是指溶液中的铬酐含量较目前使用的镀液的低，这类镀液的电流效率及硬度，介于标准铬液和复合镀铬液之间，其覆盖能力和腐蚀性与高浓度镀铬相当。主要优点是降低了铬酐用量，提高了铬酐的利用率，减少了环境污染，其问题是槽电压较高。

7. 三价铬镀液

这类镀液是以低价格（Cr^{3+}）化合物为基础的，不仅降低了镀铬废水处理成本，减少了环境污染，而且有较高的电流效率，较好的分散能力和覆盖能力，但镀液对杂质敏感，铬层颜色不正，硬度也低。

8.3.2 镀铬溶液中各成分的作用

1. 铬酐

铬酐是镀铬液的主要成分之一，其浓度可在很大范围（$50\sim600g/L$）内变化，目前使用的浓度范围为 $150\sim400g/L$。然而，铬酐浓度的高低对镀液性能和镀层性质有较大的影响。

铬酐浓度对镀液电导率的影响如图 8-2 所示，由图可知，在每一个温度下都有一个相对应于最高电导率的铬酐浓度；镀液温度升高，电导率最大值相对应的铬酐浓度向稍高的方向移动。因此，单就电导率而言，宜采用铬酐浓度较高的镀铬液。

铬酐浓度对阴极电流效率的影响如图 8-3 和图 8-4 所示。

从图 8-3 可以看出，在 45℃和 $20A/dm^2$ 的条件下，当镀液中铬酐含量为 $250g/L$ 时，电流效率最大，达 19%。由图 8-4 可知，电流效率随着铬酐浓度降低而有所提高。例如在 55℃、$45A/dm^2$ 和 $CrO_3/SO_4^{2-}=100/1$ 的条件下，铬酐浓度为 $150g/L$ 时电流效率比 $400g/L$ 时的增大 5%～6%。但温度较低时并不服从上述关系。

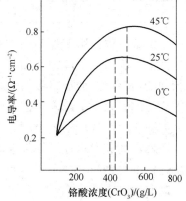

图 8-2 铬酐浓度与电导率之间的关系

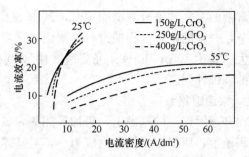

图 8-3　铬酐浓度对电流效率的影响　　　图 8-4　电流密度与电流效率之间的关系

表 8-1 列出了不同工艺条件下铬酐浓度不同的镀铬液的电流效率和分散能力。温度较低和电流密度较小时，分散能力随铬酐浓度的增加稍有降低；但在温度和电流密度较大时，降低铬酐浓度则能稍稍增大镀液的分散能力，镀铬液的分散能力都是负值，因此试图通过改变铬酐浓度来改善分散能力，显然是不可取的。

表 8-1　镀铬液的电流效率和分散能力

温度/℃	电流密度 /(A/dm²)	CrO_3 400g/L，H_2SO_4 4g/L		CrO_3 250g/L，H_2SO_4 2.5g/L	
		电流效率/%	分散能力/%	电流效率/%	分散能力/%
25	5.0	13.8	−312	12.3	−295
35	7.0	8.1	−177	10.4	−108
35	10.0	11.1	−87	13.2	−87
35	15.0	13.6	−59	15.6	−58
45	15.0	9.5	−85	12.9	−65
45	25.0	13.2	−28	16.3	−27
45	35.0	16.0	−25	19.0	−23
55	25.0	9.6	−52	13.3	−46
55	35.0	12.5	−29	15.8	−28
55	45.0	13.9	−18	18.1	−14

铬酐浓度也是影响镀铬层硬度的一个重要因素。一般认为，在 CrO_3/SO_4^{2-} 比值恒定的条件下，随铬酐浓度的增加，镀铬层硬度有一定程度的减少，即采用较稀的镀液，能获取较硬的铬层，并增加铬层的耐磨性。但当镀硬铬时，稀溶液中铬酐浓度的较大变化将导致不均匀的铬层，一般采用铬酐浓度在 200~300g/L 范围的镀液。

如前所示，各种不同浓度铬酐的镀液各有其优点，应根据电源电压、零件的复杂程度、镀铬目的和要求等条件来选择镀铬液。综合各种镀液的性能，目前工厂应用较为广泛的仍是标准镀铬液。

2. 催化剂

镀铬液中除含有铬酐外，还含有催化剂。已经使用的催化剂有硫酸根、氟化物、氟硅酸根或氟硼酸根以及它们的混合成分。没有催化剂，就无法实现铬的沉积。催化剂的用量和铬酐浓度密切相关，应根据其与铬酐的比值而定。图 8-5 表明了在两种温度和两种电流密度下催化剂中 SO_4^{2-} 含量（实际是 CrO_3/H_2SO_4 比）对电流效率的影响。从图中可以看出，当比值为 100：1 时，镀液的电流效率最高。

当 CrO_3/H_2SO_4 小于 100：1 时，镀层的光亮性和致密性有所提高，但镀液的电流效率和分散能力下降；当 CrO_3/H_2SO_4 小于或等于 50：1 时，由于催化剂含量偏高，使阴极胶体膜的溶解速度大于生成速度，阴极电位也达不到铬的析出电位，导致局部乃至全部没有铬的沉积，镀液的电流效率降低，分散能力明显恶化；当 CrO_3/H_2SO_4 大于 100：1 时，SO_4^{2-} 含量不足，镀层的

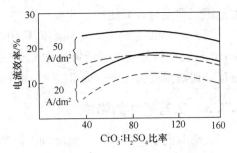

图 8-5 硫酸根浓度对电流效率的影响
——45℃；-----60℃

光亮性和镀液的电流效率降低；若比值超过 200：1 时，SO_4^{2-} 严重不足，铬的沉积发生困难，镀层易烧焦或出现红棕色的氧化物锈斑。

用含氟阴离子（F^-、SiF_6^{2-}、BF_4^-）做催化剂时，其浓度为铬酐含量的 1.5%～4%。各种催化剂含量和不同催化剂的镀液中铬酐浓度对电流效率的影响如图 8-6 和图 8-7 所示。表明在 250g/L CrO_3 的溶液中，当催化剂含量为 1%～3% 时，用 SO_4^{2-} 催化剂的电流效率最低，最大值为 18%；用 SiF_6^{2-} 做催化剂的电流效率最高，达 25%。因此可知，铬酐浓度不同的镀铬液，其电流效率的最大值取决于所用催化剂的阴离子种类。在标准镀铬液中加入第二种阴离子 SiF_6^{2-} 的镀铬液，即所谓复合镀铬液已引起了生产上的重视。

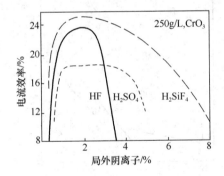

图 8-6 局外阴离子（催化剂）浓度对电流效率的影响

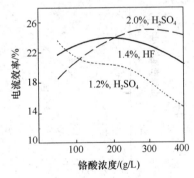

图 8-7 含不同催化剂的镀铬液中铬酸浓度对电流效率的影响

3. 三价铬

镀铬液中 Cr^{6+} 离子在阴极上还原产生 Cr^{3+}，与此同时，Cr^{3+} 在阳极将重新氧化成 Cr^{6+}，镀液中三价铬浓度很快达成平衡，平衡浓度取决于阴、阳极面积之比。Cr^{3+} 离子浓度是阴极形成胶体膜的主要成分，只有当镀液中含有一定量的 Cr^{3+} 时，铬的沉积才能正常进行。据此，新配制的镀铬液必须采用大阴极进行电解处理，或添加一些老镀液，或添加还原剂（如草酸等），使部分六价铬还原成三价铬。

三价铬的最佳含量取决于镀液中其他成分和工艺条件，一般为 3～5g/L，当 Cr^{3+} 浓度偏低时，相当于 SO_4^{2-} 浓度偏高时出现的现象，阴极膜不连续，分散能力差，而且只有在较高的电流密度下才发生铬的沉积；当 Cr^{3+} 浓度偏高时，相当于 SO_4^{2-} 含量不足，阴极膜增厚，不仅显著降低镀液的导电性，使槽电压升高，而且会缩小取得光亮镀铬的电流密

度范围，严重时，只能产生粗糙、灰色的镀层。

当 Cr^{3+} 浓度过高时，可用小面积阴极和大面积阳极，保持阳极电流密度为 $1\sim 1.5A/dm^2$，进行电解处理来降低镀液中 Cr^{3+} 浓度，处理时间视 Cr^{3+} 含量而定，从数小时到数昼夜。镀液温度为 $50\sim 60℃$ 时，处理效果较好。

8.3.3 工艺条件的影响

镀铬时的工艺条件——温度和电流密度对光亮区范围、电流效率、分散能力和镀层性能都有显著影响，并且是相互制约的。为了在较高的电流效率下获取高质量的镀铬层，一定的镀液温度必须与适宜的电流密度相对应。

温度和电流密度对铬层光亮区范围的影响如图 8-8 所示。由图可以看出，不同温度和电流密度下的铬层外观可分为三个区域。低温高电流密度，铬镀层呈灰暗色或烧焦，这种镀层具有网状裂纹、硬度高、脆性大；高温低电流密度区铬镀层呈乳白色，这种镀层组织细致、气孔率小、无裂纹、防护性能较好，但硬度低、耐磨性差；中温中电流密度区域两者配合较好时，可获得光亮镀层，这种铬层硬度较高，有细而稠密的网状裂纹，温度和电流密度对电流效率的影响如图 8-9 和图 8-10 所示，由图可知，当电流密度不变时，电流效率随着温度升高而下降；若温度恒定，则电流效率随着电流密度的增大而增加。

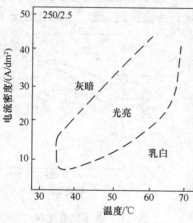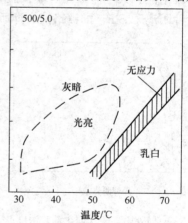

图 8-8　自 250/2.5 和 500/5.0 的镀铬液中取得光亮铬层的条件

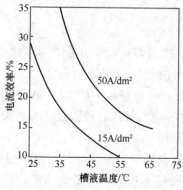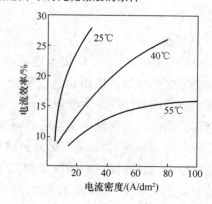

图 8-9　各种电流密度下，温度对电流效率的影响　　图 8-10　各种温度下电流密度对电流效率的影响
　　250g/L CrO_3，2.5g/L H_2SO_4　　　　　　　　　　400g/L CrO_3，4g/L H_2SO_4

从表 8-1 可知，温度一定时，随着电流密度的增加，分散能力稍有改善；与此相反，电流密度不变，分散能力随着镀液温度的增加而有一定程度的减少。

温度和电流密度对铬层硬度有很大影响，这种影响如图 8-11 所示。一定的电流密度下，存在着获取硬铬层最有利的温度，高于或低于此温度，铬层硬度将降低。

尽管获取光亮铬层的工艺条件相当宽，但考虑到镀铬液的分散能力特别差，在形状复杂零件镀铬或镀硬铬时，欲在不同部位上都镀上厚度均匀的铬层，必须严格控制温度和电流密度。

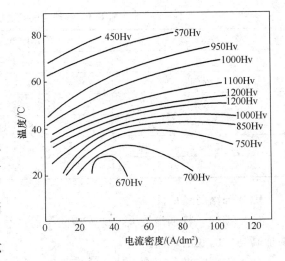

图 8-11　温度和电流密度对铬层硬度的影响（等硬度曲线）

8.4　镀 铬 工 艺

8.4.1　装饰性镀铬

防护装饰性镀铬常采用 Cu/Ni、铜合金做中间层，其防护性能主要取决于中间镀层。铬镀层只起装饰作用。因此要求外观光亮、光泽性好，电镀时间短（3～5min）、镀层很薄（0.3～1μm），且要全面覆盖基体表面。

若以 Cu/Ni 作为中间层，因镀镍表面在空气中极易钝化，镀铬尽可能直接在镀镍后进行。如果不马上镀铬，镀镍零件应存放在流动水中，镀铬前必须在碱液中进行阴极处理或浸在稀 H_2SO_4（10%）中使其活化。机械抛光的镍表面也需要进行活化处理。

装饰性镀铬液多采用中、高浓度铬酐的溶液，其镀液组成和工艺条件列于表 8-2。

表 8-2　装饰性镀铬溶液组成及工艺条件

组成及工艺条件	中浓度	高浓度
铬酐（CrO_3）/（g/L）	230～270	300～350
硫酸（H_2SO_4）/（g/L）	2.3～2.7	3.0～3.5
三价铬（Cr^{3+}）/（g/L）	2～4	2～4
温度/℃	48～53	45～50
j_k/（A/dm²）	15～30	10～20

小零件需采用滚镀铬工艺。滚镀铬溶液应加入氟硅酸，防止零件滚镀时瞬间不接触导电而使表面钝化。

装饰镀铬的工艺条件也取决于欲镀的基体金属材料（表 8-3）。

143

表 8-3 各种金属光亮镀铬的工艺条件

基体金属	温度/℃	电流密度/(A/dm²)
铜	25～40	5～10
黄铜	35～40	5～20
青铜	48～54	12～15
钢铁	40～45	10～30
镍	40～45	5～20
银	30～45	5～10

镀装饰铬时还应注意：

（1）零件，特别是较大零件入槽前要通过热水冲洗预热，切忌在镀液中预热，否则会腐蚀高亮度的底层表面；

（2）零件应带电入槽，或入槽后立即合闸通电，对于形状复杂的零件，或采用冲击电流，或增大阴阳极间距离；

（3）采用高浓度铬酐的镀液时，由于施镀时间短，带出损失大，可安装回收槽以节约铬酐，降低成本，减少废水处理量。

8.4.2 耐磨镀铬

耐磨镀铬（镀硬铬）主要用于提高机械零部件或量具、模具、刀具等的使用寿命(3～5倍)，修复被磨损零件的尺寸。因此，硬铬镀层不仅要有一定的光泽，而且要求镀层厚（6～1000μm）、硬度高，与基体的结合力好，镀覆时间也长。

耐磨镀铬一般采用铬酐浓度较低（$CrO_3$150～200g/L）的镀液，有的工厂仍用标准镀铬液。工艺条件原则上宜用较低的温度和较高的电流密度。应视零件的使用条件和对铬层的要求而定，一般为50～60℃（常用55℃）和25～75A/dm²（多数为50A/dm²）。工艺条件一经确定，在整个沉积过程中，尽可能地保持工艺条件的恒定，特别是温度，变化不要超过±1℃。

在平均条件下，镀硬铬的速度接近于20～40μm/h。

硬铬层的厚度应根据使用场合的不同而异。在机械载荷较轻和一般性防护时，厚度为10～20μm；在滑动载荷且压力不太大时，厚度为20～25μm；在机械压力较大和抗强腐蚀作用时，厚度高达150～300μm。

镀硬铬时应注意如下操作特点：

（1）工件预热。无论什么基体材料，只要是比较大的工件，在镀铬前，必须进行预热（可在镀铬槽中进行），使其温度接近或等于镀液温度。因为镀硬铬时，施镀时间较长，镀层较厚，硬铬镀层的内应力大且硬度高，而基体金属和铬的膨胀系数差别较大。如不预热就进行电镀，基体金属容易受热膨胀而产生镀层"暴皮"现象。预热时间根据工件大小而定。

（2）零件在槽内布置和装挂方法。镀铬液的分散能力甚差，为了获取厚度均匀的镀层，零件在槽内的布置和装挂方法应遵守如下原则：

第一，挂具应有足够的截面积，且与导电部件接触良好，否则因电流过大，槽电压升高，局部红热；

第二，装挂时应考虑便于气体的畅通逸出，防止"气袋"的形成；镀铬时析氢十分严重，如果零件装挂不当，造成局部气体积聚，零件局部表面不能接触镀液，造成局部无镀层或镀层厚度不均匀，如图 8-12 所示；

第三，对复杂零件必须采用辅助阳极、象形阳极、局部用绝缘材料屏蔽，如图 8-13、图 8-14、图 8-15、图 8-16 所示。

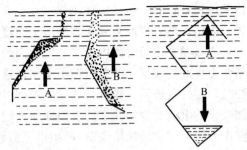

图 8-12　零件放置方式
A 错误，B 正确

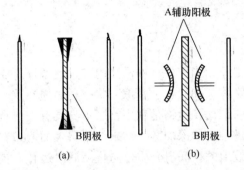

图 8-13　不同阳极条件下所得镀层示意图
（a）不采用辅助阳极；（b）采用辅助阳极

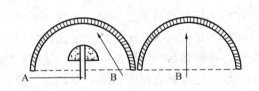

图 8-14　采用象形阳极

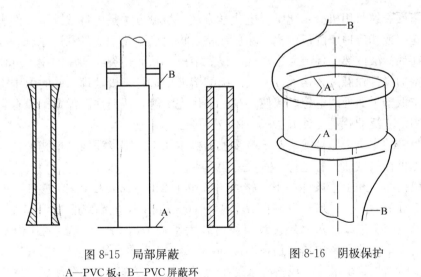

图 8-15　局部屏蔽
A—PVC 板；B—PVC 屏蔽环

图 8-16　阴极保护

（3）施加电流方式。硬铬直接镀在碳素钢、铸铁等基体金属上，对于不同的基体金属，应用不同的施加电流的方式来获得结合力好的镀层。例如铸铁件镀硬铬，由于铸铁件的多孔性，其真实表面积比表现的大得多，且铸铁中含有大量的碳，在镀铬液中氢在碳上析出的过电位比在铁上析出的过电位小，因此如果施加正常的电流密度，就镀不出铬来。

所以铸铁件镀硬铬时，往往施加比规定高 2.5 倍的电流密度，使基体表面在短时间内迅速地沉积一层铬，然后再恢复到正常的电流密度。又如合金钢件，特别是含镍、铬的合金钢件，其表面极易在很短时间内形成一层薄而致密的氧化膜，在这层氧化膜上镀铬时，很难获得结合力良好的镀层，严重时镀不上铬。这类材料镀硬铬时，应特别注意操作方法。具体做法是，零件入槽后，先进行"反拨"（阳极浸蚀），使金属表面微观粗糙。转成阴极后先施加较小的电流密度，使零件表面活化，然后再逐步升高电流密度直到正常工艺范围。这种操作方法叫"阶梯式给电"。再如铬上镀铬，通常在镀铬过程中不允许断电。断电以后再继续镀铬，往往造成镀层分层脱落。若零件在镀铬槽中断电时间不长，则可采用"阶梯式给电"；若断电时间较长，或带有铬镀层的零件电镀时，可先进行阳极浸蚀，然后"阶梯式给电"，均可获得满意的镀层。

8.4.3 特殊镀铬层

1. 松孔镀铬层

一般硬铬层所具有的网纹浅而窄，贮油性很差，当零件（如汽缸内腔、活塞环、曲轴等）在承受较大载荷下工作时，常常处于"干摩擦"和"半干摩擦"状态，磨损严重。解决这一问题最有效的方法是使用松孔镀铬层。所谓松孔镀铬是利用铬层本身具有细致裂纹的特点，在镀铬后再进行松孔处理，使裂纹网进一步加深加宽。结果，铬层表面遍布着较宽的沟纹，不仅具有耐磨铬的特点，而且能有效地贮存润滑介质，防止无润滑运转，提高了耐磨性。例如，在制造内燃机时，为了提高气缸和活塞环（二者组成摩擦偶）的寿命，两者之一进行松孔镀铬，可使两个零件的耐磨性同时提高 2~4 倍，从而延长了它们的寿命（0.5~1.0 倍）。

扩大铬层裂纹可用机械、化学或电化学方法。机械方法是先将欲镀铬零件表面用滚花轧辊轧上花纹或相应地车削成沟槽，然后镀铬，再研磨。化学法是利用原有裂纹边缘的较高活性，在稀盐酸或热的稀硫酸中浸蚀时优先溶解，从而使裂纹加深加宽。电化学法是将已镀有硬铬的零件在碱液、铬液、盐酸或硫酸溶液中进行阳极处理，此时由于铬层原有裂纹处的电位低于平面处的电位，致使裂纹处铬优先溶解，从而加深加宽了原有裂纹。目前生产上应用最广泛的就是这种方法——阳极浸蚀法。

松孔镀铬的主要工序是镀铬、阳极浸蚀和机械加工。阳极浸蚀（松孔处理）可在镀铬后进行，也可在机械加工后进行。一般采用后者。

松孔镀铬配方和工艺条件如下：铬酐（CrO_3）240~260g/L，硫酸（H_2SO_4）2.1~2.5g/L，三价铬（Cr^{3+}）1.5~6.0g/L，温度（60±1）℃，电流密度 40~55A/dm²。

镀液组成与工艺条件对铬层裂纹组织有较大影响。当 CrO_3/SO_4^{2-} 的比值增大时，裂纹网的密度变小。这种影响特别是在温度为 50~60℃ 范围时最为显著。由此可知，在硫酸含量不变时增加铬酐浓度，或铬酐浓度不变时减少硫酸浓度，都会使裂纹网变疏。温度对铬层裂纹组织的影响最大。一般规律是温度升高，铬层的裂纹网变疏。电流密度只是在 CrO_3/SO_4^{2-} 比值较小和温度较高时，才显示它对裂纹网的影响。

阳极浸蚀时，纹加深加宽的速度用通过的电量（浸蚀强度）来控制。在适宜的浸蚀强度范围内，可以选用任一阳极电流密度，只要相应地控制时间，仍可使浸蚀强度不变。浸蚀强度根据铬层原来的厚度确定。

厚度在 $100\mu m$ 以下，浸蚀强度为 $320A \cdot min/dm^2$ ；厚度在 $100 \sim 150\mu m$ ，浸蚀强度为 $400A \cdot min/dm^2$ ；厚度在 $150\mu m$ 以上，浸蚀强度为 $480A \cdot min/dm^2$ 。

对尺寸要求严格的松孔镀铬件，为便于控制尺寸，最好采用低电流密度进行阳极松孔。当要求网纹较密时，可采用稍高的阳极电流密度。当零件镀铬后经过研磨再进行阳极松孔时，浸蚀强度应比上述数值减少 $1/2 \sim 1/3$ 。如活塞环镀铬层厚度为 $100\mu m$ ，经研磨后再进行阳极处理，可用下述浸蚀工艺：阳极电流密度 $20 \sim 30A/dm^2$ ，处理时间 $6 \sim 4min$ ，浸蚀强度 $120A \cdot min/dm^2$ 。

2. 微裂纹铬和微孔铬

随着人们对 Cu/Ni/Cr 防护装饰性体系之耐蚀性的要求越来越高，在对镀铬层进一步研究的基础上提出了微观不连续铬——微裂纹铬和微孔铬。事实表明，裂纹非常细，线密度平均达 $300 \sim 800/cm$ 的微裂纹铬层，明显提高了 Cu/Ni/Cr 体系的耐蚀性。这种作用可用电化学原理来解释。体系在使用环境下发生电化学作用而使镍层遭受腐蚀，当微观不连续铬层存在时，铬与镍之间构成了非常多的微电池，总的腐蚀电流没有变化，但分配于任一微电池上的腐蚀电流却大大地减小，这样使镍的腐蚀速度明显减小，并延缓腐蚀向纵深贯穿的速度，从而提高了整个体系的抗蚀性能。

获得微裂纹铬层的方法主要有两种。一是在含有 $0.005 \sim 0.012g/L$ H_2SeO_3 的标准镀铬液中，在 $43 \sim 45℃$ 和 $15 \sim 20A/dm^2$ 的工艺条件下直接形成；二是在不同类型的底层上间接形成，其中底层可以是高应力镍，也可以是性质不同于表面铬层的铬层。

获取微孔铬的方法是在镍封层上镀装饰铬。非常薄的镍封层是在悬浮大量惰性微粒（ $5 \sim 45g/L$ ，粒径 $0.1 \sim 1.0\mu m$ ）的特殊镀液中取得的。这些微粒（ Al_2O_3 、 SiO_2 、硫酸钡、硅藻土）夹杂在镀层中，在镀铬时，铬不能在这些非导体的微粒上生成，于是形成孔数为 $2 \times 10^5 \sim 4 \times 10^5/cm^2$ 的微孔铬。

3. 黑铬

近些年来，黑铬镀层的应用日益广泛。黑铬镀层具有较好的耐热性和耐磨性，其黑色外观具有特殊的装饰效果。黑铬层具有良好的辐射性能，常用于一些防止光漫反射的机件上，如光学仪器、照相机、太阳能集热板等。黑铬镀层由氧化铬、金属铬和铬酸组成。金属铬的微粒形式弥散在铬的氧化物中，形成吸光中心，使铬层发黑。通常镀层中铬的氧化物含量越高，黑越深。与其他黑色镀（涂）层，如涂黑漆、镀锌黑色钝化、铁及铜件的黑色氧化、黑镍等相比，从色泽均匀、耐磨、防护装饰性等方面考虑黑铬镀层是最佳的黑色镀层。

镀黑铬的镀液成分和工艺条件见表 8-4。

表 8-4　镀黑铬液成分与工艺条件

成分与工艺条件	1	2	3	4
铬酐（ CrO_3 ）/（g/L）	$250 \sim 300$	$200 \sim 400$	$250 \sim 400$	$250 \sim 400$
醋酸（ CH_3COOH ）/（g/L）	—	$20 \sim 180$	3	—
醋酸钡[$Ba(CH_3COO)_2$]/（g/L）	—	$3 \sim 7$	—	—
尿素[$CO(NH_2)_2$]/（g/L）	—	—	3	—
硝酸钠（ $NaNO_3$ ）/（g/L）	$7 \sim 11$	—	—	—
硼酸（ H_3BO_3 ）/（g/L）	$20 \sim 25$	—	—	—

147

成分与工艺条件	1	2	3	4
氟硅酸(H_2SiF_6)/(g/L)	0.1	—	—	0.25~0.5
温度/℃	—	20~40	25	13~35
j_k/(A/dm²)	35~60	25~60	50	30~80
时间/min	15~20	10~20	—	15~20

铬酐是镀液的主要成分，在通常的工艺条件下，含量在 200~400g/L 范围内均可获得黑铬镀层。CrO_3 浓度低时，镀液的覆盖能力差；浓度高时，覆盖能力虽有改善，但镀层硬度降低，耐磨性下降。

硝酸钠是发黑剂，浓度低时镀层不黑、镀液的电导率低、槽电压高，一般不能低于 5g/L；浓度过高，当大于 20g/L 时，造成镀液的分散能力和覆盖能力恶化。除硝酸钠外，醋酸、尿素等也可作为发黑剂，用量当然也有所不同。

硼酸的加入可提高镀液的覆盖能力，使镀层均匀。此外，若镀液中没有硼酸，黑铬层易起"厚灰"，尤其是高电流密度下更甚。加入硼酸后可以减少"浮灰"，当加至 30g/L 时可完全消除"浮灰"层。考虑到硼酸的溶解度小，不宜加入过多。

镀黑铬时切记温度不宜过高、电流密度不宜过低。当温度过高，超过 40℃ 时，镀层表面有灰绿色浮灰产生，且覆盖能力低。当电流密度过低，小于 25A/dm² 时，镀层呈灰黑色或灰褐色，甚至呈彩虹色。但电流密度过高，大于 75A/dm² 时，镀层出现烧焦现象，且镀液升温严重。因此，工艺条件要控制适当，才能获得好的黑铬层，即使在工艺范围内，镀黑铬也要有良好的降温措施。

黑铬镀液中有害杂质为 SO_4^{2-}，Cl^- 和 Cu^{2+} 离子。当含 SO_4^{2-} 时，镀层为淡黄色；当含 Cl^- 时，镀层出现黄褐色"浮灰"，且底层金属易被腐蚀。镀液中 Cu^{2+} 达 1g/L 时，镀层出现褐色条纹。因此，配制镀液时，应使用无氯或含氯少的蒸馏水，并用 $BaCO_3$ 除去 SO_4^{2-} 离子。挂具及阳极铜钩应镀锡保护。镀完黑铬的零件，烘干后进行喷漆和浸蚀处理，可提高光泽性和抗蚀能力。

8.4.4 特殊镀铬液

1. 低浓度铬酐镀液

通常以铬酐为基础的镀铬液有许多特征，所以一直沿用至今，但这类镀液对环境的污染十分严重，为了降低铬酐的污染、减少公害、节约资源，国内外做了大量的试验研究，开发了低浓度铬酐镀液。所谓低浓度铬酐镀液，是指镀液中的铬酐浓度较目前生产上使用的铬酐含量低。例如，标准镀铬液中铬酐含量为 250g/L，而低浓度镀铬液中铬酐含量只有 50g/L 左右。可用于生产的低铬酐镀铬液组成和工艺条件列于表 8-5。

表 8-5 低铬酐镀铬液组成和工艺条件

组成和工艺条件	1	2	3	4
铬酐(CrO_3)/(g/L)	50~60	45~55	30~50	90~100
硫酸(H_2SO_4)/(g/L)	0.45~0.55	0.25~0.35	0.5~1.5	0.5~0.8

组成和工艺条件	1	2	3	4
氟硅酸(H_2SiF_6)/(g/L)	0.6～0.8	—	—	—
氟硼酸钾(KBF_4)/(g/L)	—	0.35～0.45	—	—
三价铬(Cr^{3+})/(g/L)	—	—	0.5～1.5	—
氟硼酸(HBF_4)/(g/L)	—	—	—	1.2～2
温度/℃	53～55	55±2	55±1	50±2
j_k/(A/dm²)	30～40	44～60	50～60	30～60

从上述电解液组成可以看出，与高铬酐镀铬液相比，铬酐的使用量降为原来的 1/5～1/8。这样既减轻了铬酐对环境的污染，又节省了大量的原材料。

低浓度铬酐镀铬的主要特点有：

(1) 电解液性能

低浓度铬酐镀铬液的分散能力比高浓度铬酐镀铬液要高，但覆盖能力偏低。这给复杂零件镀铬带来一定困难。

低浓度铬酐镀铬液的电流效率较高，有的甚至高达 20%，能有效地提高生产效率。

由于含铬酐量少，H^+ 离子浓度也相应减少，故导电性能低于标准镀铬液。因电解液电阻大，所以槽电压也高，生产中应使用 18～20V 的电源。

试验证明，金属杂质 Fe^{2+}、Fe^{3+}、Cu^{2+}、Zn^{2+} 等，对镀层质量的影响比标准镀铬液更严重，更敏感。

(2) 镀层性能

硬度比通常镀铬层硬度略高。孔隙率与通常镀铬层相当，符合质量要求。在铜、铁和镍上镀铬，结合力良好。镀层结晶细致，平整光亮。但零件出槽时，有时出现彩色膜或黄色膜。当零件断电后在槽内停留片刻，这层膜即可除去，也可用稀硫酸浸泡片刻除去。

低铬酐镀铬的试验研究是一项很有价值的工作，值得推广。但目前在试生产中还存在一定问题，如槽电压高，不仅能耗大，而且需要更换电压较高的电源；覆盖能力差，形状复杂零件的电镀有一定困难等，还有待于继续不断地完善。

国内已开发了添加有稀土元素的低浓度镀铬液，例如 CS 型多稀土镀铬添加剂，这种添加剂仅以 1.5～2g/L 的量添加到由 100～150g/L CrO_3 和 CrO_3/H_2SO_4＝100/(0.4～0.7)组成的镀铬液中，根据工艺条件不同，既可镀装饰铬（20～30℃，4～10A/dm²），又可镀硬铬（30～50℃，6～30A/dm²）。与普通镀铬液相比，这种镀铬液的覆盖能力提高一倍，分散能力提高 30%～60%，电流效率提高 60%～110%，所得铬层的耐蚀性也有所提高。

2. 三价铬镀液

尽管很早便有人开始了三价铬镀铬工作的研究，但是直到 1975 年，这一研究才获成功。三价铬镀铬工艺的最大特点是电解液的毒性小，三价铬的毒性为六价铬毒性的 1% 左右。因此目前三价铬镀液在装饰镀层方面获得了越来越多的应用。但三价铬镀铬在电解液性能及镀层质量方面仍存在不少问题，综合目前的研究现状，归纳为以下几个问题做一简单介绍。

（1）电解液组成及工艺条件特点。三价铬盐镀铬液为络合物电解液，一般多采用甲酸钾或甲酸铵做络合剂。主盐采用氯化铬，而不用硫酸铬，因为硫酸铬的溶解度小，溶解困难。此外，还需要加入一定量的氯化钾做导电盐，用硼酸做缓冲剂，再加入少量润湿剂。

在操作条件方面，与铬酐电解液相比，最大特点是可在室温下操作，不需任何加温设备。阴极电流密度较低，一般控制在 $10A/dm^2$ 以下。

（2）电解液性能。三价铬镀铬液是络合物电解液，它的阴极极化比较大，因而可获得结晶细致的镀层。由极化曲线的测定可知，在该电解液中，阴极极化曲线的极化度也比较大，因而电解液的分散能力好、覆盖能力也好。这就给生产带来方便。根据试验测定，当电流密度为 $8\sim10A/dm^2$，阴极电流效率为 20％ 左右，比铬酐电解液略高。

（3）镀层性能。由三价铬镀铬液所得镀层光泽性好，略带黄色，镀层与基体结合力好，镀层内应力较高。

综上所述，三价铬镀铬工艺有许多优点，特别是降低了镀液中金属铬的浓度，废水处理简单，大大减轻了对环境的污染。但是，三价铬镀铬也还存在一定的问题，如镀层厚度达到 $3\mu m$ 以后，再继续电镀，由于附着能力降低而不能再增厚，因此目前只能应用于装饰性镀铬，而不能用于镀硬铬；其次，该电解液对杂质的敏感性很强，尤其是 Fe^{2+}、Cu^{2+}、Ni^{2+}、Zn^{2+} 等金属离子；镀液欠稳定；此外，三价铬镀铬工艺中采用石墨阳极，电镀过程中阳极上有氧气析出，因此仍不能取消通风设备。

8.5　镀铬溶液的杂质影响及维护

8.5.1　镀铬液中的杂质

镀铬液中常见杂质主要有金属杂质，如 Fe、Cu、Zn 等。另外，氯离子和硝酸根离子也是镀液中的有害杂质。下面分别就它们的危害及去除方法进行介绍。

1. 铁、铜、锌等金属杂质

这些金属杂质以离子形式存在于镀铬液中，它们来源于镀件深凹处的化学溶解，或反拨时的阳极溶解等。金属杂质的允许浓度随镀液的种类、浓度、工艺条件和镀层厚度的不同而异。总的规律是：铬酐浓度越低，电流密度越高，则允许浓度越低。一般情况下，杂质的最大允许含量为：Fe<15g/L；Cu<5g/L；Zn<3g/L。当其中任何一种离子浓度超过允许含量时，都将造成镀层恶化、光亮区变窄、分散能力下降，严重时出现无镀层现象。例如铁杂质，当其浓度＞5g/L 时，获取光亮镀层的范围变小，镀层光亮性下降；当浓度＞10g/L 时，分散能力和电流效率均下降，镀层出现斑点；当浓度＞17g/L 时，镀液已不能正常使用。因此，当铁杂质浓度＞15g/L 时，必须进行处理。

除去金属杂质铁等比较困难，方法也不多。化学法繁杂且效率低，不得不采用稀释法，即将镀液取出一部分，然后稀释镀液，使其中的铁杂质降低至允许范围内。目前用"732"强酸性阳离子交换树脂除铁，效果尚好。但由于高浓度铬酐镀铬溶液具有强氧化性，将使树脂寿命缩短。因此处理前需将镀液的铬酐浓度降低至 130g/L 以下，以延长树脂的使用期限。去除镀液中的金属杂质还可采用如图 8-17 所示的隔膜电解法。这种方法是将含有金属杂质的镀铬液注入阴极室中进行电解，在阴极室 Cr^{6+} 被还原成 Cr^{3+}，H^+ 被

还原成 H_2 析出，阴极室溶液中 pH 值升高，金属杂质形成氢氧化物沉淀，经过滤后，除去杂质的含 Cr^{3+} 的镀液通过电渗析进入阳极室，再进行电解，Cr^{3+} 在阳极被氧化成 Cr^{6+}，与此同时，pH 值降低。这样再生为不含金属杂质的镀铬液，这种方法效率高。

2. 氯离子

氯离子是对镀铬液有害的阴离子杂质，是由于用自来水配制镀液或经镀镍和盐酸浸蚀后清洗不彻底而带入电解液的。$50\sim100$ ppm 的 Cl^- 存在于镀液中，就会使镀液的覆盖能力降低，镀层粗糙、发灰，并破坏阳极的二氧化铅

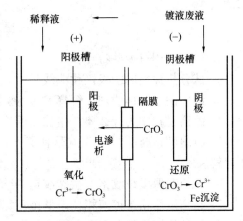

图 8-17 隔膜电解法去除金属杂质

膜层，腐蚀阳极。对于含氟镀铬液和非氟化物高速镀铬液，氯离子的影响更敏感，只要 $30\sim50$ ppm，就会使光亮范围缩小，覆盖能力降低。

去除氯离子目前尚无较好的方法。当氯离子含量高时，可用氧化银或碳酸银，使其生成氯化银沉淀，但这种方法成本太高。大部分采取将镀液加热 60℃以上，在 $40A/dm^2$ 和搅拌的条件下进行电解，使氯离子在阳极氧化成氯气，从而降低镀液中氯离子浓度。

3. 硝酸根

硝酸根是对镀铬液极为有害的杂质。含量很低（$<0.1g/L$）时，就会使镀层发灰而失去光泽，并能破坏镀槽的铅衬。当硝酸根离子浓度达到 $1g/L$ 时，正常电流密度下已不能实现铬的电沉积，提高电流密度也只是得到黑灰色的镀层。

除去 NO_3^-，可用电解法，先向镀液中加入碳酸钡去除 SO_4^{2-}，然后加温到 70℃，用 $30\sim40A/dm^2$ 电流密度电解，硝酸根在阴极上还原达到去除目的，最后添加硫酸，恢复到规定的浓度。

8.5.2 镀液的日常维护

镀铬溶液的正常工作需要六价铬、三价铬浓度和 CrO_3/H_2SO_4 比值在一定的工艺规范内。镀液中六价铬由于阴极沉积、随零件带出和铬雾逸出而消耗，又因使用的是不溶性阳极，只能靠添加铬酐来补充其消耗。为控制六价铬浓度，镀液应定期分析，为补充铬酐量提供依据。

为保持镀液中 CrO_3/H_2SO_4 比值，还应定期分析硫酸根浓度。电镀过程中，硫酸浓度也会随零件带出和铬雾逸出而减少。因铬酐中总含有少量杂质硫酸，所以在补充铬酐时，同时也补充了硫酸根。镀液中硫酸根不宜偏高，过量时用碳酸钡或氢氧化钡使其产生沉淀而除去。

镀液中的三价铬的稳定性取决于阴阳极面积之比，即阴阳极电流密度之大小。一般保持阴阳极面积之比为 $1:1.2\sim1:2$。在镀硬铬，尤其是镀圆筒形零件的内表面，用内阳极时，往往使三价铬浓度超过工艺规范。在此情况下，可用小阴极、大阳极进行电解处理，使三价铬氧化成六价铬，处理时的阳极电流密度控制在 $2A/dm^2$ 左右。

复习思考题

1. 镀铬过程有哪些特点？
2. 试分析镀铬的阴极极化曲线。
3. 试用阴极胶体膜理论解释 SO_4^{2-} 离子的作用及其影响。
4. 镀铬过程中为什么要严格控制温度和电流密度？
5. 镀耐磨铬时的操作要点是什么？圆筒形零件内表面镀硬铬经常会遇到什么问题？如何解决？
6. 如何获取微裂纹铬？微裂纹铬为什么会提高装饰性镀层体系的耐蚀性？
7. 与高浓度铬酐镀液相比，低浓度铬酐镀液在镀液性能、镀层性质方面有哪些区别？
8. 三价铬镀铬目前还存在哪些问题？
9. 镀铬液中主要存在哪些有害杂质？影响怎样？如何除去？

9 镀　　锡

9.1 概　　述

锡具有银白色的外观，原子价具有二价和四价两种。锡具有抗腐蚀、耐变色、无毒、易钎焊、柔软和延展性好等优点。锡镀层具有以下特点和用途。

（1）化学稳定性高，在大气中耐氧化不易变色，与硫化物不起反应，与硫酸、盐酸、硝酸及一些有机酸等稀溶液几乎无反应，即使在浓盐酸和浓硫酸中也要在加热条件下才能缓慢反应。

（2）在电化学中锡的标准电位比铁正，对钢铁来说是阴极性镀层，但在密封条件下，在某些有机酸介质中，锡的电位比铁负，故具有电化学保护作用。溶解的锡对人体无害，故可作为食品容器的保护层。

（3）锡导电性好，易钎焊，在强电部门常以锡代银；电子器件的引线、印刷线路板也镀锡。铜导线镀锡除提供可焊性外，还起隔绝绝缘材料中硫的作用。轴承镀锡可起密合和减摩作用，汽车活塞环镀锡和汽缸壁镀锡可防止滞死和拉伤。

（4）锡从 −13℃ 起结晶开始变异，在 −30℃ 的环境下将完全转变为非晶型同素异形体（α 锡或灰锡），俗称"锡瘟"，此时已失去金属锡的性质，为了提高电子产品的可靠性，锡与少量的锑（约 0.2%～0.3%）或铋等共沉积可有效地抑制这种转变。

（5）镀锡层在高温、潮湿和密闭条件下能长成"晶须"，俗称"长毛"，这是由于镀层存在内应力所致，小型化的电子元件需特别注意，以免造成晶须而短路。电镀后进行加热消除应力或电镀时与 1% 的铜共析可避免这一缺点。

（6）镀锡层在 232℃ 以上的热油中重熔处理，可获得光泽的花纹锡层，作为日用品的装饰镀层。

早期的镀锡层是用热熔法取得的，1930 年以后电镀锡才逐渐取代热浸锡，此时的碱性锡酸盐镀锡液和酸性硫酸盐镀锡液及氟硼酸镀锡已具备工业投产价值，其镀层质量可与热浸法媲美，由于电镀锡层薄而均匀，可大幅度地节约金属锡。从世界范围而言锡资源紧缺，加之热浸法的局限性，促进了电镀锡的发展，据目前统计电镀法锡钢板占镀锡板的 90% 以上。

镀锡电镀液有酸性及碱性两种类型：

碱性镀锡液成分简单，分散能力非常好，结晶细致且孔隙少、易钎焊，但是需要加热，并且能耗大、电流效率低，锡以四价形式存在，故电化当量低，如获得相同厚度的锡层，其沉积速度比酸性锡至少慢一倍，此外，镀层光泽性差。

酸性镀锡液可镀取无光及光亮镀层，电流效率高，沉积速度快，可在常温下工作，具有节能等优点，其缺点是分散能力不如碱性镀液，镀层结晶也比较粗大。

20 世纪 60 年代以前我国的镀锡工业几乎都采用高温碱性镀锡，20 世纪 80 年代随着光亮剂的不断开发，使酸性光亮镀锡获得迅速发展，已趋主导地位。

9.2 碱性镀锡

碱性镀锡液用锡酸钠和锡酸钾为主盐，通过调整相对应的氢氧化钠（钾）的含量和添加一些其他成分，能防止产生海绵状锡镀层，溶液相对较易控制，从而在工业上获得广泛应用。但是到目前为止，还没有找到碱性镀锡的光亮剂，故目前的碱性镀锡只能获得普通的锡镀层，如要提高锡镀层表面的光洁度、光亮度及抗氧化能力，则必须在碱性镀锡后加一道热熔工序，需热熔的镀锡层一般不超过 $8\mu m$。

9.2.1 镀液成分及工艺条件

碱性镀锡溶液有钠盐和钾盐两大类。钠盐体系主要成分有：锡酸钠及氢氧化钠；钾盐体系主要成分有：锡酸钾及氢氧化钾，具体成分及工艺条件见表 9-1。

表 9-1 碱性镀锡溶液成分及工艺条件

成分及工艺条件	1	2	3	4
锡酸钠($Na_2SnO_3 \cdot 3H_2O$)/(g/L)	95～110	20～40	—	—
氢氧化钠(NaOH)/(g/L)	7.5～11.5	10～20	—	—
锡酸钾(K_2SnO_3)/(g/L)	—	—	95～110	195～220
氢氧化钾(KOH)/(g/L)	—	—	13～19	15～30
醋酸钠(或醋酸钾)/(g/L)	0～20	0～20	0～20	0～20
温度/℃	60～85	70～85	65～90	70～90
j_k/(A/dm^2)	0.3～3	0.2～0.6	3～10	10～20
j_A/(A/dm^2)	2～4	2～4	2～4	2～4
电压/V	4～8	4～12	4～6	4～6
阳极纯度/%	99 以上	95 以上	99 以上	99 以上

注：1，4 适用于快速电镀；2 适用于滚镀；3 适用于挂镀。

碱性镀锡溶液的阴极电流效率一般在 70% 左右。镀液按表 9-1 配制后试镀若出现海绵状镀层，则可加入 30% 的双氧水 0.1～0.5g/L，然后通电处理以消除二价锡离子的影响。

9.2.2 镀液中成分作用及工艺条件的影响

1. 锡酸盐

锡酸钠（钾）是碱性镀锡液中的主盐，其金属锡的含量一般控制在 40g/L（快速电镀控制在 80g/L，滚镀时可适当低些）左右，分散能力较好，镀层结晶也较细致。主盐浓度高，可相应提高工作电流密度，加快沉积速度。但主盐含量过高时，阴极极化作用降低，使镀层粗糙，带出溶液和其他损耗多，成本提高。主盐含量过低时，虽然能提高溶液的分散能力，镀层洁白细致，但使阴极电流密度、阴极电流效率及沉积速度都明显下降。

2. 氢氧化钠（钾）

苛性碱是碱性镀锡中不可缺少的主要成分，其主要作用为：

（1）防止锡酸盐水解。由于锡酸钠（钾）是弱酸强碱盐，易水解，水解反应为：

$$Na_2SnO_3 + 2H_2O \longrightarrow H_2SnO_3 \downarrow + 2NaOH$$

$$K_2SnO_3 + 2H_2O \longrightarrow H_2SnO_3 \downarrow + 2KOH$$

在镀液中保持一定量的游离碱，可使上述水解反应向左进行，从而防止锡酸盐水解，起稳定溶液作用。

（2）可缓和空气中二氧化碳的作用。碱性镀锡溶液中存在着 $[Sn(OH)_6]^{2-}$ 阴络离子，该络离子产生历程为：

$$Na_2SnO_3 + 3H_2O \longrightarrow Na_2[Sn(OH)_6]$$

$$Na_2[Sn(OH)_6] \longrightarrow 2Na^+ + [Sn(OH)_6]^{2-}$$

它能吸收空气中的二氧化碳而按下式分解：

$$[Sn(OH)_6]^{2-} + CO_2 \longrightarrow SnO_2 + CO_3^{2-} + 3H_2O$$

从而使镀液 pH 值降低。保持一定量的游离碱可吸收空气中的二氧化碳，生成碳酸钠（钾），这就减缓了对主盐的影响。

（3）使阳极正常溶解。在阳极电流密度适中时，阳极反应按下式进行：

$$Sn + 6OH^- \longrightarrow SnO_3^{2-} + 3H_2O + 4e$$

在保持适宜的游离碱、电流密度、镀液温度时，能使阳极以四价锡正常溶解。

游离碱一般控制在 $7 \sim 20g/L$ 范围内，其含量过高时，阴极电流效率会降低，阳极不易保持金黄色，阳极溶解下来的是二价锡，使镀层质量下降，镀液不稳定。当其含量过低时，阳极则易钝化，镀液分散能力下降，镀层也易烧焦，同时镀液中还会出现锡酸盐的水解。

3. 醋酸钠（钾）

某些镀锡液中加入醋酸盐，以期达到缓冲的作用，实际上碱性镀锡液中 pH=13，呈强碱性，醋酸盐不可能起缓冲作用。但是生产中常用醋酸来中和过量的游离碱，起控制游离碱作用，故在镀液中总是存在有醋酸盐。

4. 双氧水

在镀液成分中未列出双氧水，是因为配制镀液时并不加入双氧水，但当生产中出现阳极溶解不正常时，镀液中会出现二价锡离子，导致形成灰暗甚至海绵状的沉积层。双氧水的加入是一种应急的办法，可使溶液中的二价锡氧化成四价锡，少量的双氧水在镀液中很快分解不会永久残留，双氧水的加入量视二价锡的多少而定，一般加入量为 $1 \sim 2mL/L$。加入少量（如 $0.2g/L$）的过硼酸钠，也可以氧化二价锡。

5. 阴极电流密度

阴极电流密度的高低取决于镀液的温度、锡酸盐的浓度、游离碱的含量和所选的阳离子（Na^+ 和 K^+）的性质。提高阴极电流密度可相应提高沉积速度，但阴极电流密度过高时，阴极电流效率显著下降，而且镀层粗糙、多孔及色泽发暗。阴极电流密度过低时，影响沉积速度。

6. 温度

碱性锡溶液的操作温度一般在 $60 \sim 90℃$ 范围，钾盐体系较钠盐体系可高些。提高温度能使阳极和阴极电流效率增加，并得到较好的镀层。温度过高，能源消耗大，镀液损耗多。同时阳极也不易保持金黄色膜，会产生二价锡影响镀层质量和镀液稳定性。温度降低时必须相应降低阴极电流密度，温度降低阳极正常溶解受影响，阴极电流效率及沉积速度都会下降。

9.2.3 碱性镀锡的电极反应

1. 阴极反应

碱性镀锡液中锡以$[Sn(OH)_6]^{2-}$形态存在，同所有的电极反应相似，锡的阴极还原主要是络离子在阴极上还原：

$$[Sn(OH)_6]^{2-}+4e\longrightarrow Sn+6OH^-$$

若镀液中有二价锡离子存在，它与氢氧化钠作用生成的$[Sn(OH)_4]^{2-}$较$[Sn(OH)_6]^{2-}$容易还原析出，使镀层质量恶化，故防止二价锡的干扰是获得正常镀层的关键。

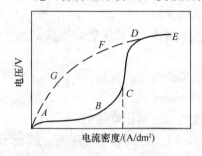

图 9-1 碱性镀锡液中锡阳极特性曲线

尽管锡的析出电位（$-0.9V$）比氢的析出电位（$-1.06V$）正，但氢离子的还原依然存在，故碱性镀锡的阴极电流效率在 $60\%\sim85\%$ 之间，钾盐镀液高于钠盐镀液。

2. 阳极反应

碱性镀液的主要故障是阳极不正常溶解而产生二价锡所致，故必须掌握阳极溶解特性。图 9-1 显示了锡阳极行为特征，此极化曲线反映了阳极各阶段的反应：由 A 点开始电流密度沿 AB 线增加，电位也慢慢升高。此时阳极以亚锡形态溶解：

$$Sn+4OH^--2e\longrightarrow[Sn(OH)_4]^{2-}$$

阳极表面呈灰色，在此范围内电镀层是疏松、粗糙、多孔的灰暗层或海绵层。

当电流密度达到 C 点时，电位突然沿 CD 线上升，这一现象很容易从电压表上观察到，阳极上形成了黄绿色膜并以正常的锡酸盐形式溶解：

$$Sn+6OH^--4e\longrightarrow[Sn(OH)_6]^{2-}$$

但是如果电流密度保持在 C 点或继续向 DE 方向增加，黄绿色膜逐渐转变为黑色使阳极变成不溶性的钝化状态，在阳极上大量析出氧气：

$$4OH^--4e\longrightarrow O_2\uparrow+2H_2O$$

尽管它不像形成亚锡酸盐那样产生严重的质量事故，但锡离子因得不到补充而使浓度下降，该膜如果太厚需用酸溶解除去。

到达曲线 D 点后，如降低电流密度，其曲线并不按原路返回，而是按 DF 虚线变化。阳极上的黄绿色膜仍保持着，锡以所希望的四价形态溶解，因此 DF 部分是合理的操作范围。如果电流密度再降低，曲线便沿 FG 移动，在 G 点附近，膜完全消失并再以二价锡形式进入镀液。根据上述特点，在操作时必须使阳极电流密度达到阳极致钝电流密度 C 并过 D 点，然后再降低电流密度到 DF 部分，使阳极保持金黄色膜，使阳极溶解下来的是四价锡，这是操作中的关键。C 点的电流密度值取决于镀液的组成和温度。一般而言，增加游离碱和提高温度，能使曲线向右移动，即可使用更大的电流密度，降低游离碱和温度则相反，在规范中最佳阳极电流密度范围为 $2.5\sim3.5A/dm^2$，镀液中的锡含量、碳酸盐、有无醋酸盐等都对此几乎无影响。

9.2.4 操作时的控制

锡酸盐对外来杂质不敏感，镀液中没有添加剂，生产中的故障主要来源于二价锡离子的有害影响。二价锡的含量超过 0.1g/L 就会明显地影响镀层质量。在生产中可采取下列方法防止产生二价锡：

（1）每当第一件零件入槽时，应先打开电源，把零件挂在阴极导电棒上，按阴阳极面积立即挂入阳极（1.5∶1～2.5∶1），必须注意不能先挂阳极，因为不通电或阳极电流密度小时阳极以二价锡形态溶解，阳极电流密度保持在 3～3.5A/dm^2，使阳极呈黄绿色，阳极表面出现黄绿色，说明锡阳极以四价锡形态正常溶解。

零件出槽时，取出一挂，应立即补充另一挂具的零件，交替进行，操作时不降低电流密度，更不能断电。

当要结束最后一槽时，应先取出部分锡阳极，然后再相应地取出零件，逐步地降低电流，直到完全取出零件后再切断电源。

（2）阳极与导电棒一定要接触良好。

（3）阳极出现黑色时，应立即取出用盐酸浸蚀后刷净黑膜再使用。镀液补充消耗水时，为防止锡盐酸水解，应加带碱性的水。

在生产中可采用下述方法来鉴别二价锡的情况：

（1）阳极周围缺少泡沫时意味着二价锡开始形成。

（2）阳极成膜时槽电压一般在 4V 以上，如果槽电压低于 4V，表明阳极上没有形成黄绿色钝化膜或已形成的钝化膜又溶解了。

（3）镀液颜色呈异常的灰白色或暗黑色，这是亚锡酸盐水解、胶状氢氧化亚锡开始沉淀引起的。正常的镀液应呈无色到草黄色，镀液中存在的二价锡可加入少量双氧水使其氧化。

碱性镀锡液很稳定，只要控制好游离碱及防止二价锡的产生，一般不会出现故障。

9.3 硫酸盐光亮镀锡

以酸性亚锡盐为基础的电解液，不仅用于一般制品的镀锡，而且也适合容器及其他工业用板材、带材、线材的连续快速电镀，故其产量远大于碱性镀锡。目前工业上酸性镀锡液主要采用氟硼酸盐镀液、氯化物-氟化物镀液及硫酸盐镀液三种类型。

氟硼酸盐镀液可采用很高的电流密度，镀层细致，可焊性好，用于钢板、带材及线材的连续快速电镀，但由于 BF_4^- 的污染，所以应用不多。

氯化物-氟化物镀液连续生产率高达 300～600m/min，30 年前在国外主要用于板材的高速电镀。由于氯离子的腐蚀及氟离子对环境污染的问题，故未得到广泛应用。

以硫酸亚锡和硫酸为基础的镀液目前应用最广泛，镀液所用的化工原料便宜并能获得良好的镀层，根据添加剂的差异可得到无光及光亮镀层。本节主要介绍硫酸盐镀液。

9.3.1 镀液成分及工艺条件

硫酸盐镀锡主要成分为硫酸亚锡和硫酸，但随着所采用的添加剂不同，目前在生产中出现了各种配方。表 9-2 所列为部分硫酸盐镀锡的配方及工艺条件。

表 9-2　普通无光镀锡和光亮镀锡液成分和工艺条件

成分及工艺条件	1	2	3	4	5
硫酸亚锡($SnSO_4$)/(g/L)	40~55	60~100	45~60	40~70	50~60
硫酸(H_2SO_4)/(mL/L)	60~80	40~70	80~120	1470~1700	75~90
β-萘酚/(g/L)	0.3~1.0	0.5~1.5	—	—	—
明胶/(g/L)	1~3	1~3	—	—	—
酚磺酸/(mL/L)	—	—	60~80	—	—
甲醛(HCHO,40%)/(mL/L)	—	—	4.0~8.0	—	—
OP$_{21}$乳化剂/(mL/L)	—	—	6.0~10	—	—
组合添加剂/(mL/L)	—	—	4.0~20	—	—
SS-820/(mL/L)(配槽用)	—	—	—	15~30	—
SS-821/(mL/L)(补充用)	—	—	—	0.5~1	—
SNu-2AC/(mL/L)(配槽用)	—	—	—	—	15~20
SNu-2BC/(mL/L)(稳定剂)	—	—	—	—	20~30
温度/℃	15~30	20~30	10~20	10~30	5~45
j_k/(A/dm²)	0.3~0.8	1~4	3~8	1~4	1~4
搅拌方式	—	阴极移动	阴极移动	阴极移动	阴极移动

镀液配制时，β-萘酚要用 5~10 倍乙醇或正丁醇溶解，明胶要用适量热水浸泡溶解，将两者混合后，在搅拌条件下加入镀液中。

9.3.2　酸性镀锡液添加剂的选择

目前还有许多工厂仍使用的典型无光泽酸性镀锡液是以明胶、β-萘酚、甲酚磺酸为添加剂，其镀层细致、可焊性好，但要成为光亮镀锡层需要"重熔"处理。

光亮镀锡中的关键是寻找合适的光亮剂。从 20 世纪 20 年代起就有了广泛的探索，直到 1957 年英国锡研究会采用木焦油作为光亮剂，为光亮镀锡工业化奠定了基础。1963 年日本学者土肥信康公布了醛胺系光亮镀锡添加剂制备方法，并指出了载体光亮剂的影响，认为聚氧乙烯壬基酚醚是最有效的。1967~1979 年的十多年内，大量专利提出用酮类、芳香醛类、羟酸类和苄叉丙酮、肉桂醛、苯甲酸、烷基取代萘醛、枯茗醛、羧酯胺和羧酸酯作为光亮剂。近年来，镀锡光亮剂的研究非常活跃，性能优异的添加剂不断涌现，我国电镀工作者在这方面的研究也取得了较大的进展。目前国内所采用的镀锡光亮剂都是集中添加剂复配而成的。

镀锡光亮剂可分为主光亮剂、载体光亮剂和辅助光亮剂三部分。

(1) 主光亮剂。较常用的是芳香醛、不饱和酮以及胺等。如 1,3,5-三甲氧基本甲醛，O-氯苯甲醛、苯甲醛、O-氯代苯乙酮、苯甲酰丙酮等。尽管文献中提出的光亮剂名目繁多，但其主要基本结构单元为：

$$R_1-\overset{\boxed{H}}{\underset{}{C}}-\overset{\boxed{H}}{\underset{}{C}}-\overset{\boxed{O}}{\underset{}{C}}-R_2 \qquad R_1-\overset{\boxed{R_3}}{\underset{}{C}}=\overset{\boxed{R_4}}{\underset{}{C}}-\overset{\boxed{O}}{\underset{}{C}}-R_2$$

只要方框内的结构保持不变，方框外的取代基 R_1、R_2 可以千变万化，所生成的有机化合物都有增光作用。此外还有结构通式为：

$$R_1-CH=\overset{R_2}{\underset{}{C}}-R_3 \quad 或 \quad \text{（环结构）}\overset{X}{\underset{X}{}}$$

的有机物作为光亮剂（式中 X 代表 R 基）。主光亮剂大多不溶于水。

（2）辅助光亮剂。实际证明单独使用主光亮剂不能获得良好镀层，要与辅助光亮剂一起协同作用使晶粒细化，扩大光亮区。这些添加剂是脂肪醛和不饱和羟基化合物如甲醛、苄叉丙酮等。

（3）载体光亮剂。由于大多数主光亮剂和部分辅助光亮剂不溶于水，在电镀过程中因发生氧化、聚合等反应易从溶液中析出，所以需用载体光亮剂增溶，同时它还有润湿和细化晶粒的功能。属于载体光亮剂的是非离子型表面活性剂，如 OP 类及平平加类，载体光亮剂又可称载体或分散剂。

酸性镀锡工艺中另一关键问题，就是镀液易混浊，如果镀液中不加稳定剂，新配的镀液很容易发生混浊现象，难以镀出合格产品，该混浊物呈胶态状难以除去，也无法回收利用，导致锡盐浪费。混浊物来自两个方面，其一是亚锡氧化和水解：

$$Sn^{2+}-2e \longrightarrow Sn^{4+}$$
$$Sn^{4+}+4H_2O \longrightarrow Sn(OH)_4+4H^+$$

其二是光亮剂的析出和分解，在镀液温度高于非离子表面活性剂的浊点温度时，它与增溶的光亮剂一起从镀液中析出。后一问题选择浊点高的非离子表面活性剂就可以解决，而因亚锡氧化产生水解问题，必须寻找有效的稳定剂。酸性镀锡的稳定剂可选用合适的络合剂、抗氧化剂、还原剂以及它们相互组合的复配品。目前研究光亮剂者众多，而研究稳定剂者较少，这方面应予以重视。

9.3.3 镀液中各成分作用及工艺条件的影响

1. 各成分的作用

（1）硫酸亚锡。主盐，在允许范围内如采用上限可提高阴极电流密度，加快沉积速度；但浓度过高，分散能力下降，镀层色泽变暗，结晶粗糙，光亮区缩小。采用滚镀可用较低浓度，浓度太低允许电流密度减小，生产效率低，镀层易烧焦。

（2）硫酸。具有防止亚锡水解，降低亚锡离子活度，提高镀液导电性能，提高阳极电流效率的作用。当硫酸不足时，亚锡离子易氧化为四价锡，发生如下水解反应：

$$SnSO_4+2H_2O \longrightarrow Sn(OH)_2\downarrow+H_2SO_4$$
$$Sn(SO_4)_2+4H_2O \longrightarrow Sn(OH)_4\downarrow+H_2SO_4$$

从化学动力学的观点分析可知，当有足够硫酸时可减缓二价锡和四价锡的水解。

（3）β-萘酚。提高阴极极化、细化结晶、减少孔隙。由于这类添加剂是憎水的，含量过高时会使明胶凝结析出，镀层会产生条纹。

（4）明胶。其主要作用是提高阴极极化、细化晶粒、提高镀液的分散能力；与β-萘酚配合发挥协同效应，使镀层光滑细致。明胶过高会降低镀层的韧性及可焊性，如镀锡层要确保可焊性则不应采用明胶，即使普通无光亮镀锡液，明胶的加入量也要严加控制。

（5）光亮剂。各类光亮剂在镀液中能提高阴极极化，使镀层结晶细致光亮。光亮锡镀层比普通锡镀层稍硬，但只要光亮剂在溶液中合适，所获得的锡镀层仍可保持足够的延性，其可焊性和耐腐蚀性良好。但光亮剂过多时，镀层发脆、脱落，严重影响结合力和可焊性。光亮剂不足时，镀层不能镜面光亮。目前，光亮剂的定量分析还有困难，主要凭梯形槽试验及经验来调整。

2. 工艺条件的影响

（1）阴极电流密度。在允许范围内阴极电流密度随主盐浓度、温度和搅拌情况而变化，通常光亮电镀锡可在$1\sim4A/dm^2$变化。电流密度过高，镀层疏松、粗糙、多孔、边缘易烧焦，还可能出现脆性。电流密度过低得不到光亮镀层且使沉积速度降低而影响生产效率。

（2）温度。普通无光亮镀锡一般在室温下工作，光亮镀锡最好在$10\sim20℃$下使用，因为亚锡氧化和光亮剂的消耗均与温度有关。温度过高，二价锡氧化速度加快，混浊和沉淀增多，镀层粗糙；光亮剂消耗亦随温度升高而加快；光亮区变窄，镀层均匀性差，严重时变暗，花斑和可焊性降低。温度过低，工作电流范围小，镀层烧焦。镀液降温耗能大，加入性能良好的稳定剂可提高使用温度的上限。

（3）搅拌。光亮镀锡采用阴极移动，易于镀取镜面光亮镀层，提高生产效率，为防止亚锡氧化，禁止用空气搅拌。

（4）阳极。酸性镀锡采用99.9％以上的高纯锡，纯度低的阳极易钝化。为防止阳极泥渣影响镀层质量，可用耐酸的阳极袋。

硫酸亚锡溶液中的二价锡由于与空气中的氧接触或阳极钝化，不可避免要被氧化成四价锡，四价锡的积累会促使镀液混浊，沉渣增加，阴极电流效率下降，镀层粗糙，四价锡过多时可以过滤除去。有机添加剂在电镀中，由于本身的分解和氧化而成为有机杂质，镀液会变黄，颜色越来越深。有机杂质过多镀液黏度明显增加，镀液难以过滤。镀层结晶粗糙发脆，出现条纹或针孔等。有机杂质可用1％～3％的活性炭除去，处理时需将镀液加热至40℃左右，并充分搅拌待完全静止后过滤。锡盐的水解产物是松散胶态状，难以过滤，此时可加入聚乙烯酰胺等絮凝剂，使水解物凝聚就可以过滤除去。

光亮镀锡对NH_4^+、Zn^{2+}、Ni^{2+}、Cd^{2+}等杂质不敏感，而对Cl^-、NO_3^-、Cu^{2+}、Fe^{2+}等有明显影响，要注意防止。

钢铁零件镀锡后需要焊接时要先镀铜（约$3\mu m$）以加强结合力，铜及铜合金镀锡要带电下槽，黄铜直接镀锡时由于合金中锌的影响会出现斑点或使镀层变暗，故应先镀铜及镍。

复习思考题

1. 镀锡溶液有哪几类？各有何优缺点？
2. 在碱性镀锡液中怎样防止二价锡离子产生？举例说明。

3. 在碱性镀锡液中阳极过程产生哪些反应？

4. 酸性镀锡液中添加剂由哪些成分组成？

5. 酸性镀锡液不稳定是由哪些因素造成的？采取何种措施可以得到改善？

6. 镀锡层适合于何种场合？

10　镀银和镀金

10.1　镀　银

银是一种银白色、可锻、可塑及有反光能力的贵金属，它的原子量为 107.87，密度为 $10.5g/cm^3$，熔点为 960.8℃，硬度低于铜，高于金，为 60～140Hv，电导率在 25℃时为 $63.3×10^6Ω^{-1} \cdot cm^{-1}$，是良好的导体，焊接性能好，所以镀银广泛用于电器、电子、通信设备和仪器仪表制造等工业。

银具有较高的化学稳定性，与水和大气中的氧不起作用，但易溶于稀硝酸和热的浓硫酸。在含有卤化物、硫化物的空气中，银表面很快变色，破坏其外观和反光性能，并改变导电和钎焊等性能。

银的标准电位 $\varphi^0_{Ag^+/Ag}$＝＋0.799V，相对于常用金属，为阴极性镀层，一价银的电化当量为 $4.025g/A \cdot h$，由于银价格昂贵，又是阴极性镀层，一般不作为常用金属的防护镀层。但是由于银的化学稳定性高，在化学工业中也被用于某些特殊腐蚀介质中的防护性镀层。另外，银具有美丽的银白色光泽，在家庭用具、餐具及各种工艺品中，也用镀银层作为装饰镀层。

镀银溶液有氰化物、微氰和无氰镀银几类，目前生产上已应用的有氰化镀银、硫代硫酸盐镀银、亚胺基二磺酸胺盐镀银等，其中工业生产中大量采用氰化镀银溶液。

10.1.1　镀银预处理

镀银的制件一般是铜和铜合金，当钢铁件镀银时应先镀一层铜底层。上述欲镀银的零件与镀银溶液接触后，由于银的电位比铜正，将发生铜置换银的反应，于是被镀零件表面生成一层疏松的银层，在这种置换银层上继续电镀，所得的镀银层与基体的结合力不好。目前生产上采用以下三种方法，解决镀银层与铜基体结合力的问题。

1. 预镀银

预镀银是指在镀银之前在零件表面镀上一层很薄而结合力好的银层，然后再电镀银，这样就不会有置换银层产生了。预镀银要用高浓度的络合剂、低浓度的银盐电解液，操作时要带电下槽，使被镀零件表面在极短时间内生成一层致密的结合力好的银层。预镀银溶液成分及工艺条件见表 10-1。表 10-1 配方 1 适用于有色金属件，如铜及铜合金、镍及镍合金等；配方 2 适用于钢铁件，需经两次预镀。

表 10-1　预镀银溶液成分及工艺条件

成分及工艺条件	1	2	
		第一次	第二次
氰化银（AgCN）/(g/L)	1～2	1～2	1～2

成分及工艺条件	1	2	
		第一次	第二次
氰化铜($CuCN$)/(g/L)	—	8~11	—
氰化钾(KCN)/(g/L)	60~120	60~75	60~120
温度/℃	室温	20~30	室温
j_k/(A/dm²)	2~3	1.5~2.5	2~3
时间/s	5~10	5~10	5~10

2. 浸银

浸银是指镀件浸入含低浓度银盐和高浓度络合剂的溶液中，沉积上一层致密且结合力好的银层。常用的浸银工艺列于表 10-2 中。浸银的时间不能过长，并必须加强清洗，严防浸银液带入镀银槽而污染镀银液。

表 10-2　浸银处理配方及工艺条件

成分及工艺条件	1	2
硝酸银($AgNO_3$)/(g/L)	15~20	—
金属银(以 Ag_2SO_3 形式加入)/(g/L)	—	0.5~0.6
硫脲[$CS(NH_2)_2$]/(g/L)	200~220	—
亚硫酸钠(Na_2SO_3)/(g/L)	100~200	—
pH 值	4	—
温度/℃	15~30	15~30
时间/s	60~120	3~10

3. 汞齐化

将铜或铜合金零件浸入含有汞盐及络合剂溶液中，使其表面生成一层薄而致密、覆盖能力好的铜汞齐层，其电极电位比银正，镀银时防止了置换镀层的产生。汞齐化既可采用氰化物溶液，又可采用酸性溶液。见表 10-3。

表 10-3　汞齐化处理成分及工艺条件

成分及工艺条件	1	2	3
氧化汞(HgO)/(g/L)	5~10	—	—
氯化汞($HgCl_2$)/(g/L)	—	100	6~7
氰化钾(KCN)/(g/L)	50~100	—	—
氯化铵(NH_4Cl)/(g/L)	—	—	4~6
盐酸(HCl)/(g/L)	—	120	—
温度/℃	室温	室温	室温
时间/s	3~5	3~5	3~5

汞齐化过程中，汞原子会沿基体金属晶格的外缘进入晶格内部，使金属晶格力松溃，产生脆性，因此特殊产品必须谨慎使用。同时汞的毒性大，会造成公害，所以常用浸银或

预镀银代替。

10.1.2 氰化物镀银

氰化银溶液主要由银氰络盐和游离氰化物组成，它稳定可靠，电流效率高，有良好的分散能力和覆盖能力，镀层结晶细致有光泽。缺点是含剧毒的氰化物污染环境、危害生产者健康，因此必须妥善治理排放的废水和有良好的通风设备。

1. 镀液成分及工艺条件

氰化镀银溶液成分及工艺条件见表10-4。

表10-4　氰化镀银溶液成分及工艺条件

成分及工艺条件	1	2	3
氰化银($AgCl$)/(g/L)	35~40	30~40	—
硝酸银($AgNO_3$)/(g/L)	—	—	70~90
氰化钾($KCN_{总}$)/(g/L)	65~80	45~80	100~125
氰化钾($KCN_{游离}$)/(g/L)	35~45	30~55	45~75
碳酸钾(K_2CO_3)/(g/L)	—	18~50	—
硝酸钾(KNO_3)/(g/L)	—	—	70~90
混合光亮剂/(mL/L)	—	5~10	5~10
氨水(NH_4OH)/(g/L)	—	0.5	—
温度/℃	10~35	10~35	10~43
j_k/(A/dm²)	0.1~0.5	0.3~0.8	1~3.6

注：配方1为一般镀银；配方2为光亮镀银；配方3为快速光亮镀银。

2. 络合平衡和电极反应

氰化镀银的主要成分是银氰络盐和一定量的游离氰化物，银氰络盐由银的单盐与氰化物作用络合而成，根据氰化物含量不同，银与氰化物络合可形成$[Ag(CN)_2]^-$、$[Ag(CN)_3]^{2-}$、$[Ag(CN)_4]^{3-}$三种络离子，在氰化镀液中根据CN^-的含量，以配位数为2的$[Ag(CN)_2]^-$形式为主，并有以下络合平衡：

$$AgCl + 2KCN \longrightarrow K[Ag(CN)_2] + KCl$$

$$K[Ag(CN)_2] \Longleftrightarrow K^+ + [Ag(CN)_2]^-$$

$$[Ag(CN)_2]^- \Longleftrightarrow Ag^+ + 2CN^-$$

由于$[Ag(CN)_2]^-$的不稳定常数很小，$K_{不稳} = 8 \times 10^{-22}$，镀液中游离的银离子（$Ag^+$）浓度极小。因此，在氰化银溶液中，阴极反应主要是银氰络阴离子在阴极上直接放电还原，而不是简单的银离子放电还原。

阴极反应：

$$[Ag(CN)_2]^- + e \longrightarrow Ag + 2CN^-$$

此外，还有析出氢气的副反应：

$$2H_2O + 2e \longrightarrow H_2 \uparrow + 2OH^-$$

阳极反应采用可溶性银阳极，其反应为：

$$Ag - e \longrightarrow Ag^+$$

$$Ag+2CN^- \longrightarrow [Ag(CN)_2]^-$$

若阳极钝化时，则有氧气析出：

$$4OH^- -4e \longrightarrow O_2 \uparrow +2H_2O$$

3. 镀液中各成分的作用

（1）银盐。银盐是镀银溶液中的主要成分，它可以是氯化银，也可以以硝酸银的形式加入。提高溶液中银盐的含量，则可允许使用较高的电流密度，提高沉积速度，因此，快速镀银应采用较高浓度的银盐。适当降低银盐浓度，而游离氰化钾含量又较高时，可改善电解液的分散能力。

（2）氰化钾。镀液中的主络合剂。其在电解液中的含量是指游离量。提高氰化钾的游离量，可使络离子更稳定，镀层结晶细致，电解液的分散能力及覆盖能力好，阳极溶解正常，但氰化钾的游离量过高，将会使阴极电流效率下降。含量太低时则镀层不稳定，阳极易钝化。

（3）碳酸钾和硝酸钾。这两种盐都是强电解质，可以提高电解液的电导率，改善电解液的分散能力。

（4）光亮剂。在一般氰化镀银液中不加光亮剂得到的镀层是银白色的，为了获得光亮或半光亮镀银层，需要在镀液中添加适量的光亮剂，光亮剂一般含有硫，大致有 5 种：① 二硫化碳；② 二硫化碳衍生物；③ 无机硫化物（如硫代硫酸盐等）；④ 有机硫化物（如硫醇等）；⑤ 金属化合物（如锑、硒、碲等）。光亮剂的作用是增大镀液的阴极极化，使镀银结晶细致，定向排列而有光泽。但用量太多会使镀层产生脆性。

4. 工艺条件的影响

（1）阴极电流密度。镀银的阴极电流密度比较小，一般小于 $1A/dm^2$，但是镀液中银的含量、络合比值及温度的高低、添加剂的性质及含量等对电流密度的使用范围都有影响。在一定的工艺条件下提高电流密度，镀层结晶细致，但略带脆性。电流密度过高时，镀层粗糙甚至呈海绵状。当电流密度过低时，沉积速度下降，影响光亮镀银的光亮度。

（2）温度。提高镀液温度可以改善镀液电导率，提高允许电流密度的上限。但是温度过高，会加速氰化钾的分解，使镀液不稳定，因此，氰化物镀银宜在室温下操作。但是快速镀银则要求较高的操作温度。

（3）搅拌。能提高阴极电流密度，扩大温度范围，加快沉积速度，降低浓差极化，使镀液中各成分均匀分布。

（4）阳极。镀银时一般采用可溶性银阳极，其最低纯度为 99.95%。为了防止阳极钝化，保证阳极正常溶解，阳极与阴极面积比（$S_A : S_k$）不低于 1:1。为了控制镀液中银的含量的增加，除采用纯银阳极外，还可按比例采用镍、不锈钢制成的阳极和银阳极联合使用。

5. 镀液中杂质影响及排除

（1）铁。少量存在可引起镀层出现锈迹，可用化学沉淀法去除。用双氧水将二价铁氧化成三价铁，调整 pH 值为 5～6，升温至 60～70℃，搅拌 2h，使铁杂质生成氢氧化铁沉淀过滤除去。

（2）铅。使镀层整平性差，用低电流密度电解去除。

（3）铜。浓度大于 7g/L 时，会引起镀层发黑变暗，用低电流密度电解去除。

（4）镍。大量存在时可使镀层过分变硬，用低电流密度电解去除。

（5）氯根。含量高时使镀层发花呈彩虹色，用大电流密度电解去除。

（6）有机杂质。有使镀层表面变暗、产生条纹等缺点，用活性炭吸附处理经搅拌静置过滤除去。

10.1.3 硫代硫酸盐镀银

目前无氰镀银工艺处于试验摸索状态，其中有些已用于生产。按使用的络合剂可分为两类：一类是无机络合剂镀液如硫代硫酸盐型、亚硫酸盐型、硫氰酸盐型、焦磷酸盐型等；另一类是有机络合剂镀液如磺基水杨酸型、咪唑型、烟酸型。此外还有低氰的亚铁氰化钾型。下面以硫代硫酸盐镀银为例做简单介绍。

硫代硫酸盐镀银，采用硫代硫酸钠或硫代硫酸铵为络合剂，在镀液中银与硫代硫酸盐形成的络离子主要形式有：$[Ag(S_2O_3)]^-$（$K_{不稳}=1.5\times10^{-9}$）和$[Ag(S_2O_3)]^{3-}$（$K_{不稳}=3.5\times10^{-14}$）。

1. 镀液成分及工艺条件

硫代硫酸盐镀银溶液成分及工艺条件见表 10-5。

表 10-5　硫代硫酸盐镀银溶液成分及工艺条件

成分及工艺条件	1	2	3	4
硝酸银（$AgNO_3$）/（g/L）	40～45	35～45	40～50	—
溴化银（AgBr）/（g/L）	—	—	—	45～50
硫代硫酸铵$[(NH_4)_2S_2O_3]$/（g/L）	—	250～315	200～250	230～260
硫代硫酸钠（$Na_2S_2O_3 \cdot 5H_2O$）/（g/L）	200～250	—	—	—
焦亚硫酸钾（$K_2S_2O_5$）/（g/L）	40～45	35～45	40～50	—
醋酸铵（CH_3COONH_4）/（g/L）	20～30	—	—	20～30
硫代氨基脲（CH_5N_3S）/（g/L）	0.6～0.8	—	—	0.5～0.8
无水亚硫酸钠（Na_2SO_3）/（g/L）	—	—	—	70～80
SL-80/（mL/L）	—	—	8～12	—
辅助剂/（g/L）	—	—	0.3～0.5	—
pH 值	5～6	5～6	5～6	5～6
温度/℃	室温	室温	室温	15～35
j_k/（A/dm²）	0.1～0.3	0.1～0.3	0.3～0.8	0.1～0.3
S_A/S_k	2:1	2～3:1	2～3:1	2～3:1

注：配方 1、2、4 均适用于挂镀；配方 3 适用于光亮镀银。

2. 镀液中各成分的作用

（1）硝酸银、溴化银。提供阴离子。增加含量能迅速提高阴极电流密度的上限，沉积速度加快。过高的含量会使镀层结晶粗糙，阳极易钝化，溶液不稳定。含量太低时，阴极电流密度下降，沉积速度减慢。一般银含量以 40～50g/L 为宜。

（2）硫代硫酸盐。镀液中的络合剂，与银离子络合成硫代硫酸根络离子，提高阴极极化，可改善镀液性能和镀层质量。硫代硫酸盐含量对阴极极化无明显影响，含量主要由镀液的稳定性因素来决定，在酸性条件下，硫代硫酸根离子不稳定会出现分解出硫（$S_2O_3^{2-}$ $+H^+\longrightarrow HSO_3^-+S$），其含量在 $200\sim250g/L$ 时，镀液稳定性好。

（3）亚硫酸钠。镀液中的稳定剂和辅助络合剂。在酸性条件下亚硫酸根离子会形成亚硫酸氢根（$SO_3^{2-}+H^+\longrightarrow HSO_3^-$），由于同离子效应而抑制了硫代硫酸根的分解，稳定了镀液。此外，亚硫酸根也能和银络合，提高镀液的稳定性。亚硫酸钠含量在 $70\sim80g/L$ 比较适宜，过低镀液不稳定，阴极电流密度小；过高镀层会出现条纹。

（4）焦亚硫酸盐。镀液中的稳定剂，起到与亚硫酸钠同样的作用。

（5）添加剂。镀液中的缓冲剂、表面活性剂、光亮剂等；

醋酸和醋酸铵：醋酸调整 pH 值时加入，它与醋酸铵形成缓冲液，保持镀液的 pH 值在 $5\sim6$ 之间，醋酸还可以减小镀层的脆性。

硫代氨基脲：是表面活性剂，可以使镀层结晶细致，促进阳极溶解，不产生黑色钝化膜，含量在 $0.5\sim0.8g/L$ 范围内较好。

SL-80 和辅助剂：是镀银光亮剂，应严格控制使用量。

3. 工艺条件的影响

（1）pH 值。一般控制在 $5\sim6$ 之间，如 pH$>$7 时，则：

$$NH_4^++OH^-\longrightarrow NH_3\uparrow+H_2O$$
$$2Ag^++2OH^-\longrightarrow Ag_2O\downarrow+H_2O$$

造成镀液中产生黑色氧化银沉淀。

如 pH$<$4 时，则

$$(NH_4)_2S_2O_3\rightleftharpoons 2NH_4^++S_2O_3^{2-}$$
$$S_2O_3^{2-}+2H^+\rightleftharpoons H_2S_2O_3$$
$$H_2S_2O_3\longrightarrow H_2SO_3+S\downarrow$$

造成络合剂分解，镀液不稳定。

亚硫酸盐在强酸条件下，也不稳定。

$$SO_3^{2-}+2H^+\rightleftharpoons H_2SO_3$$
$$H_2SO_3\longrightarrow SO_2\uparrow+H_2O$$

（2）温度。镀液温度控制在 $25\sim30℃$ 为宜，温度过高镀液易挥发；温度过低，阴极电流密度下降，沉积速度慢且镀层粗糙。

（3）阴极电流密度。控制 $j_k=0.1\sim0.3A/dm^2$ 能得到较好的镀层，大于 $0.4A/dm^2$ 时镀层粗糙呈黑灰色，若电流密度太大，则对镀液有破坏作用，在阴极周围出现黑色沉淀物。

10.1.4 防止银镀层变色的措施

银镀层最大的缺点是易与大气中的硫化物作用，生成黄色、褐色甚至黑色膜。特别是在工业空气中，与含硫的橡胶、胶木、油漆等物质接触的状态下，或在高温高湿的条件下，变色程度就更迅速更严重。变色不仅影响银镀层外观质量和反光性能，更主要的是降低其导电性和钎焊性，从而影响产品质量。因此，防止银镀层变色是一个亟待解决的问题。关于防止银镀层变色的措施和方法，国外曾进行过大量研究，已部分用于生产，但还不够理想，无论采用哪一种防银变色工艺，都必须达到如下要求：

（1）具有一定的抗变色能力；

（2）可以焊接；

（3）具有较低的接触电阻；

（4）具有银的本色，外观颜色保持不变或只有微变。

镀银层防变色工艺有下列 6 种：

1. 化学钝化

用化学方法使镀层表面生成一层钝化膜，以防止银层遇硫化物发生作用。具体工艺一般分为四步：

（1）成膜银层首先在下述溶液中生成一层疏松的黄膜，由 $AgCl$、Ag_2CrO_4 和 $Ag_2Cr_2O_7$ 组成。

溶液组成：铬酐（CrO_3）80～100g/L，氯化钠（$NaCl$）12～15g/L；室温下浸约 15s。

（2）去膜用浓氨水将黄膜溶解，则银层金属晶格露出来，使银层细致而有光泽，致薄膜去尽为止。

（3）浸酸为使镀层更加光亮，可在 5%～10% 的盐酸中浸 10～15s。

（4）化学钝化使镀层在下述溶液中形成一层由 $Cr_2(CrO_4)_3$、Ag_2CrO_4、$Ag_2Cr_2O_7$ 组成的钝化膜。

溶液组成：重铬酸钾（$K_2Cr_2O_7$）10～15g/L，硝酸（HNO_3）10～15g/L；室温下浸 10～30s。

经化学钝化后的银层要损失 2～3μm，并且钝化液污染环境。

2. 电解钝化

采用阴极电解钝化方法，能使银镀层表面生成碱性铬酸盐钝化膜。这层膜的氧化还原电位较正，抗硫性能较好。它的处理过程为：铬酸成膜→氨水去膜→浸酸→电解钝化。电解钝化的主要成分是重铬酸钾、氢氧化铝、硝酸钾、碳酸钠。这种方法也存在污染环境和损耗银的缺点。

3. 阴极电泳

利用电泳作用，在银层表面上镀上一层细致薄膜，而且具有抗硫性，能防止银层变色，例如电泳氢氧化铍和氢氧化铝。这种方法存在污染环境和影响焊接性能等缺点。

4. 镀贵金属或合金

银镀层上再镀一层薄的铑、钯、铂、金及其合金（包括银基合金 Ag-Ni、Ag-Cu 等），它具有很高的化学稳定性，防变色能力好，而且有良好的导电焊接及反射性能。但成本高，工艺控制较难，一般只应用于要求高稳定性、耐磨性的精密件。

5. 浸有机膜

在经过浸亮处理的银镀层上覆盖一薄层透明的有机材料保护膜，使银层与空气隔离，防止银镀层变色。其优点是抗腐蚀能力强，成本低，操作方便。缺点是使镀层的接触电阻稍有增加，对于电性能要求较高的零件不宜采用。

6. 表面络合物钝化

在含有一定组成的有机物钝化液中浸渍一定时间，由于这些有机化合物是含硫、氮活性基团的直链或杂环化合物，如苯骈三氮唑、苯骈四氮唑、2-硫基苯骈噻唑、TX 防银变色剂等，有机物与银镀层表面生成一层非常薄的中性难溶聚合络合物，形成保护膜作用。这种方法的抗潮湿、抗硫性能比铬酸盐钝化膜好，但抗大气光照的效果要差一些。

10.1.5 不合格银层的退除和银的回收

1. 银镀层的退除

（1）化学法。化学法退镀溶液组成及操作条件如下：

浓硫酸（H_2SO_4）19 份，浓硝酸（HNO_3）1 份，温度 25～40℃，时间退尽为止。

操作时需经常翻动零件，使镀层均匀退除，严防水带入和对基体的过腐蚀。

（2）电解法。在 5%～10% 的氰化钾溶液中，镀件为阳极，不锈钢做阴极，阳极电流密度为 0.3～0.5A/dm²，退尽为止。

2. 银的回收

银是贵重金属，对于废液中的银应设法回收，回收方法如下：

（1）含氰废银的回收。在通风的条件下，往废液中缓慢加入过量的盐酸，使 Ag^+ 离子全部生成氯化银沉淀，静置溶液，把液体倾出，用清水洗净氯化银沉淀，即可再用。

（2）其他镀银废液中银的回收。用 20% 的氢氧化钠溶液调节废液的 pH 值为 8～9，加入硫化钠溶液，使之生成硫化银沉淀，除去各种酸银离子，过滤后将硫化银沉淀移至坩埚中，在 800～900℃下脱硫，直到全部变成金属银为止。出炉冷却按金属银 100g、硼砂 10g、氯化钠 5g 的配比将其调均，再灼烧为较纯的银。

10.2 镀 金

金是金黄色的贵金属，延展性好，易于抛光，密度为 19.3g/cm³，原子量为 196.67，熔点为 1063℃，原子价有一价和三价，标准电位 $\varphi^0_{Au^+/Au}=1.5V$，电化当量 Au^+ 7.36g/A·h，Au^{3+} 2.45g/A·h。由于金的标准电位比铁、铜、银及其合金更正，所以金是阴极性镀层。

金的化学稳定性很高，不溶于普通酸，只溶于王水：

$$Au+4HCl+HNO_3 \longrightarrow HAuCl_4+2H_2O+NO\uparrow$$

因而金镀层耐腐蚀性强，有良好的抗变色能力，同时，金合金镀层有很多种色调，故常用于名贵的装饰性镀层，如镀首饰、钟表零件、艺术品等，但由于金的价格昂贵，应受到限制。

金具有较低的接触电阻，导电性好，易于焊接、耐高温，并有一定的耐磨性（指硬金），因而广泛应用于精密仪器仪表、印刷版、集成电路、电子管壳、电接点等要求电参数性能长期稳定的零件的电镀。

目前，常用的镀金液有氰化物镀液、柠檬酸镀液和亚硫酸盐镀液。

10.2.1 氰化物镀金

1. 镀液成分及工艺条件

生产上用含氰化物镀金液有两类，一类是碱性氰化镀金液，以金的氰络盐和游离氰为主要成分，即一般的氰化镀金液。溶液具有较强的阴极极化作用，分散能力和覆盖能力好。镀层光亮细致，纯度较高，但有一定的孔隙度。为了提高镀层的耐磨性，尤其是用于装饰性镀层，可在镀液中加入适量的镍钴等重金属离子。氰化物有剧毒，不适于印刷版的电镀。镀液配方及工艺条件列于表 10-6。

表 10-6 碱性氰化物镀金溶液成分及工艺条件

成分及工艺条件	1	2	3
金[以 $KAu(CN)_2$ 形式加入]/(g/L)	4～5	5～20	4～5
氰化钾(KCN)/(g/L)	15～20	25～30	15～20
碳酸钾(K_2CO_3)/(g/L)	15	25～30	10
钴氰化钾[$K_2Co(CN)_4$]/(g/L)	—	—	12
磷酸氢二钾(K_2HPO_4)/(g/L)	—	25～35	—
pH 值	8～9	12	—
温度/℃	60～70	50～60	70
j_k/(A/dm^2)	0.05～0.1	0.1～0.5	2
阳极材料	金、铂	金、不锈钢	金
搅拌	阴极移动	阴极移动	—

另一类溶液中金是以氰化金钾的形式加入，但溶液中没有游离的氰，氰化物含量较少。根据溶液的 pH 值可将溶液称为酸性或中性镀金液。但这类溶液比较稳定，镀层的孔隙率较少，可焊性好。其中以柠檬酸为辅助络合剂的酸性镀液应用较多。溶液成分及工艺条件见表 10-7。

表 10-7 酸性和中性镀金溶液成分及工艺条件

成分及工艺条件	酸性	中性
金[以 $KAu(CN)_2$ 形式加入]/(g/L)	10～20	6
柠檬酸($C_6H_8O_7$)/(g/L)	30～35	—
柠檬酸钾($K_3C_6H_5O_7$)/(g/L)	30～70	—
磷酸二氢钠(NaH_2PO_4)/(g/L)	—	15
磷酸氢二钾(K_2HPO_4)/(g/L)	—	20
镍氰化钾[$K_2Ni(CN)_4$]/(g/L)	—	0.2
pH 值	4.5～5.5	6.5～7.5
温度/℃	35～50	—
j_k/(A/dm^2)	0.3～0.8	0.5
阳极材料	铂、不锈钢	金、不锈钢
搅拌	阴极移动	阴极移动

生产上用的氰化金钾一般用三氯化金来制备。市售的三氯化金（$AuCl_3 \cdot HCl \cdot 4H_2O$)含有盐酸，在使用前必须中和，否则会产生氰氢酸。将计量的三氯化金用少量蒸馏水溶解，搅拌下缓慢加入碳酸钾粉末（1g 三氯化金约用 1.1g 碳酸钾），直至不冒泡。然后在不断搅拌下缓缓加入氨水（1g 金约用 10mL 浓氨水），生成淡黄色沉淀即雷酸金：

$$AuCl_3 + 3NH_4OH \longrightarrow Au(OH)_3 \cdot (NH_3)_3 \downarrow + 3HCl$$

在不断搅拌下蒸发除氨，并不断加蒸馏水以防干燥，经过抽滤、冲洗，得到纯净的雷酸金。将雷酸金沉淀连同滤纸一起倒入氰化钾溶液中，得到氰化金钾。

2. 络合平衡及电极反应

溶液中氰化金钾 $K[Au(CN)_2]$ 发生解离，产生金氰络离子：

$$K[Au(CN)_2] \Longrightarrow K^+ + [Au(CN)_2]^-$$

在阴极，金氰络离子直接还原沉积

$$[Au(CN)_2]^- + e \longrightarrow Au + 2CN^-$$

在阳极，金进行溶解并立即与 CN^- 结合

$$Au + 2CN^- - e \longrightarrow [Au(CN)_2]^-$$

若采用惰性阳极（铂、不锈钢）时，可能有氧的析出：

$$4OH^- - 4e \longrightarrow O_2 \uparrow + 2H_2O$$

3. 镀液中各成分的作用

（1）氰化金钾。主盐，含量不足时，镀层仍较致密，但会引起阴极电流效率下降，允许的阴极电流密度上限降低，镀层易燃烧，有时镀层色泽较浅。提高含量，则允许的电流密度上升，电流效率高，使镀层光泽。但含量过高时，镀液冷却后会有结晶析出，镀层粗糙，色泽易变暗发红及发花。

（2）氰化钾。络合剂，提高游离氰化钾的含量，阴极极化增大，所得镀层结晶细致。若游离氰化钾含量不足，阳极溶解不正常，镀层粗糙，镀液稳定性下降。

（3）碳酸盐。导电盐，可增加镀液的电导，改善分散能力。其含量会由氰化物水解和吸收空气中的二氧化碳而不断增加。含量过高时，使镀层粗糙及出现斑点。

（4）磷酸盐。缓冲剂，能稳定镀液及改善镀层光泽。

（5）柠檬酸盐。酸性镀液的辅助络合剂，与金形成柠檬酸金络离子 $[Au(HC_6H_5O_7)]^-$，能控制镀液中金离子的浓度，提高阴极极化，使镀层结晶细致光亮。

4. 工艺条件的影响

（1）pH 值。影响镀液中络合物的形成，应按碱性、中性及酸性镀液的要求严格控制pH 值。同时对外观和硬度也有明显影响，pH 值过高过低得到的镀层外观都不理想，硬度也会下降。

（2）温度。影响电流密度范围和镀层外观，对镀液导电性影响不大。升高温度可提高阴极电流密度范围。但温度过高使镀层粗糙，发红甚至发暗、发黑；过低使阴极电流密度范围缩小，镀层易发脆。

（3）阴极电流密度。一般采用较低的阴极电流密度。当电流密度过高时，阴极大量析氢，电流效率低，镀层结晶粗糙颜色发红。但过低时，镀层颜色浅，甚至为黄铜色无光泽。

（4）阳极。可采用可溶解金和不可溶解的铂、不锈钢等材料，金阳极在含有钾离子的镀液中溶解性较好，当镀液中存在钠离子时，金阳极表面将形成金氰化钠层导致阳极钝化，溶液呈褐色。所以氰化镀金液要避免使用氰化钠而采用氰化钾。在酸性镀液中，只能采用不溶解的材料作为阳极，故必须定期补充金含量。

（5）杂质。氰化镀液对杂质敏感性小，但镀液中也应避免铜、银、砷、铅等金属离子和有机物等杂质带入，以防过量时影响镀层的外观和结构，降低镀层的可焊性和导电性。

含大量氯离子会降低镀层的结合力。

10.2.2　亚硫酸盐镀金

亚硫酸盐镀金工艺是较有前途和实用价值的无氰镀金工艺。它无毒、分散能力和覆盖能力较好、电流效率高（近 100%），镀层光亮致密，沉积速度快，孔隙少。镀层与镍、铜、银等金属结合力好，耐酸、抗盐雾性能好。但单独用亚硫酸盐做络合剂时，镀液不够稳定，常加入辅助络合剂和添加剂配合使用。

1. 镀液成分及工艺条件

亚硫酸盐镀金溶液成分及工艺条件见表 10-8。

表 10-8　亚硫酸盐镀金溶液成分及工艺条件

成分及工艺条件	1	2	3
金(Au)/(g/L)	5～25 (以三氯化金加入)	10～15 (以三氯化金加入)	8～12 (以雷酸金加入)
亚硫酸铵[$(NH_4)_2SO_3$]/(g/L)	150～200	—	—
柠檬酸钾($K_3C_6H_5O_7 \cdot H_2O$)/(g/L)	80～120	80～100	—
亚硫酸钠(Na_2SO_3)/(g/L)	—	140～180	80～100
EDTA Na_2/(g/L)	—	40～60	20～30
酒石酸锑钾[$KSb(C_4H_4O_6)_3$]/(g/L)	0.1～0.3	—	—
氯化钾(KCl)/(g/L)	—	60～80	—
氯化铵(NH_4Cl)/(g/L)	—	—	35～45
硫酸钴($CoSO_4 \cdot 7H_2O$)/(g/L)	—	0.5～1	—
pH 值	8.5～10	8～10	5～10
温度/℃	45～65	40～60	室温
j_k/(A/dm²)	0.1～0.8	0.1～0.8	0.2～0.5
阳极材料	金、铂	金、铂	金、铂
搅拌	阴极移动	阴极移动	阴极移动

2. 络合平衡和电极反应

生产中常用三氯化金（$AuCl_3$）配制镀液，以配方 1 为例：将 $AuCl_3$ 用蒸馏水溶解，在冷却条件下，用约 40%KOH 溶液慢慢中和至 pH 为 7～8，得血红色透明 $KAuCl_4$ 溶液，将此溶液慢慢倒入亚硫酸铵蒸馏水溶液中，先得到淡黄色透明溶液，再加热到 55～60℃，并不断搅拌，得到亚硫酸金铵无色透明溶液。总反应式为：

$$AuCl_3 + 3(NH_4)_2SO_3 + 2KOH \longrightarrow (NH_4)_3[Au(SO_3)_2] + NH_4Cl + 2KCl + H_2O + (NH_4)_2SO_4$$

阴极反应：

$$[Au(SO_3)^{2-}] + e \longrightarrow Au + 2SO_3^{2-}$$

阳极反应：因金或铂在阳极不溶解，则有氧气析出：

$$4OH^- - 4e \longrightarrow O_2\uparrow + 2H_2O$$

3. 镀液中各成分作用

(1) 三氯化金、雷酸金。主盐。含量高时允许阴极电流密度范围上限高，含量低时阴极电流密度范围窄，镀层色泽差。

（2）亚硫酸盐。主络合剂，与金离子生成亚硫酸金铵络合物，提高含量，能提高阴极极化，使镀液稳定，镀层光亮细致及改善镀液分散能力和覆盖能力；含量过高时，阴极析氢增多，电流效率低；含量过低时，镀层粗糙、无光泽。同时亚硫酸盐又是还原剂，把三价金还原成一价金。游离亚硫酸根（SO_3^{2-}）会被空气中氧氧化成硫酸根（SO_4^{2-}），故需经常补充。

（3）柠檬酸钾。在镀液中有络合作用和稳定 pH 的作用，能改善镀层与基体的结合力。

（4）酒石酸锑钾。能提高镀层硬度。过量时金镀层变脆。

4. 工艺条件的影响

（1）pH 值。pH 值是保证镀液稳定的重要因素，在亚硫酸盐还原剂存在的条件下 pH ≤6.5时，溶液迅速变混浊，一般严格控制 pH 值在 8 以上，但 pH＞10 时，镀层光泽下降，所以，pH 值范围较窄，可用氨水调整。

（2）温度。升高温度，有利于扩大电流密度范围，提高沉积速度，但加温时要防止局部过热，使溶液分解而析出黑色硫化金（Au_2S）。

（3）阳极。阳极是不溶性的，需要加金补充消耗，加金时，也要加入适量亚硫酸盐和柠檬酸钾。

（4）搅拌。阳极区的局部酸化（pH 值下降）有可能破坏溶液的稳定性，搅拌将防止这种影响，并有利于使用较高的电流密度。

10.2.3 不合格镀层的退除和金的回收

1. 金镀层的退除

退除不合格镀层时，可采用化学法或电解法。

（1）化学法。可在下述三种退金镀层的溶液及操作条件下选用其一。

① 间硝基苯磺酸钠 10～30g/L，氰化钠（NaCN）40～60g/L，柠檬酸钠 40～60g/L，温度 90～100℃，把欲退除金镀层的零件放入溶液中进行溶解，至镀层退尽为止。

② 氰化钾（KCN）5％～10％，双氧水（30％）适量，把欲退除金镀层的零件放入氰化钾溶液中，在零件表面慢慢加入双氧水至镀层退尽为止。

③ 硫酸（H_2SO_4）80％，盐酸（HCl）20％，温度 60～70℃，为了使金镀层很好地溶解，可加入少量硝酸。零件应经常翻动，以免基体过腐蚀。

（2）电化学法。将欲退除金镀层的零件置于3％～10％的氰化钾溶液中，在室温下阳极电解退除。电流密度不应过大，以避免基体金属过腐蚀。

2. 金的回收

（1）将水浴浓缩过的废液，加入浓硫酸调 pH 值到 2，在搅拌下加入双氧水（30％）2mg/L 左右，加热煮沸成黑色沉淀物，经蒸馏水洗涤后，用分析纯浓硫酸反复煮并洗涤，烘干得黄色海绵金，溶于王水，加热赶走 NO_2，得氯金酸。

（2）废液在搅拌下加入硫酸亚铁（经盐酸酸化），金呈黑色粉状沉淀，经蒸馏水洗涤后，溶于王水，加热赶走 NO_2，得氯金酸。或将黑色粉状沉淀物先用盐酸，后用硝酸煮一下，蒸馏水洗涤数次后，在 700～800℃条件下焙烧半小时即可。

（3）废液用盐调节 pH 值到 1 左右，加热到 70～80℃，在搅拌条件下加入锌粉，至溶液变成半透明黄白色及大量金粉沉淀下来为止（保持 pH＝1）。

复习思考题

1. 为什么镀银和镀金时不用单盐镀液，而用络合物镀液时，才能镀出合格的镀层？
2. 为什么镀银前要进行预镀处理及镀银后要进行防变色处理？各采取什么措施？
3. 为什么配置氰化物镀银溶液时用钾盐比钠盐好？
4. 氰化镀银和镀金溶液中碳酸盐起什么作用？为什么其含量随工作时间增加而增加？
5. 简述硫代硫酸铵镀银的特点。
6. 为什么氰化物镀银和镀金溶液阴极极化作用大？杂质有何影响？如何排除？

11　电　镀　合　金

11.1　概　　述

合金镀层系指两种或两种以上的元素共沉积所形成的镀层，一般而言，其最小组分应大于 1％，然而像 Zn-Ti、Cd-Ti 合金镀层中 Ti 含量小于 0.1％，但这些镀层由于少量金属元素的加入具有特殊的性能，如耐蚀性优越、脆性较小，故也称为合金镀层。

电镀合金已有一百多年的历史。早在 18 世纪 40 年代就出现了铜锌合金（黄铜）和贵金属合金。由于电镀合金工艺影响因素较多，所以为了获得具有特殊性能的合金镀层，需要严格控制电解液的成分和工艺条件。对合金电沉积动力学的研究比单金属电沉积困难得多，因此，在开始相当长的时间里发展缓慢，合金镀层未能广泛地应用在生产上。随着科学技术和工业的迅速发展，对各种材料表面提出了各种各样的新要求，而合金镀层一般具有比单金属镀层优异的性能，所以合金电沉积的研究越来越引起人们的重视。到目前为止，电沉积得到的合金镀层大约有 230 多种，但在生产中应用的仅仅 30 余种，主要有：Cu-Zn，Cu-Sn，Ni-Co，Pb-Sn，Cd-Ti，Zn-Ni，Zn-Sn，Ni-Fe，Au-Co，Au-Ni，Bp-In 和 Pb-Sn-Cu 等。

合金镀层具有许多单金属镀层所不具备的特殊性能，概括起来合金镀层有如下特点：

（1）合金镀层与组成它的单金属镀层相比，合金镀层有可能更平整、光亮，结晶更细致。许多合金镀层的晶粒尺寸无法用金相显微镜观察出来，如高磷镍合金镀层，用 X 射线衍射看不到晶界，是一种非晶态结构，被视为金属玻璃。

（2）电沉积合金与热冶金所得到的同种合金相比，电镀合金硬度更高。如钴磷合金及铁、钴、镍的合金镀层硬度接近于铬镀层。

（3）许多合金具有特殊的物理性能，如镍铁、镍钴或镍钴磷合金具有导磁性，广泛应用于电子工业的记忆元件；低熔点合金镀层如铅锡、锡锌合金可用作钎焊镀层；铜铅、银铅、铅锡及铅铟等软合金具有良好的减摩性，用于需减摩的轴承衬里；钢上电镀黄铜可使之与橡胶的结合更牢靠；电镀的金铜合金的硬度和耐磨性比纯金高 1～2 倍。

（4）合金镀层中组分及比例选择合适，则该合金镀层有可能比组成他们的单金属镀层更耐腐蚀，如锡锌、锌镍、锌钛及镉钛合金等。

（5）有些热冶金难以得到高熔点金属和低熔点金属组成的合金，可用电沉积方法来获得。电镀合金还可以得到平衡相图中没有的，与熔炼合金明显不同的物相，如过饱和固溶体、高温相、混合相或介稳定的金属间化合物等。

（6）不能从水溶液中单独镀出的钨、钼、钛、钒等可与过渡元素（铁族）形成合金，如镍钼、镍钨等。

（7）通过控制条件，可以改变镀层的色调，如各种颜色的银合金、彩色镀镍及仿金等合金镀层。

175

从上可知，合金镀层具有许多优异性能，因此广泛的用做防护、装饰及其他功能性镀层，今后随着合金电镀研究的深入及工业应用，合金镀层必将有广阔的前景。合金镀液的类型与单金属电镀相似，概括而言可分为简单镀液、络合物镀液及有机溶剂镀液等基本类型。与单金属电镀液的主要区别，在于合金镀液中除获得紧密细致的镀层外，镀层中各元素必须按一定的比例沉积，以期获得预定的性能，因此合金镀液的设计要较单金属电镀液复杂。

11.2　电镀合金原理

11.2.1　合金共沉积理论需要解决的问题

研究两种或两种以上金属共沉积，无论在实践或理论上，都比单金属沉积更复杂。就实践而言，为了获得性能合乎要求的合金镀层，必须考虑各种电镀因素对所得合金各组分相对含量的影响，而单金属电镀时就无需考虑。从理论上看，金属共沉积的综合理论应该解决下列问题：

（1）金属共沉积的基本条件是什么；

（2）共沉积时所呈现的各种现象及相互间的关系；

（3）有助于预测给定组成合金的沉积条件；

（4）在电镀过程中镀液中离子的补充与平衡；

（5）各种因素对镀层组成的影响，组成及镀层结构与性能的关系。

目前关于金属共沉积的实验资料积累较丰富，而理论上的研究还比较欠缺。这是因为合金沉积中的一些现象至今仍难以合理解释，因而在共沉积理论方面就更困难更复杂。共沉积时，两种以上金属离子在阴极上被还原，会出现竞争放电现象，离子之间互相影响以及电结晶过程中合金元素对成相规律的影响等问题，因此，目前还只能提供一些实验数据的综合和某些特定性解释，定量的理论研究还待进一步深入。

目前工业上应用较多的为二元合金，这方面的研究也相对集中些，故在本节中以二元合金共沉积作为讨论的基础。

11.2.2　金属共沉积的条件

两种金属离子共沉积除电沉积单金属的一些基本条件外，还应具备以下两个基本条件：

（1）两种金属中至少有一种金属能从其盐的水溶液中沉积出来。有些金属，如钨、钼等虽然不能从其盐的水解溶液中沉积出来，但它们可以与铁族金属共沉积。所以作为金属共沉积的必要条件（不是充分条件），并不一定要求各组分金属都能单独地从水溶液中沉积出来。

（2）要使两种金属共沉积，它们的沉积电位必须十分接近，如果相差太大的话，电位较正的金属优先沉积，甚至完全排斥电位较负的金属析出。共沉积条件的通常表达式为：

$$\varphi_{析} = \varphi_{平} + \Delta\varphi = \varphi^0 + (RT/nF)/\ln\alpha + \Delta\varphi$$

$$\varphi_{析1} = \varphi_{析2}$$

即：$\varphi_1^0 + (RT/n_1F)/\ln\alpha_1 + \Delta\varphi_1 = \varphi_2^0 + (RT/n_2F)/\ln\alpha_2 + \Delta\varphi_2$

上式表明，两种金属可在同一阴极电位下共沉积，但是在金属共沉积体系中，合金中单个金属的极化值是无法测量及计算的，因此该式在实际应用时价值不大。尽管如此，毕竟该式提供了欲使较贵、较活泼金属共沉积的方向，有一定的理论意义。

为了实现金属共沉积，一般可采用如下方法：

（1）改变镀液中金属离子浓度。增大较活泼金属离子浓度使它的电位正移，或者降低较贵金属离子的浓度使它的电位负移，从而使它们的电位接近。根据能斯特公式计算，对于两价金属离子浓度改变 10 倍或 100 倍，其平衡电位仅能移动 29mV 或 58mV。例如简单镀液中因 $\varphi_{Cu^{2+}/Cu}^0 = 0.337V$，$\varphi_{Zn^{2+}/Zn}^0 = -0.763V$，要使 Cu、Zn 共沉积是不可能的，若想通过改变镀液中离子的相对浓度，促使其共沉积，则镀液中离子含量要维持 $C_{Zn^{2+}}/C_{Cu^{2+}} = 10^{38}$，即当溶液中 Cu^{2+} 浓度为 1mol/L 时，则 Zn^{2+} 离子的浓度为 $10^{38}mol/L$，从纯理论上可以做到这一点，而实践中离子的浓度受盐的溶解度的限制，如此高的 Zn^{2+} 离子浓度是根本不可能实现的。多数金属离子的平衡电位相差较大，故采用改变金属离子浓度的措施来实现共沉积，显然是难以实现的。

（2）采用络合剂。为了使电位相差大的金属离子实现共沉积，采用络合剂是最有效的方法。金属络离子能降低离子的有效浓度，使电位较正的金属的平衡电位负移，（绝对值）大于电位较负的金属。例如使用氰化物做络合剂，其平衡电位的变化为：

用氰化物络合银，电位变化 $+0.8V \rightarrow -0.31V$

用氰化物络合铜，电位变化 $+0.34V \rightarrow -0.76V$

用氰化物络合锌，电位变化 $-0.76V \rightarrow -1.08V$

这样就能使电位相差较大的两种金属的平衡电位接近，金属络离子不仅在镀液中稳定，同时使该络离子在阴极上析出所需的活化能提高，从而使阴极极化作用增强，所以络合剂的加入使欲沉积的两种金属离子的平衡电位及极化电位趋于接近。

如何选用络合剂，这需根据络合剂和沉积金属的性质而定，这方面大致可分为三种情况：一是采用同一种络合剂与两种金属离子形成络合物，如氰化物或焦磷酸盐中沉积铜锌合金；二是镀液中只有一种络合剂络合其中一种金属离子，另一种金属离子仍以简单的金属离子存在，如采用氯化物-氟化物镀液中沉积的锡镍合金，锡以 $[SnF_4]^{2-}$ 或 $[SnF_2Cl_2]^{2-}$ 络离子形式存在，而镍仍以简单离子形式存在；第三种情况是两种不同的络合剂分别络合各自的金属离子，例如电沉积铜锡合金时，采用氰化钠（或焦磷酸盐）络合铜，锡与碱形成 $Sn(OH)_6^{2-}$ 络离子。

（3）采用添加剂。采用添加剂的少数例子中，也曾使用添加剂使两种金属共沉积成为可能。添加剂对金属离子的平衡电位影响很小，而对金属沉积时的极化则往往有明显的影响。必须指出，添加剂的作用具有选择性，某种添加剂可能对几种金属的沉积起作用，而对另一些金属无效果。例如，在含有铜及铅离子的电解液中添加明胶可实现合金的共沉积。因此，在电解液中加入适当的添加剂，也是实现共沉积较有效的方法之一，由于添加剂用量一般不高，其经济效果是颇引人注目的，但是所得的合金镀层往往具有较大的脆性，这是采用添加剂难以避免的缺点。

11.2.3 合金共沉积类型及合金的相特点

在研究金属共沉积问题时，根据镀液组成和工作条件的各个参数对合金沉积层组织的影响特征，可将合金共沉积分为如下五种类型。

1. 正则共沉积

该沉积过程的特征是基本上受扩散控制。在此情况下，电解参数（包括镀液组成和工艺条件）通过影响金属离子在阴极扩散层中的浓度变化来影响合金镀层的组成。因此，采用增加镀液中金属的总含量、降低电流密度、提高温度和增强搅拌等能增加阴极扩散层中金属离子浓度的措施，都会增加电位较正金属在合金中的百分含量。在单盐镀液中进行共沉积，常出现正则共沉积，如镍-钴、铜-铋和铅-锡等从单盐中共沉积就属于这种情况，如果取样测阴极与溶液界面上金属离子浓度，就可以算出合金共沉积层的组成。在络合物镀液中也有可能发生这种现象，其条件是两种金属在镀液中平衡电位相差很大，且彼此不形成固溶体的合金。

2. 非正则共沉积

其特征是过程受扩散控制的程度小，主要受阴极电位的控制。在这种共沉积过程中，某些电解参数对合金沉积的影响遵守扩散理论，而另一些电解参数的影响却与扩散理论相矛盾。与此同时，对于合金共沉积的组成影响，各电解参数表现都不像正则共沉积那样明显。非正则共沉积常见于采用络合物沉积的镀液体系。当组成合金的个别金属的平衡电位显著地受络合剂浓度影响时（如铜和锌在氰化物镀液中的地位）或者两种金属的平衡电位十分接近且能形成固溶体时，更容易出现这种共沉积。

3. 平衡共沉积

两种金属从处于化学平衡的镀液中共沉积的过程称平衡共沉积。所谓两金属与含有此两金属离子的溶液处于化学平衡状态，是指当把两种金属浸入含有此两种金属离子的溶液中时，它们的平衡电位最终将变为相等，即电位差等于零。平衡共沉积的特点是在低电流密度下（阴极极化不明显）合金沉积层中的金属比等于镀液中的金属比。只有很少几个共沉积过程属于平衡共沉积体系，例如铜和铋及铅与锡在酸性镀液中共沉积就属于这一类。

上述三种共沉积形态可统称为常规共沉积（或称正常共沉积）。他们的共同特点是两金属在合金共沉积层中的相对含量可以定性地依据它们在对应溶液中的平衡电位来判断，而且电位较正的金属总是优先沉积，即镀液中电位正的金属在镀层中的比例超过它在镀液中所占比例。

4. 异常共沉积

异常共沉积的特点是电位较负的金属反而优先沉积，它不遵循电化学理论，而在电化学反应过程中还出现其他特殊控制因素，因而超脱了一般正常的概念，故称为异常共沉积，对于给定的镀液，只有在某种浓度和某种工艺条件下才出现异常共沉积，而在另外的情况下则出现其他共析形态，异常共沉积较少见，含有铁族金属（铁、钴、镍）中的一个或多个合金共沉积体系属于这种情况，如镍-钴、铁-钴、铁-镍、锌-镍和镍-锡合金等。

5. 诱导共沉积

钼、钨和钛等金属不能自水溶液中单独沉积，但可以与铁族金属实现共析，这一过程称诱导共析。同其他共沉积比较，诱导共沉积更难推测各个电解参数对合金组成的影响。通常把能促使难沉积金属共沉积的铁族金属称为诱导金属。属于诱导共沉积的合金有：镍-钼、钴-钼、镍-钨、钴-钨合金等。

上述异常共沉积及诱导共沉积统称为非常规共沉积。

前三种常规共沉积基本上可利用单金属电沉积的理论作出解释，而后两种非常规共沉积是某些特殊原因所致，这些原因可归纳为下列几个方面。

1. 形成合金的去极化作用

即极化减小的倾向，使金属离子还原过程变得容易，这与金属组成的偏摩尔自由能改变有关。金属共沉积形成的合金多数属于固溶体合金，金属离子从还原到进入合金晶格，做有规则排列时要放出一部分能量，这部分能量聚集在阴极区域，使局部区域的能量提高，它能改变电极表面状态，使其电位升高，导致电位较负的金属向电位较正方向变化（即自由能降低）。于是发生去极化作用，结果使电位较负的金属离子变得容易析出。

2. 表面活性物质的吸附

表面活性物质吸附使金属还原困难，但是阻化作用依金属种类而异，也就是说，若沉积的两种金属离子受阻化的程度不同，也会导致非常规共沉积。

3. 形成合金的极化作用

与去极化作用相反，形成合金增加了金属还原时的阻力，其可能原因，一是电化学过程的迟缓；二是阴极还原时电极表面上吸附了外来的异类质点，如氧化物、表面活性物质及其他外来分子，使离子放电受阻而引起极化，这称为钝化极化。由于不同的金属离子有不同的电化学性质：如离子的水化程度、离子的迁移速度等，因此影响也不同。

镍-铁、锌-镍合金共沉积是典型的异常共沉积，至于锌优先析出的原因，Brenner A 认为，该类镀液中副反应 H_2 的析出速度比 H^+ 扩散到电极表面的速度快，使电极表面附近局部 pH 值升高，提供了 Zn^{2+} 或 Fe^{2+} 生成氢氧化物的条件，这种氢氧化物的吸附能阻滞 Ni^{2+} 析出，也就是使 Ni^{2+} 的极化作用增大，因而造成了电位较负的金属（Zn^{2+} 或 Fe^{2+}）优先析出。

4. 双电层中离子浓度的改变

沉积时金属还原和合金组成受双电层中金属离子浓度比的影响极大，这一浓度比不是镀液本体中的平均离子浓度比。这个比值的大小取决于离子半径、电荷性质和电荷量以及离子在电极表面上的吸附强弱等因素。故合金共沉积时双电层中两种金属离子浓度比，较镀液本体离子浓度比更有实际意义。

5. 镀液中离子状态的变化

当金属离子共沉积时，由于另一种离子的存在，会使某种放电离子在镀液中所处的状态发生变化，也可能形成新的离子形式。例如：可能形成多核络离子，将使金属离子的还原速度受到影响。

综上所述，产生合金共沉积的特殊现象是比较复杂的，我们不能简单地用单金属沉积时的规律来推断共沉积时所出现的现象。

欲获得合乎性能要求的合金镀层，除合金中各金属比例一定外，对于镀层结构的研究也是极其重要的。不同的合金镀层。或者从不同镀液中获得的同一合金镀层，它们的结构形式往往不完全相同。电沉积合金和热熔合金相比较，其相结构和物理性能也有很大的区别。

合金镀层主要结构形式有三种：

（1）机械混合物，也称共晶合金。这不是真正的合金，而是两种金属的混合，仍保持各自原有的特性。在电镀合金中纯属这种结构的极少。

（2）固溶体合金，它是一种均匀体系，在某些情况下改变了原有的金属特性，如溶解电位，许多合金属于这种结构。

（3）金属间化合物，它具有某些独特的性质，如有固定的溶解电位和熔点。镍锡合金、高锡青铜属于这种情况。

合金镀层的结构形式与被沉积金属的本性和电解液的性质有关，具体合金镀层的相结构如何要进行实际测量。

11.2.4 影响合金共沉积的因素

1. 镀液组成的影响

（1）镀液中金属浓度比的影响。影响合金组成的重要因素是金属离子在溶液中的浓度比。对于 5 种不同的共沉积类型，这种影响有各自的特征，根据此特征可用来区别共沉积的类型，如图 11-1 所示。

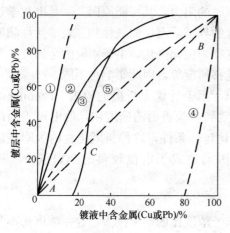

图 11-1　镀液中金属浓度对合金
中金属浓度的影响

①—正则共沉积（Cu-Bi 合金，在过氯酸镀液中）；②—非正则共沉积（Cu-Zn 合金，在氰化物镀液中）；③—化学平衡共沉积（Pb-Sn 合金，在氟硼酸镀液中）；④—异常共沉积（Bi-Cu 合金，数据同曲线①但 Bi 代替了 Cu）；⑤—诱导共沉积的假想曲线

曲线①代表正则共沉积，其特征是在金属总浓度不变的情况下，略增加电位正的金属在镀液中相对于较活泼金属的浓度比，则合金中较贵金属的含量将按比例增加，这是与正则共沉积受扩散控制的规律相符合的。

曲线②是非正则共沉积的情况，虽然随着贵金属在镀液中的含量比增大，它在合金中的组分含量也增加，但不成正比例关系。故该过程不受扩散控制，而受沉积电位控制。

曲线③是平衡共沉积的情况，曲线与对称线 AB 交于 C 点，在该点电镀液中金属组成与沉积合金的金属组成相同。相当于两金属处于化学平衡状态，除 C 点外，镀液这种平衡关系就不存在了，C 点以下较活泼金属占优势，C 点以上较贵金属占优势。

曲线④和曲线⑤分别表示异常共沉积和诱导共沉积的情况。

以上说明，要获得一定组成的合金，必须严格控制镀液中金属离子的浓度比。

（2）镀液中金属总浓度的影响。在金属浓度比不变的情况下，改变镀液金属的总浓度，在正则共沉积时将提高贵金属的含量，但没有像改变金属浓度比那么明显，对非正则共沉积的合金组分影响不大，而且与正则共沉积不同，增大总浓度，贵金属在合金中的含量视金属在镀液中的浓度比而定，可能增加也可能降低。

（3）络合剂浓度的影响。络合剂在镀液中的含量，对合金组分的影响仅次于金属浓度比的影响。根据所采用的络合剂可分为三种情况予以介绍：镀液中采用单一络合剂同时络合两种金属离子时，如果络合剂浓度增加使其中某一金属的沉积电位比另一金属的沉积电位负移得多，则该金属在合金中浓度就降低，例如镀黄铜，铜氰络离子比锌氰络离子稳定，增加氰化物浓度，铜析出较困难，合金中铜含量将降低；另一种情况是当一种金属离子呈络合状态，另一种呈简单水合离子状态，如氯化物-氟化物镀镍锡合金，增加氟化物含量，锡在合金中含量降低；最后一种情况是两种金属离子分别用不同的络合剂络合，如氰化物镀铜锡合金，铜呈氰化物离子，锡被碱络合，它们在同一体系中，增加氰化物含量，铜放电困难，合金中铜则减少，同样用碱可方便地调节锡在合金中的含量，所以铜锡合金电镀中调节合金成分比较方便。

（4）添加剂的影响。在合金电镀中添加剂的应用越来越受重视。添加剂吸附具有很强的选择性，如果它对镀液中两金属之一有影响，而对另一种金属还原无影响，那么控制添加剂用量就能改变合金成分含量。

添加剂种类很多，用途很广，有时少量添加剂不仅对镀层含量有影响，而且还能起整平、光亮作用。

（5）pH值的影响。pH值对金属共沉积的影响往往是由于它改变了金属盐的化学组成，所以起决定作用的是金属化合物的性质。对于络合物电解液如锌酸盐、氰化物及胺等络离子在强碱中稳定，当pH<7就会分解。不同pH值，络合物配位数也将改变，这就影响阴极还原的难易，从而影响金属的含量。对于单盐镀液，pH值升高造成某些组分产生氢氧化物沉淀，pH值过低，析氢便会增加，甚至导致金属不能还原析出。所以pH值的影响要做具体分析。

2. 工艺条件的影响

（1）电流密度的影响。一般随着电流密度的提高，合金中较活泼的金属的含量将增加，对于正则共沉积，这种关系可由扩散定律导出。如果在某一给定的电流密度下，较贵金属的沉积速度相对来说更接近于极限电流，因此，提高电流密度，只能提高较活泼金属的沉积速度。

对于受阴极电位控制的共沉积过程，提高电流密度，阴极电位负移，对某些金属可使沉积电位更接近于较活泼金属而析出，但是这种规律不如正则共沉积那么明显。

平衡共沉积是在某一较低电流密度下，即阴极极化可以忽略不计时，镀液和合金中的金属浓度比相同，提高电流密度也将符合增大较活泼金属含量的一般规律。

（2）温度的影响。温度的影响是它对阴极极化、金属在阴极扩散层中的浓度、金属的电流效率等综合影响的结果。共沉积时升高温度对较贵、较活泼金属的阴极极化都降低，因此必须进行实际测试，否则难以推断它如何影响合金沉积的组成。温度对阴极/溶液界面上金属浓度的影响，是影响合金组成的一个重要因素。随温度升高扩散速度加快，将导致较贵金属更加优先沉积，如Ag-Cu合金中的银。随后温度将通过影响金属的电流效率来影响合金镀层的组成。如果温度升高会提高某一金属的电流效率，而对另一金属的电流效率影响很小，则不管这种金属是较贵金属还是较活泼金属，都会增加它在合金沉积中的含量。在这五种共沉积类型中，正则共沉积受温度影响很明显，而非正则共沉积则难看出温度的规律。

（3）搅拌的影响。同温度的影响相似，对正则共沉积的影响最明显，随搅拌速度的增加，扩散层内金属浓度升高，电位较高的金属在合金中含量提高，搅拌对非正则共沉积影响不明显。

11.2.5 电镀合金的阳极

同单金属电镀一样，阳极的作用为导电、补充金属离子的消耗及保持阴极电力线分布均匀。采用合金要求它能等量和等比例的补充溶液中的金属消耗，所以要求阳极成分和镀层成分相当，而且是均匀连续溶解，不至于使溶液中金属浓度比波动太大。故合金电镀时对阳极的要求比较高，目前在合金电镀中采用如下几种阳极类型：

1. 可溶性合金阳极

将要沉积的两种或两种以上金属按一定比例熔炼为合金，浇铸成单一的可溶性阳极。合金阳极的组成一般与合金镀层的组成相近，例如电镀低锡青铜的阳极，含锡 10%～15%，采用这种阳极比较经济、控制简单，是目前应用最广泛的类型。使用这类阳极必须注意其金相、化学成分及杂质等，这些都对合金溶解电位有明显影响，通常最满意的是单相或固溶体类型的合金阳极。如果合金阳极相是金属间化合物，其溶解电位就比较高；如合金阳极由两相组成，就会存在选择性溶解的可能性，这是不利的。影响合金阳极溶解的因素有：合金阳极的物理性质及化学成分、阳极电流密度、温度、镀液种类、pH 值及搅拌等条件。

2. 可溶性的单金属联合阳极

如果几种金属性质差别太大，或合金阳极在镀液中溶解的阳极电流效率太低，则应采用可溶性的单金属联合阳极，为使几种单独阳极按所要求的比例溶解，需要有一套比较严格的控制系统。例如分别控制几种金属阳极的电位或者调节深入镀液的阳极面积，控制每种阳极与阴极间的电位降，调整镀槽中阳极的配置及分布等。使用这类阳极的设备和操作都比采用单一阳极复杂。

3. 不溶性阳极

采用可溶性阳极有困难的镀液，可使用化学性质稳定的金属或其他导体做阳极，它只起导电作用。阳极上发生的反应大多数情况下是氧气的析出。镀液中金属离子的消耗是外加补充金属盐，这样就会给镀液带来较多不需要的阴离子，添加金属氧化物虽然可以避免这种现象，但金属氧化物的溶解常常是困难的，而且溶液的 pH 值也不稳定，这就会影响电镀的正常操作。此外，补充金属盐一般成本较高，故只能在不得已的情况下才使用。

4. 可溶性和不可溶性阳极联合

上述三种类型的任一组合，均可构成一种新类型，在实际生产中是将单金属阳极与不溶性阳极联合使用，这是对不溶性阳极的一种改进。镀液中消耗量不大的金属离子，可用金属盐或氧化物来补充。例如电镀低钴的镍钴合金时，用镍和不锈钢联合阳极，钴以硫酸钴及氯化钴形式加入，采用一部分不锈钢阳极是为了调整镍阳极的电流密度，防止镍阳极钝化。

11.3　电镀铜锡合金

铜锡合金是我国 20 世纪 50 年代以来广泛采用的优良代镍镀层。它具有孔隙率低、耐蚀性好、容易抛光和直接套铬等优点，是目前应用最广的合金镀层之一。

铜锡合金，俗称青铜，按镀层含锡量可分为低锡、中锡和高锡三种。低锡青铜含锡在8%～15%以下，中锡青铜含15%～40%的锡，含锡量超过40%的称高锡青铜。青铜的色泽随镀层中铜的含量而异。铸造合金与电镀合金的色泽不同，图11-2是铸造和电镀青铜的色泽随镀层中含铜量变化的示意图。

低锡青铜镀层为金黄色，结晶细致，具有较高的耐腐蚀性能。镀层含锡量在15%～20%时，耐腐蚀性最佳，低于15%的耐蚀性差些。这种镀层对钢铁而言，属于阴极性镀层。其厚度达20μm时，几乎无孔隙，故可很好地保护基体金属。主要用做防护、装饰性镀铬的底层。地下矿井中使用的设备，特别需要这种防护镀层。此外，由于它在热的淡水中稳定性较高，可用来代替锌作为热水中工作机件的防护镀层。

中锡青铜含锡量大致在15%～35%范围内，其硬度、抗氧化性和防蚀能力均比低锡青铜好。中锡青铜套铬时容易发花，在工业上很少应用。

高锡青铜呈银白色，亦称白青铜。其硬度介于镍、铬之间，抛光后有良好的反光性能，在大气中不易变色，在弱酸及弱碱溶液中很稳定，它还具有良好的钎焊性和导电性能，可作为代银和代铬镀层，常用于日用五金、仪器仪表、餐具、反光器等。该镀层较脆，有细小裂纹和孔隙，不适于在恶劣条件下使用，产品不能经受变形。

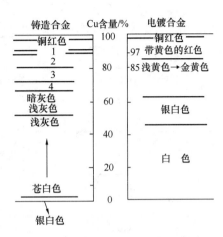

图 11-2　铜锡合金色泽随 Cu 含量的变化
1—带红的黄色；2—灰黄色；
3—带红的灰色；4—银白色

目前工业上采用的氰化物、锡酸盐镀液，工艺最成熟，应用最广泛。20世纪70年代我国发展了多种无氰镀液，例如焦磷酸盐-锡酸盐电镀铜锡合金在生产上也获得少量应用，其他如酒石酸盐-锡酸盐、柠檬酸盐-锡酸盐、HEDP 及 EDTA 等镀液，因镀层中含锡量低以及镀液不稳定等原因未能获得应用。本节主要介绍氰化物电镀铜锡合金。

铜的标准电极电位 $\varphi^0_{Cu^+/Cu}=0.52V$，$\varphi^0_{Cu^{2+}/Cu}=0.34V$，而锡的标准电极电位 $\varphi^0_{Sn^{2+}/Sn}=0.14V$，$\varphi^0_{Sn^{4+}/Sn}=0.005V$，两种金属的标准电位相差较大，因此在简单盐溶液中很难得到合金镀层，必须选用适宜的络合剂。氰化物电镀铜锡合金镀液采用两种络合剂分别络合两种金属离子，以氰化钠络合一价铜离子，氢氧化钠与四价锡络合成锡酸钠，两种络合剂互不干扰，故电镀液很稳定，维护方便，其缺点是该镀液含大量剧毒氰化物，而且操作温度较高，故在生产中对环保安全要求严格。

11.3.1　镀液的成分及工艺条件

氰化物镀低锡青铜镀液可分为低氰、中氰和高氰三类，根据镀层的光亮性又可分光亮和不光亮两种。表11-1列出了各种低锡青铜镀液的成分及工艺条件。表11-2为中锡和高锡青铜镀液的成分及工艺条件。

表 11-1　低锡青铜镀液的成分及工艺条件

组成与工艺条件	低氰	低氰(光亮)	中氰	高氰(光亮)
氰化亚铜(CuCN)/(g/L)	20～25	20～30	35～42	29～36
锡酸钠(Na$_2$SnO$_3$·3H$_2$O)/(g/L)	30～40	10～15	30～40	25～35
游离氰化钠(NaCN)/(g/L)	4～6	5～10	20～25	25～30
氢氧化钠(NaOH)/(g/L)	20～25	8～10	7～10	6.5～8.5
三乙醇胺(C$_6$H$_{15}$O$_3$N)/(g/L)	15～20	—	—	—
酒石酸钾钠(KNaC$_4$H$_4$O$_6$·4H$_2$O)/(g/L)	30～40	—	—	—
醋酸铅[Pb(CH$_3$COO)$_2$·3H$_2$O]/(g/L)		0.01～0.03		
碱式硫酸铋[(BiO)$_2$SO$_4$·H$_2$O]/(g/L)				0.01～0.03
焦磷酸钠(Na$_4$P$_2$O$_7$)/(g/L)				20～40
明胶/(g/L)				0.1～0.5
OP乳化剂/(g/L)				0.05～0.2
温度/℃	55～60	55～65	55～60	64～68
j_k/(A/dm^2)	1.2～2	2～3	1～1.5	1～1.5

表 11-2　中锡和高锡青铜镀液成分及工艺条件

组成与工艺条件	半光亮中锡	低氰高锡	低氰滚镀高锡	高氰滚镀高锡
氰化亚铜(CuCN)/(g/L)	12～14	13	18～20	18～25
锡酸钠(Na$_2$SnO$_3$·3H$_2$O)/(g/L)	—	100	—	30～40
氯化亚锡(SnCl$_2$·2H$_2$O)/(g/L)	1.6～2.4	—	1.6～1.0	—
游离氰化钠(NaCN)/(g/L)	2～4	10	8.5～10	20～30
游离氢氧化钠(NaOH)/(g/L)	—	15	—	—
磷酸氢二钠(Na$_2$HPO$_4$·12H$_2$O)/(g/L)	50～100			70～90
明胶/(g/L)	0.3～0.5		0.3～0.5	0.3～0.5
酒石酸钾钠(KNaC$_4$H$_4$O$_6$·4H$_2$O)/(g/L)	25～30			
温度/℃	55～60	64～66	40～45	60～65
j_k/(A/dm^2)	1.0～1.5	8	150～200A/桶	180～200A/桶
pH 值	8.5～9.5	—	11.5～12.5	
阳极	铜板	铜板	铜板	铜板和锡板

　　光亮剂的配制方法：铋盐溶液的配制是将 20g 碱式硫酸铋和 80g 酒石酸钠溶于 500mL 水中，加热至沸腾，然后稀释至 1000mL 备用；铅盐溶液的配制是将 10g 醋酸铅溶于 500mL 水中，然后稀释至 1000mL 备用；明胶溶液的配制是将 25g 氢氧化钠和 40g 明胶共溶于 1000mL 水中，加热至沸腾数分钟后即可应用，也可将 5g/L 的明胶用冷水浸 2h，然后通入蒸汽，沸腾数分钟后即可使用。

11.3.2　镀液成分及工艺参数对合金成分的影响

　　以氰化镀低锡青铜为例。

1. 放电金属离子总浓度和浓度比的影响

锡青铜镀液的铜盐用氰化亚铜，锡盐用锡酸钠，它们提供在阴极析出的金属，两种金属离子浓度比对合金层的成分起决定作用。在游离氰化钠 15g/L、游离氢氧化钠 7.5g/L、温度 65℃、阴极电流密度为 3A/dm^2 时，溶液中金属离子的含量对合金成分的影响如图 11-3 所示。很明显，随 Cu/Sn 比值降低，含铜量降低、锡含量升高。为获得 10%～15% 的低锡青铜，其 Cu/Sn 比值为 2～3。图 11-4 是低氰高锡镀液中铜、锡浓度变化对应镀层色泽变化的情况。

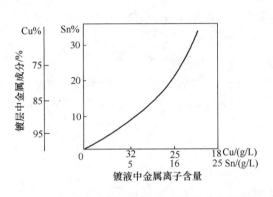
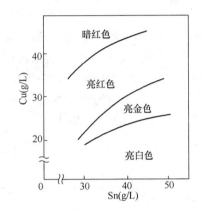

图 11-3　镀液中金属离子含量对镀层成分的影响　图 11-4　镀液中 Cu、Sn 浓度对镀层色泽的影响

在保持两种金属离子浓度比例一定的情况下，改变溶液中金属离子的总浓度，一般来说对镀层成分影响不大，主要是对电流效率有影响。总浓度增大，将使电流效率有所增高。例如 Cu 与 Sn 的总浓度由 48g/L 增加到 68g/L，合金沉积的电流效率将由 56% 提高到 65%。如果溶液中金属离子的总浓度过大，将会使镀层变粗。因而，溶液中金属离子的浓度也必须维持在一定的水平上。

2. 络合剂浓度的影响

镀液中的铜与锡分别由氰化钠和氢氧化钠络合，而对彼此的平衡电位和阴极极化影响很小，因此可利用这一特点调节合金成分。镀液中的 CuCN 和 NaCN 生成铜氰络合物，即 $CuCN + NaCN \rightleftharpoons Na[Cu(CN)_2]$。在水溶液中铜氰络合物电离为铜氰络离子 $Na[Cu(CN)_2] \rightleftharpoons Na^+ + [Cu(CN)_2]^-$，该络离子的 $K_{不稳} = 1 \times 10^{-24}$，因此，镀液中简单的 Cu^{2+} 离子可忽略不计，在阴极上放电的是铜氰络离子 $[Cu(CN)_2]^- + e \longrightarrow Cu + 2CN^-$。镀液中游离氰化钠的含量能影响铜氰络离子的稳定性，提高溶液中游离 CN^- 离子的含量，电离平衡向左方移动 $[Cu(CN)_2]^- \rightleftharpoons Cu^+ + 2CN^-$，使络离子稳定性增加，因此在阴极上放电更困难，使阴极极化增大，另外，随着游离氰化钠含量提高，在溶液中可能生成配位数更高、更加稳定的络离子，例如生成 $[Cu(CN)_3]^{2-}$（$K_{不稳} = 2.6 \times 10^{-28}$）和 $[Cu(CN)_4]^{3-}$ 等。

当几种不同形式的络离子在溶液中同时存在时，在阴极上首先放电的是配位数和负电荷较少的络离子。当镀液中游离氰化钠足够高时，$[Cu(CN)_3]^{2-} + e \longrightarrow Cu + 3CN^-$，从而使阴极极化进一步提高。因此，镀液中游离氰化钠的多少，能影响镀层中铜的含量，随着溶液中游离氰化钠含量的增加，镀层中铜含量降低。如图 11-5 所示是当镀液中含 Cu

25g/L、Sn 13.8g/L、游离 NaOH 15g/L，于 50℃和 3A/dm² 的电流密度下电镀时，随着 NaCN 游离量的增高，镀层中 Cu 的含量会明显降低。由于 NaCN 与镀液中的 Sn 不发生化学作用，NaCN 游离含量对 Sn 的析出没有直接影响。

在镀液中，锡以锡酸钠形式加入，在碱性溶液中电离生成具有络离子性质的水化物

$$Na_2SnO_3 \Longrightarrow 2Na^+ + SnO_3^{2-}$$

$$SnO_3^{2-} + 3H_2O \Longrightarrow [Sn(OH)_6]^{2-}$$

$[Sn(OH)_6]^{2-}$ 的电力平衡为：

$$[Sn(OH)_6]^{2-} \Longrightarrow Sn^{4+} + 6OH^-$$

其 $K_{不稳}$ 很小，因此镀液中简单 Sn^{4+} 离子非常少。在阴极上主要是络离子放电，即

$$[Sn(OH)_6]^{2-} + 4e \longrightarrow Sn + 6OH^-$$

同理，随着镀液中游离氢氧化钠的增加，锡络离子的稳定性增加，使镀层中含锡量降低。如图 11-6 所示是镀液中含游离氰化钠 17g/L，其他条件与图 11-5 相同，随着 NaOH 浓度增大，镀层中 Sn 含量大大减少。NaOH 对铜氰络离子稳定性影响不大，故游离 NaOH 的变化，对 Cu 析出影响不大。

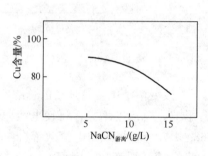

图 11-5　Cu-Sn 合金镀层中 Cu 含量和游离 NaCN 浓度的关系

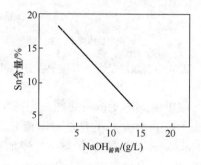

图 11-6　Cu-Sn 合金镀层中 Sn 含量和游离 NaOH 浓度的关系

从以上分析可知，合理地控制游离氰化钠和氢氧化钠浓度是获得稳定合金组成的重要条件。低锡青铜的电流效率大致为 60%～70%，如游离络合剂含量太高，铜和锡的析出电位负移，则有利于氢的析出，这不仅使阴极电流效率进一步下降，而且使镀层针孔增加，严重时将造成镀层粗糙和疏松，故络合剂浓度不能过高。

3. 添加剂的影响

为了提高镀层的光亮度，常在镀液中加入 0.1～0.5g/L 的明胶做光亮剂。但加入量过多时，阴极电流密度降低，镀层脆性增大，沉积速度减慢，常出现色泽不均。采用铋盐和铅盐做光亮剂则效果较好，其浓度由赫尔槽控制。此外，硒、钼、铊及银盐等无机光亮剂和硫氰酸钠、硫代氨基酸和乙醇酸等也有一定效果。国内研究成功的 CSNU-1、CSUN-2 光亮剂，据报道可获得全光亮低锡青铜，提高两种光亮剂的含量有助于镀层中锡含量的提高，但同时也会使镀层脆性增加。

4. 电流密度的影响

在合金电镀中，阴极电流密度对镀层的质量和成分都有一定的影响，低锡青铜电流密度以 2.0～2.5A/dm² 为宜。

电流密度对合金成分的影响比较复杂，还没有得到统一的规律。对铜锡合金而言，随电流密度的提高，镀层中锡含量将有所下降。电流密度过高时，除电流效率相应地降低外，镀层外观变粗、内应力加大。若电流密度过低，则沉积速度太慢，且镀层颜色变差。

5. 温度的影响

温度对镀层成分、质量和电流效率都有影响。对于电镀低锡青铜，温度常控制在 60～65℃，这时镀层的色泽、电流效率和阳极溶解情况都较好。升高温度，镀层中锡含量提高；降低温度，镀层中锡含量减少，电流效率下降，镀层光泽性差，阳极工作也不正常。

6. 阳极的影响

电镀低锡青铜一般采用铜和锡按比例浇铸的可溶性阳极。合金中 Sn 的溶解反应比较复杂，与纯锡阳极类似。图 11-7 表示出镀液中含 Cu18.4g/L、Sn28g/L、游离 KCN27.2g/L、游离 NaOH13.2g/L 情况下，试验测得的阳极极化曲线。极化曲线的特点是出现了两次电位突跃，从而可将曲线分为三段。在曲线第 Ⅰ 段的电位下，Cu 主要以一价铜离子形式进入溶液，而 Sn 以二价形式溶解。提高电流密度，将电位上升到某一数值时，出现电位第一次突跃。在曲线第 Ⅱ 段电位下，Cu 仍以一价离子形式溶解，但 Sn 则氧化成四价离子。这时，阳极表面形成一层黄绿色膜，我们称阳极的这种状态为半钝化状态。继续提高电流密度，使之接近于 $4A/dm^2$ 时，电位又一次发生更大幅度的跃变。阳极被一层黑色膜所覆盖，合金阳极的溶解基本上停止了，在阳极上析出大量氧气，反应为：

$$4OH^- - 4e \longrightarrow O_2\uparrow + 2H_2O$$

此电极过程与曲线的第 Ⅲ 段相对应，合金阳极溶解反应几乎停止，阳极处于钝化状态。

生产实践证明，溶液中存在的二价锡是非常有害的。少量的二价锡（小于 0.8g/L）使镀层出现毛刺。若二价锡较多（大于 1.3g/L），镀层发乌，甚至会形成海绵状镀层。由图 11-7 可看出，为了避免形成二价锡，必须使阳极在与曲线第 Ⅱ 段相对应的电流密度下工作，即需要阳极处于半钝化状态。为此，Cu-Sn 合金阳极一般在使用前要先经过半钝化处理。生产过程中，也应维持良好的半钝化状态。半钝化处理的方法很多，可以直接在镀槽中，于短时间内提高阳极电流密度 2～3 倍，直到表面生成一层半钝化膜后，再将电流降至正常值；也可在通电的情况下，逐步挂入阳极，使阳极板在较高的电流密度下进入溶液，

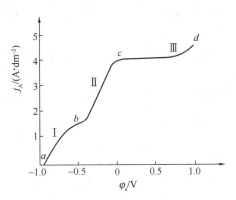

图 11-7 铜锡合金阳极极化曲线
（阳极成分：Cu85%，Sn15%）

可在表面形成一层半钝化膜，如果由于某种原因（例如导电不良），半钝化膜被破坏，则可使用减少阳极的方法，使之重新形成半钝化膜。在电镀过程中，为了维持阳极的半钝化状态，必须严格控制电流密度范围。对于电镀低锡青铜的合金阳极，电流密度通常为 $2～3A/dm^2$。

必须指出，即使是阳极处在半钝化状态，也不能完全避免产生二价锡。这是由于阳极

表面状态不均，各处电流密度不同，在电流密度较低之处，不可避免地会产生二价锡。在生产中，为了消除溶液中的二价锡，一般都是定期地向镀液中加入少量的 30% 的 H_2O_2，将二价锡氧化为四价锡。

阳极钝化，不仅使溶液中放电的金属离子逐渐变少，而且由于氧的大量析出，加剧了氧化物的分解。这样，严重地破坏了镀液的稳定性，这是生产中所不希望的。除电流密度外，阳极的钝化还与镀液的成分和操作条件有关。实践证明，镀液中游离的 NaCN 和 NaOH 浓度对阳极的正常溶解影响很大，NaCN 浓度低于 5g/L 时，阳极就会停止溶解。当 NaOH 含量很低时，无论电流密度大小，阳极将完全处于钝化状态，为了不使阳极钝化，溶液中 NaCN 和 NaOH 都应维持适当的游离量。

温度对 Cu-Sn 合金阳极溶解也有影响，温度低时，阳极极化增大，将促使阳极钝化，允许的阳极电流密度自然减少。提高温度虽可克服阳极的这种弊病，但不宜过高，否则将加速半钝化膜的溶解，对电镀过程不利。

含锡量小于 14% 的 Cu-Sn 合金结构为单相固溶体。因而，两种金属将在一定电位下按比例均匀溶解。使用铸造的低锡青铜合金阳极时，要对阳极进行退火处理。可在 700℃ 下退火 2~3h，随后在空气中冷却之。如阳极不经退火处理，则阳极溶解性差些。

另外，由于空气中的二氧化碳或氧不断地与溶液中的氢氧化钠和氰化钠作用生成碳酸盐，过量的碳酸盐应定期除去。

11.4　电镀铜锌合金

电镀铜锌合金自 19 世纪中后期达到实用化以来，它与近代工业中广泛应用的单金属电镀 Ag、Au、Cu 及 Ni 等一样具有较长的历史。直至今日，电镀铜锌合金仍是应用最广泛的合金电镀之一。

铜含量高于锌的铜锌合金通常称黄铜。应用最广泛的黄铜其含铜量为 68%~75%，含铜量为 70%~80% 的铜锌合金呈金黄色，具有优良的装饰效果，它还可以进行化学着色而转化为其他色彩的镀层，广泛应用于灯具、日用五金及工艺品等方面。

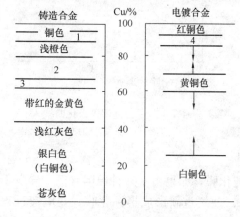

图 11-8　铜锌合金色泽随 Cu% 的变化
1—带红的黄色；2—带绿黄色或金黄色；
3—金黄色；4—青铜色

铸造黄铜和电镀黄铜的色泽不同，图 11-8 是它们的色泽随铜含量的变化情况。

钢丝镀黄铜后，能明显地提高钢丝同橡胶的粘结力，因而国内外钢丝轮胎均采用黄铜镀层作为钢丝与橡胶热压时的中间层。这一类型的黄铜镀层，以 α 相为最好，要求镀层含铜量严格控制在 (71±3)%，过高过低都会影响它与橡胶的粘合力。

锌含量高于铜的铜锌合金，通常称为白黄铜。它具有很强的抗腐蚀能力，可作为钢铁零件镀锡、镍、铬、银及其他金属的中间层，它已用于文教用品、家用电器及日用五金等方面。

11.4.1 镀液成分及工艺条件

能大规模使用的黄铜镀液，目前主要为氰化物镀液，无氰镀液研究较多，例如硫酸盐、酒石酸、锌酸盐、草酸盐、三乙醇胺、甘油、焦磷酸盐及乙二胺等，但都未能得到工业应用，这方面还有待进一步开发，从氰化物镀液中可以获得黄铜及白黄铜，表11-3为各种镀黄铜的组成及工艺条件。

表 11-3 各种镀黄铜镀液的组成及工艺条件

组成与工艺条件	黄铜					白黄铜
	装饰性		厚镀层	橡胶粘结用	光亮滚镀	
	1	2				
氰化亚铜(CuCN)/(g/L)	22~27	28~32	56	8~14	28~35	17
氰化锌[Zn(CN)₂]/(g/L)	8~12	7~8	13	5~15	4~6	64
游离氰化钠(NaCN)/(g/L)	16	6~8	—	5~10	8~15	31
总氰化钠(NaCN)/(g/L)	—	—	85	—	—	85
氢氧化钠(NaOH)/(g/L)	—	—	—	—	5~8	60
硫化钠(Na₂S)/(g/L)	—	—	—	—	0.4	—
硫氰化钾(KSCN)/(g/L)	—	—	30	—	—	—
碳酸钠(Na₂CO₃)/(g/L)	20~40	—	—	15~12	20~30	—
碳酸氢钠(NaHCO₃)/(g/L)	—	10~12	—	—	—	—
氯化铵(NH₄Cl)/(g/L)	2~5	—	—	—	—	—
氨水(NH₃·H₂O)/(g/L)	—	2~4	—	0.5~1.0	—	—
亚硫酸钠(Na₂SO₃)/(g/L)	5	—	—	5~8	—	—
乙醇胺(mL/L)	—	—	50	—	—	—
酒石酸钾钠(KNaC₄H₂O₆)/(g/L)	10~20	—	20	—	20~30	—
醋酸铅[Pb(H₃COO)₂·3H₂O]/(g/L)	—	—	—	—	0.01~0.02	—
pH值	—	10~11	11.7	10.3~11.0	—	12~13
温度/℃	20~40	35~40	55	20~30	50~55	25~40
j_k/(A/dm²)	0.2~0.5	1~1.5	1~3	0.3~0.5	150~170 (A/桶)	1~4
阴极电流效率/%	—	60~70	—	60	60~70	60~80
镀层含铜量/%	—	70~78	—	68~75	70~80	28
转速/(r/min)	—	—	—	—	12~14	—
阳极含铜量/%	70~75	70~75	2	70	70~75	28

11.4.2 镀液中主要成分的作用及工艺条件的影响

1. 氰化锌及氰化亚铜

这是镀液中的主盐，Cu 与 Zn 两种离子在镀液中以[Cu(CN)₃]²⁻和[Zn(CN)₄]²⁻形式存在。随着锌与铜含量的变化，镀层中含锌或含铜量也发生变化，镀层的色泽也会随之变化，提高镀液中铜对锌的浓度比可适当提高镀层中铜的含量，但不太敏感。若镀液中锌离子浓度高，锌铜合金套铬时呈乳白色。若主盐浓度相应提高，电流密度上限可以适当提高，但分散能力及覆盖能力略差；若主盐浓度低，阴极电流效率下降，阴极电流密度上限下降，沉积速度就会变慢，则镀层抛光时容易露底。

值得指出的是镀层中锌铜的比例不仅同镀液中的锌、铜离子的浓度有关，而且还与镀液中氰化物、氢氧化钠的含量有关，同操作条件也有一定的关系。

2. 氰化钠

这里主要指游离氰化钠的含量。游离氰化钠有助于铜、锌络离子的稳定，有利于阳极正常溶解。若提高游离氰化钠的含量，使铜离子析出比较困难，则镀层中锌的比例就会相对提高。过高的氰化钠会导致阴极电流效率下降，镀层疏松呈灰暗色；降低氰化钠含量，铜较易析出，镀层中铜含量相应增加，镀层呈黄色或带红色。

3. 氢氧化钠

氢氧化钠可以防止氰化物分解成剧毒氰氢酸（HCN），并且有增强氰根络合能力的作用。提高氢氧化钠浓度，氰根络合铜离子的能力明显增加，铜络离子的放电受到较大抑制，相对而言，锌络离子的放电受到较小抑制，镀层中锌含量将有所提高。若氢氧化钠含量过高，镀液的导电能力增强，使锌沉积加速，镀层呈灰暗色，甚至粗糙而有脆性，锌阳极溶解也较快。如氢氧化钠不足，氰化钠络合能力下降，铜络离子的放电比较容易，镀层易呈浅黄色或带红色。

4. 氨水用量的影响

氨水能扩大阴极电流密度范围，并使镀层色泽均匀一致。它还能抑制氰化物水解，降低镀层中铜的含量。加入氨水可适当提高镀层的光亮度。

5. 碳酸钠的影响

碳酸钠能提高镀液的分散能力和导电性，减缓氰化物的分解。由于碱性镀液易吸收空气中的二氧化碳而变成碳酸盐，同时氰化物水解也变成碳酸盐，镀液中的碳酸钠会逐步积累，影响镀液的阴极电流效率，应定期用冷却法去除碳酸钠结晶。

6. pH 值的控制

镀液的 pH 值一般控制在 11～12 之间，pH 值提高，镀层中锌含量增加，这是调整黄铜色泽最简便的方法，pH 值过低可用氢氧化钠调整，也可用碳酸钠调整。

7. 电流密度的影响

对于镀黄铜，一般电流控制在 $0.5\sim1.5\mathrm{A/dm^2}$，镀白黄铜应在 $2\sim3\mathrm{A/dm^2}$。电流密度增大，阴极电流效率下降，阳极也容易钝化，镀层中铜含量降低，故改变电流密度也是控制镀层成分和色泽的有效方法之一。

8. 温度的影响

温度一般也应严格控制，镀液温度升高，镀层中铜含量增加，阴极允许电流密度增大，电流效率提高，但氰化物的分解会加速，镀层易发灰或产生毛刺。温度过低时，镀层中锌含量高，呈苍白色。

9. 阳极

镀黄铜时一般多采用合金阳极，其组成最后应与镀层接近或相等，否则易引起镀层或镀液不稳定。新阳极一般要在（650±10)℃的温度下退火1～2h，并在5％硝酸溶液中浸蚀，用金属刷子刷后才能使用。

11.4.3 仿金电镀

目前，电镀黄铜的最大用途是其装饰性，也就是大家俗称的"仿金电镀"，这种仿金电镀装饰工艺已成为定型的装饰技术。尤其是20世纪80年代后，由于人们对传统铜镍铬装饰技术已不太感兴趣，所以对仿金黄铜电镀产品的需求量开始剧增，例如在美国的室内装饰业中，尤其是室内高级装饰品方面，对仿金电镀的需求量已超过铬镀层产品。仿金镀层可以用多种方法获得，但一般是采用镀铜合金的方法，如铜锌合金、铜锡合金及铜锌锡合金等，表11-3中配方1及2是目前应用的仿金电镀典型配方及工艺。因为装饰用仿金镀层较薄，一般在1～2μm，只要求在制品表面"着上一薄层金黄色"，这样薄的铜合金镀层耐腐蚀性极差。因此，镀层的耐腐蚀性主要靠电镀底层来解决。单独采用镀厚铜打底，再镀仿金镀层，这种方法不好，仿金不逼真易"泛红"，故目前生产中一般采用镀亮镍打底或采用"亮铜-亮镍"做底层，因底层光亮，在仿金镀液中不必再添加光亮剂。

仿金电镀中最关键的是镀层色泽及耐变色问题。镀层的色泽可以通过镀液组成及工艺参数的改变而获得各种成色，例如黄铜色、"18～20K"金色、玫瑰金色等。仿金镀层的变色问题可通过后处理来解决，后处理包括钝化处理及涂覆有机膜。钝化处理是必不可少的工序，除可防止仿金层的变色，还可中和零件表面滞留的碱，钝化处理工艺规范见表11-4。采用苯骈三氮唑进行钝化，抗变色效果虽好，但其成本较高。此外这种保护膜在受热或长期暴露后会使仿金镀层的色泽变得偏红，故目前生产中一般多采用重铬酸钾盐钝化处理，苯骈三氮唑钝化可用于钝化后不便于涂覆有机保护膜的仿金镀件上。

为了防止镀层变色及钝化膜被破坏，经仿金电镀的零件钝化处理后，还必须涂覆一层透明而且具有一定硬度的有机膜进行进一步的保护。国内使用的仿金镀层保护涂料，一般是丙烯酸类、环氧树脂类、聚氨酯类清漆及其他有机涂料。涂覆方法可采用浸除或喷涂方法，如采用静电喷涂的方法其效果最佳。

表11-4 仿金镀层钝化处理的工艺规范

序号	溶液配方		工艺条件	
	成　分	含　量/(g/L)	温度/℃	时间/min
1	重铬酸钾($K_2Cr_2O_7$)(用醋酸调 pH＝3～4)	50	10 以下 10～20 20～30	30 20 15
2	苯骈三氮唑(适用于乙醇溶液)	15(2～3)	室温(50～60)	2(2～3)
3	铬酐(CrO_3) 硝酸($HNO_3 d$＝1.42) 氧化锌(ZnO) 表面活性剂	2～5 1(mL/L) 0.8 0.2(mL/L)	室温	1～15(s)

注：方法2浸渍后，不经水洗，直接甩干，再用冷风吹干。

11.5 电镀其他合金

11.5.1 电镀镍铁合金

镍铁合金是一个很早就研究过的镀种，但是直到最近几十年，由于找到了性能良好的镀液稳定剂和光亮剂，才大量地用于生产。因为光亮 Ni-Fe 合金镀层（含 Fe20%～40%）的耐蚀能力相当强，故可取代光亮镍镀层，以达到节约金属镍和降低成本的目的。

目前采用的 Ni-Fe 合金镀液主要成分是：$NiSO_4 \cdot 6H_2O$ 80～130g/L，$NiCl_2 \cdot 6H_2O$ 40～80g/L，$FeSO_4 \cdot 7H_2O$ 5～20g/L，H_3BO_3 40～50g/L 以及一定数量的稳定剂和光亮剂。镀液的 pH 值维持在 3.0～3.5。镀液中不可避免地会有 Fe^{3+} 存在，这是一种有害的杂质在镀液中的含量不得超过总铁量的 10%～15%，pH 值超过 3 时，Fe^{3+} 就有形成 $Fe(OH)_3$ 的危险。pH 值越高，越容易形成 $Fe(OH)_3$。为了保持镀液稳定，需向镀液中添加足够量的稳定剂（例如羟基羧酸型化合物等）。稳定剂能与 Fe^{3+} 形成稳定的络合物，并能抑制 Fe^{2+} 向 Fe^{3+} 转化。要求稳定剂本身不参加电极反应而且对镀层的光泽及物理机械性能无不良影响。镀液的 pH 值过低，阴极电流效率明显下降，还会使 Ni-Fe 合金镀层的光亮度变坏。

随着镀液中 Fe/Ni 比值的增大，镀层中铁含量明显提高，镀层内应力和硬度也随之增大。

电镀 Ni-Fe 合金时，允许使用的电流密度范围比较宽，为 2～8A/dm²。强烈搅拌镀液，可使电流密度成倍增长，而且镀层中的铁也相应地急剧提高，在搅拌条件下电镀层中铁含量可高达 40%，而停止搅拌后，镀层中铁含量将下降至 20% 左右。这种现象表明溶液中两种离子在阴极上共沉积时，沉积铁的速度在很大程度上受 Fe^{2+} 在溶液中的扩散控制。在用空气搅拌镀液时，应注意使用低泡沫的润湿剂（例如 2-乙基己基硫酸钠）。

电镀 Ni-Fe 合金的操作温度一般维持在 50～60℃。温度过高时有可能使稳定剂遭到破坏，形成对电镀有害的分解产物。温度较高也会促进有害的 Fe^{3+} 形成。温度低于 50℃ 时，电流密度较高的部位容易烧焦，整平能力下降，两极的电流效率随之降低。

对防腐性能要求较高的产品，可以考虑镀双层镍铁合金，即先在零件上镀上一层含铁 30%～40% 的 Ni-Fe 合金（简称高铁合金），然后再镀一层含铁 10%～15% 的 Ni-Fe 合金（简称低铁合金）。高铁合金镀层最好占镀层总厚度的 2/3。高铁合金镀层虽然节约的镍较多，而且韧性较好，但使用过程中镀层易出现黄金斑点，而低铁合金不会出现这个问题。有时也采用三层镍铁合金，即先镀低铁合金，再镀高铁合金，最后仍为镀低铁合金。

11.5.2 电镀铅锡合金

含锡 6%～10% 的铅锡合金镀层是一种很好的减摩镀层，常镀于轴承等表面上，含锡较高（50%～60%）的锡铅合金镀层能改善镀件的焊接性能。

由于铅与锡的标准电极电位很接近，所以它们在简单的盐溶液中即可共沉积。最常用的氟硼酸盐镀液中含有 $Pb(BF_4)_2$ 110～270g/L、$Sn(BF_4)_2$ 50～70g/L、游离的 HBF_4 50～100g/L。此外，还需向镀液中添加少量添加剂（例如 3～5g/L 桃胶）。在此镀液中可得到含锡 6%～10% 的 Pb-Sn 合金镀层。若提高溶液中的 Sn/Pb 比，则镀层中锡含量也相应提高。镀液中的 HBF_4 含量对镀层成分影响不大，但它能抑制 Sn^{2+} 水解，使镀液的稳定性提高。它还能保证 Pb-Sn 合金阳极的正常溶解。向镀液中加入桃胶、蛋白胨等添加剂，可抑制树枝状结晶的形成，使镀层晶粒细化，并可改善镀液的分散能力。它还可适当地提高镀层中锡含量，不过添加剂含量过高，会使合金镀层变脆。

Pb-Sn 合金电镀通常在室温和电流密度为 $0.8～2A/dm^2$ 的条件下进行。提高阴极电流密度，可使镀层中锡含量增加。电镀时，以采用阴极移动搅拌镀液为宜，搅拌过于剧烈，会使镀层中锡含量降低。应注意避免使用空气搅拌，否则 Sn^{2+} 易被氧化。

对电镀 Pb-Sn 合金来说，既可以使用合金阳极，也可以使用铅与锡两种单金属的联合阳极。

与焦磷酸盐、氨基磺酸盐、酚磺酸盐等其他镀液相比，氟硼酸盐镀液性能最好，在工业生产中应用得很广泛。但是，氟硼酸盐镀液的腐蚀性强，废水处理也比较复杂，人们一直还在努力研究在生产上取代氟硼酸盐的新镀液。

Pb-Sn 合金镀层在空气中易氧化，因而影响其焊接性能。为了提高镀层的稳定性，常在电镀后将镀层置于含有 $K_2Cr_2O_7$ 和 Na_2CO_3 的溶液中进行钝化处理。

11.5.3 电镀锡镍合金

以镀铜层为底层的锡镍合金（含 Sn65%）镀层具有优良的耐大气腐蚀能力，在一些较强的稀酸中及其他多种化学药品中，它也是相当稳定的。它在光亮的基体上比较容易获得光亮沉积层。由于它有易焊接、外观漂亮等特点，故在电子工业的印制电路生产中引起了人们的注意。

向 $NiCl_2$ 140～160g/L 的溶液中加入足够量的 NaF（28～30g/L）和 NH_4F（35～38g/L）后，再在搅拌条件下加入 $SnCl_2$ 33～42g/L。这时镀液中的 Sn^{2+} 和少量的 Sn^{4+} 分别被络合为 $[SnF_4]^{2-}$ 和 $[SnF_6]^{2-}$，此镀液可以保证获得结构适宜的合金镀层。在这种镀液中形成的 Sn-Ni 合金镀层的成分，基本上不受溶液中金属离子浓度的影响。在相当宽的电流密度（0.5～4.0A/dm²）和温度（45～70℃）范围内，镀层成分也几乎不变。电镀这种合金在操作和控制上都很方便。镀液中的 pH 值对镀层的外观影响较大，一般控制在 2.0～2.5。

电镀 Sn-Ni 合金的阴极电流效率很高，可达 96%～98%，沉积速度相当快。镀液的分散能力也比光亮镀镍溶液好。Sn-Ni 合金镀层的硬度比镀镍层高，其缺点是内应力较大。

Sn-Ni 合金镀层由金属间化合物 NiSn 构成。有趣的是在热平衡相图中根本不存在这种相。这种化合物只能用电解方法才能得到。在 300℃ 下它分解为 Ni_2Sn 和 Ni_3Sn_4 两相。显然，在熔炼的合金阳极中，应当含有这两种化合物。这种合金阳极在阳极极化时，只有 Ni_2Sn 溶解。因此，电镀 Sn-Ni 合金不宜使用合金阳极，通常都是采用两种单金属的联合阳极，而镍板面积应当 5 倍于锡板，平均阳极电流密度维持在 0.5～1.0A/dm² 范围内。生产中也可采用单独的镍阳极，及时向镀液中添加 $SnCl_2$ 来补充电镀中所需要的 Sn^{2+}。

11.5.4 电镀锌镍合金

一般说来，电沉积锌基合金的耐腐蚀性要比镀锌层强。因此，为了提高镀锌层的防护能力和降低镀层厚度，人们曾对很多锌基合金进行过研究，而且已有不少用于生产。目前应用得比较广泛的 Zn-Ni 合金镀层，含镍量多在 8%～15% 之间，不仅其耐腐蚀性是纯锌镀层的 3～5 倍，硬度与耐磨性明显高于纯锌层，而且这种合金镀层的氢脆性很低，可在不少情况下作为代铬镀层。

可用于镀 Zn-Ni 合金的镀液类型很多，目前应用比较广泛的镀液是氯化物与硫酸盐。例如，某镀液中含有 $NiSO_4 \cdot 7H_2O$ 100～120g/L，$ZnCl_2$ 60～80g/L，NH_4Cl 200～220 g/L，H_3BO_3 20～35g/L，另外再加入少量的润湿剂和光亮剂。镀液的 pH 值维持在 5 左右，在电流密度 2A/dm^2 和温度 25℃下电镀，可得到含镍量 8%～14% 的 Zn-Ni 镀层。

在电镀 Zn-Ni 合金时，常使用两种单金属联合阳极。但因锌阳极在镀液中的自溶解和置换反应，很难通过控制两种金属上的分电流来稳定镀液中的 Zn^{2+} 与 Ni^{2+} 的相对含量。由于锌与镍的溶点差别很大（相差 1000℃以上），通过熔炼铸造 Zn-Ni 合金，工艺中存在着不少困难。曾对熔炼的含镍 12.5% 的合金进行过研究，发现这种合金是由 Zn 与 $Zn_{21}Ni_5$ 两相组成，结晶致密且两相分布比较均匀，使用这种合金进行电镀时，镀液中主盐浓度变化较小。在这种 Zn-Ni 合金阳极溶解过程中，首先是锌的溶解，然后则是金属间化合物与锌的交替溶解。总的来看，溶解过程中的阳极表面还是比较均匀的。如果阳极极化过大，则有可能在阳极表面上形成 NiO 的覆盖层，而使阳极钝化。

11.5.5　电镀镍钴合金

在电子工业中广泛使用电沉积的镍钴合金作为磁性材料，由于要求它具有较大的矫顽力和剩余磁感应强度，镀层的钴含量应维持在 62%～85% 以内。

镍与钴的标准电极电位很接近，故可在简单盐溶液中共沉积。为了获得性能较好的 Co-Ni 合金镀层，可用 $NiCl_2$ 132～137g/L，$CoSO_4$ 100～105g/L，H_3BO_3 20～30g/L，KCl 10～15g/L 配成镀液，pH 值控制在 4～5 之间，并在 50～60℃下，以 1～2A/dm^2 的电流密度进行电镀。

电镀磁性合金除对镀层成分有严格要求外，还要求镀层表面光洁度高，结晶细致，不允许有任何微孔存在。此外，对镀层的晶体结构也应予以足够的重视。

如向 Co-Ni 合金镀液中添加少量次磷酸钠（NaH_2PO_2），则可沉积出 Co-Ni-P 三元合金。这种镀层的磁性能比 Co-Ni 合金更优越。镀液的酸度对磷在镀层中的分布状态影响很大。

电镀 Co-Ni 合金，也可使用氨基磺酸盐镀液。

11.5.6　电镀高熔点金属的合金

通常将熔点比铬高的金属，称为高熔点金属，包括钛、锆、铪、铌、钽、钼、钨、钨等。这些金属一般不能在水溶液中沉积形成镀层。但是，如前面提到过的，它们完全有可能以合金的形式自水溶液中析出。例如钼与钨能与体系金属共沉积。高熔点金属在这类合金中的含量通常低于 30%。由于这类合金是低熔点混合物型的，其熔点将低于铁系金属，故它们并不属于高熔点合金。一般说来，这类镀层的硬度、耐磨性和耐腐蚀性都比较高。

以含氧酸或其盐为络合剂和以氨或铵盐为稳定剂组成的碱性镀液中，可以沉积出铁系金属与钨的合金。例如，将含有 Co（以 $CoSO_4$ 形式加入）25g/L、W（以 Na_2WO_4 形式加入）

25g/L、$KNaC_4H_4O_6 \cdot 4H_2O$ 400g/L、NH_4Cl 150g/L 的镀液，用 NH_3 调 pH 值达 9 后，在 2A/dm² 电流密度和室温下电镀，则可得到含钨 20% 左右的 Co-W 合金镀层。电镀时阴极电流效率为 93%。

11.5.7 电镀三元合金

由于影响三元合金电沉积的因素比二元合金多，难以控制，因而虽研究的不少，但在实际生产中应用的并不多。不过某些三元合金镀层所具有的特殊性能，又常常对人们有不小的吸引力。随着电镀工业自动控制技术的进展，电镀三元合金必将获得进一步的开发与应用。目前应用的比较多的三元合金镀层是作为仿金镀层的 Cu-Zn-Sn 合金。Cu-Zn-Sn 三元合金的仿金色彩比较丰富。例如，在氰化镀 Cu-Zn 合金溶液中，加入少量 Na_2SnO_3 并加入一定量的添加剂，选择适当的工艺条件，即可获得各种色泽的仿金镀层。

其他正在研究和获得应用的三元合金镀层，绝大部分是以铁、钴、镍作为它的一个组分。例如，为了满足电子工业对磁性材料的需求，除电沉积 Co-Ni-P 合金外，还可在氨基磺酸盐等镀液中电镀 Ni-Fe-Co 和 Ni-Fe-Mo 等合金镀层。又如，可由焦磷酸盐镀液中电沉积 Zn-Fe-Ni 合金。在合金中含锌 35% 以上、镍 10% 以下和铁不足 5% 时，对于钢铁基体来说，它是一种阳极性镀层，其耐腐蚀性较强，可作为镀铬的底层。

曾对各种镀液中电沉积 Fe-Ni-Cr 三元合金进行了大量研究。这种镀层的耐磨性好，硬度也高，将来用于工业生产的可能性很大。特别是通过适当地调整镀液组成和操作条件，有可能获得与不锈钢成分相近的镀层。若能以不锈钢镀层代替整体的不锈钢器皿和零件，将是一项很有价值的节约贵重金属材料的措施。

复习思考题

1. 金属共沉积的基本条件是什么？可采取哪些措施来实现？

2. 合金共沉积有哪几种类型？各有什么特点？说明产生异常共沉积的可能原因。

3. 合金共沉积过程中，影响合金组成的主要因素有哪些？举例说明。

4. 铜锡合金镀液的组成有哪些？控制哪些因素能获得性能良好的低锡合金镀层？

5. 目前铜锡合金及铜锌合金镀液为什么还不能实现无氰化？试提出改进方案。

6. 采取哪些措施可使仿金镀层获得金黄色镀层及延缓镀层变色？试写出仿金镀的全部工艺过程。

7. 电镀其他合金都有哪几种？它们各自有哪些特点及用途？

12 特种镀膜技术

本章讨论普通电镀之外的其他镀膜技术，例如复合镀、脉冲镀、刷镀等，以便读者在实践中根据不同零件和条件选择最佳的镀膜技术。

12.1 复 合 镀

复合镀是将某种不溶于镀液的固体微粒，通过搅拌，使固体微粒均匀地悬浮在镀液中，用一般电镀或化学镀方法，与镀液中某种单金属或合金成分在阴极上实现共沉积的一种工艺过程。镀层中，固体微粒均匀地分散在单金属或合金的基质中，故复合镀又称为分散镀或弥散镀。所得镀层称为复合镀层，是一种金属基的复合材料，由于固体微粒的嵌入，使原有镀层发生显著变化，而扩展了它在不同领域的应用。一般来说，任何金属镀层都可以成为复合镀层的基质材料，但常用和研究较多的有镍、铜、铁、钴、铬、锌、银、金、铅、镍-磷、镍-铁、镍-硼、铅-锡、铜-锡等。作为固体微粒的有金属氧化物、碳化物、硼化物、氮化物等无机化合物分散剂，还有尼龙、聚四氟乙烯、聚氯乙烯等有机化合物分散剂，除非导体和非金属外，还有石墨、铝、铬、银、镍等导体微粒，在镀液中也可作为分散剂。在复合电镀中，必须备有良好合理的搅拌装置，使微粒悬浮在镀液中，目前所用的大都是连续搅拌方式，形式多种多样。

12.1.1 复合镀的形成机理

为什么悬浮在镀液中的固体微粒能在电镀过程中与金属在阴极上一同共沉积而形成复合镀层呢？通常认为：悬浮在镀液中的固体微粒，会吸附溶液中的各种离子。若微粒表面净吸附结果是正离子占优势，也即微粒表面带上正电后，才有可能与金属离子一同在阴极上共沉积。微粒表面吸附的正离子，通常以镀液中主盐的金属离子为主。各种因素对微粒吸附金属离子很有影响。

1. 阴离子的影响

在金属离子和固体微粒相同的镀液中，如果阴离子的类型不同，则复合镀层中微粒含量会相差很大，甚至不含微粒。如用 Ni 和 Cu 的硫酸盐、氯化物、氟硼酸盐、氟硅酸盐和硝酸盐分别配成镀液，用高纯度固体微粒（如硫酸钡）做分散剂。结果证明，阴离子对微粒的吸附性有明显的影响，由于阴离子不同，使固体微粒对金属离子的吸附量有明显的不同。在硫酸盐溶液中，固体微粒吸附 Ni^{2+} 量最多，而氯化物溶液中吸附 Ni^{2+} 量最少。镀层中微粒含量随镀液中微粒吸附金属离子的数量而变化。所以在硫酸盐溶液中镀出的镀层含固体微粒最多。微粒对 Cu^{2+} 的吸附情况也完全类似，只有在氟硼酸盐镀液中，固体微粒才明显地吸附 Cu^{2+}，其他四类镀液中微粒的吸附性能很差，因此，只有在氟硼酸盐镀液中才能获得微粒含量较高的复合镀层。

2. 阳离子的影响

在有些镀液中，只有加入某些阳离子的促进剂，才能使微粒吸附镀液中主盐正离子而共沉积。例如，在酸性硫酸铜镀液中，由于 Al_2O_3 微粒吸附的 Cu^{2+} 极少，微粒表面没有足够的正电荷，因而不易和 Cu 共沉积，镀层中含 Al_2O_3 微粒极少。但是，在镀液中添加 Rb^+、Cs^+、Ti^+ 等一价阳离子，就能促进 Al_2O_3 微粒吸附 Cu^{2+}，而得到良好的 $Cu\text{-}Al_2O_3$ 复合镀层。这种外加某阳离子的促进作用是有选择性的。上例的一价阳离子，就不能促进无定形 SiO_2 微粒在 $NiSO_4$ 镀液中吸附 Ni^{2+}。只有在该镀液中添加了适当高价的阳离子（如 Al^{3+}），才能促进 SiO_2 微粒吸附更多的 Ni^{2+}，而获得 $Ni\text{-}SiO_2$ 复合镀层。

3. 胺的影响

在上述阴离子影响中，氯化物镀镍溶液，不能镀出含固体微粒的镀层，如果在镀液中添加了 EDTA 等一类含胺基的螯合剂后，就能使固体微粒吸附更多的 Ni^{2+}，而得到良好的复合镀层。

4. 其他影响

镀液的 pH 值、温度、电流密度、搅拌方式、微粒的性质、粒度和浓度、各种添加剂等对复合镀层的形成也有一定的影响。

多数研究者认为，吸附了金属离子的带正电荷固体微粒与金属离子实现共沉积的过程大致经过三步：

（1）带正电荷微粒主要通过搅拌（不排除电场作用）到达阴极表面。微粒向阴极迁移的动力主要靠搅拌的机械作用，而电场力的作用是次要的。与阴极之间作用力很弱，是一种物理吸附的弱吸附。所以，搅拌方式、强度及阴极外形是影响微粒吸附量及分布均匀性的主要因素。

（2）在电场作用下，微粒吸附在阴极表面上。微粒表面吸附阳离子种类及电荷多少，决定着它们与阴极之间的相互作用力。在静电场力的作用下，微粒脱去水化膜与阴极表面直接接触，它们之间的作用力进一步加强，形成化学吸附的强吸附。但只有少量微粒能完成这种从弱吸附到强吸附的转化，其余大多数微粒还会重新进入镀液中，故存在着一个不断有微粒吸附到阴极上来，同时又不断有微粒脱落下去的动态关系。

（3）微粒吸附的金属离子获得电子放电而进入金属晶格，微粒留下来，逐步被电沉积的金属原子所埋没而镶嵌在镀层之中。微粒被沉积的金属掩埋牢固所需的时间越短，则同一时间内，能够进入镀层内的微粒的数量就会越多，即共沉积量越大。这个时间的长短，主要取决于共沉积的电流密度、微粒的大小及形状等因素，以上就是复合镀层形成过程的简况。

12.1.2 常见的几类复合镀层及其应用

不同金属或合金与不同种类的微粒相复合，能具有各种特殊的性能和用途。

1. 防护装饰性镀层

防护与装饰两种作用，常常紧密相连。为了保持长久的装饰作用，必须具有一定的防护能力，反之，对于一些纯防护性镀层，也提出不同程度的装饰性要求。

锌是常用的一种黑色金属防护镀层，用铝粉与锌共沉积形成 Zn-Al 复合镀层，当 Al 的共析量为 10%（质量分数）时，经中性盐雾试验，其耐蚀性为同一厚度锌镀层的 6 倍。

由于锌镀层中的 Al 粉表面覆盖着氧化膜，在腐蚀电池中它仍为阴极，导电能力低，电子转移受阻，故氧在其上的还原速度很小，因而抑制了锌的腐蚀。

对于 Zn-SiO₂ 复合镀层，经中性盐雾试验证明出现锈斑的时间随 SiO₂ 的质量分数的增加而增加，当 SiO₂ 含量达 3.6％时，出现锈斑的时间是同一厚度锌层的 12 倍。如用有机硅联结剂处理后，可达到 27 倍。这是由于有机硅联结剂与 SiO₂ 微粒在复合镀层表面形成了一层具有化学结合力的憎水层，使锌镀层耐腐蚀性提高。

将 Cr 的微粒悬浮于 Ni-Fe 合金镀液中，电沉积(Ni-Fe)-Cr 的复合镀层，再经过热扩散后，则形成与不锈钢相近的合金。

镍封层是镍-铬组合镀层之间的一层镍复合镀层，可大大提高组合镀层的抗蚀性。镍封层厚度一般为 2~5μm，镍封层使用的微粒可以是金属的硫酸盐、硅酸盐，也可以是氧化物、碳化物、氮化物及塑料、玻璃粉、石英粉等。从电化学腐蚀角度来看，镍-铬组合镀层中，Ni 是阳极，Cr 是阴极，Ni 优先腐蚀，其腐蚀速度取决于阳极腐蚀电流密度的大小，即取决于镍镀层暴露面积的大小。由于镍与铬之间有镍封层，存在不导电的微粒，微粒上无铬沉积，从而使得铬层为微孔型的电镀微孔铬。铬层大量微孔使镍暴露出的总面积增加许多，从而降低了阳极腐蚀电流密度，故减缓了腐蚀速度，相应提高了镀层的抗蚀性能。微孔铬层厚度一般在 0.1~1μm 之间，不可太厚，否则会掩没微孔，降低耐蚀性。

2. 耐磨镀层

以 Ni、Co、Co-Ni 等为基质的金属或合金，与 Al₂O₃、ZrO₂、TiC、Cr₃C₂、SiC 等微粒所组成的复合镀层，具有优良的耐磨性能，已在航空、机械、汽车等工业中被广泛采用。特别在中、高温条件下，更显示出其独特的耐磨性能。如 Cr 在常温下耐磨性能良好，但在 400℃以上，硬度显著下降，已起不到耐磨作用。而一些 Ni、Co 基复合镀层，恰在中、高温时弥补了 Cr 的不足。将 Ni-SiC 与硬铬对比，镀覆在某种靶机气缸（压铸铝材）内壁上，在工作温度 500℃左右时，进行地面试车，经 33h 试车，镀硬铬的气缸内壁磨损深度为 18~20μm，而镀 Ni-SiC 复合镀层的气缸内壁磨损深度仅 3~4μm。复合镀层为什么有较好的耐磨性？其原因还不十分清楚。一般认为，在中、高温条件下，Co-Cr₃C₂ 镀层的耐磨性，来源于当表面之间运动时，在相接触的部位形成了氧化钴（Co₃O₄）的釉瓷，而 Cr₃C₂ 则对镀层起着增强作用。在 300℃以上才能使钴氧化，而温度升高时，釉瓷形成得更快，耐磨性也迅速提高。这种温度可以是工作环境的温度，也可以是相互摩擦而产生的温度。

3. 摩擦复合镀层

将固体润滑微粒分散在某些金属或合金中形成的复合镀层，其工作表面往往有较低的摩擦系数，称为减摩复合镀层或自润滑复合镀层。常用 Ni、Cu、Pb 等作为基质金属，用 MoS₂、石墨、氟化石墨、聚四氟乙烯、六方氮化硼等作为分散剂。例如，Ni-BN 复合镀层在 800℃左右的高温条件下工作时，仍有很低的摩擦系数，可用在炼钢厂使用的水平连铸机上。Pb-聚合树脂状物质复合镀层可作为轴承表面自润滑层。Ni-PTFE 复合镀层，可作为在极地使用的石油钻探机零件，在 -60℃条件下还有较好的润滑性。Cu-石墨可作为干润滑复合镀层。

除以上几类常用的复合镀层外，还有用于电子工业上既能保持导电能力，又能提高耐磨和抗电蚀性的金基、银基复合镀层；具有较高磁性记忆密度的(Ni-Fe)-Eu₂O₃ 复合镀层；

具有中子吸收能力，用于核反应堆控制系统的含 B12％～16％的 Ni-B 复合镀层等，日益展示着复合镀层具有多种功能的发展前景。近年来，根据电沉积原理，还开展了制备金属与各种金属和非金属纤维增强的电铸复合材料的研究，例如 Ni、Co 和 Al$_2$O$_3$、SiC 等晶须或 W、SiC 等纤维通过电铸形成的复合材料已经制得，Cu-碳纤维复合材料研制工作也取得了一定成绩，这些新材料已在现代新技术和高技术领域中发挥作用。

12.1.3 镀覆方法

1. 电镀法

在通常电镀溶液中，加入固体微粒，用电镀方法，可得到复合镀层。复合电镀装置与一般电镀装置差异在于：增加搅拌系统使固体微粒在镀液中始终保持悬浮状态，常用板泵、压缩空气或机械搅拌、连续循环过滤等几种搅拌方法。其中板泵的结构简单，微粒悬浮效果好，故常用。下面简单介绍几种工艺。

(1) 镍基耐磨复合镀层。镍能与各种硬质固体微粒共沉积，由于固体微粒的嵌入，使复合镀层的硬度和耐磨性有很大的提高。现以 Ni-SiC 为例，介绍其镀液成分及工艺条件如下：

硫酸镍(NiSO$_4$·7H$_2$O)	250～300g/L	氯化镍(NiCl$_2$·6H$_2$O)	30～60g/L
硼酸(H$_3$BO$_3$)	35～40g/L	SiC 微粒(1～3μm)	100g/L
pH 值	3～4	温度/℃	45～60
j_k/(A/dm^2)	5	搅拌	板泵

镀层中微力的质量分数为 2.5％～4.0％。镀层中微粒含量随镀液中微粒含量提高而提高，其含量会因加入阳离子表面活性剂而明显升高。而加入阴离子活性剂、提高 pH 值、升高电流密度及加强搅拌会使镀层中微粒含量降低。镀液中其他成分、有机添加剂及温度，对镀层微粒含量无影响。

可作为耐磨性的复合层，还有 Ni-Al$_2$O$_3$、Ni-TiO$_2$、Ni-难容碳化物，Ni-氮化物和 Ni-硼化物等。

(2) 钴基耐磨复合镀层。钴常与 Al$_2$O$_3$、Cr$_3$C$_2$、WC、SiC 微粒组成复合镀层，其中 Co-Cr$_3$C$_2$ 镀层已在英国用于飞机发动机中受高温磨蚀的零件。含 Cr$_3$C$_2$ 22％～30％（体积）的镀层，在 300℃以上接触摩擦时，其表面生成的氧化钴仍具有耐磨性，同时在镀层中形成 Co-Cr 合金，能在 800℃的干燥环境下使用。镀液成分及工艺条件如下：

硫酸钴(CoSO$_4$·7H$_2$O)	430～470g/L	氯化钠(NaCl)	15～20g/L
硼酸(H$_3$BO$_3$)	25～35g/L	Cr$_3$C$_2$微粒(2～4μm)	350～550g/L
pH 值	4.5～5.2	温度/℃	20～65
j_k/(A/dm^2)	1～7	搅拌	板泵或其他方式

所得镀层内应力应为 117.2MPa。镀后在 200℃下加热 3h 或在 300℃下加热 1h 以消除氢脆性。镀液中 Cr$_3$C$_2$ 在 250g/L 以下时，其沉积量随 Cr$_3$C$_2$ 在溶液中含量的增加而增加，Cr$_3$C$_2$ 含量超过 250g/L 时，则维持不变。电流密度在 4.5A/dm^2 以下时，沉积量随电流密度增加而增加，pH 值在 3.5～5.5 范围内对沉积量无影响。

(3) 铜基复合镀层。铜通常与 Al$_2$O$_3$、TiO$_2$、SiC 等微粒组成复合镀层。Cu-Al$_2$O$_3$ 复合镀液成分及工艺条件如下：

酸性镀液：

硫酸铜（$CuSO_4 \cdot 5H_2O$）	120～210g/L
硫酸（$H_2SO_4$98%）	50～120g/L
α-Al_2O_3微粒（0.3μm）	30g/L
温度/℃	20～25
j_k/（A/dm²）	2～10
镀层中微粒的质量分数/%	3
搅拌	板泵或其他方式

在氰化物、焦磷酸盐溶液中都可用来镀覆铜基复合镀层，但常用的是硫酸盐镀液。Cu-Al_2O_3镀覆在接触焊机的电极上，可大大提高它的抗磨损能力。

影响共沉积的因素有：Al_2O_3的状态对共沉积有很大影响，α-Al_2O_3可在酸性镀液中与铜共沉积，而γ-Al_2O_3则不能。电流密度对Al_2O_3含量有明显影响，在2A/dm²以下时，共沉积的Al_2O_3量随电流密度的升高而增加；在高于2A/dm²时，随着电流密度的升高而减少。为了提高镀层中Al_2O_3的含量，也可加入碳酸铵、硫脲（含量为0.02g/L）、丙烯基硫脲（含量为0.1g/L），Al^{3+}、NH_4^+等离子也能促进Al_2O_3在酸性镀液中的共沉积。

（4）干润滑复合镀层。镍与MoS_2、BN、$(CF)_n$等剪切强度低的软微粒，组成减摩效果好的复合镀层，其中Ni-MoS_2、Ni-$(CF)_n$主要在低负荷条件下使用，有很好的润滑性能和低的摩擦系数，且耐热性优良。Ni-MoS_2复合镀层成分及工艺条件如下：

硫酸镍（$NiSO_4 \cdot 7H_2O$）	310g/L
氯化镍（$NiCl_2 \cdot 6H_2O$）	50g/L
硼酸（H_3BO_3）	40g/L
MoS_2（3μm）	5g/L
pH值	1～2
温度/℃	20～35
j_k/（A/dm²）	1
搅拌	需要
镀层中微粒含量（ω/%）	24

镀液中pH值对共沉积有明显影响，增加pH值会降低镀层中MoS_2的含量。

2. 化学镀法

用化学镀的方法可得到多种镀层，常用的有化学复合镀镍。化学镀Ni-SiC镀层比用电镀法得到的镀层，更有耐磨性，常用来制作加工硬质材料的切削工具，特别是异型工具，如钻头、磨具、刀具等。

化学复合镀是在化学镀的基础上发展起来的，要求微粒不能影响镀液的稳定性；在高温下通过搅拌使微粒处于均匀悬浮状态；微粒粒度在0.01～100μm，微粒浓度低；要求定期过滤镀液，除去镀液中产生的微粒结块，化学复合镀Ni-SiC的镀液成分及工艺条件如下：

硫酸镍（$NiSO_4 \cdot 7H_2O$）	21g/L
次磷酸钠（$NaH_2PO_2 \cdot H_2O$）	24g/L
乙醇胺（$NH_4C_2H_3O_2$）	12g/L

丙酸($C_3H_6O_2$)	2.2g/L
氟化钠(NaF)	2.2g/L
硝酸铅[$Pb(NO_3)_2$]	0.002g/L
$\omega(SiC)/\%$	10
pH 值	4.4~4.6
温度/℃	93~95
搅拌	需要
镀层中微粒含量($\omega/\%$)	4.5~5

12.2 脉 冲 电 镀

脉冲电镀是借助脉冲电流沉积金属的一种新工艺。和直流电镀相比,其突出的特点是通过控制波形、频率、通断比及平均电流密度等脉冲参数,改变了金属离子的电沉积过程,来改善镀层的物理化学性能,从而达到节约贵金属和获得功能性镀层的目的。显然,脉冲电镀与直流电镀的区别在于应用了脉冲电源,例如,方波脉冲电镀波形示意图如图 12-1 所示,由图可知,脉冲电镀有三个独立参数(脉冲电流密度 j_p、导通时间 t_{on}、关断时间 t_{off})可调,为控制镀层质量提供了有力的手段。脉冲电镀能够得到较致密的导电率高的沉积层;降低浓度差极化,提高阴极电流密度,增加沉积速度;消除氢脆,改善镀层的物理性能;减少添加剂的用量,能得到高纯度的镀层;镀层具有较好的防护性能;降低镀层中杂质的含量;有利于获得成分稳定的合金镀层;降低镀层的内应力,提高镀层的韧性;提高镀层的耐磨性;镀层的结晶细致,分散能力好,光亮均匀。

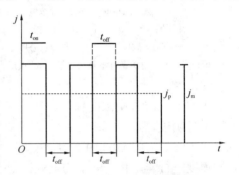

图 12-1 方波脉冲电镀波形示意图
t_{on}—脉冲宽度(导通时间);t_{off}—脉冲间隔(关断时间);j_p—峰值电流密度(脉冲电流密度);j_m—平均电流密度

201

目前脉冲电镀主要用于镀贵金属,特别是金和银的电镀,也有用于镀镍或将直流与脉冲电流叠加用于铝的阳极化。脉冲电镀为电镀技术的发展开辟了新的途径,只有充分认识它的原理和方法,了解其有利方面和限制条件,才能使我们更有效地掌握与发展这门技术。

12.2.1 简单原理

采用脉冲电镀,对金属沉积的阴极过程有显著的影响,主要表现为对阴极的传质过程和吸脱附过程的影响。对于脉冲电镀时液相传质的描述,N. IbL 提出了双层扩散模型,如图 12-2 所示。t_{off} 期间,脉冲电镀两个扩散层的浓度剖面虚线表示在 t_{off} 里,脉冲扩散层内浓度的恢复 $t_{on} < t_1 < t_2 < T$。

脉冲电镀时在阴极附近的浓度随脉冲频率而波动,在脉冲时浓度降低,而在关断期间浓度回升。因此在紧靠阴极表面有一个脉冲扩散层。假如脉冲宽度较窄,扩散层来不及扩散到对流占有优势的主体溶液中,那么,在脉冲时电沉积的金属离子必须靠主体溶液向脉

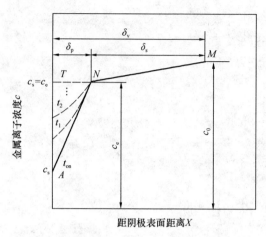

图 12-2 双层扩散模型图

c_0—主体溶液的浓度；c_e—稳态扩散层的内边界浓度；

c_s—脉冲结束时阴极的界面浓度；

T—脉冲周期（$T = t_{on} + t_{off}$），δ_p—脉冲扩散层厚度；

δ_s—稳态扩散层厚度；δ_v—扩散层总厚度，

即相当于同样电解条件下直流电解扩散层的总厚度

冲扩散层扩散来传输，这就意味着在主体溶液中也建立了一个具有浓度梯度的扩散层，叫外扩散层。这个扩散层的厚度与相同流体力学条件下用直流电流时所获得的扩散层的厚度相当，而且是稳定的。在关断时间内金属离子穿过外扩散层向阴极传递，从而使得脉冲扩散的浓度回升。

根据 Fick 定律，阴极反应物的扩散流量 J 与浓度梯度成正比。在一个脉冲时脉冲扩散层浓度分布近似一条直线，则扩散流量可表达为：

$$J_P = -D\frac{c_s - c_e}{\delta_P} = D\frac{c_e - c_s}{\delta_P}$$

假定沉积金属的电流效率为 100%，而且在电容效应可以忽略不计的条件下，脉冲电流密度则为：

$$j_p = nFJ_p = nFD\frac{c_e - c_s}{\delta_p}$$

表明了 j_p 与 δ_p 中浓度梯度曲线 AN 的斜率成正比。在关断时间（t_{off}）内，由于无外电流通过阴极，$J_p = 0$ 则 $j_p = 0$，因而 $c_e - c_s = 0$ 即 $c_e = c_s$，脉冲扩散层内的浓度曲线恢复到一水平线，为图 12-2 中 N 点左边的一条水平线。与 j_p 相比，J_s 在脉冲过程中基本上以相同速度进行着，相应的平均电流密度 j_m 正比于 J_s，即

$$j_m = nFJ_s = nFD\frac{c_0 - c_e}{\delta_s}$$

由此可知，j_m 与 δ_p 中浓度梯度曲线 NM 的斜率成正比。采用短脉冲，δ_p 可以很小，因而 j_p 可以很大，这就解释了为什么采用脉冲电镀时，可以有极高的瞬时电流密度，图 12-2 中 NM 的斜率比 AN 小得多，因而 j_m 通常比 j_p 小得多。双扩散模型对短脉冲比较合适，浓度分布用直线表示也只是近似处理。事实上，N 点两侧的浓度是逐渐变化的。这种简单模型，一方面为脉冲电解的传质效应提供一个直观概念，另外也对实际应用中的一些常用量进行概略估算。

脉冲电镀的另一特点为对阴极吸脱附过程的影响。由电化学可知，阴极吸脱附过程与其电位是密切相关的，但高脉冲电流对应脉冲式的阴极电极电位，与直流电镀是连续较高的阴极电极电位对阴极吸脱附过程的影响有所不同。而脉冲电流参数变化很宽，包括脉冲电流（或电位）的大小、波形和方向，电流通断时间比，周期长度，而直流电仅有电流（或电位）的单一参数变化。脉冲电流的这种广泛参数改变对吸附过程产生的条件也会带来显著影响。在断电时，气体（主要是氢）、离子和分子的解吸使镀层夹杂物减少，同时还会阻滞沉积过程质点的吸附。由于脉冲电镀具有高阴极负电位促使形成新的晶核，这就促使结晶细化，高脉冲电流使零件凹处分布的电流能满足金属离子沉积的条件，提高了镀液的覆盖能力，正如直流电镀中用大电流冲镀改善覆盖能力一样；脉冲电镀也可以促使镀层均匀分布，断电期间由于沉积金属离子浓度的回升，可减缓复杂零件凸出部位由于沉积

离子的过度贫乏造成的"烧焦"和"树枝"沉积等缺陷。相反，在凹处也有较高的阴极电流密度，比在直流电下有更高的沉积速度，这就改变了镀层在零件表面分布的不均匀性，从而促使镀层均匀分布，晶粒细化、缺陷减少，覆盖能力和分散能力提高，孔隙率下降。

脉冲电镀可以使电镀的合金成分稳定，由于脉冲电镀使阴极表面溶液浓度变化较小，而镀层合金成分往往取决于阴极表面的溶液浓度（不是溶液本体浓度），所以合金成分不仅稳定，而且接近镀液本体的浓度比。由于脉冲电镀能降低晶体生长中的各种缺陷、改善镀层组织结构，因而降低了镀层的内应力，同时起到控制镀层的各种机械物理化学性能的作用，如提高密度、控制硬度、耐磨性、抗蚀性、表面电阻和体电阻等。

脉冲电镀的脉冲电流长度（T）不能很短，受到一定的限制，这是由于会产生电容效应的原因。而脉冲期间的总电流 j_t 是由法拉第电流 j_F 和非法拉第（用于双电层充电的电流）电流 j_c 两部分组成。$j_t = j_c + j_F = j_p$。充电时间为阴极电位达到对应的脉冲电流值 j_p 之前的时间，即 j_F 变成等于总电流 j_t 为止的时间，根据充电时间（t_c）和脉冲时间（t_{on}）长度之比可能出现三种情况，如图 12-3 所示，用方波脉冲时电容效应的影响来表示。图 12-3（a）为充电时间和脉冲长度相比可忽略不计，此时 $j_F = j_p$，为理想脉冲状况。然而在实际情况中，充电时间常常占据了一部分时间，因而脉冲形状稍受干扰，此时脉冲时间（t_{on}）中，只用一段时间使法拉第电流（j_F）可达到所用的电流值，而且断电后电

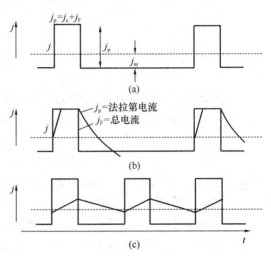

图 12-3　用方波脉冲时电容效应的影响
（a）$t_c \ll t_{on} \ll t_{off}$；没有阻尼（理想情况）；
（b）$t_c < t_{on} < t_{off}$；稍受阻尼；
（c）$t_c > t_{on}$ 且 $t_d > t_{on}$；强阻尼

流不会立即降到零，如图 12-3（b）所示。如果充电时间大于脉冲时间时，法拉第电流达不到所需的脉冲电流值，而 j_F 只在平均电流周围震荡，永远降不到零，如图 12-3（c）所示，实际上这种由电容效应所引起的对法拉第电流的干扰作用，所产生的是具有一定的波纹系数的直流电。而脉冲时间长度越短，电容效应越明显，最后产生无断电时间和法拉第电流值很小的电流，完全失去了使用脉冲电镀的意义。

脉冲电镀的关键是电源，获得脉冲电镀的电源设备主要有三种类型：利用可控硅电子开关的脉冲电源；利用晶体管开关的脉冲电源；多波形脉冲电源。前两种产生矩形波（方波），后一种用不同波形发生器可以产生矩形波、三角波、锯齿波和正弦波。

12.2.2　脉冲电镀参数选择

脉冲电镀有四个参数可供选择：

（1）波形，有矩形波、三角波、前或后锯齿波和正弦波五种波形，用得最多的是矩形波；

（2）频率（f），可以在几十到几千赫兹之间选择，但通常都在几百赫兹以上；

（3）通断比（r），是电流导通时间（t_{on}）与周期（$T = t_{on} + t_{off}$）之比，又称为工作比或占空比，可用百分数表示：

$$r\% = \frac{t_{on}}{T} \times 100 = \frac{t_{on}}{t_{on} + t_{off}} \times 100 = t_{on} \cdot f \cdot 100$$

可以在零点几到几十几之间选择；

（4）平均电流密度 j_m，由脉冲电流的导通时间（t_{on}）、断开时间（t_{off}）和脉冲峰值电流（j_p）等参数可决定：

$$j_m = j_p \cdot r\% = j_p \cdot \frac{t_{on}}{t_{on} + t_{off}}$$

脉冲电镀 4 个参数的不同组合，可有效地控制镀层的结构和性能，但是，这些因素又是相互制约的，不同镀件、不同镀液所能使用的各参数最佳值，在脉冲理论尚未完善之前，主要通过实验来进行选择，所以只能介绍一下选择参数应注意的地方。

（1）脉冲电流密度（j_p）。高电流密度可提高阴极过电位，促进晶核形成，细化结晶。所以 j_p 可以取得很大，这不仅对晶核形成有利，而且有利于提高沉积速度。在不出现"超镀"的情况下，希望 j_p 越大越好（脉冲电流密度和电极电位呈指数关系）。许多脉冲电镀结晶细化的原因都是由于瞬时大电流以及产生高的过电位，使结晶向优先取向变化的结果，例如高效率镀镍、覆盖能力强的镀镉，不含添加剂的光亮镀镍层等。

（2）脉冲宽度（t_{on}）。脉冲宽度（又称导通时间）与 j_p 有密切关系。t_{on} 是由阴极脉冲扩散层 δ_p 的建立速度来决定的，或者说是以金属离子在阴极表面的消耗速度 j_p 来决定的，如果 j_p 大，金属离子在阴极表面消耗得快，δ_p 建立的速度就快，那么选择 t_{on} 就要短一些，反之 t_{on} 就要长一些。t_{on} 太大，结晶细化效果不好，但是太小，电镀速度下降，同时也受电容效应的制约，一般情况下 t_{on} 的大小取决于阳离子的价数、溶液的 pH 值、物质迁移速度等。对于贵金属电镀 t_{on} 的值一般小于非贵金属的 t_{on}，但要以实验效果而定。例如氰化镀银，当 $j_p = 2A/dm^2$，$t_{off} = 30ms$ 时，t_{on} 的最佳趋向为 $10 \sim 15\mu s$，如果超过 $500\mu s$，则开始生成凹凸不平与树枝状结晶。

（3）脉冲间隔（t_{off}）。又称关断时间，t_{off} 是一个重要参数，在一定的 j_p、t_{on} 条件下，j_p 值大时，t_{off} 也相应增加，t_{off} 虽然对电流效率影响不大，但也不宜太小或太大。t_{off} 主要受使用的特定镀液离子迁移率控制的阴极脉冲扩散层 δ_p 的消失速度来确定，如果镀液靠扩散、对流、电迁移使 δ_p 消失得快，则 t_{off} 可短一些。反之，t_{off} 可长一些，一般取 t_{on}/t_{off} 的比值为 $1/(1 \sim 30)$。通常，结晶大小随 t_{off} 的增加而细化，同时由于杂质（H_2、CN^-、SO_4^{2-} 等）的脱附而纯化，例如高纯度低 H_2 镀靶、低碳含量的氰化镀金。一般贵金属 t_{off} 选择在 $0.5 \sim 5.0ms$，普通金属的 t_{off} 选择在 $1.0 \sim 10.0ms$，一般电流参数见表 12-1。

表 12-1　脉冲电镀一般电流参数

镀层种类	镀液类型	t_{on}/ms	$r\%$	t_{off}/ms
贵金属		0.2~2.0	10~50	0.5~2.0
非贵金属		1.0~3.0	25~70	1.0~10

镀层种类	镀液类型	t_{on}/ms	r%	t_{off}/ms
镀金	酸性	0.1	10	0.9
镀银	黄血盐	0.2	10	1.8
镀银	氰化液	0.2~0.5	10	2.0~4.5
镀铑	硫酸液	0.2	10	1.8
镀铜	硫酸液	0.2	33	0.4
镀铜	氰化液	0.5	25	3.5
镀镍	瓦特液	0.16~0.25	20~22.5	0.5~0.9

12.2.3　脉冲电镀的应用

1. 脉冲镀金

脉冲镀金可以使现有工业生产中采用任何的配方,工作条件也基本上相同,只是改变电流的施加方式,即把直流电流改为脉冲电流。脉冲参数为:导通时间 $t_{on}=0.1$ms,关断时间 $t_{off}=0.9$ms,点空比 $r=10$%,1000Hz,脉冲平均电流密度与直流密度相同。

试验和生产实践表明,从镀金层的孔隙来看,脉冲镀金层的厚度有 2.5μm 即可达到最低的孔隙率,直流镀金层的厚度在 $2.7\sim9\mu$m 之间孔隙率最低,而真空蒸发镀金层即使厚度在 7μm 以上孔隙率仍很高。

从亚硫酸铵镀金液中对脉冲镀金层与直流镀金层的密度进行了比较,平均电流密度均为 0.5A/dm^2,直流镀金层的密度为 17.67,脉冲镀金层为 18.11,更接近纯金密度的 19.24。

在氰化物-柠檬酸盐镀金液中沉积出的金镀层,其中碳元素和其他元素的含量示于表 12-2 中,$j_{DC}=1$A/dm^2、$j_m=1$A/dm^2、$t_{on}=2$ms、$t_{off}=20$ms。

表 12-2　镀金层中碳和其他元素的含量

电流	碳和气体含量$\times10^{-6}$			
	C	H	N	O
直流(DC)	221	46	48	90
脉冲(PC)	38	7	29	69

由从低氰柠檬酸盐镀金液中得到的沉积层发现,脉冲镀金层的电阻率比直流镀金层低 24%。对于 Au-Co 合金镀层,脉冲电镀与直流电镀相比电阻率低 50%~60%。

由从磷酸盐型镀金液中获得的镀金层发现,脉冲电镀的直流电镀对沉积层机械性能的影响。脉冲电镀层的抗拉强度比直流电镀高 25%,而延伸率增加近一倍。直流镀层经 100℃热处理后抗拉强度稍有增加,而后则随退火温度的升高迅速下降,延伸率随温度升高而增加。脉冲镀金层未发现在 100℃下热处理的硬化效应,而是随着温度升高抗拉强度迅速下降。这种差异是由于脉冲镀金层的纯度高和晶粒细所造成。

在晶体管和集成电路生产中,管座和框架基本为可伐合金,经镀镍镀金在装管芯后要经过烧结、电热老化等一系列高温处理工序,镀金层的抗高温变色一直是直流镀金的一个难题，往往需要靠增加镀金层厚度来解决。采用脉冲电镀后，在不增加镀金层厚度的条件下，大大提高了镀金层抗高温变色的能力。这主要是由于脉冲镀金层的晶粒细小、致密，降低了底层镍向表面扩散的结果。

综上所述，采用脉冲电镀可以改善镀金层的一系列性能，提高镀层质量，降低金的消耗，在电子工业中日益受到重视。采用脉冲电镀还可以镀取厚度达几百微米的金层，解决了过去直流电镀难以获得厚金层的难题，并已在装饰工业中得到应用。

2. 脉冲镀银

在氰化镀银溶液中，采用导通时间为 0.1～10ms、平均电流密度为 1A/dm² 的脉冲电流可获得平滑细致的镀银层，在这时占空比不小于 1/15。随着占空比的减少，即关断时间的增加，镀银层变粗糙，这可能是由于在关断时间内，重结晶作用增加使晶粒尺寸增大。

在普通氰化物镀银溶液中，采用占空比为 1/6～1/10、600～1000Hz、平均电流密度 0.2～0.8A/dm² 的脉冲条件，可以得到平滑细致、孔隙率低、色泽柔和均匀的镀银层。由于镀层表面平滑细致、孔隙率少而减少了其对污染物的吸附能力，从而提高了镀银层的抗变色能力。

3. 脉冲镀钯

自 20 世纪 70 年代后期，由于国际市场上黄金价格猛烈上涨，而钯的价格只约为黄金价格的 1/3，同时钯的密度小，只有金的 62%，相同厚度的钯镀层的重量比金轻近 40%，因此钯镀层作为代金层引起人们的广泛重视。研究还表明，厚度相当的钯、金镀层具有同样程度的孔隙率和耐蚀性，而且钯的硬度较金大。钯镀层的缺点是在大气中钯上容易形成聚合物膜，而且与金相比钯的接触电阻较高，但是这可以通过在钯镀层上再闪镀一层薄金来克服。

众所周知，钯对于氢具有很高的亲和力，在室温下钯与氢就可以共存。在电沉积钯过程中，氢在钯上的析出电位很小，氢很容易析出，形成氢与钯共沉积，使得镀钯层具有很高的张应力和微裂纹。采用脉冲电镀在给定合适的脉冲参数条件下可以得到无裂纹和无孔的镀钯层。

脉冲镀钯溶液组成及工艺参数如下：

Pd(以 K_2PdCl_4 形式加入)/(g/L)	5
$NaNO_3$/(g/L)	14
NaCl/(g/L)	40
H_3BO_3/(g/L)	25
pH 值	4.7
温度/℃	30～50
平均电流密度/(A/dm²)	30
占空比/%	30
脉冲周期/ms	10～15

在上述条件下可以得到结晶细致、光滑、含氢量低的钯镀层。

4. 脉冲镀镍

对含有少量添加剂或不含添加剂的镀镍溶液，采用如下脉冲条件：平均电流密度 j_m

$=5A/dm^2$，占空比 $r=0.1\sim0.25$，周期时间为 2ms 时，发现光亮剂含量为 $0\sim1\%$ 时，即可得到光亮镀镍层，而在同样条件下的直流电镀镍只能得到暗淡发黑的镀镍层。

同样，对瓦特镀镍溶液采取如下脉冲条件：$j_m=8A/dm^2$，$r=0.75$，0.50，0.25，$f=124Hz$，脉冲周期为 80ms，可得到均匀细致的镀镍层。而且随着占空比的减少，即脉冲电流密度增加，晶粒更加细化。采用周期反向脉冲电镀，参数为：平均电流密度仍为 $j_m=8A/dm^2$，阴极脉冲电流密度 $j_{p(k)}$ 与阳极脉冲电流密度 $j_{p(A)}$ 相等，阴极导通时间 $t_{on(K)}=60ms$，阳极导通时间 $t_{on(A)}=20ms$，频率 f 仍为 12.5Hz，结果仍然获得晶粒细致的镀镍层。

对氨基磺酸盐镀镍溶液，采用如下脉冲电镀条件：$j_p=100A/dm^2$，占空比 $r=10$，周期为 10ms，在没有添加剂的情况下，得到结晶细致甚至光亮的镀镍层。

从理论上来说，脉冲电镀可以在各种单金属和合金电沉积中应用。但是科学研究和工业生产对镀层性能的要求是各种各样的，而且与脉冲电镀相联系的参数也是较多的，这些参数对金属镀层性能的影响在每一种情况下还不能完全预测，并且镀层性能也不仅取决于电镀金属本身，还取决于所使用的镀液类型。因此，还需要通过大量的工作寻找改善镀层性质的合适参数，并加强研究适合于脉冲电镀的电解液的组成及添加剂。

而且在选择脉冲电镀时，还应考虑到金属消耗减少和镀层质量提高所带来的经济效益，能否超过高成本设备脉冲电源的投资。

12.3　刷　镀

刷镀是一种在零件表面局部快速电沉积金属的新技术，是金属表面处理技术领域中的新工艺之一。它是不用镀槽而用浸有专用镀液的镀笔与镀件做相对运动，通过电解而获得镀层的电镀过程。

按照国家标准《金属及其他无机覆盖层　表面处理术语》（GB/T 3138—2015），刷镀的定义为：用与阳极连接并能提供所需电解液的垫或刷，在待镀阴极上移动而进行的电镀。关于刷镀这一术语，国内外还不太统一，可称选择电镀、擦镀、笔镀、涂镀、无槽镀。

刷镀从其内容和形式来看有以下几个特点：

（1）刷镀是一种高速电镀，其沉积速度比一般槽镀快 5~10 倍。

（2）刷镀是一种在选定部位进行的局部电镀。刷镀不像槽镀那样将整个镀件浸入槽中电镀，而是只用镀笔对镀件的选定部位进行电镀的方法。

（3）刷镀是一种靠镀笔（刷）以涂刷的方式进行的电镀。其操作方法独特，它不需要镀槽，和一般的槽镀有很大的区别，其主要施镀工具就是镀笔（刷）。

根据刷镀的特点，在工业应用中能发挥其特殊优势：

（1）可以对大型固定设备进行现场电镀。刷镀可以在不需要拆卸或很少拆卸大型固定设备上零件的情况下电镀，节约了大量的人力、物力和财力，广泛应用在蜗轮发电机、海上钻井平台、采矿机械、铁路机车车辆，以及航空、汽车、国防等方面。

（2）可在不分解和不遮蔽的情况下进行电镀。如组装好的电子器件，需局部电镀时，因受溶液污染影响其性能，而不能进行槽镀，但可以用刷镀。印制板接点导电表面的金或铑磨光后，液压部件发生刮痕或擦伤时，用刷镀进行修复是多、快、好、省的方法。

（3）是一种高结合强度的镀覆方法。对于表面易产生氧化膜的铝、铬、不锈钢，以及高熔点金属和碳，用刷镀比用传统电镀方法能得到更高的镀层结合强度。

（4）适于盲孔零件，对凹槽或盲孔零件，刷镀可用大小适当的阳极，直接伸进被镀部位，反复擦拭即可镀覆。但在槽镀时电力线达不到盲孔或沟槽处而很难镀上金属。

（5）可以获得低氢脆的镀层，高强度钢零件在槽镀时容易产生氢脆，但用刷镀时，由于刷镀溶液中金属离子的浓度高、电流效率高、沉积速度快、析氢量少，加上镀液的酸度很少为强酸性，所以析氢量少，氢脆性也小。

但是刷镀也存在一些缺点，如劳动强度大，消耗昂贵的镀液多，消耗阳极包缠材料等。

12.3.1　简单原理

刷镀是从槽镀（即常规电镀）技术上发展起来的另一方式的电镀工艺，其原理和电镀原理基本相同，也是一种电化学反应过程，受法拉第定律即其他电化学基本规律支配，其工作原理如图 12-4 所示。刷镀时，将表面处理好的镀件（工件）与专用直流电源负极相接，做阴极，而镀笔与专业直流电源正极连接，做阳极，在镀笔的包套中浸满电镀液。施镀时，镀件与镀笔之间做相对运动，当通入直流电流时，流动于镀件表面与镀笔之间的镀液中的金属离子，在电场的作用下，向镀件表面迁移，并在表面还原沉积，形成相应的金属镀层，随着刷镀时间的延长，镀层逐渐增厚，直至达到要求厚度为止。刷镀因没有可溶性阳极，所用的金属离子全部来源于电镀液，又由于没有镀槽，故镀液必须循环更新。

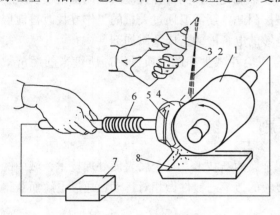

图 12-4　刷镀示意图

1—工件；2—镀液；3—供液瓶；4—棉花包套；
5—阳极；6—镀笔；7—直流电源；8—接液盘

如果把电源的极性反接，镀件就成了阳极，此时镀笔所到之处，镀件表面的金属就要发生溶解，表面上凸起部位的电流密度比凹处大，凸部的溶解比凹部快，于是镀件表面就由粗糙变成平滑，由平滑改变成光亮，这就是利用同一种刷镀设备还可以进行去毛刺、蚀刻和电抛光的原理。

12.3.2　刷镀设备

刷镀设备，由专用直流电源、一套可更换的阳极镀笔和供液集液系统等组成。用同一设备就可以在镀件表面上进行电净、活化和各种单金属与合金的电镀。只要在镀完一种镀层后，经适当的清洗或其他处理，换上另一种镀液，就可在其上再镀其他镀层。这样，小小的几只镀笔和溶液，就可以代替多个镀槽，从而使电镀设备的体积和占地面积大为缩小，使电镀的操作大为简单。

1. 直流电源设备

刷镀所用的专用直流电源，由整流电路、正负极性转换设置、过载保护电路装置及安培小时计（或镀层厚度计）等几部分组成。

（1）整流电路。其作用是提供平稳直流输出，输出电压可无级调节，一般为 $0\sim30V$，最高不超过 $50V$，输出电流 $0\sim150A$。

（2）正负极性转换设置。其作用是满足预处理、电净、活化和电镀等不同工艺的需要，可任意选择阳极或阴极电解操作。

（3）过载保护电路装置。其作用是防止在刷镀过程中，当负载电流超过额定电流 10% 时，或由于某种原因造成正、负极短路时，能快速切断主电路，以保护电源、被镀件不受损坏及保证操作人员的安全。

（4）安培小时计。其作用是通过测定刷镀时通过的电量，或直接将电量转换成镀层厚度值，以控制镀层厚度。刷镀过程中，根据法拉第定律，电量与镀层厚度及被镀面积之间的关系是：$Q=I \cdot t=KSd$，式中 Q 是刷镀过程所消耗的电量，由刷镀电源安培小时计得出，单位 $A \cdot h$；I 是刷镀时通过的平均电流，单位 A；t 是刷镀的时间，单位 h；K 是镀液的耗电系数，各种镀液各有各的 K 值，可通过实验测出，单位 $A \cdot h \cdot dm^{-2} \cdot \mu m^{-1}$；$S$ 是镀层面积，单位 dm^2；d 是镀层厚度，单位 μm。

2. 镀笔

镀笔主要由阳极材料、散热装置及阳极绝缘手柄等部分组成，其结构如图 12-5 所示。

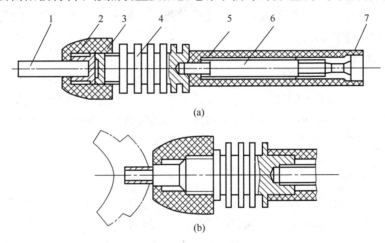

图 12-5　TDB-1 型导电柄结构示意图

(a) Ⅰ型；(b) Ⅱ型

1—阳极；2—O 型密封圈；3—锁紧螺母；4—带散热片的柄体；
5—尼龙手柄；6—导电杆；7—电缆插座

（1）阳极材料。刷镀使用的是不溶性阳极。它要求阳极材料化学稳定性好，不污染镀液，工作时不形成高电阻膜而影响导电。一般使用石墨阳极，只有当阳极尺寸很小或形状很复杂而无法用石墨制作时，才使用铂—铱（含铱 10%）合金阳极。有时也可用不锈钢（不适合含卤化物的镀液）和镀铂的钛阳极。石墨阳极有一定的要求，对于一般纯度，且质地疏松、粒粗多孔、电阻率较大的石墨，不宜做阳极材料，只有用高纯度（纯度为 99.99%）、细结构（最大粒度≤0.75mm）、抗拉强度为 36MPa、比电阻很小的、质地细密、结构均匀且灰分少的优质石墨材料配制，经混压、磨粉、冷压成型，然后经过熔烧等一系列高纯处理而成。

（2）阳极的形状。一般取决于被镀件表面的形状，阳极可以设计成圆柱、圆棒、半圆、月牙、带状、平板、线状和扁条等相应形状，表面积通常为被镀面积的1/3。

（3）阳极的包裹。对制成的各种几何形状的阳极，要用吸水性材料进行包裹，以贮存溶液（包括电镀液、酸洗液或除油液）；防止阳极与镀件直接接触，以免产生电弧；并保证刷镀过程中阳极与镀件间始终有一层镀液，以供金属离子的正常放电沉积。对石墨阳极溶下的石墨粒子和盐类有一定的机械过滤作用。最好使用纤维长、层次整齐的脱脂棉包裹，也可用吸水性好又不污染镀液的泡沫塑料或化学纤维代替棉花提高耐用度。在棉套外面要再包1～3层布而构成包套。常用包套材料有涤纶、腈纶毛绒、涤纶毛绒、丙纶（聚丙烯）布等。包裹时厚度要适当，过厚或过薄都不好，过厚将会使电阻增大，刷镀效率降低；太薄，镀液贮存量太少，不利于热的扩散，造成过热影响镀层质量，一般棉套的厚度以1～2cm为宜。

（4）镀笔散热装置。刷镀过程中，有较大电流通过镀笔和镀件，由于所镀金属离子在镀件上放电沉积形成金属镀层而产生较大热量及镀笔本身电阻作用也产生热量，需要在镀笔上安装散热装置，把热量排除，使镀层不因局部过热而影响质量。散热装置采用不锈钢材料制作，一般为间隔片形式，尺寸大小要与阳极绝缘导电手柄相适应。

（5）阳极绝缘手柄。为了操作方便及安全需要在镀笔上安装绝缘手柄及电导芯棒，手柄的芯子（导电芯棒）用紫铜制成，一头连接散热片，另一头与电源电缆插头连接。手柄的绝缘壳体用硬质塑料制成。

3. 供液集液系统

刷镀时，必须对镀笔阳极连续供给镀液，以保证金属离子的电沉积的正常进行，同时要随时收集工作时流淌下来的镀液并返回使用，因此，一般采用塑料桶、塑料盆等容器做盛液和集液容器，通过输液泵（循环泵）将镀液自动输送到阳极，使刷镀能连续进行，如装有过滤器，可将集液器的镀液经过滤返回盛液器循环使用。

12.3.3 刷镀溶液

刷镀溶液按其作用的不同，可分为四类：预处理溶液（包括电净液和活化液）；电镀溶液（包括单金属和合金镀液）；钝化液；退镀液。对各类刷镀溶液的基本要求是：镀液的表面张力小、润湿性好、冻点低、稳定性好，即使在相当低的温度下，也不产生沉淀物，便于储存；电导率高，可以使用大电流密度工作等。

1. 预处理溶液

预处理溶液包括电净液和活化液。电净液的作用是除去金属镀件表面所沾的油污；活化液的作用是除去金属镀件表面的氧化膜和锈斑，使其露出纯净的金相组织。这样可以保证镀层和基体金属结合强度。

（1）电净液。刷镀用的电净液，实际是一种类似于槽镀的电化学除油液。它是适用于任何基体金属上使用的通用型电净液，对不同的基体金属，只需改变使用电压和清洗时间即可达到电净目的。其配方如下：

	配方1	配方2
氢氧化钠(NaOH)/(g/L)	20～30	30～50
磷酸三钠($Na_3PO_4 \cdot 12H_2O$)/(g/L)	40～60	140～180
碳酸钠(Na_3CO_3)/(g/L)	20～25	40～45

氯化钠(NaCl)/(g/L)	2～3	4.5～5
pH 值	11～13	11～13
温度/℃	室温～70	

对于钢铁件，电压采用 10～20V，电净时间为 30～60s；铜和黄铜件采用 8～12V，电净时间为 15～30s；对铝及锌金属采用 5～8V，电净 5～10s。电净时，被镀件接负极，镀笔接正极，通电后由于氢气泡的机械作用将镀件表面的油膜撕裂，随之油膜被电净液中的碱性物质皂化或乳化，并被电净液带走，起到去除油垢的作用。

刷镀电净液中以对各种金属都有去油作用的磷酸三钠为主体，适当补充对金属作用较强的氢氧化钠和碳酸钠，为了提高电净液的导电性、降低槽压，在配方中加入少量氯化钠，构成了一种碱性的电化学除油液。有时为了提高对非皂化油类的电净效果，在电净液中还加入 0.1%～1% 的表面活性剂，如 OP 乳化剂，也可用其他的复合洗涤剂。

（2）活化液。活化液就是酸性水溶液，具有较强的去除金属氧化物的能力。通过阳极或阴极的电化学过程，将经电净处理后的镀件表面可能残留的氧化物、炭黑等消除掉。使刷镀层能与基体金属牢固结合。由于各种基体材料表面氧化膜和杂质各异，所使用的活化液也不同。通常配成 4 种活化液：硫酸系活化液（通常称为 1 号和 4 号活化液）；盐酸系活化液（称为 2 号活化液）；有机酸活化液（称为 3 号活化液）；铬活化液。除特殊情况外，这几种活化液已能满足大多数材料表面活化的需要。

4 种活化液成分及工作条件如下：

① 硫酸系活化液（1 号和 4 号活化液）

	1 号液	4 号液
浓硫酸($H_2SO_4$98%)/(g/L)	70～90	110～120
硫酸铵[$(NH_4)_2SO_4$]/(g/L)	100～120	110～120
缓蚀剂(如若丁)/(g/L)	3～5	3～5
pH 值	0.2～0.4	0.2～0.4
温度/℃	室温	室温
时间/s	视材料而定（一般为 60～120s）	

硫酸系活化液具有较强的去除氧化膜的作用，适用于不锈钢、镍铬合金、纯的难溶金属、铸铁及高碳钢。操作时镀件可接正极，也可以接负极，电压在 6～20V(5～10A/dm^2)。当镀件在 1 号液中达不到活化效果时，可采用 4 号液进行。

② 盐酸系活化液（2 号活化液）

盐酸(含 HCl36%～38%)/(g/L)	30～60
氯化钠(NaCl)/(g/L)	200～280
有机缓蚀剂(六次甲基四胺或甲醛)	微量
pH 值	0.1～0.4
温度/℃	室温
时间/s	视材料而定(30～90s)

2 号液具有良好的导电性和较强的去锈能力，对铝、低镁铝合金、钢铁及不锈钢的表面氧化膜的去除效果很好。操作时镀件接正极做阳极，电压 8～20V。

③ 有机酸系活化液（3 号活化液）

柠檬酸三钠（$Na_3C_6H_5O_7 \cdot 2H_2O$）/(g/L)	135～150
柠檬酸（$H_3C_6H_5O_7 \cdot H_2O$）/(g/L)	90～100
氯化镍（$NiCl_2 \cdot 6H_2O$）/(g/L)	2～4
添加剂（Na_2HPO_4）	少量
pH 值	4
温度/℃	室温
时间/s	视材料而定（90～150s）

3 号液是一种特殊的活化液，用于除去硫酸活化液或盐酸活化液处理后的高碳钢、铸铁、特种合金表面上残留的石墨、碳化物或污物。操作时，镀件做阳极，用 15～20V。

④ 铬活化液

硫酸（$H_2SO_4$98%）	89～90
硫酸铵[$(NH_4)_2 \cdot SO_4$]/(g/L)	90～100
磷酸（H_3PO_4）/(g/L)	4～6
氟硅酸（H_2SiF_6）/(g/L)	4～6
pH 值	0.1～0.5
温度/℃	室温
时间/s	视材料而定

铬活化液是专用于铬、镍及其合金基体材料或镀铬层的表面活化，尤其适用于旧镀铬层的活化，操作时镀件做阴极，电压用 6～14V。

2. 电镀溶液

刷镀金属电镀溶液一般比槽镀液沉积速度要快得多，使用中镀液不进行分析调整，且有专业厂生产提供选购。

刷镀电镀液有以下几点特性：

（1）镀液中金属离子含量高，导电性好，电流密度大，沉积速度快。例如，快速镍镀液中金属镍离子含量为 32～58g/L，镀液在 25℃时的电导率为 $2.05 \times 10^{-1}\Omega^{-1} \cdot m^{-1}$，沉积速度 $76\mu m/h \cdot dm^2$。

（2）镀液主要采用有机络合物水溶液，很少采用单盐溶液，并且镀液的工作温度范围较宽。例如，快速镀镍工作温度在 10～70℃，只要适当调整工作电压和相对运动速度，对镀液金属离子的沉积速度及镀层质量影响不大。

（3）镀液中金属离子的浓度与溶液的 pH 值变化不大。刷镀过程中虽因通电还原电沉积金属离子不断减少，但由于电化学反应的热效应和电极电阻的热量使镀液升温，镀液中水的不断蒸发，又使镀液浓度增加，相互影响结果使镀液的金属离子浓度在刷镀过程中变化不大。同时镀液的 pH 值也变化不大，故镀液比较稳定。所以刷镀溶液在使用过程中一般不需要进行分析和调整镀液成分，只要不断添加新镀液即可。

（4）镀液的分散和覆盖能力较好，即使在边角、狭缝和盲孔等处都能获得均匀的镀层。

（5）镀液中不含氰化物等剧毒物质。

（6）镀液品种繁多，有专业厂生产，可根据各种不同需要任意选购。

以刷镀镍溶液为例，来看镀液的成分、工作条件及基本特性，见表 12-3。

212

表 12-3　镍镀液成分及工作条件和基本特征

组成与工艺条件	特殊镍	低应力镍	快速镍	半光亮镍
硫酸镍($NiSO_4 \cdot 7H_2O$)/(g/L)	396	360	254	300
氯化镍($NiCl_2 \cdot 6H_2O$)/(g/L)	15	—	—	—
盐酸(HCl,37%)/(g/L)	21	—	—	—
乙酸(CH_3COOH_3,7%)/(g/L)	69	300mL/L	—	48mL/L
乙酸铵(CH_3COONH_3)/(g/L)	—	—	75	—
乙酸钠(CH_3COONa)/(g/L)	—	20	—	—
对氨基苯磺酸/(g/L)	—	0.1	—	—
十二烷基硫酸钠/(g/L)	—	0.01	—	—
草酸铵$[(COOCH_4)_2H_2O]$/(g/L)	—	—	—	0.1
氨水(NH_3H_2O,25%)/(g/L)	—	—	105mL/L	—
无水硫酸钠(Na_2SO_4)/(g/L)	—	—	—	20
氯化钠(NaCl)/(g/L)	—	—	—	2.0
光亮添加剂/(g/L)	—	—	—	0.1
pH 值	0.1～0.3	3～4	5～7.5	2～4
工作电压/V	10～8	10～16	8～14	4～10
耗电系数/($A \cdot b/dm^2 \cdot \mu m$)	0.744	0.214	0.104	0.122
镀笔与工件相对运动速度/(m/min)	5～10	6～10	6～12	10～14
平均沉积速度/($\mu m/h \cdot dm^2$)	36	—	68	—
相对密度	1.23	1.20	1.15	1.20
冻点/℃	－15	－10	－13	－21
电导率/($10^{-1}/\Omega \cdot m$)	2.1	2.055	2.05	2.052
镀层颜色	深绿色	绿色	蓝绿色	绿色
镀层硬度/(Hv)	575	350	—	610

213

3. 钝化液和退镀液

（1）钝化液。为了提高刷镀后镀层的防护或装饰性能，可以用铬酸盐、硫酸盐或磷酸盐等钝化液对镀层表面进行钝化处理，而生成一层致密的钝化膜。

（2）退镀液。在工件表面上的不合格镀层或需要重新刷镀的易磨损工件上的旧镀层，可以用适当的退镀溶液来除去。退镀一般是采用电化学方法进行，大多在反向电流（工件接正极）中操作，电压为 10～20V，退镀溶液温度为室温。在退镀铜镀层时不需要通电，这是因为退镀溶液对铜镀层起着化学溶解作用。另外，所有退镀液都会腐蚀锌、镉、钨和铅。

退镀液的品种较多，成分较复杂，主要有不同的酸类、碱类、盐类金属缓蚀剂和缓冲剂、氧化剂等组成，但尽量避免使用强酸、强碱或强氧化剂，以免腐蚀基本金属。优良的电化学退镀液，应对镀层金属有较快的退除溶解作用，而对基体金属不腐蚀或腐蚀较微弱。操作开始时，宜采用大电流，随后采用小电流，避免过度腐蚀基体。某些活化液也可用来退镀一些镀层，但必须防止对基体的过腐蚀。

12.3.4 刷镀工艺

刷镀工艺主要分两大部分：镀件表面的镀前处理和镀件的刷镀（包括后处理）。根据镀件的具体情况可以有以下几道工序，包括表面修整、粗除油、除锈、电净、活化、镀覆过渡层、镀覆工作层及后处理，应注意各道工序完毕后立即将镀件冲洗干净。

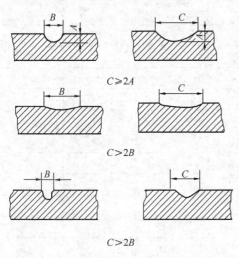

$C > 2A$

$C > 2B$

$C > 2B$

图 12-6　腐蚀坑和划伤部位的修形要求

1. 表面修整

待镀件的表面平滑才能符合刷镀工艺要求。通常对于镀件表面的毛刺、锥度、不圆度和疲劳层，都要用切削床精工处理，或用砂布、金相砂纸打磨，来获得正确的几何形状和露出基体金属的正常组织，一般在修整后的镀件表面粗糙度 R_a 应在 $5\mu m$ 以下。

对于镀件表面的腐蚀凹坑和划伤部位，可用油石、细锉、风动指状和片状砂轮，进行开槽修形，使腐蚀坑和划痕与基体表面呈圆滑过渡。通常修形后的宽度为腐蚀凹坑宽度的二倍以上，如图 12-6 所示。对于窄而深的划伤部位应适当加宽，使镀笔可以接触沟槽、凹坑底部。

2. 粗除油、除锈

当镀件表面有大量油污时，先用汽油、煤油、丙酮或乙醇等有机溶剂洗去其绝大部分油污，然后再用化学除油溶液，除去其残留油污，并用清水洗净。若表面有较厚的锈蚀物，可用砂布打磨、钢丝刷刷除或喷砂处理，以除去锈蚀物。对于表面所沾油污和锈蚀很少的镀件，不必采用上述处理方法，而直接用电净法和活化法来清除油污和锈蚀。

3. 电净处理

电净就是槽镀工艺中的电解去油，刷镀对任何基体金属都用同一种去油溶液，只是不同的基体金属所要求的电压和去油时间不一样。电净时一般采用正向电流（镀件接负极），对有色金属和氢脆性特别敏感的超高强度钢，采用反向电流（镀件接正极）。操作的电压为 $4\sim20V$（钢铁件＞12V，铜及黄铜镀件为 $8\sim12V$，钎焊合金为 $4\sim10V$）。电净时间一般为 $0.5\sim1min$（以除去油污为准）。电净时，镀件与镀笔的相对运动速度为 $9\sim18m/min$。电净后的表面，应无油迹，不挂水珠。

4. 活化处理

活化处理可以去除镀件在除油后可能形成的氧化薄膜，即使镀件表面受到的轻微刻蚀而呈现出金属结晶组织，确保金属离子能在新鲜的基体表面上还原并与基体牢固结合，形成结合强度好的镀层。活化时，一般采用反接活化（镀件接正极），操作电压为 $6\sim25V$，镀笔与镀件相对运动速度为 $6\sim30m/min$，活化时间一般为 $15\sim60s$。

5. 镀覆过渡层（底层）

由于刷镀在不同金属上结合强度不同，有些刷镀不能直接沉积在钢铁上，故针对一些特殊金属先刷镀一层过渡层，厚度一般为 $0.001\sim0.01mm$。常用的过渡镀液有以下几种：

（1）特殊镍或钴镀液。一般为金属，特别是不锈钢、铬、镍等材料和高熔点金属。常用特殊镍和钴层作为底层，以使基体金属与镀层有良好的结合力。酸性活化后可不经水洗，在不通电条件下用特殊镍液擦拭待镀表面 5~8s，然后立即刷镀特殊镍，刷镀时的电压为 6~20V，阴-阳极相对运动速度为 6~12m/min。

（2）碱铜镀液。碱铜的结合力比特殊镍差，但镀液对疏松的材料（如铸铁、铸钢）和软金属（如锡、铝等）的腐蚀性比特殊镍小，所以常用作为上述材料的过渡层。刷镀时的电压为 5~20V，阴-阳极相对运动速度为 12~18m/min。

（3）低氢脆镉镀液。对氢脆特别敏感的超高强度钢，经阳极电净、阴极活化后，用低氢脆镉做过渡层，可提高镀层与基体的结合强度并避免了渗氢的危险。电压为 6~10V，阴-阳极相对运动速度为 6~30m/min。

6. 镀覆工作镀层

工作镀层是一种表面最终刷镀层，其作用是满足表面的机械性能、物理性能、化学性能等特殊要求。例如用于耐磨的表面，工作层可以选用镍、镍-钨和钴-钨合金等。对装饰品，工作层可选用金、银、铬、半光亮镍等。对于耐腐蚀的零件，工作层可选用镍、锌、镉等。可根据需要选择合适的刷镀溶液。

复习思考题

1. 什么叫复合镀？其镀层中分散相包括哪些种类的物质？与单金属镀层相比，复合镀层有什么特性和用途？

2. 电沉积复合镀层的形成机理是什么？有哪些影响因素？并简要说明。

3. 复合镀有哪些镀覆方法？与一般化学镀和电镀方法有何区别？

4. 什么叫脉冲电镀？其镀层有什么特性和用途？

5. 脉冲电镀有何优点？其应用有何局限性？

6. 脉冲电镀在什么情况下会产生电容效应？对脉冲电镀有什么影响？

7. 脉冲电流对金属沉积的阴极过程有何影响？

8. 何谓刷镀？有什么特点和用途？

9. 试简述刷镀的工作原理，并指出与一般电镀有什么不同。

10. 刷镀的镀笔主要由哪些部件构成？为什么阳极外面要进行包裹？其厚薄对镀层质量有什么影响？

11. 刷镀溶液有什么特点和要求？为什么对不同的基体金属都用同一种电镀液？刷镀电镀液与槽镀电镀液有什么不同？

12. 简述刷镀的工艺过程。其工艺因素有什么特点？对镀层的影响是什么？

13　化学镀及非金属材料电镀

1946 年两位美国科学家 Brenner 和 Ridell 最早发明了化学镀镍。到 21 世纪初，由于现代科学技术和工业的飞速发展，促进了化学镀镍的发展，研究工作不断深入，取得了许多新成果。化学镀的领域不断扩大，应用越来越广泛，在电子、石油、化学、航空航天、兵器、核能、汽车、印刷、纺织、机械等工业中有较多应用。

化学镀就是指不使用外电源，而采用化学方法使金属离子沉积到其他基体上去的方法。被镀件浸入相应的镀液中，化学还原剂在溶液中提供电子使金属离子还原沉积在制件表面。

$$M^{n+} + ne \xrightarrow{\text{催化表面}} M^0$$

还原作用仅仅发生在催化表面。一旦在制件表面开始有金属沉积，则这层被沉积的金属为了能继续沉积下去，金属本身应具有催化的性质。

化学镀的特点如下：

（1）镀层具有良好的耐蚀性、耐磨性和磁性能，且镀层硬度高、孔隙少；

（2）均镀能力好；

（3）不需要电源，镀层表面没有导电触点；

（4）可以在金属、非金属、半导体上产生金属沉积。

化学镀可获得镍、钴、铂、铜、金、银等金属和某些合金。目前已成功的用在化学镀中的还原剂有：次磷酸盐、甲醛、肼、硼氢化物、氨基硼烷和它们的某些衍生物。

化学镀可以作为单独的加工工艺，用来改善材料的表面性能和用于不适用电镀制件的表面金属沉积。

化学镀的另一个主要用途就是制取非金属材料电镀前的导电层。非金属材料制品在进行电镀以前，要经过多道工序处理。其中主要的工序是：机械粗化—化学除油—化学粗化—敏化—活化—还原—化学镀。近几年来又有胶体钯法、溶胀处理一步法等，把上述工艺流程中某些工序合并或省略，使工艺简化。当然不同的金属镀层，上述工艺有所差别。

目前工业上主要应用的是化学镀镍和化学镀铜。

13.1　化学镀镍

化学镀镍层是具有自催化性能的沉积层。只要被镀表面始终与化学镀镍溶液保持接触，则镍离子的还原反应便会继续进行。化学镀镍发展到今天，已经形成了比较完善的工艺，可分为下列 4 种：以次磷酸盐为还原剂的酸性高温镀液，常用于钢和其他金属制件上沉积镍层；以次磷酸盐为还原剂的碱性中温镀液，用于塑料和其他非金属基体上沉积镍层；以硼氢化物为还原剂的碱性镀液，用于钢、铜等材料制件上沉积镍层；以氨基硼烷为还原剂镀液，镀液温度低于酸性高温镀液，可用于金属和非金属制件沉积镍层；由于次磷酸盐酸性高温镀液配置成本低、镀液稳定、易操作得到了广泛应用，约占整个化学镀镍生产量的 90%。

化学镀镍层与一般镀镍层相比，具有优良的抗蚀性、耐磨性和钎焊性，在工业上可满足多方面性能的要求。如模具和铸件表面化学镀镍可改变润滑性，易脱模、提高耐磨性等。压缩机叶片化学镀镍，能提高耐磨性和耐蚀性。铝质化学镀镍可获得能进行钎焊的表面。由于化学镀镍层具有独特的性能，使其在工业上的应用比例不断上升。

13.1.1 次磷酸盐型化学镀镍

1. 化学镀镍的机理及镀层结构

以次磷酸钠为还原剂的化学镀镍反应机理，目前尚无统一的认识。主要有三种理论：原子氢态理论，氢化物理论，电化学理论。

（1）原子氢态理论。该理论认为，镍的沉积是依靠镀件表面的催化作用，使次磷酸根分解析出初生态原子氢。

$$NaH_2PO_2 \rightleftharpoons Na^+ + H_2PO_2^-$$

$$H_2PO_2^- + H_2O \xrightarrow{\text{催化表面}} HPO_3^{2-} + H^+ + 2H^0$$

H^0 在制件表面使 Ni^{2+} 还原成金属镍：

$$Ni^{2+} + 2H^0 \longrightarrow Ni + 2H^+$$

同时，原子态氢又与 $H_2PO_2^-$ 作用使磷析出：

$$H_2PO_2^- + H^0 \longrightarrow H_2O + OH^- + P$$

还有部分原子态氢相互作用生成氢气逸出：

$$2H^0 \longrightarrow H_2 \uparrow$$

由这一理论导出的次磷酸根的氧化和镍的还原反应可综合为：

$$Ni^{2+} + H_2PO_2^- + H_2O \longrightarrow HPO_3^{2-} + 3H^+ + Ni$$

（2）氢化物理论。氢化物理论认为，次磷酸盐在催化表面催化脱氢生成还原能力更强的氢负离子 H^-：

$$H_2PO_2^- + H_2O \xrightarrow{\text{催化表面}} HPO_3^{2-} + 2H^+ + H^-$$

在催化表面上，H^- 使 Ni^{2+} 还原成金属镍：

$$Ni^{2+} + 2H^- \longrightarrow Ni + H_2 \uparrow$$

同时溶液中的 H^+ 与 H^- 相互作用生成 H_2：

$$H^+ + H^- \longrightarrow H_2 \uparrow$$

磷源于一种中间产物，如偏磷酸根（PO_2^-），在酸性的界面条件下，由下述反应生成：

$$2PO_2^- + 6H^- + 4H_2O \longrightarrow 2P + 3H_2 \uparrow + 8OH^-$$

镍还原总反应可表示为：

$$Ni^{2+} + H_2PO_2^- + H_2O \longrightarrow HPO_3^- + 3H^+ + Ni$$

（3）电化学理论。电化学理论认为，次磷酸根被氧化释放出电子，使 Ni^{2+} 还原为金属镍。次磷酸根释放电子：

$$H_2PO_2^- + H_2O \longrightarrow H_2PO_3^- + 2H^+ + 2e$$

Ni^{2+} 得到电子还原成金属镍：

$$Ni^{2+} + 2e \longrightarrow Ni$$

氢离子得到电子还原为氢气：

$$2H^+ + 2e \longrightarrow H_2 \uparrow$$

次磷酸根得到电子析出磷：

$$H_2PO_2^- + e \longrightarrow P + 2OH^-$$

镍还原总反应式为：

$$Ni^{2+} + H_2PO_2^- + H_2O \longrightarrow H_2PO_3^- + 2H^+ + Ni$$

电化学理论还认为，化学镀镍过程就是依靠原电池的作用，在电池阳极与阴极将分别发生下述反应。

阳极反应：

$$H_2PO_2^- + H_2O - 2e \longrightarrow H_2PO_3^- + 2H^+$$

阴极反应：

$$Ni^{2+} + 2e \longrightarrow Ni$$

$$2H^+ + 2e \longrightarrow H_2 \uparrow$$

$$H_2PO_2^- + e \longrightarrow P + 2OH^-$$

化学镀镍的上述三种理论，对化学镀镍过程都能作出一定解释，但也都不完全。在书刊和一些文献中引用较多的是原子氢态理论，其次是氢化物理论，电化学理论较少。

以次磷酸盐为还原剂的化学镀镍层，磷含量在 $5\%\sim12\%$ 之间，同时含有 0.25% 的其他元素。研究结果表明，镀层中含磷量小于 5%，其结构为 β-Ni 相，含磷量大于 8.5%，其结构为 α-Ni 和磷的过饱和固溶体，呈非晶态。非晶态化学镀镍层，有较好的耐腐蚀性能。

这种镀层经 $220\sim260℃$ 温度热处理，结构开始发生变化，最初在合金内明显地形成均匀连续的以 Ni_3P 为稳定体心的立方晶格。这时镀层硬度显著增大，$400℃$ 下热处理 1h 硬度可达 $9000\sim11000$（MPa），继续升高温度，硬度开始降低。

2. 镀液成分及工艺条件

以次磷酸盐为还原剂的化学镀镍溶液有两种类型：酸性镀液和碱性镀液。表 13-1 列出了这两种镀液的典型工艺。

表 13-1　次磷酸盐化学镀镍工艺

成分与工艺条件	酸性镀液			碱性镀液	
	1	2	3	4	5
氯化镍($NiCl_2 \cdot 6H_2O$)/(g/L)	21	—	—	—20	—
硫酸镍($NiSO_4 \cdot 6H_2O$)/(g/L)	—	30	28	—	25
次磷酸钠($NaHPO_4 \cdot H_2O$)/(g/L)	24	26	24	20	25
苹果酸($C_6H_5O_5$)/(g/L)	—	30			
柠檬酸钠($Na_3C_6H_5O_7 \cdot 2H_2O$)/(g/L)	—			10	
琥珀酸($C_4H_6O_4$)/(g/L)	7				
氟化钠(NaF)/(g/L)	5				

成分与工艺条件	酸性镀液			碱性镀液	
	1	2	3	4	5
乳酸($C_8H_6O_3$)/(g/L)	—	18	27	—	—
丙酸($C_3H_6O_2$)/(g/L)	—	—	2.5	—	—
氯化铵(NH_4Cl)/(g/L)	—	—	—	35	—
焦磷酸钠($Na_4P_2O_7 \cdot 10H_2O$)/(g/L)	—	—	—	—	50
铅离子(Pb^{2+})/(g/L)	—	—	0.001	—	—
中和用碱	NaOH	NaOH	NaOH	NH_4OH	NH_4OH
pH 值	6	4~5	4~5	9~10	10~11
温度/℃	90~100	85~95	90~100	85	70
沉积速度/(μm/h)	15	15	20	17	15

镀液 1 同时含有氟化物和琥珀酸，氟离子有利于铝和钛基体化学镀镍，也可用于其他基体材料的化学镀。镀液 2 和 3 稳定性较好，使用寿命达 10 个循环以上，而且经过再生和补充后可连续使用，是生产上使用的有代表性的镀液。4 和 5 为碱性镀液，为防止氢氧化镍沉淀，在镀液 4 中加入有效的络合剂，且用氢氧化铵调节 pH 值，沉积速度近似的与次磷酸浓度成正比，但次磷酸钠的浓度不宜过高，否则镀液的稳定性降低。镀液 5 还可在相当低的温度下进行化学镀，沉积速度达 2.5μm/h（25℃）。

碱性化学镀镍虽然在工艺规定范围内，具有同酸性化学镀镍相近的沉积速度，所制取的镀层外观、结合力、电性能、磁性能、磷含量、硬度等同酸性化学镀镍的镀层无大的区别，但由于碱性化学镀镍溶液对杂质敏感，镀液稳定性差，难维护，所以生产中应用不多，目前生产用的绝大部分还是酸性化学镀镍。

（1）镍盐。镍盐为镀液主盐。早期镀镍使用氯化镍，近年来大多采用硫酸镍。镍盐浓度高，镀液沉积速度较快，但稳定性下降。镀液中所需的次磷酸钠和络合剂的用量，根据镍盐浓度来定。化学镀过程中，为保持一定的沉积速度，当沉积速度下降超过 10% 时，应补充镍盐。

（2）还原剂。次磷酸钠的用量主要取决于镍盐浓度。镍与次磷酸钠的物质的量比为 0.3~0.45。次磷酸钠的含量增大，沉积速度加快，但镀液稳定性下降。为了保持恒定的沉积速度，次磷酸钠和镍盐须经常按比例补充。根据操作经验，每沉积 18~19g 镀层，约消耗 100g 次磷酸钠。由此可知，次磷酸钠直接用于沉积镀层的量至多是添加量的 1/3，其余消耗于副反应，主要的应用是：

$$H_2PO_2^- + H_2O \xrightarrow{\text{催化表面}} HPO_3^{2-} + H^+ + H_2\uparrow$$

（3）络合剂。为避免化学镀镍溶液自然分解和控制镍沉积反应速度，镀液中必须加入络合剂。络合剂均为有机酸和它们的盐类，常用的络合剂有：柠檬酸、乳酸、苹果酸、琥珀酸、甘氨酸、丙酸、羟基乙酸及它们的盐类。络合剂与镍离子形成稳定的络合物，来控制可供反应的游离的镍离子含量，同时起抑制亚磷酸镍沉淀的作用，使镀液具有良好的稳定性。

由以上反应可知，化学镀镍过程中，镀液中亚磷酸根浓度不断增高，当达到一定浓度

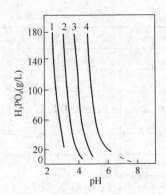

图 13-1 化学镀镍溶液
中亚磷酸镍沉淀与
pH 值和 H_3PO_4 浓度的关系
配方：$NiCl_2 \cdot 6H_2O$ 30g/L；
$NaH_2PO_2 \cdot H_2O$ 10g/L
曲线：1—不加络合剂；
2—加柠檬酸 15g/L；
3—加羟基乙酸 39g/L；
4—加羟基乙酸 78g/L

时，便会形成亚磷酸镍沉淀。沉淀产生，一方面影响溶液的化学平衡，另一方面会影响镀层质量，使镀液自发分解。镀液中的络合剂，延缓了亚磷酸镍的形成，即提高了镀液中亚磷酸镍的允许含量。这种情况如图 13-1 所示。曲线右边是亚磷酸镍沉淀区。当 pH 值为 4.2 时，含有柠檬酸的镀液中只允许有极少量的亚磷酸盐存在，而在羟基乙酸盐镀液中，则可以有相当多的亚磷酸盐存在而不发生亚磷酸镍沉淀。由图还可以看出，同样的镀液，当 pH 值较低时将允许较高浓度的亚磷酸盐存在。当亚磷酸盐达到它的溶解度极限时，就必须消除（再生）更换镀液。

有些络合剂在镀液中同时也起到缓冲剂的作用。镍还原过程中由于有氢离子生成，镀液 pH 值逐渐降低而使沉积速度下降。缓冲剂的加入，可以稳定 pH 值，稳定沉积速度。目前常用的缓冲剂有醋酸、丙酸、己二酸、琥珀酸等以及它们的盐类。其中琥珀酸还起到加速剂的作用。

（4）增速剂。镀液中的络合剂控制了沉积速度，有些会使沉积速度很低。为了调整沉积速度，常在镀液中加入增速剂来提高沉积速度。乳酸、羟基乙酸、琥珀酸、丙酸、醋酸、丙二酸等以及它们的盐类都是有效的增速剂。氟化物也有明显的增速作用，一些有机酸对镍沉积速度的影响示于图 13-2。增速剂促使次磷酸根阴离子中氢和磷之间键合力变弱，使氢在催化表面上更容易移动和脱氢。

220

（5）稳定剂。为了控制镍离子的还原和使还原反应只在被镀表面进行，镀液中常加入稳定剂。通常由于镀液中有胶粒或固体粒子存在，这些微粒可能是外来杂质（如灰尘和沙粒等）进入镀液或是镀液中产生亚磷酸镍沉淀，而引起镀液自发分解。镀液中的微量稳定剂可以抑制自发分解，是因为它们优先被微粒或胶团粒子吸附（毒化），阻碍了镍在这些粒子上的还原。使用的稳定剂有三种类型：一种是含硫化合物，如硫脲、硫代硫酸盐等；第二种是含氧的阴离子物质，如钼酸盐、碘酸盐等；第三种是重金属离子如铅、铋、锡、镉等离子。

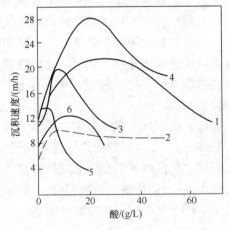

图 13-2 化学镀镍的沉积速度和各种
有机酸及其浓度之间的关系
配方：$NiCl_2 \cdot 6H_2O$ 30g/L；$NaH_2PO_2 \cdot H_2O$ 10g/L
曲线：1—氨基乙酸；2—甘氨酸；3—琥珀酸；
4—乳酸；5—邻二甲苯；6—水杨酸

稳定剂对化学镀镍溶液和镀层质量有正反两方面的作用，除能稳定镀液外，还能影响沉积速度和镀层光亮。但有些稳定剂，如重金属和硫化物，能使镀层内应力和孔隙率增大，延展性下降，导致抗蚀性和耐磨性降低。

镀液中稳定剂的加入量对沉积速度影响很大，如 HS^- 含量为 0.01mg/L 时，对镀液有较好的稳定作用，若 $c(HS^-)$ 增大到 1mg/L，则沉积镍的反应便会停止。图 13-3 表明在次磷酸盐为还原剂加有琥珀酸的镀液中加入铅作为稳定剂对沉积速度的影响，可以看出 $c(Pb^{2+})<0.1mg/L$ 镀液不稳定，会很快分解。$c(Pb^{2+})>0.1mg/L$ 镀液稳定。若含量过高，Pb^{2+} 优先吸附制件边缘的拐角，导致镀层厚度不均匀和孔隙增大。当 $c(Pb^{2+})>0.1mg/L$，沉积速度急骤下降直至停止反应。

（6）光亮剂。化学镀镍层通常是半光亮的，但还可以加入一些用于光亮电镀镍的光亮剂，来增加化学镀镍层的光亮性。

镀液中还可以加入一些少量的阴离子型润湿剂，如磺酸盐，用来降低固液界面之间的张力，使氢气泡很快脱附，减少镀层针孔，若添加过量，会使镀层变黑。

（7）镀液的 pH 值。化学镀镍的沉积速度随着镀液的 pH 值减少而降低，其影响规律示于图 13-4。由图看出，当镀液 pH 值远小于 4 时，沉积速度很低，则失去实际意义。另一方面，当 pH 值大于 6 时，易产生微溶的亚磷酸镍沉淀，引起镀液自发分解。酸性化学镀镍镀液最合适的 pH 值通常是 4.2～5.0。

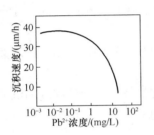

图 13-3　稳定剂 Pb^{2+}
对沉积速度的影响

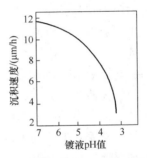

图 13-4　pH 值对化学镀沉积速度的影响
配方：$NiCl_2 \cdot 6H_2O$ 30g/L；$NaH_2PO_2 \cdot H_2O$ 10g/L
羟基乙酸钠 10g/L；温度 90℃

由化学反应知，化学镀镍沉积过程中，镀液中氢离子浓度不断增加。为防止 pH 值迅速降低，在镀液成分里常含有适量的缓冲剂。但仍需周期加地入碱溶液，以中和镀液中过多的酸。

（8）镀液温度。镀液温度是影响化学镀镍沉积速度的重要因素之一。温度低于 65℃ 时，沉积速度很慢，随温度升高沉积速度加快。图 13-5 表明了温度与沉积速度的关系。同时温度升高，可降低镀层中的磷含量。如英国的 NiFOSS2000 镀液，pH 值为 4.5 时，操作温度 85℃，镀层中磷含量 12.6%；而在 90℃ 时，磷含量是 10.2%。但温度高或加热不均匀都会引起镀液的分解。

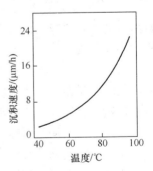

图 13-5　温度对沉积
速度的影响
配方：$NiCl_2 \cdot 6H_2O$ 30g/L；
$NaH_2PO_2 \cdot H_2O$ 10g/L；pH 值为 5

为操作方便、节约能源，降低化学镀镍溶液的操作温度，是化学镀镍的研究问题之一。近年来，国内外都有文献介绍，如焦磷酸盐为络合剂、次磷酸盐为还原剂的低温碱性镀液便是其中的一例。

3. 镀液的配制

镀液由下列成分组成：镍盐、络合剂、还原剂、添加剂。镀液配置方法如下：

（1）称取计算量的镍盐、络合剂、还原剂、添加剂等，分别用蒸馏水溶解；

（2）将已溶解好的镍盐溶液在不断搅拌下，倒入含络合剂的溶液中；

（3）将完全溶解的还原剂溶液，在强搅拌下倒入按（2）配置好的镀液中；

（4）将已完全溶解的添加剂溶液，在搅拌下倒入按（3）配置好的镀液中；

（5）用蒸馏水稀释至计算体积；

（6）用酸或碱溶液调整 pH 值至规定范围；

（7）过滤镀液。

4. 化学镀镍溶液的不稳定因素及维护

化学镀镍溶液成本较高，防止镀液自发分解、提高使用寿命，都具有重要意义。

（1）影响镀液稳定的因素

次磷酸盐浓度过高，使镀液的化学能提高（高能状态），就会加速镀液内部的还原作用，促进液相组分向固相气相转化。若镀液局部温度过高或存在微粒，则很易诱发镀液自发分解。如果同时出现镀液 pH 值偏高，便会明显降低镀液中亚磷酸镍的沉淀点，镀液提前出现亚磷酸镍沉淀。

镍盐浓度过高。当镀液 pH 值偏高时，提高镍盐浓度易生成亚磷酸镍和氢氧化镍沉淀，从而使镀液混浊，促使自发分解。

络合剂浓度过低。络合剂的重要作用之一就是能提高镀液中亚磷酸镍的沉淀点。镀液中络合剂的含量不足，随着化学镀的进行，亚磷酸根也不断增大，会很快地达到亚磷酸镍的沉淀点，镀液出现混浊，自发分解。

pH 值的调整。常用氢氧化钠溶液进行调整，所用浓度不易太大，pH 值也不能太高，否则次磷酸盐转化为亚磷酸盐或氢氧化镍沉淀，自发分解。

镀液配制方法不当。次磷酸盐加入过快，使镀液局部次磷酸盐浓度过高，促使生成亚磷酸镍沉淀；碱液加入过快使镀液局部 pH 值过高，易生成亚磷酸镍和氢氧化镍沉淀；配置溶液时要严格按照配置顺序加入药品，如不能将 pH 值调整剂 NaOH 溶液加入到不含络合剂镍盐溶液中。

镀前处理不当。被镀制件在进入镀槽前必须清洗干净，防止油污、氧化皮、金属屑、灰尘及酸、碱溶液带入镀液中，对于非金属制件，还要防止活化金属盐进入镀液，否则，由于这些有害物质进入镀液，便会增大溶液的不稳定性，触发镀液自发分解。

操作方法。局部过热，如电炉加热会使局部温度过高，很容易引起镀液自发分解；镀液负荷过低或过高，都会直接影响沉积速度。特别是沉积速度快时，镀层比较疏松，镍颗粒可能从镀层上脱落到镀液中，形成催化中心，促进镀液分解；对使用的挂具，要较好地进行防蚀保护，防止在镀液中产生腐蚀，增加镀液中的杂质。

镀液的维护和管理。按配置方法配置镀液；生产中要严格控制工艺条件。要加热均匀，镀液负荷不超过 $1dm^2/L$，镀液温度达到要求后应尽快进行化学镀，空载时间不要过长。按需要量适时补加药品和调整 pH 值，补加药品时要配制成溶液，并将镀液温度降至 70℃以下。加强零件镀前处理并清理干净，使用后镀液要加盖。镀槽、加热管、挂具如有镍层，应及时退除、洗净，镀液要经常过滤，清除其中固体颗粒。

（2）化学镀镍溶液的再生方法

化学镀镍沉积过程中产生亚磷酸根，而且随着镀液的连续使用，亚磷酸根不断积累，亚磷酸根是镀液不稳定的主要因素。因此，在规定 pH 值范围内使亚磷酸根维持在允许的含量以下，是延长镀液使用寿命、提高镀液稳定性的重要措施之一。可使用下列方法减少镀液中亚磷酸根的含量，即镀液再生。

① 三氯化铁法

方法：将计算量的三氯化铁加入化学镀镍溶液中，反复搅拌，镀液中产生黄色沉淀物 $Na_2[Fe(OH)(HPO_3)_2] \cdot 2H_2O$，待完全沉淀后，再进行吸滤或过滤。

操作过程中应当注意：将三氯化铁用少量水配置成水溶液，分次加入镀液，每次加入量应小于计算量的 1/3。这是因为如果加入的铁离子不能立即完全与亚磷酸根发生反应，未反应的铁离子便会污染镀液；

操作温度可在 50～60℃下进行，也可在室温下进行，低温更有利；

再生时镀液的 pH 值应控制在 5 左右，处理后 pH 值比原溶液低 1.5～2，待过滤后再将 pH 值调整到工艺要求值。

镀液再生，也可用其他铁盐。用硫酸高铁时，操作温度是 50～60℃；用硫酸高铁铵时，镀液的 pH 值应调至 3.5。其他步骤及注意事项同三氯化铁法。

上述方法，生成的沉淀物含水量高，沉淀物体积大，镀液损失多。

② 钡离子和钙离子法

该方法具有广泛的适用性，但对以柠檬酸及其盐类为络合剂的镀液，除亚磷酸根时应严格控制处理时的 pH 值。用 Ba^{2+} 时 pH 值为 6～6.6，用 Ca^{2+} 时 pH 值为 6.5～7。这样便不会生成柠檬酸钡$[Ba(C_6H_5O_7)_2 \cdot 7H_2O]$和柠檬酸钙$[Ca(C_6H_5O_7)_2 \cdot 4H_2O]$沉淀。

用 Ba^{2+} 为沉淀剂的反应如下：

$$Ba^{2+} + HPO_3^{2-} \longrightarrow BaHPO_3 \downarrow$$

亚磷酸钡微溶于水，镀液中含有微量的 Ba^{2+}，应加入适量 SO_4^{2-}（可用 Na_2SO_4 提供）去除，Ba^{2+} 去除应彻底，否则，当再生后的镀液施镀时，反应生成的 HPO_3^{2-} 又会与 Ba^{2+} 生成亚磷酸钡沉淀，镀液混浊触使自发分解。这种现象往往在镀液工作 3～5min 便会出现。

用 Ca^{2+} 为沉淀剂的反应如下：

$$Ca^{2+} + HPO_3^{2-} \longrightarrow CaHPO_3 \downarrow$$

在热水中亚磷酸钙沉淀分解，所以再生处理时必须在室温下进行。由于 $CaHPO_3$ 沉淀微溶于水，镀液中含有微量的 Ca^{2+}，必须在除 HPO_3^{2-} 之后加入草酸或草酸钠溶液，去除镀液中的微量钙离子：

$$Ca^{2+} + C_2O_4^{2-} \longrightarrow CaC_2O_4 \downarrow$$

上述步骤完成后，过滤，调整工作溶液，便可继续使用。

13.1.2 其他型还原剂化学镀镍

迄今为止，化学镀镍用的还原剂有：次磷酸盐、硼氢化物（如 $NaBH_4$）、胺基硼烷（如二甲胺基硼烷$[(CH_3)_2NHBH_3]$、肼及其衍生物（如 $N_2H_4 \cdot H_2SO_4$）等。除次磷酸盐得到普通应用外，硼氢化钠和二甲基胺基硼烷也有一定应用，本节将对后两种还原剂的化学镀镍作简要讨论。

以硼氢化物和胺基硼烷作还原剂的镀液获得 Ni-B 合金镀层，其硼含量介于 0.2% ～ 5%，硼含量的变化取决于镀液配方和工艺条件。Ni-B 合金镀层不是非晶态，而是由镍硼化物的玻璃态和镍晶态组成的混合结构。该结构不完全均匀。Ni-B 合金的硬化处理与 Ni-P 合金相同。在温度不超过 250℃时处理形成 Ni_3B 的颗粒。在温度 370～380℃时处理，得到结构为 Ni-B 间金属混合物，主要是 Ni_3B 和 Ni_2B 与 10% 左右的镍组成，其硬度很高，约为 1200Hv，镀层具有优异的耐磨性。在温度 200～300℃，经过 200～280d 长时间处理，镀层硬度高达 1700～2000Hv，这是因为在这种条件下可得到更细的弥散硼镍化合物和硼铁化合物（如 Fe_2B 和 $Fe_3C_{0.2}B_{0.8}$ 等）。Ni-B 合金抗蚀性比 Ni-P 合金差，且成本高。Ni-B 合金也具有较高的内拉应力，应力随镀液的 pH 值增大而增强。

1. 硼氢化物型镀液

硼氢化物已成功的用做化学镀镍的还原剂，硼氢化钠是最常用的硼氢化物，具有很强的还原作用。硼氢化物除强碱溶液外，在所有溶液中都因水解作用而迅速分解，所以此类镀液 pH 值常保持在 12～14。镀液中也必须含有络合剂，以防析出氢氧化镍沉淀。可以使用的络合剂有酒石酸盐、柠檬酸盐、氨、乙二胺、三乙撑四胺、EDTA、琥珀酸盐等。

镀液中要有稳定剂，用来减缓溶液自发分解趋势以及防止镍硼化物的粉末的形成，如硫二甘醇酸、乙炔化二硫代水杨酸、铅离子、铊离子等。目前使用较多的是硝酸铊和硫酸铊。铊离子不仅能提高硼氢化物的还原效率，而且与镍硼一起共沉积，可以改善镀层质量。

沉积反应可用下式表示：

$$NaBH_4 + 4NiCl_2 + 8NaOH \xrightarrow{催化} 4Ni + NaBO_2 + 8NaCl + 6H_2O$$

$$2NaBH_4 + 4NiCl_2 + 6NaOH \xrightarrow{催化} 2Ni_2B + 6H_2O + 8NaCl + H_2 \uparrow$$

$$NaBH_4 + H_2O \longrightarrow NaBO_2 + 4H_2 \uparrow \quad （副反应）$$

典型硼氢化物工艺见表 13-2。

配置镀液时须将硼氢化物溶解在少量的碱水中，在使用前边搅拌边加入到含有络合剂的碱性镍盐溶液中。

镀层沉积过程中镀液的 pH 值必须保持稳定。不然，当 pH 值下降到小于 12 时，镀液可能自行分解，产生下述水解反应析出氢气。

$$BH_4^- + 2H_2O \longrightarrow BO_2^- + 4H_2 \uparrow$$

2. 胺基硼烷型镀液

胺基与硼氢化物反应生成胺基硼烷，通式为 R_3H-BH_3，R 可以是 H、烷基、芳香基。化学镀镍使用的胺基硼烷是下述两种物质：N-二甲胺基硼烷 $[(CH_3)_2NHBH_3]$（DMAB）和 N-二乙胺基硼烷 $[(C_2H_5)_2NHBH_3]$（DEAB）。DMAB 易溶于水，可直接配置镀液。DEAB 在加到化学镀镍溶液之前，必须在乙醇中溶解后，才能配制镀液。

镍层沉积反应可表示为：

$$R_2NHBH_3 + 3Ni^{2+} + 5OH^- \xrightarrow{催化} 3Ni + (R_2NH_2)^+ + H_3BO_3 + 2H_2O$$

$$4R_2NHBH_3 + 6Ni^{2+} + 8OH^- \longrightarrow 2Ni_3B + 4(R_2NH_2)^+ + 2H_3BO_3 + H_2O + 3H_2 \uparrow$$

二甲胺基硼烷在水溶液中会因水解作用而分解，但只有在相当强的酸性溶液中或者相当高的镀液温度时，分解率才是明显的。因此，胺基硼烷镀液通常在 pH＝5～9 范围内操作，温度为 50～80℃，但在 30℃ 时仍可使用。胺基硼烷镀液经常用于塑料和非金属材料制件的化学镀。沉积速度随着 pH 值和温度的升高而加快，沉积速度为 7～12μm/h。从这些镀液中获得的化学镀镍层含硼量为 0.4％～5％ 之间。沉积层中硼含量随镀液 pH 值升高而降低，随温度升高、胺基硼烷浓度增高而增加。

典型胺基硼烷化学镀镍工艺见表 13-2。

表 13-2　胺基硼烷、硼氢化物化学镀镍工艺

成分与工艺条件	胺基硼烷镀液			硼氢化物镀液	
	1	2	3	4	5
氯化镍($NiCl_2 \cdot 6H_2O$)/(g/L)	5～20	30	24～28	20	20
DMAB/(g/L)	1.5～6	—	3～4.8	—	—
DEAB/(g/L)	—	3	—	—	—
异丙醇[$(CH_3)_2CHOH$]/(g/L)	—	50	—	—	—
酒石酸钠($Na_2C_4H_4O_6$)/(g/L)	7～41	—	—	—	—
柠檬酸钠($Na_3C_6H_5O_7 \cdot 2H_2O$)/(g/L)	—	10	—	—	—
琥珀酸钠($C_4H_4Na_2O_4 \cdot 6H_2O$)/(g/L)	—	20	—	—	—
醋酸钾(CH_3COOK)/(g/L)	—	—	18～37	—	—
硼氢化钠($NHBH_4$)/(g/L)	—	—	—	0.67	0.4
氢氧化钠($NaOH$)/(g/L)	—	—	—	40	90
乙二胺($C_2H_8N_2$)/(g/L)	—	—	—	44	90
硫酸铊(Tl_2SO_4)/(g/L)	—	—	—	—	0.04
pH 值	5.5	5.7	5.5	14	14
温度/℃	70	65	70	95	95
沉积速度/(μm/h)	7～12	7～12	7～12	8～9	15～20

225

13.2　化　学　镀　铜

化学镀铜主要是为了在非导体材料表面形成导电层而采用的。印刷线路板孔金属化和塑料电镀前的化学镀铜，已在工业上广泛应用。化学镀铜层的物理化学性质与电镀法所得铜层基本相似。

化学镀铜的主盐通常采用硫酸铜。可使用的还原剂有甲醛、肼、次磷酸钠、硼氢化钠等，但生产中普遍采用的是甲醛。化学镀铜的 pH 值为 11～13，为了防止氢氧化铜沉淀而须在镀液中加入络合剂，酒石酸盐是最常用的络合剂，其他还有 EDTA、三乙醇胺等。

13.2.1　甲醛还原铜的机理

甲醛是化学镀铜中使用最广泛的一种还原剂，甲醛还原铜离子为金属铜的机理主要有三种观点。

1. 原子态氢机理

在碱性溶液中，甲醛在催化表面上氧化为 $HCOO^-$，同时放出原子 H^0，原子氢还原铜离子为金属铜。

$$HCHO+OH^- \xrightarrow{\text{催化}} HCOO^- +2H^0$$

$$HCHO+OH^- \xrightarrow{\text{催化}} HCOO^- +H_2\uparrow$$

$$Cu^{2+}+2H^0+2OH^- \longrightarrow Cu+2H_2O$$

2. 氢化物机理

该理论认为，在催化表面上甲醛不会分解出氢，而是产生氢负离子 H^-，这些氢负离子还原铜离子为金属铜。

$HCHO$ 在水溶液中存在下列平衡：

$$\underset{\overset{|}{\text{(图)}}}{H-C-H}+H-O-H \Longrightarrow H-\overset{OH}{\underset{OH}{C}}-H$$

在碱性介质中，甲叉二醇易形成甲叉二醇阴离子：

$$H-\overset{OH}{\underset{OH}{C}}-H+OH^- \longrightarrow H-\overset{OH}{\underset{O^-}{C}}-H+H_2O$$

在一定条件下（催化表面），甲叉二醇阴离子发生电子转移，生成氢负离子 H^-，且吸附在金属表面，把质子给氢氧根：

$$H-\overset{O^-}{\underset{OH}{C}}-H-OH \xrightarrow{\text{催化表面}} H^- +HCOO^- +H_2O$$

制件表面吸附的氢负离子具有很强的还原能力，把铜离子还原成金属铜：

$$Cu^{2+}+2H^- \longrightarrow Cu+H_2\uparrow$$

或者还原成一价铜，然后发生歧化反应

$$2Cu^{2+}+2H^- \longrightarrow 2Cu^+ +H_2\uparrow$$
$$\downarrow$$
$$Cu+Cu^{2+}$$

上述两反应式中氢负离子只能被氧化为原子氢，并不能被氧化为正离子氢 H^+。

总反应式：

$$2HCHO+Cu^{2+}+4OH^- \longrightarrow Cu+2HCCO^- +2H_2O+H_2\uparrow$$

3. 电化学机理

甲醛还原铜，在金属铜上存在着两个共轭的电化学反应，即铜的阴极还原和甲醛的阳极氧化。

阳极反应：

$$HCHO+OH^- \longrightarrow HCOO^- +H_2\uparrow+2e$$

阴极反应：

$$Cu^{2+} + 2e \longrightarrow Cu$$

化学镀全部反应的动力极限，可以从部分反应的极限电流来测得，在电流-电位曲线上的平稳部位即为电流值。

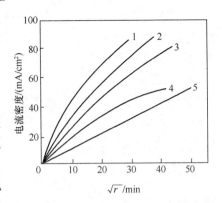

极限电流的特性显示了极限速率的控制类型。控制的三种类型是：电子转移，传质，化学反应。

采用旋转圆盘电极，消除浓差极化影响，在液温 15～55℃、无添加剂时，铜离子的还原极限电流与旋转圆盘的转速的关系如图 13-6 所示。当 CuSO$_4$ 的浓度为 0.05mol/L 时，它们之间呈线性关系，说明极限电流由传质控制。当 CuSO$_4$ 浓度大于 0.05mol/L 时，则呈非线性关系，这说明极限电流受 Cu^{2+} 离子传质和化学反应（铜络合物解离）动力学因素混合控制。

有添加剂时出现两种情况：具有强吸附性的添加剂，如 NaCN 的浓度达到 5mg/L 时，极限电流与电极旋转速度已无关系；弱吸附性的添加剂，如巯

图 13-6 Cu^{2+} 还原极限电流与电极旋转速度的关系

测试条件：25℃；pH=12.8；

EDTA/Cu^{2+}=1.5；

1—0.35mol/L；2—0.25mol/L；

3—0.15mol/L；4—0.1mol/L；

5—0.05mol/L

基苯并噻唑浓度直到 16.7mg/L，极限电流仍与旋转速度有关，即与传质有关。

13.2.2 化学镀铜液的特点及组成

生产中广泛应用的化学镀铜溶液，以甲醛为还原剂，酒石酸钾钠为络合剂。此类镀液的典型工艺见表 13-3。

表 13-3 化学镀铜工艺

成分及工艺条件	1	2	3	4
硫酸铜(CuSO$_4$·5H$_2$O)/(g/L)	5	10	7	10
酒石酸钾钠(NaKC$_4$H$_4$O$_6$·4H$_2$O)/(g/L)	25	50	23	25
氢氧化钠(NaOH)/(g/L)	7	10	4.5	15
碳酸钠(Na$_2$CO$_3$)/(g/L)	—	—	2	—
氯化镍(NiCl$_2$·6H$_2$O)/(g/L)	—	—	2	—
甲醛(37%)(HCHO)/mL	10	10	25	5～8
pH 值	12.8	12.9	12.5	12.5～13
温度/℃	12～25	15～25	15～25	15～25
时间/min	20～30	20～30	20～30	20～30

化学镀铜液主要由两部分组成：甲液是含硫酸铜、酒石酸钾钠、氢氧化钠、碳酸钠、氯化镍的溶液；乙液是含还原剂甲醛的溶液。这两种溶液预先分别配制，在使用时将它们混合和在一起。这是因为甲醛在碱性还原条件下才具有还原能力，再就是甲醛与碱长期共存会发生下列反应：

$$2HCHO + NaOH \Longleftrightarrow HCOONa + CH_3OH$$

$$HCOONa + NaOH \Longleftrightarrow Na_2CO_3 + H_2 \uparrow$$

镀液使用一段时间后，反应速度变慢，镀层结合力变差。此时应将镀液进行澄清或过滤，然后加入已配制好的补充液，便可重新使用。补充液同样分甲乙两种溶液，但各成分的含量视消耗而定。

1. 铜盐

硫酸铜是化学镀铜液中的主盐。镀液中铜离子浓度越高，沉积速度越快，当含量达到一定值时，沉积速度趋于恒定。铜离子含量多少对镀层质量影响不大，因此，它的含量可在较宽的范围内变化。

2. 络合剂

化学镀铜液中络合剂主要用于和铜离子形成络合物，防止氢氧化铜沉淀生成。有的络合剂如酒石酸钾钠又是一种缓冲剂，可以维持反应所需的最适宜的 pH 值范围。

化学镀铜使用的络合剂以酒石酸盐为主，其次是 EDTA 或两者组成的混合络合剂。

3. 还原剂

化学镀铜目前普遍采用的还原剂是甲醛。甲醛是一种强还原剂，甲醛的还原能力随 pH 值增高而增强。这可通过甲醛在不同 pH 值下的标准氧化还原电位来说明。

pH 值	0	9	10	11	12	13	14
$\varphi^0_{HCHO/HCOO^-}$	0.06	-0.62	-0.71	-0.81	-0.87	-0.98	-1.00

同时，甲醛的还原能力随甲醛浓度增高而提高。当浓度增到 15mL/L（EDTA 为络合剂的镀液），再增加甲醛含量，还原能力变化不大。

4. 氢氧化钠

氢氧化钠的作用是调节镀液的 pH 值，保持镀液的稳定性和为甲醛提供具有较强还原能力的碱性环境。

5. 添加剂

化学镀铜液中加入添加剂的主要作用是提高镀液的稳定性，改善镀层外观和韧性。常用的添加剂有二乙基二硫代氨基甲酸钠、2,2-联吡啶等。但添加量不能过多，否则，由于它在金属表面的吸附量增多，而使镀铜速度降低。

化学镀铜液中有时也加入某些金属离子，如钙离子可以提高沉积速度；镍离子降低沉积速度，但可提高镀层结合力；锑和铋使沉积速度降低，能提高镀层的韧性和镀液的稳定性。

13.2.3 工艺条件的影响

1. pH 值

化学镀铜反应消耗 OH^-，所以随着沉积过程的进行，镀液 pH 值不断降低；铜层的沉积速度随 pH 值的增高而加快，镀层外观也得到改善。因此，镀层的 pH 值不能过低。若 pH 值过高，如 pH>13，会引起甲醛分解速度加快，副反应加剧，消耗增大，铜层沉积速度不断增加，导致镀液老化，自然分解。

2. 温度

化学镀铜过程中，必须严格控制反应温度。虽然升高温度能增大沉积速度，提高铜层韧性，降低内应力，但生成的 Cu_2O 也多，镀液稳定性下降。若温度过低易析出硫酸铜，它附着在零件表面影响铜的沉积，形成针孔，产生绿色斑点。因此化学镀铜工作温度应该控制在 $15\sim25℃$ 范围内。

3. 搅拌

搅拌在化学镀铜过程中是必要的。作用是使镀件表面溶液浓度尽可能同槽内部的浓度一致，维持正常的沉积速度；排除停留在镀件表面的气泡；使 Cu^+ 氧化成 Cu^{2+}，抑制 Cu_2O 生成，镀液稳定性得到提高。搅拌方式可采用机械搅拌和空气搅拌。

13.2.4　化学镀铜的不稳定因素及镀液维护

影响化学镀铜溶液稳定性的主要因素有二：一是来自镀液本身，其中最重要的是络合剂的稳定极限和各种副反应的大小；二是工艺条件，如 pH 值、温度、镀液负荷等。

1. 加入适量甲醛抑制 Cu^+ 产生

甲醛在碱性溶液中，将会自发分解为甲醇和甲酸，消耗甲醛：

$$2HCHO+OH^- \Longrightarrow HCOO^- +CH_3OH$$

由于甲醛含量降低，使沉积铜的反应减缓，而生成 Cu^+ 的反应增多。同时，甲酸也会使二价铜的还原被阻止在 Cu^+ 状态，引起镀液不稳定。甲醇加入量为 $50\sim300mL$。

2. 抑制氧化亚铜歧化反应

甲醛在碱性溶液中，不仅能把二价铜还原成金属铜，而且还能将它部分的还原成一价铜：

$$2Cu^{2+}+HCHO+5OH^- \longrightarrow Cu_2O\downarrow +HCOO^- +3H_2O$$

在碱性条件下 Cu^{2+} 易发生歧化反应：

$$Cu_2O+H_2O \longrightarrow Cu\downarrow +Cu^{2+}+2OH^-$$

反应产生的许多细小铜粒（铜粉）分散在镀液中，形成自催化中心，镀液易自发分解。

抑制 Cu_2O 的影响可采取下列办法：一是不断地过滤镀液；二是向镀液中加入适量的能与 Cu^+ 络合的络合剂，镀液中游离的 Cu^+ 很少，可有效地抑制 Cu^+ 的歧化反应。可使用的络合剂有：二乙基二硫代氨基甲酸钠、啉菲罗啉、若丹宁、联吡啶等。

3. 防止固体催化颗粒进入化学镀铜液

化学镀铜时，要注意使用药品纯度，避免因药品不纯而带入对镀铜起催化作用的金属杂质。非金属材料化学镀铜的前处理，应严格遵守工艺条件，加强清洗，防止敏化、活化剂在制件表面过多聚集，产生疏松铜层，进而产生铜微粒脱落。

4. 保持镀液清洁

化学镀铜槽要光滑，洁净。镀槽长期使用后，在内壁可能有铜层，再次使用时，应用浓硝酸洗干净。镀槽停止工作时，应加盖板，防止灰尘或其他杂质落入镀液。

5. 镀液保存

化学镀铜溶液工作时的 pH 值应保持在工艺范围内，长期停止加工时，用 20％的硫酸溶液将 pH 值调至 $9\sim9.5$，此时镀液完全停止反应。使用时再用氢氧化钠溶液调 pH 值至规定范围。

6. 其他

镀液补加药品时，应配制成稀溶液，且应在搅拌条件下逐步加入；沉积铜时，镀液负载应不大于 $3.5dm^2/L$；镀液工作时的 pH 值应维持在规定范围内，在工艺允许条件下，镀液工作温度宜采用下限。

13.3　非金属材料电镀

非金属材料电镀已广泛用于工业生产。由于在非金属表面可以获得结合力良好，并且抗蚀性能、耐热性能、耐磨性能等能满足要求的镀层，因此，非金属材料电镀技术的应用已由日用品和家用电器延伸到各个行业部门和尖端科学技术领域。

非金属电镀工艺的关键是制件表面的导电膜制备和金属层与基体的结合力，这均与制件电镀前的表面准备有关。非金属制件电镀前的处理，一般应经过以下步骤：消除应力、除油、粗化、敏化、活化及化学镀。

13.3.1　去应力

塑料镀件由于设计造型不合理或加工成型不当，而存在内应力。内应力使镀层结合力降低，甚至开裂脱落。因此，塑料制品电镀前，应首先消除内应力。

塑料制件内应力检验方法有偏振光透视法，温度骤变法和极性溶剂浸渍法。当前工业生产的方法是极性溶剂浸渍法，即把制件浸到溶剂中，浸渍 2~5min，表面出现裂纹，表示制件存在内应力。裂纹越多越粗，应力越大。常用塑料制件的检验溶剂如下：苯乙烯及其共聚物可用冰醋酸和煤油；聚酰胺类（如尼龙$_{1016}$、尼龙$_{66}$ 等）可用正庚烷；聚碳酸酯、聚砜、聚苯醚等可用四氯化碳；有机玻璃用水煮沸。

消除内应力，目前采用热处理方法。制件在一定温度下恒温数小时，使其内部分子重新排列，从而达到减小或消除内应力的目的。常用塑料的热处理温度如下：ABS 塑料 65~75℃；聚丙烯 80~100℃；聚甲醛 90~120℃；聚砜 110~120℃；氯化聚醚 80~120℃；聚苯醚 100~120℃；聚碳酸酯 110~130℃；改性聚苯烯 50~60℃；聚酰胺是把制件放在沸水中，壁厚 1.5mm 处理时间 2h，壁厚 6mm 处理时间 16h。

ABS 塑料还可以用丙酮水溶液消除应力，丙酮与水的体积比为 1∶3，室温浸泡 20~30min，效果良好，但应注意丙酮的挥发。

13.3.2　除　油

除油的目的在于除去制件表面的脱模剂及污垢，以确保非金属制件表面能均匀的进行表面粗化。

非金属制件的除油与其他固体表面的除油一样，可用有机溶剂除油，也可用表面活性剂的碱性水溶液除油。用有机溶剂除油时选用的有机溶剂应对非金属制件不会发生溶解、膨胀、龟裂等破坏现象。生产中使用的有机溶剂有丙酮、三氯乙烯、甲醇等。碱性除油溶液可选用钢铁件除油液，温度为 50~70℃。非金属制件除油，绝大多数选用碱性除油剂。

13.3.3 表面粗化

粗化是塑料电镀的关键工序之一。粗化是为了提高塑料表面的粗糙度，使塑料表面由憎水性转为亲水性，这样才能使随后的处理溶液能均匀地润湿表面，从而得到均匀的覆盖。粗化的好坏，对镀层与塑料的结合力、化学镀层的沉积、镀后外观都有重要影响。

粗化可分为机械粗化、化学粗化和有机溶剂粗化。

1. 机械粗化

对于表面光洁度要求不高的零件，可以采用喷砂打磨的方法处理。若零件较小，可进行滚磨，滚磨方法与电镀前处理方法相同。

机械粗化效果不但与所用磨料粒度有关，而且还与磨料性质有关。磨料粒度越大，制件表面粗糙度越大，利于制件与镀层的结合。对于光洁度较高的制件，应选择合适的粒度，一般为120#～200#。磨料性质不同，粗化方法不同，所获得的镀层结合力也不同。聚苯乙烯塑料与镀铜层的结合力见表13-4。

机械粗化在非金属制件上形成的凹坑是敞口形的，不能形成机械锁扣，所以它只能把镀层结合力提高到一定限度。机械粗化只能作为化学粗化的辅助手段。

2. 化学粗化

化学粗化的实质是对非金属材料制件表面起蚀刻、氧化的作用，提高镀层结合力，现以ABS塑料为例简述如下。

ABS塑料是A（丙烯腈）、B（丁二烯）、S（苯乙烯）三元共聚而成，由A和S组分共聚组成刚性骨架，橡胶状的B组分以球形分散于S-A骨架中。强酸、强氧化性化学粗化液将制件表面中的B组分溶解，S-A构型基本不溶，从而形成无数倒置瓶口，形成小凹槽，使表面得到微观粗糙，以确保化学镀所需的"锁扣"效果。粗化的同时，强氧化剂还能与塑料发生氧化、磺化等作用，使高分子结构产生断链作用。由于这些作用的叠加效果，使塑料表面生成较多的亲水性基团，如羟基（—OH）、羰基（＝C＝O）、磺酸基（—SO$_3$H）等，或者使非极性分子极化。这些极性基团的存在，极大地提高了制件表面的亲水性，有利于化学反应，提高了镀层与基体的结合力。

表13-4列举了聚苯乙烯经不同处理后，镀铜层与基体的结合力。

表 13-4 聚苯乙烯与镀铜层的结合力 kg/cm^2

粗化方法	不经化学粗化	化学粗化（20℃，1h）
表面未经粗化	20	58
M14 砂纸打磨	34	195
5%碳化硅液滚磨 1h	10	230
5%浮石液滚磨 1h	10	304

对某些塑料制品可用表13-5所列工艺进行化学粗化。粗化温度见表13-6，温度对粗化效果有影响，温度高一点效果更好一些，但温度不能过高，否则，会引起塑料制品变形。

231

表 13-5　某些塑料化学粗化工艺

成分及工艺条件	1	2
硫酸（H_2SO_4）/mL	60	1000
铬酐（CrO_3）/g	20	180～200
水/mL	400	400
温度/℃	70～75	40～60
时间/min	3～5	60～120

表 13-6　常用非金属材料粗化温度及时间

粗化液成分	材料名称	温度/℃	时间/min
铬酐（CrO_3）180g	脲醛树脂	20～25	15～20
硫酸（H_2SO_4）1000mL	酚醛树脂	20～25	120～150
水　40mL	聚碳酸脂	40～50	15～20
	ABS 塑料	40～50	60～120
	聚氯乙烯	40～50	120～150
	环氧树脂	65～75	2～15
	素瓷	80～90	60～120

3. 有机溶剂粗化

用有机溶剂处理塑料表面可以达到粗化目的，但由于有机溶剂挥发需要时间，制件上部和下部粗化程度不容易一致，往往使塑料强度下降，而且表面仍呈憎水性，因而使用不广。

对于一些不易粗化的塑料，在化学粗化前先用有机溶剂粗化，使制件表面溶胀或表面结构发生变化，然后再化学粗化，可获得好的粗化效果。

用有机溶剂粗化时，多数情况下要用适当的惰性溶剂冲洗，粗化时间一般很短。一些塑料粗化时可用的粗化溶剂如下：

聚乙烯：二氯乙烷、丙酮、二甲苯；

聚丙烯：汽油、卤代烃；

聚苯乙烯：丙酮、汽油；

聚氯乙烯：四氯化碳、环己烷、四氢呋喃；

聚碳酸酯：含氯有机溶剂、低级不饱和醇；

聚胺和聚酰胺：环己烷、苯甲醇。

13.3.4　敏化、活化与还原处理

一般情况下，非金属制品是不导电的，要在其表面电沉积金属，必须先用化学还原法沉积一层导电金属膜，为此先进行敏化、活化处理。

1. 敏化

敏化是继粗化之后的一个重要工序。敏化处理就是使具有一定吸附能力的制件表面吸附一些易氧化的物质（还原剂），而后在活化处理时，吸附的敏化剂被氧化，活化剂被还原成活化晶核，附着在制件表面，为下一步的化学沉积提供必要条件。工业生产所用的敏化剂为氯化亚锡或三氯化钛的水溶液。为使它们保持较稳定的还原态，必须在敏化液中加

入盐酸，使溶液酸化。另外，也可使用含有游离氟硼酸的氟硼酸亚锡。对敏化液中的还原态金属离子浓度，多采用中等浓度。配制敏化液时力求避免生成白色混浊物。

$$SnCl_2 + H_2O（过量）\longrightarrow Sn（OH）Cl\downarrow + HCl$$

混浊物生成不但减小敏化效果，而且还会影响镀层与基体的结合力。为了防止上述现象发生，在配制敏化液时应将氯化亚锡先溶解在盐酸中，而后缓慢释放。

为使锡离子保持稳定的二价状态，可在敏化液中加入一小段金属锡。由于产生了下列反应，防止或减缓了四价锡出现：

$$Sn + Sn^{4+}\longrightarrow 2Sn^{2+}$$

在敏化液中制件的浸渍时间一般是 $1\sim5min$，并在室温操作。常用敏化液配方见表 13-7。

制件浸渍中应不断抖动。如果对零件局部镀覆，可用毛笔在制件的欲镀部位上涂刷敏化液。敏化允许重复进行。

表 13-7　敏化液配方

1	2	3
氯化亚锡($SnCl_2 \cdot 2H_2O$)10g	三氯化钛($TiCl_3$)50g	氟硼酸亚锡 20g
盐酸(HCl)40mL	盐酸 50mL	氟硼酸 HBF_4 10mL
水 1000mL	水 1000mL	水 1000mL

2. 活化

活化是借助于催化活性金属化合物的溶液，对经过敏化的表面进行处理。其实质是将吸附有还原剂的制品浸入含有氧化剂的溶液中，这种溶液多为贵金属盐的水溶液。贵金属离子作为氧化剂被 Sn^{2+} 还原，还原的贵金属呈胶体状微粒附着在制件表面，它具有较强的氧化活性，当此种表面浸入化学镀溶液中时，这些颗粒就成为催化中心，使化学镀覆得以实现。常用的活化处理工艺见表 13-8。

表 13-8　非金属材料活化处理工艺

组成与工艺条件	1	2	3	4
硝酸银($AgNO_3$)/(g/L)	1.5~2	20~30	—	—
二氯化钯($PdCl_2 \cdot 2H_2O$)/(g/L)	—	—	0.25	0.25
氨水(27%)(NH_4OH)/mL	加至溶液透明	—	—	—
酒精(95%)(C_2H_5OH)/mL	—	500	500	—
盐酸(HCl)/mL	—	—	—	2.5
水/mL	1000	500	500	1000
温度℃	室温	室温	室温	室温
时间/min	10~20	2~10	0.5~5	1~10

以硝酸银活化液为例，反应如下：

$$Sn^{2+} - 2e\longrightarrow Sn^{4+}$$

$$2Ag^+ + 2e\longrightarrow 2Ag$$

总反应式：

$$Sn^{2+}+2Ag^+\longrightarrow Sn^{4+}+2Ag$$

由于银对化学镀反应的诱导时间比较长，所以化学镀的反应时间也慢。因此只适用于化学镀铜，而对化学镀镍的适用性较差，化学镀镍最好选用催化活性高的含钯溶液。当使用含氯化钯的活化液时，在非金属制件表面进行氧化还原反应为：

$$Pd^{2+}+Sn^{2+}\longrightarrow Pd\downarrow+Sn^{4+}$$

此反应还原较快，在室温下 0.5～5min 即可。由于银离子见光要分解还原成金属银，因此在使用 $AgNO_3$ 活化液时，应避免强光照射溶液。否则会加速活化液分解，同时会有银微粒附着在制件表面的凹处。化学镀时易产生积点（微小颗粒），从而降低了镀件表面光洁度和结合力。就是在正常使用时，硝酸银活化液也会产生银微粒，所以要及时过滤。

3. 还原处理

经活化处理的制件，用水洗净后，便可进入下道化学镀。为了保持化学镀液的稳定性，在制件未经化学镀之前，先用一定浓度的化学镀液中所含的还原剂溶液浸渍制件，以便将未洗净的活化剂还原除去。化学镀铜还原处理用稀甲醛溶液，化学镀镍还原处理用 30g/L 的次磷酸溶液。处理时间几秒到 1min，室温下完成。

13.3.5 胶体钯活化法

前面介绍的敏化、活化处理方法，可保证在任何表面上均能获得足够的催化中心。但工艺较繁琐，而且敏化液很易氧化失效。胶体钯活化法将敏化与活化一次完成，它是将粗化后的制件经水洗、预浸后在胶体钯溶液中活化处理。预浸工艺：氯化亚锡 10g/L，盐酸 100mL/L，室温下浸 1min。胶体钯溶液配制：把盐酸加入少量蒸馏水，分别将计算量的氯化钯和氯化亚锡溶于盐酸水溶液中，然后把两种溶液混合，加水至规定容积。胶体钯活化工艺见表 13-9。

表 13-9　胶体钯活化工艺

组成与工艺条件	1	2	3
氯化亚锡($SnCl_2\cdot2H_2O$)/(g/L)	2	50～60	50
氯化钯($PdCl_2\cdot2H_2O$)/(g/L)	0.2	0.5～1	1
盐酸(HCl)/mL	10	300～350	300
温度/℃	20～40	40～50	50～60
时间/min	1	5～8	5

此溶液配制时的反应：

$$Pd^{2+}+Sn^{2+}\longrightarrow Pd^0+Sn^{4+}$$

配制成后钯还原成金属呈胶态分散形式，生产的 Sn^{4+} 能稳定胶态分散体。当制件浸入胶体钯活化法溶液时，其表面便吸附了被 Sn^{4+} 所包围的胶体态钯粒子。欲使钯核发挥催化中心作用，则必对制件进行解胶处理。所谓解胶，就是把钯核周围的碱式锡化合物保护层溶解掉，但不损害钯核。解胶用盐酸溶液：盐酸 80～100mL/L，在 30～40℃ 下处理 3～5min。

胶体钯活化液的稳定性比硝酸银活化液好，当有电解质带入胶体钯溶液或搁置过久，容易发生聚沉。下面介绍一种活性高、稳定性好的胶体钯活化液。该溶液配制时分甲、乙两液。

甲液：氯化亚锡$(SnCl_2 \cdot 2H_2O)$/g	2.5
氯化钯$(PdCl_2 \cdot H_2O)$/g	1
盐酸(HCl)/mL	100
去离子水/mL	200
乙液：锡酸钠$(Na_2SnO_3 \cdot 2H_2O)$/g	7
氯化亚锡$(SnCl_2 \cdot 2H_2O)$/g	75
盐酸(HCl)/mL	200

配制甲液时先将盐酸中加入部分蒸馏水，再把氯化钯溶于其中，待全部溶解后加足水。在温度（30±0.5）℃和不断搅拌下，准确加入计算量固体氯化亚锡，然后搅拌12～15min，即与事先配制好的乙液相结合，并激烈搅拌均匀，将所得棕褐色溶液在60～65℃水浴中保温3h，再用蒸馏水稀释至1L即可使用（在室温下配制的乙液是悬浊液）。

配制关键在于甲液中氯化亚锡的准确称重，温度和搅拌时间的严格控制。时间不足，溶液活性差；时间太长，容易凝聚。

活化液工作温度20～40℃，时间3～10min。使用时应不断补充新配制的活化液，搁置时间长时，应经常注意搅拌。

化学镀和电镀工艺，在本书中已有详细介绍，这里不再重复。

复习思考题

1. 什么叫化学镀？化学镀的必要条件是什么？

2. 化学镀有哪些特点？当前在工业上的应用如何？

3. 了解化学镀镍、化学镀铜使用的还原剂与络合剂。

4. 掌握以次磷酸钠为还原剂的化学镀镍的机理和以甲醛为还原剂的化学镀铜机理。

5. 化学镀镍各成分及工艺条件对化学镀镍溶液性能和镀层有何影响？镀层机械性能如何？

6. 掌握化学镀镍、化学镀铜溶液的配置方法。

7. 化学镀镍溶液的不稳定因素是什么？如何维护和再生？

8. 化学镀铜溶液的特点是什么？镀液成分和工艺条件对镀液和镀层有什么影响？

9. 化学镀铜溶液的不稳定因素有哪些？提高稳定性的措施是什么？

10. 非金属材料电镀的工艺流程是什么？

11. 非金属材料电镀前有哪几个重要处理工序？处理方法是什么？

14　轻金属的表面处理

　　轻金属及其合金由于具有一系列的优良性能，在现代工业中的应用日益广泛。最重要的轻金属材料有铝、镁、钛及其合金。它们和钢铁材料相比，具有很多优良的性能。首先是质量轻，铁的质量是铝的 2.9 倍，是镁的 4.45 倍；铝镁及其合金的导电和导热性能仅次于铜，比钢铁高得多；铝合金经抛光后具有良好的反光能力。因此，轻金属材料广泛应用于航天、航空、造船、仪器仪表、电子、建筑装饰、化工等工业领域。

　　然而，这些轻金属材料也存在缺点，主要是耐蚀性差，其合金容易产生一种危险的腐蚀破坏——晶间腐蚀。钛及其合金的耐蚀性虽然好，但导电性、导热和可焊性差。轻金属的这些缺点可以通过表面处理的途径即氧化或电镀的方法得到克服和改善，从而提高其使用性能。本章主要介绍铝及其合金、镁及其合金的氧化和电镀方法。

14.1　铝及其合金阳极氧化

14.1.1　铝及其合金阳极氧化膜的性质和用途

　　铝是人们最熟悉的金属之一，它的原子序数是 13，原子量 27，密度 2.7kg/m³，熔点 660℃，导电率 $3.45 \times 10^{-3} cm^{-1}$，相当于纯铜的 60%，由于铝具有相当强的电负性，即对氧的强烈的亲和力，因此其化学性质活泼，在大气中可以氧化生成具有一定防护能力的氧化膜。由于该自然氧化膜层太薄，一般只有 $0.01 \sim 0.015 \mu m$，远不能满足工业要求。

　　为了提高铝合金的防护能力、装饰性及其他的功能要求，常采用人工氧化的方法（化学氧化和电化学氧化）获得厚而致密的氧化膜，从而满足不同的工业要求。

　　按不同的氧化工艺可将铝及其合金的氧化方法分类如下：

1. 阳极氧化

　　是指将铝及其合金放在适当的电解液中作为阳极进行通电处理，在外电场的作用下，在铝制品（阳极）上形成一层氧化膜的方法。

　　(1) 硫酸阳极氧化。普通硫酸阳极氧化可获得厚 $5 \sim 20 \mu m$，吸附性较好的膜层，该法槽电压低，维护方便，节约能源，因而应用广泛。

　　(2) 硬质阳极氧化。铝合金在温度为 $-5 \sim 10℃$ 硫酸溶液中进行氧化处理时，可获得厚度 $150 \sim 250 \mu m$，硬度极高的膜层，该法广泛用于国防工业和机械工业。

　　(3) 铬酸阳极氧化。膜厚 $2 \sim 5 \mu m$，孔少，氧化时槽电压较高，适用于精密零件。

　　(4) 草酸阳极氧化。膜层厚度介于铬酸法和硫酸法之间，槽电压高，膜层耐磨，随铝中合金元素及含量的不同，可以得到各种鲜艳的颜色。

　　(5) 其他阳极氧化。经磷酸溶液阳极氧化的铝合金，与电镀层的结合良好；铝合金在少量硼砂和氨水的硼酸溶液中阳极氧化，可获得电绝缘性优异的氧化膜；在铬酸、草酸、硼酸的混合液中或草酸、柠檬酸、硼酸和草酸钛盐的混合液中阳极氧化后，铝合金可获得仿釉效果的所谓的瓷质阳极氧化。

2. 化学氧化

（1）碱性化学氧化。铝合金可在碳酸钠和铬酸钠溶液中化学氧化，获得厚度 $0.5\sim4\mu m$ 的氧化膜层。

（2）酸性化学氧化。铝合金可在氢氟酸、氟硅酸、铬酸、磷酸中化学氧化，所得氧化膜可作为油漆底层，或满足某些产品的需要。

铝及铝合金氧化膜的性质，一般取决于电解液的类型、浓度以及氧化时的工艺条件。通常铝氧化膜具有以下主要性质：

1. 氧化膜呈多孔结构

由于阳极氧化的特殊机理，氧化膜一般为多孔的蜂窝状结构。在不同的电解液中可获得不同的空隙率的膜层，所以可根据氧化膜的不同要求选择不同类型的电解液。对于特殊使用要求，如电容器的处理，就应选择溶解能力低的硼酸电解液。

氧化膜的多孔结构，可使膜层对各种有机物、树脂、地蜡、无机物、染料及油漆等表现出良好的吸附能力，可作为涂镀层的底层，也可将氧化膜染成各种不同的颜色，提高制件的装饰效果。

2. 氧化膜的机械性质

不同的电解液可得到不同硬度的氧化膜，相同电解液，不同浓度和氧化温度亦可获得不同硬度的氧化膜，所得膜层硬度为 $100\sim300Hv$，而在较低温度和较高电流密度下进行硬质阳极氧化时，其硬度最高可达 $400\sim600Hv$，随着膜层硬度的提高，脆性也会增加，且使疲劳强度降低。

对于某一特定的阳极氧化条件，常有一个使膜层耐磨性达到最高值的厚度极限，超过该极限，由于表面变质，膜的耐磨性将降低。除电解液的特性及工艺条件外，合金元素是影响膜层耐磨性的重要因素，纯铝和 Al-Mg 系合金上的阳极氧化膜，耐磨性最佳，含铜量较大的硬铝合金上的阳极氧化膜耐磨性最差。

3. 氧化膜的电学性质

铝合金的阳极氧化膜具有介电的性质，经封闭、清洗和干燥处理后可作为电绝缘体。其击穿电压随基材的性质和膜层厚度而定。通常在硫酸电解液中，所得膜层的耐击穿电压为 $25\sim35V/\mu m$，电阻率可达 $10^7\sim10^{11}\Omega\cdot cm^{-1}$。

4. 氧化膜的热性质

氧化膜是一种良好的绝热层，其稳定性可达 $1500℃$，因此在瞬间高温下工作的零件，由于氧化膜的存在，可防止铝的熔化。氧化膜的导热性很低，约为 $0.419\sim1.26W/m\cdot k$。

5. 氧化膜的化学性质

铝氧化膜在大气中很稳定，因此具有良好的耐蚀性，当然只有氧化膜有足够的厚度和在结构上均匀完整时才具有可靠的防护作用。为进一步提高耐蚀性，阳极氧化后的膜层应进行封闭和喷漆处理。封闭处理可以将膜表面的氧化物转化为它的水合物，使膜孔膨胀直至闭合，堵塞了浸蚀介质进入膜孔的通道，从而具有更高的防护能力。

6. 氧化膜的转化膜性质

氧化膜是基体金属上的转化膜层，与基体结合非常牢固，很难用机械方法将它们分离，即使膜层随基体弯曲直至破裂，膜层与基体金属仍保持良好的结合。

14.1.2 铝及其合金阳极氧化的机理

1. 阳极氧化的电极反应

用于铝及铝合金阳极氧化的电解液一般为具有中等溶解能力的酸性溶液，如硫酸、草酸等，若以 A^{2-} 表示各种酸电离后的酸根离子，则有：

$$H_2A \rightleftharpoons 2H^+ + A^{2-}$$

另外还有一部分水的电离：

$$H_2O \rightleftharpoons OH^- + H^+$$

将铝件作为阳极，铅板为阴极通以直流电，阴极上的反应为

$$2H^+ + 2e \longrightarrow H_2 \uparrow$$

因为酸根离子 A^{2-} 的放电电位较高，在阳极上主要是 H_2O 的放电：

$$H_2O - 2e \longrightarrow [O] + 2H^+$$

所生成的新生态原子氧 $[O]$ 具有很强的氧化能力，在强大的外电场力作用下，它会从电解液金属界面上向内扩散，与铝作用形成氧化膜：

$$2Al + 3[O] \longrightarrow Al_2O_3 + 1670kJ$$

实际上以上所描述的过程是一个相当复杂的问题，不过决定阳极化过程动力学的主要原因，即控制步骤是铝在固相介质中的传质速度，而不是氧化速度的生成反应，这个结论已被人们所公认。

反应多余的氧，则在阳极以气体状态析出。除以上电化学反应外，当然也有酸液对金属和膜层的溶解反应（以硫酸电解液为例）：

$$Al_2O_3 + 3H_2SO_4 \longrightarrow Al_2(SO_4)_3 + 3H_2O$$

$$2Al + 3H_2SO_4 \longrightarrow Al_2(SO_4)_3 + 3H_2 \uparrow$$

2. 膜层生长过程

为保证以上电极反应的正常进行，使氧化膜不断增厚，实际上只有在氧化膜的电化学生成过程和化学溶解过程这对矛盾的相互作用下才能实现；也只有当氧化膜的生成速度大于氧化膜的溶解速度时，氧化膜才能生长、加厚。其形成过程可利用阳极氧化测得的电压-时间曲线进行分析，该曲线如图 14-1 所示。

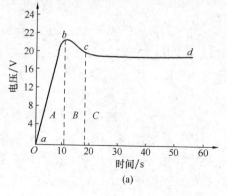
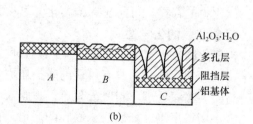

图 14-1　阳极氧化特征曲线与氧化膜生长过程示意图
（a）铝阳极氧化特征曲线；（b）铝合金氧化膜生成阶段示意图

阳极氧化的电压-时间曲线是在 200g/L 的硫酸溶液中，于温度 25℃、阳极电流密度 1A/dm² 的条件下测得的。它反映了氧化膜的生长规律，所以又称铝阳极氧化的特征曲线。该曲线明显的分为三段，每一段都反映了氧化膜的生长特点。

（1）无孔层形成。曲线 ab（A）段，在通电开始的几秒至十几秒时间内，电压随时间急剧升至最大值，该值称为临界电压（或形成电压）。说明在阳极上形成了连续的、无孔的薄膜层。此膜具有较高的电阻，因此随着膜层的增厚，电阻加大引起槽电压呈直线上升。无孔层的出现阻碍了膜层的继续加厚。无孔层的厚度与形成电压成正比，形成电压越高，无孔层越厚。膜厚与氧化膜在电解液中的溶解速度成反比。在普通硫酸阳极化时，采用 13～18V 槽电压，则无孔层厚度约为 0.01～0.015μm，该段的特点是氧化膜的生成速度远大于溶解速度。临界电压受电解液温度的影响很大，温度高，电解液对膜层的溶解作用强，无孔层薄，临界电压较低。

（2）膜孔的出现。曲线 bc（B）段，阳极电位达到最高值以后开始有所下降，其下降幅度为最大值的 10%～15%。随着氧化膜的生成，电解液同时开始对膜层的溶解且在无孔层被电流击穿的部位首先被溶解，因为电流通过这些部位将使电解液温度升高，加速了无孔层的溶解而变成多孔层。

（3）多孔层的增厚。曲线 cd（C）段，此段的特征是氧化时间大约 20s 后，电压开始进入平稳而缓慢上升阶段。随着电流通过每一个膜孔，于是筒柱形膜胞便沿垂直于阳极表面的电场方向成长，每个膜胞继续长大，最终成为六个胞壁彼此相接的六面柱体。

由于孔隙内电解液的存在，导电离子便可在此畅通无阻，因此在多孔层的建立过程中，电阻值的变化并不大，电压也就无明显的变化，反映在特征曲线上是平稳的阶段。多孔层的厚度取决于工艺条件，主要因素为温度。在阳极氧化过程中，由于各种因素的影响使溶解温度不断提高，对膜层的腐蚀作用也随之加大，不仅孔底，也使孔口膜层处及外表面膜层处的腐蚀速度加大了，因此，多孔层厚度增长变慢。当孔口的膜层的腐蚀速度与孔底处的成膜速度相等时，多孔层的厚度就不会再继续增加，该平衡到来的时间越长，则氧化膜越厚。

以上讨论的阳极氧化中的电压变化规律，适用于铝在各类溶液中的阳极氧化规律。

对铝及铝合金阳极氧化过程中的研究表明，氧化膜的生成和溶解是贯穿整个电解过程的一对矛盾，矛盾的主导方面是膜的生成，但是没有膜的溶解，氧化膜的加厚也是不可能的。因此对阳极氧化用的电解液的基本要求是：具有良好的导电能力，降低欧姆电阻所产生的热量，并使氧化反应能正常进行；电解液对金属铝的氧化膜要有一定的溶解能力，因为氧化膜具有很高电阻，且氧化膜的分子体积大于铝原子体积，氧化刚开始生成的无孔层将电解液与金属铝隔离起来，使氧化反应不能继续进行。因此一些对氧化膜几乎不溶解的酸，如硼酸、柠檬酸、戊二酸等作为电解液时，得到极薄的无孔层，膜层无法加厚，通常只应用于某种特殊的目的，如电解电容器的制造等。具有强溶解能力的电解液，如盐酸、苛性钠等溶液，由于溶解速度大于成膜速度不能用于铝的阳极化成膜。只有具有中等溶解能力的硫酸、草酸、铬酸、磷酸能满足铝阳极化时对电解液的要求，即具有良好的导电能力，对膜层具有一定的溶解能力，以使成膜速度大于溶解速度，获得一定厚度和良好性能的膜层。

那么氧化膜孔隙到底是如何形成的呢？它可用电渗流的概念来解释。图 14-2 为电渗

239

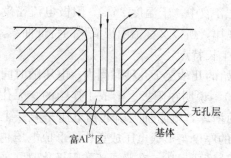

图 14-2　电渗流过程示意图

流过程示意图。

图示表示部分孔壁水化氧化膜带有负电，新鲜的酸溶液从孔中心直入孔底，在孔底处因酸溶液的溶解作用而形成富 Al^{3+} 离子液体。由于电场的作用发生电渗流，该富 Al^{3+} 离子液体只能沿孔壁向外移动，而新鲜溶液又从中心向底部补充，使孔内液体不断更新，孔底继续加深而沿孔壁向外流动的富 Al^{3+} 液体对膜已失去溶解能力，因此随氧化时间的延续使孔不断加深，整个多孔层才得以建立。孔隙的存在和孔内溶液的不断更新，使离子在这里可以通行无阻，因此在多孔层建立过程中，电阻变化不大，电压也就比较平稳。

3. 铝及铝合金阳极氧化膜的组成和结构

铝及铝合金阳极氧化膜的组成，除氧化物外，还有水和自电解液中引进的阴离子。实验的观察表明，后二者在氧化膜中除游离形态外，还常以键合的形式存在，这就使得膜层的化学结构随电解液的类型、浓度和电解条件而变得相当复杂。例如自硫酸和磷酸两种能形成多孔膜的电解液中得到的膜，硫和磷的含量分别可达 13%（按 SO_3 计算）和 6%（按 PO_4^{3-} 计算）。如果较长时间冲洗硫酸阳极化得到的膜，则膜中的硫含量降至 8%（按 SO_3 计算）。这也就是说键合的和游离的阴离子占膜的总含硫量分别为 8% 和 5%，而游离的阴离子主要是积集在可以被洗掉的膜孔之中。膜中的水主要以水合物的形式存在，它可能会起到使氧化铝稳定的尖晶石型结构的作用。

氧化膜结构示意图如图 14-3 所示，由图可知，一般氧化膜为许多六方形氧化物基组所组成的蜂窝状结构，它是由一个仅靠着基体金属的无孔层和一个多孔层所组成。无孔层的厚度及氧化膜孔隙所在孔体的尺寸是与阳极氧化的形成电压及氧化工艺有密切关系的。图 14-3 只是一个孔体的六角形结构，而氧化膜要有无数个这种孔体才能组成。每个孔体含一个空隙，其直径基本一致。表 14-1 列举了不同电解液得到的孔穴和无孔层的大概尺寸。

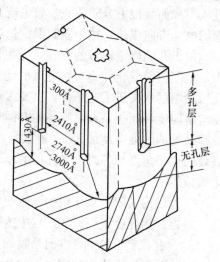

图 14-3　铝的氧化膜的结构模型
工作条件：磷酸 4%；电压 120V

表 14-1　不同类型电解液所得氧化膜的性质

电解液	浓度 /%	氧化温度/℃	形成电压/V	单位无孔层厚度/ (Å/V)	孔径/Å	孔穴数×10^9 /cm²	孔穴体积/%	孔壁厚/ (Å/V)
磷酸	4	25	60	11.9	330	4.1	4	11.0
草酸	2	25	60	11.8	170	5.7	2	9.7
铬酸	3	40	40	12.5	240	8.0	4	10.9
硫酸	15	10	15	10.0	120	77.0	7.5	8.0

14.1.3 铝及其合金阳极氧化工艺

铝及铝合金在阳极氧化前后都需要根据材料的化学组成、表面状态以及对膜层的要求进行适当的处理。一般包括以下工艺。

（1）去除油污。主要采用碱液除油、有机溶剂蒸汽除油、有机溶剂擦拭、乳化清洗剂除污。

（2）流水清洗。

（3）去除氧化物。主要采用铬酸-硫酸溶液、硝酸溶液。

（4）流水清洗。

（5）碱液浸蚀。

（6）流水清洗。

（7）特殊处理或补充处理。主要采用光亮处理、失光处理、去除浸蚀残留物。

（8）流水清洗。

（9）阳极化。

（10）流水清洗。

（11）着色或封闭处理。

（12）流水清洗。

可根据不同需要选择不同的工艺流程。

1. 硫酸阳极氧化

（1）溶液组成及工艺条件

硫酸阳极氧化溶液组成及工艺条件见表 14-2。

表 14-2　硫酸阳极氧化溶液组成及工艺条件

组成与工艺条件	1	2	3	4	5
硫酸(H_2SO_4)/(g/L)	180～200	150～160	280～320	100～150	180～360
铝离子(Al^{3+})/(g/L)	<20	<20	<20	<20	<20
硫酸镍($NiSO_4 \cdot 6H_2O$)/(g/L)	—	—	8～10	—	—
草酸($H_2C_2O_4 \cdot 2H_2O$)/(g/L)	—	—	—	—	5～15
甘油($C_3H_8O_7$)/(mL/L)	—	—	—	—	5～15
添加剂/(mL/L)	—	—	—	—	6～100
温度/℃	15～25	20±1	20～30	15～25	5～30
电流密度/(A/dm²)	0.8～1.5	1.1～1.5	2～3	3～4	4～8
电压/V	12～22	18～20	18～20	16～24	15～25
电源	直流	直流或脉冲	直流	交流	交流
时间/min	30～40	30～60	30～40	30～40	30～40
搅拌	需要	需要	需要	需要	需要

注：配方 1 为通用配方；配方 2 用于建筑铝合金；配方 3 为宽温快速氧化；配方 4 为交流氧化，只能获得较薄较软的膜层；配方 5 为优质交流氧化，硬度和厚度与直流法相同。

（2）影响氧化膜质量的各种因素

① 硫酸浓度。当其条件不变时，仅只提高硫酸浓度时，膜层的溶解速度加快，氧化膜的生长速度较慢，膜孔隙多、弹性好、吸附力强、染色性能好，但硬度较低。降低硫酸浓度，则氧化膜生长速度较快，而孔隙率较低，硬度较高，耐磨性和反光性良好。

② 铝离子。新配制的槽液中必须加入 1g/L 以上的铝离子才能获得均匀的氧化膜。以后由于膜的溶解，铝离子浓度会不断积累，铝离子浓度增加影响电流密度、电压、膜层的耐蚀性和耐磨性。铝离子浓度的积累导致游离硫酸浓度降低，导电性下降。当恒电压生产时，电流密度则降低，造成膜层厚度不足，透明性下降，甚至出现白斑等不均匀现象。当控制电流生产时，引起电压升高，电耗增大。

若溶液中无铝离子，膜层耐蚀、耐磨性差；当 Al^{3+} 含量为 1～5g/L 时，膜层耐蚀、耐磨性好；Al^{3+} 继续增加，膜层耐蚀、耐磨性明显下降。

一般铝离子控制在 2～12g/L 范围内，极限浓度为 20g/L，大于此值必须部分更换新溶液，即抽出 1/3 的溶液，补充去离子水和硫酸，旧氧化液可用于铝型材的脱脂工序。

③ 镍盐。在快速氧化液中加入 8～10g/L 硫酸镍，可提高氧化速度，扩大电流密度和温度的上限值。其作用机理不明。

④ 添加剂。交流氧化时，加入添加剂获得的氧化膜厚度均匀、不发黄、硬度较高，克服了常规交流氧化时，膜层厚度不能增加，膜层均匀性差、硬度低、外观发黄等缺点。膜层质量可与直流氧化相媲美。

⑤ 草酸与甘油。加入二元酸和二元醇，可提高氧化膜硬度、耐磨性和耐蚀性。一般认为它们可吸附于氧化膜上，形成一层抑制 H^+ 浓度变化的缓冲层，致使膜溶解速度降低，温度的上限值亦提高。

⑥ 温度。槽液温度是决定氧化膜质量的重要因素。由于铝阳极氧化是放热反应，随着反应的进行槽温升高。

此外，氧化膜有绝缘性，当氧化膜形成后相应加大了电阻，其阻值主要取决于无孔层厚度（孔隙中积留一些难以排出的气体亦会增加电阻）。这些电阻通电后，产生电压降。如果外加槽电压 12V，无孔层的电压就达 10V，这样会使大量的电能转变成热能，使槽液温度升高，加速了对膜层的溶解。氧化温度越高，溶解作用越烈。温度过高，所得氧化膜疏松起粉，膜的抗蚀能力下降。最优质的氧化膜是在 (20±1)℃ 的温度下获得的。高于26℃，膜质量明显降低，而低于13℃，氧化膜脆性增多。

为了降低阳极氧化时电解液的温度，必须装有降温设备。也可采用向硫酸电解液中加入草酸的办法，因为草酸根离子或其他羟基羧酸能吸附在阳极膜层的表面而形成吸附层，将氧化膜与溶液隔离，使膜层的腐蚀速度降低。实践证明，加入少量草酸后可使硫酸电解液的使用温度提高 3～5℃。但草酸在氧化过程中要分解，需不断补充。

曾有报道于含硫酸、草酸的电解液中添加脂肪族二羧酸的改进三元组分的电解液体系，可在 10～40℃ 或更高的工作温度下对所有类型的铝合金施行阳极化的配方，一些使用单位几年的生产实践证明，这种三元组分电解液完全可以在无冷冻设备的条件下稳定生产。

⑦ 时间的影响。氧化时间与溶解液温度有很大关系，温度低时允许氧化的时间可以加长；温度过高时，时间相应缩短。但不能只用延长时间的方法加厚膜层，实际上氧化时间过长，反应生成热及焦耳热的热量使电解液的温度升高，加速对膜层的溶解，膜层反而

变薄，所以必须正确控制氧化时间。

⑧ 电流密度的影响。阳极氧化时电流密度与氧化膜的关系甚大。在其他条件不变的情况下，提高阳极电流密度，氧化膜生成较快，可缩短氧化时间，膜层化学溶解量减少，膜层较硬，耐磨性较好。但电流密度不能升的太高，否则会因焦耳热的影响，局部温度升高显著，加速了氧化膜的溶解，成膜速度反而下降，也容易烧蚀零件。因此，想依靠提高阳极电流密度的方法来达到增加氧化膜厚度是不可取的。在 200g/L 的硫酸电解液中，生产中可使用阳极电流密度范围为 $0.8\sim2.5A/dm^2$，最好控制在 $1.0\sim1.5A/dm^2$。

⑨ 合金成分的影响。除工艺条件对氧化膜性能有影响外，基体材料的合金成分对膜层的影响也不能忽视。前面已经叙述，作为结构材料真正有实际使用价值的不是纯铝，而是各种铝合金。合金成分对氧化膜的质量、厚度及颜色等有着十分重要的影响。

通入同样的电量，在纯铝上得到的氧化膜最厚，经热处理的和含重金属元素的铝合金得到的氧化膜最薄，图 14-4 是硫酸阳极化过程中，不同牌号的铝合金得到的氧化膜厚度电量的关系。

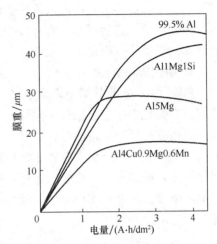

图 14-4 不同铝合金硫酸阳极化膜厚与电量的关系

对于 Al-Mg 型合金，当镁以固溶体的形式存在于合金中，则不会影响阳极化膜的透明度，也不影响膜层的颜色。当镁的含量超过 5% 时，合金是非均相的，即有第二相 Mg_5Al_8 的析出，它在阳极化过程中较易被溶解，导致成膜效率降低，在一定条件下，例如电解液温度较高时所得膜层的极限厚度将较薄，厚度的均匀性和光泽性亦较差。

对 Al-Mg-Si 型合金，当硅含量不超过 0.8% 时，如果合金不同时含锰，则可得到无色而具有光泽的阳极化膜；硅含量大于 2% 时，阳极化膜呈灰到黑色，具有较高的耐光性能，为建筑业所广泛应用。当合金中硅含量更高时（例如含硅量为 10%～12% 的铸铝合金），就很难得到色泽均匀的阳极化膜了。

铝合金中的含硅分散相在阳极化过程既不溶解，也不氧化，留在膜层内保持不变，由于它的导电性高于氧化物，则在分散相未被氧化物埋没之前，在其上的电流密度就较高，导致析氧副反应的发生，降低了成膜的电流效率。对 Al-Cu-Mg-Mn 型合金，作为生产中的重要结构材料，一般含铜量在 4% 以上。这类合金由于第二相 $CuAl_2$ 或 $CuAl_2Mg$ 在阳极化过程中强烈溶解、膜层较薄，厚度极不均匀，防护性能较差，膜层常带色斑和无光泽、经着色处理后得不到鲜艳的装饰外观。另外，铜能使膜层的硬度下降，孔隙率增加，严重时能使膜层疏松，氧化膜质量下降。因此对于这类铝合金，在阳极氧化时应特别引起重视。

对 Al-Zn-Mg 和 Al-Zn-Mg-Cu 型合金，锌是该系列超硬铝合金的主要合金元素（含量大于 5%）。这类合金在一定阳极化条件下成膜的极限厚度较薄，膜的外观是灰暗的。锌的存在可以使合金阳极化的施加电压比纯铝的约低 3V。因此，这类合金在较高的温度的电解液中阳极化时不易"起粉"；而在较低的电解液温度下进行阳极化时则不易被"烧蚀"。

⑩ 电解液中杂质的影响。在硫酸阳极氧化过程中，由于铝及其他金属的溶解使电解液的工作能力降低。当 Al^{3+} 含量大于 25g/L 时，电解液的氧化能力显著下降；铜和铁多时，氧化膜上有暗色条纹和黑色斑点；氯根多时氧化膜会产生腐蚀。在保证电解液正常工作的情况下，允许各种杂质的最大含量为 Al^{3+} 25g/L，Fe^{3+} 2g/L，Cu^{2+} 0.02g/L，Cl^- 0.2g/L，Mg^{2+} 微量。电解液中的铜离子，可以经常用洗刷阴极消除一部分，或用 $0.1\sim$ 0.2A/dm² 电流密度下通电处理，使铜沉积在阴极上除掉。将电解液温度升高到 40～ 50℃，在不断搅拌下缓慢加入硫酸氨使铝变成硫酸铝铵复盐沉淀于槽底。如果是硫酸电解液，因成本低，若量不多，而有害杂质较多且已严重影响膜层质量时，考虑更换新液可能比处理杂质更快、更经济。

2. 铬酸阳极氧化

自 30～100g/L 铬酸电解液中得到阳极氧化膜，其厚度大约 2～5μm。膜层质软，弹性好，其颜色由于合金成分不同可由灰白色到深灰色，膜层致密，松孔度低，即使不进行封闭处理亦有较好的耐蚀性。经铬酸阳极化后零件的尺寸变化较小，也不会损害材料的疲劳强度，特别适用于承受应力和在结构上不易将残留电解液清洗排出的零件或组合件（如铆接件等）的防护上。铬酸阳极化膜的电绝缘性较好，可以防止铝材同其他金属接触时发生电偶腐蚀。因此在飞机制造业及其他制造业中铬酸阳极化作为铝和铝合金的防护方法，有着十分广泛的应用。

因铬酸电解液对铜的溶解度较大，故此法不适合于含铜量大于 5% 的铝合金零件。同时，铬酸阳极化无论在溶液成本、电能消耗上均比硫酸电解液要高，使其使用范围受到一定限制。该法的工艺特点是：

① 电解液允许较高温度。

② 稀溶液常用逐级升压法，在 15min 内将电压升至 40V。浓溶液可采用恒电压法。

常用的铬酸电解液配方及工作条件见表 14-3。

表 14-3　铬酸阳极化配方及工艺条件

成分及工艺条件	1	2	3	4
铬酸/(g/L)	30～40	50～55	50～60	95～100
温度/℃	38～42	37～42	30～35	35～40
电压/V	0～40	0～40	0～40	0～40
j_A(A/dm²)	0.4～0.6	0.3～2.7	1.5～2.5	0.3～2.5
氧化时间/min	60	60	60	60

配方 1 适用于抛光、精度高和尺寸公差小的铝合金制件；配方 2 和配方 3 适用于一般加工件或钣金件；配方 4 适用于焊接件、铸件及做油漆底层。

3. 草酸阳极氧化

草酸是一种有机弱酸，对铝及氧化铝的腐蚀性较小，因此氧化膜较为细致，无孔层较厚，可达 0.05μm 左右，孔隙度小，膜层耐蚀性好，膜层电阻大，故氧化时电压要达到 60V 左右。阳极化时可用直流电，亦可用交流电，用交流电氧化时在同样条件下获得的膜层软，是做铝线绕组的良好绝缘层。不同合金成分对膜层影响较大，在纯铝和铝镁合金上获得的氧化膜较厚。

草酸阳极化成本较高，电能消耗大，氧化过程中草酸发生分解，不但消耗一部分电能，电解液也不够稳定，该法一般在特殊情况下使用，如制作电器绝缘保护层，日用品表面装饰（铝锅、铝盆、铝饭盒等）膜层呈黄色。由于膜层孔隙率低，耐蚀性、硬度等性能较好，所以在建筑工业、造船工业、电气工业和各种机械制造中也有一定应用。

常用的草酸阳极化配方及工艺条件见表14-4。

表14-4 溶液成分及工艺条件

成分及工艺条件	1	2	3
草酸($C_2H_2O_4$)/(g/L)	50～70	50±10	40～50 铬酐 1.0
温度/℃	30±2	15～18	20～30
电流密度/(A/dm²)	1～2(d.c)	2～2.5(d.c)	1.5～4.5(d.c)
电压/V	40～60 *	0～120 *	40～60 *
氧化时间/min	30～40	9～150	30～40
适用范围	表面装饰用	电气绝缘用	一般应用

* 多采用分步升压法，5min 内升至 40V，25min 内升至 120V。

4. 铝及铝合金硬质阳极氧化

铝及铝合金的硬质阳极氧化又称厚膜阳极化，厚度可达 $100～200\mu m$，呈灰色或黑灰色。首次工业上的应用是在欧洲用草酸电解液进行阳极化的，最早提出用冷硫酸电解液进行铝材硬质阳极化的是前苏联的托马晓夫和英国的史密斯，该工艺直到现在还在很多工厂应用。托马晓夫提出了以下配方及工艺条件：

硫酸(H_2SO_4)/%	20
温度/℃	1～3
阳极电流密度/(A/dm²)	2～5
电压	由 23V 逐渐升至 120V
氧化时间/h	4（可获得 $200\mu m$ 厚膜）

铝合金经硬阳极化处理后除获得厚膜外，膜层还具有硬度高、耐磨性好、电绝缘性等一系列特殊性能，因此在工业中也得到广泛应用。

（1）硬质氧化膜的形成条件

在硫酸电解液中进行铝合金的硬质阳极化的机理，与普通硫酸阳极化一样，也是在两种相矛盾的过程中进行的，即电化学反应生成氧化膜与氧化膜的化学溶解过程。不同的是硬阳极化要取得较厚的硬膜，必须在较低的温度下进行阳极化，以降低氧化膜的溶解速度。氧化温度的高低对氧化膜的生成和加厚起决定作用。根据不同的铝合金材料，可在 $-5～10℃$ 的温度下进行阳极氧化。

硬阳极氧化在适合的工艺条件下可获得厚度为 $30～200\mu m$ 的膜层，且相当致密，孔隙率只有 2%～6%，无孔层又厚，因此膜层电阻较大。这将直接影响电流密度和氧化作用，为了获得厚膜，保证氧化作用的正常进行，消除大电阻的影响而维持所需的电流密度，就一定要增加槽电压。但升高电压和增加电流密度后，将会因较高的反应热和焦耳热而使电解液温度升高，加速氧化膜的溶解。所以在进行硬质阳极化时，必须采取冷冻设备强制降温和搅拌电解液的方法，才能保证电解液正常工作。

由于硬阳极化时工作温度较低，电解液对基体及氧化膜的溶解作用缓慢，根据不同的合金材料，可采用 $60\sim120V$ 的电压及 $2.5\sim4A/dm^2$ 的电流密度，使其氧化膜的电化学生成速度远大于化学溶解速度，即两者达到平衡的时间较晚，实际氧化的时间加长，使氧化膜有足够的时间增厚。

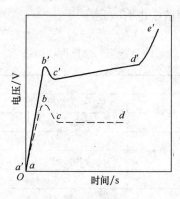

图 14-5　普通阳极氧化（虚线）
与硬质阳极氧化（实线）的
电压-时间关系曲线

（2）硬质阳极氧化膜形成特点

① 硬膜成长过程

研究硬氧化膜成长过程无疑与普通阳极化一样，仍可以通过对膜层生长的电压-时间曲线进行分析。硬膜的生长有与普通膜相同的规律，又有不同的特点。图 14-5 给出了普通阳极化与硬质阳极化的电压-时间曲线，以便于比较及分析硬膜的成长过程。

由图可见，氧化膜生长的最初阶段，即 ab 与 bc 两段都表示无孔层的生成及多孔层的出现，其规律是一致的，所不同的只是硬膜的形成电压 b′ 点较高，无孔层较厚。从 cd 段开始两者情况有了区别，硬氧化的电压曲线上升较快，说明多孔层在加厚时孔隙度不大，随着膜层加厚，电阻增大较快，因此电压也明显上升。cd 段的时间越长，达到动态平衡的时间也越长，膜层就越厚。de 段硬阳极化时，由于膜层较厚，电压升至一定值后，膜孔内放出的氧的量也在急剧地增多又来不及排出，使得电阻增加，电压又升高，在较高的电压的作用下，膜孔内产生热量增加，引起氧的气体放电出现火花，破坏膜层。此时的电压称为击穿电压。因此正常的氧化时间应在 cd 段结束，才不影响氧化膜的质量。而普通氧化，膜层较薄，不会出现这种现象。

② 硬氧化膜的结构

通过显微分析，证明硬质阳极氧化膜层与普通氧化膜有很多相似的结构，也有不同的特点。其相同之处是：膜层也是有两层，即无孔层和多孔层组成，均为六角形氧化物基组组成的蜂窝状结构，在硫酸电解液中所得膜层的孔径均为 120Å 左右，因而硬膜的致密不是由于孔径的减小，而是由孔壁的加厚、孔数的降低来实现的。

两者的不同由表 14-5 列出。

表 14-5　硬膜与普通膜的区别

	膜厚/μm	无孔层厚度/μm	孔隙率/%	显微硬度/Hv	电阻率/($\Omega \cdot cm$)	击穿电压/V
普通膜	$8\sim20$	$0.01\sim0.015$	$20\sim30$	$40\sim100$	10^9	$280\sim500$
硬质膜	$30\sim200$	$0.1\sim0.15$	$2\sim6$	内层 $330\sim600$ 外层 $300\sim450$	10^{15}	2000

硬质阳极化膜的性质与普通氧化膜的性质之所以有以上不同，其根本原因还是它们的排列结构有所不同。在普通阳极化中，由于氧化温度较高，铝的表面活性大，因此最初成膜的活化中心几乎可以同时出现，且均匀密布，在增厚过程中氧化物基组也已匀速生长，因此基组呈整齐而有规整的排列。在硬质阳极化中，由于氧化温度低，表面活性中心少，而且是散布的，陆续出现。在第一批基组生长的同时，第二批次生长的活化中心又会出

现，由于生长速度不同，基组排列不整齐，相互干扰的结果形成密实的氧化膜，出现了一种特殊的棱柱状。显微镜观察证实了这种结构的存在。由此决定了膜层有较大的应力，尤其是当厚度较大时，在氧化过程中膜层就会出现裂纹。

（3）影响硬膜生长及性质的因素

通常作为铝合金硬质阳极化的电解液有硫酸及硫酸加草酸、硼酸、酒石酸等，但其主要成分还是硫酸，因此以下的讨论仍以硫酸电解液为例进行。描述各因素对成膜的影响主要用电压-时间特性曲线（第三部分及以后）和氧化膜的成长率来说明。这是因为电压-时间曲线反映了成膜规律，第三部分的长短及形态反映了氧化膜被击穿前的极限氧化时间，进一步可推算极限膜厚。而所谓氧化膜成长率，即表示单位时间内在单位面积上膜厚的增长，其单位为 $\mu m/dm^2$。

① 硫酸浓度的影响

用硫酸电解液进行铝的硬质阳极化时，可用 $10\%\sim30\%$ 的浓度范围。浓度较低时，氧化膜成长率高，膜较硬，纯铝更明显。但是对于含铜量较高的铝合金（如 LY12），铜常以 $CuAl_2$ 金属间化合物形式存在，它在氧化时溶解较快，易烧毁零件，故这类铝合金不适用低浓度的电解液，同时为维持电解液有合适的导电性，保证各类铝合金的阳极化，一般还是采用 20% 左右的硫酸浓度为多。

② 氧化温度的影响

温度的影响如图 14-6、图 14-7 所示。

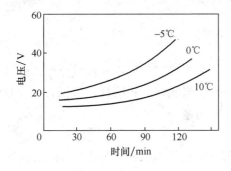

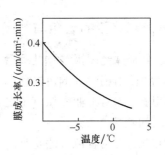

图 14-6　不同温度下的电压-时间曲线　　图 14-7　膜成长率与温度的关系曲线

从图 14-6 可见，随着氧化温度的提高，极限氧化推迟，对取得厚膜有利，但膜的硬度明显下降（图 14-8）。图 14-7 说明，由于氧化温度升高，膜的溶解速度加快，所以氧化膜成长率下降。因此要从各方面综合考虑，合适的氧化温度要视电解液浓度、阳极电流密度和铝合金材料而定，一般在 $-5\sim10℃$ 之间氧化效果较好，温度太低膜硬而变脆。为保证在该温度范围内正常阳极化，必须有冷冻设备及有效的搅拌措施。

③ 阳极电流密度的影响

阳极电流密度的影响可由图 14-9、图 14-10 所示。

图 14-9 说明在一定温度及浓度的电解液中，随着阳

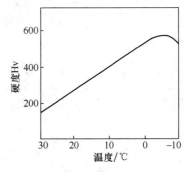

图 14-8　纯铝阳极化时温度与
膜层硬度的关系
工作条件：H_2SO_4 15%；
电流密度 $1\sim3A/dm^2$；时间 120min

极电流密度的升高，达到极限氧化的时间缩短，允许通过的电量减少，对形成厚膜不利，但膜成长率却有所增加（图14-10），说明阳极电流密度对形成厚膜及膜成长率有相反的影响。虽然随着电流密度的增加，膜成长率有所增加，但在太大的氧化电流下，将产生大量的焦耳热，使膜层硬度和耐磨性下降。因此在实际生产中，电流密度控制在 $2\sim5A/dm^2$ 之间。

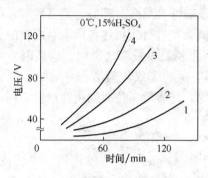

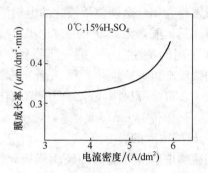

图 14-9　不同电流密度下的电压-时间曲线　　图 14-10　电流密度对膜成长率的影响
1— $3A/dm^2$；2— $4A/dm^2$；
3— $5A/dm^2$；4— $6A/dm^2$

不同的基体材料需要选用不同的电流密度，为控制恒定的氧化电流密度，必须不断调节电压。在生产中可采用分级升压法，即按规定时间逐渐升压到规定的电流密度进行阳极化。

14.1.4　阳极氧化膜的着色与封闭

铝及铝合金制件经阳极氧化处理后，在其表面生成了一层多孔性氧化膜，经过着色和封闭处理后，就显出铝制件的更好色彩、抗蚀性、耐晒性和耐磨性，使铝合金在日常生活中、建筑、机械、国防工业领域有了更加广泛的用途。

1. 氧化膜的着色

阳极氧化膜的常用着色方法是吸附着色法（染色法），所用色料为有机染料或无机颜料，用有机染料着色的方法优点是简便，但固色能力和耐光性均较差。随着建筑工业铝材的大量使用及对其色膜在物理性能和装饰外观上越来越高的要求，在 20 世纪 60～70 年代，整体着色阳极化成为较流行的着色方法。这种着色方法可在阳极化槽中直接氧化得到色膜，颜色从金黄到深褐色直至黑色。从 1968 年日本 Asada 的专利发表以后，称为电解着色的二步法着色迅速兴起。

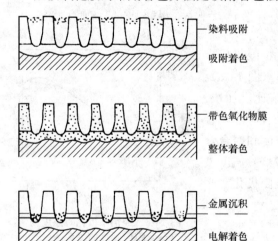

图 14-11　三种着色方法的发色位置

上述三种着色方法的发色位置如图14-11所示。在吸附着色中，色料被吸附在靠近表面的膜孔内，显示色料本身的颜色。

整体着色的发色粒子散布在整个阳极化膜的本体之内（包括无孔层和多孔层），这些粒子可以是铝合金中的某些特殊组分，或者是电解液的某成分与膜内未被氧化的铝。发色是由这些粒子对入射光的散射所引起的。在电解着色中靠第二次电解所得的金属微粒沉积在阳极化膜的孔底。膜的发色同样是由于入射光被微粒金属所散射的结果。

需要着色的氧化膜应满足以下条件：

（1）膜层均匀且有一定厚度；

（2）有一定孔隙和吸附性；

（3）氧化膜本身应无色透明；

（4）氧化膜应无机械损伤。

能满足以上要求的氧化膜最好自硫酸电解液中取得，草酸阳极化和铬酸阳极化膜因自身带色，不适用于着色处理，特别是吸附着色法。

（1）吸附着色

① 无机颜料着色。其着色机理主要是物理吸附作用，即无机颜料分子吸附于膜层微孔的表面，进行填充。该法着色色调不鲜艳，与机体结合力差，虽时间较早，但目前已不太流行，被其他方法所取代。

用无机颜料进行着色时，经过阳极化的表面要在两种匹配的盐溶液中交替浸渍，直至生成的沉淀物（颜料）的数量足以满足色调为止。

② 有机染料着色。通常用于铝及铝合金氧化膜着色的有机染料有酸性染料、活性染料和直接染料等，但不用碱性染料。有机染料的着色机理较无机染料着色稍为复杂些，一般有物理和化学两种作用机理，其起物理作用的是某些有机染料分子吸附于孔膜之中，进行填充，但并不起化学作用，例如酸性湖蓝的染色。有机染料分子还能与膜层氧化铝发生化学性作用，使反应生成物进入孔膜而显色，这种化学作用有以下几种方式：第一，染料分子上的磺基与氧化铝形成共价键；第二，染料分子上的酚基与氧化铝形成氢键；第三，染料分子与氧化铝形成络合物等，如茜素红 S 进入孔膜与氧化铝形成 Al_2O_3-茜素红 S 化合物。

（2）整体着色

整体着色分为二类。一类是利用合金中的某些元素进行发色，如含硅量较高的铝合金从硫酸电解液中阳极化可获得灰-深色-黑褐色膜层；含铬＞0.4％的铝合金可以从普通硫酸电解液中直接得到金黄色膜层等均属此类。通常所称整体着色是另一类方法，即直接从电解液中获得各种膜层，有时也称阳极氧化-着色一步法。用该法产生的彩色氧化膜耐晒性好，颜色经久不变，特别适合于建筑等行业使用。在草酸电解液中用直流电阳极化直接得到从浅黄到深棕的带色膜层是早就有的着色方法。整体着色法是在使用了磺基水杨酸-硫酸（或硫酸钠）和磺基水杨酸-硫酸-马来酸等电解液以后才有了迅速的发展。

常用的整体着色的配方及工艺条件如下：

	Kalcolor 法	Vereinyte 法
磺基水杨酸/％	10	5
硫酸/％	0.5	0.5
马来酸/％	1	1
温度/℃	77	20

用 Kalcolor 法所得膜层颜色及工作条件见表 14-6。

表 14-6　Kalcolor 法阳极化膜颜色及工艺条件

铝合金	起始电流密度/ （A/dm²）	到最大电压 时间/min	最大电压/ V	总阳极化时间/ min	颜色
Al-Mg1	2.6 2.6	20 35	50 60	30 45	琥珀 棕灰→黑
Al-Mn	2.6 2.6	10 20	50 65	20 40	灰白 灰
Al-Mg1-Mn	2.6 2.6	20 30	50 60	30 45	浅棕 黄棕
Al-Mg-Si0.5	2.6 2.6	20 35	50 60	30 45	琥珀 浅棕
Al-Cu5-Mg1-Mn	2.6	15	65	25	淡蓝
Al-Mg5-Cr0.1-Mn	2.6	23	65	40	黑

（3）电解着色

铝和铝合金经阳极化获得氧化膜后，再在含有金属盐的酸性溶液中用交流电进行着色的方法，现在已经十分流行。X 射线衍射和红外光谱的分析已经证明，在交流电解着色中，沉积在膜孔底部的是金属而不是其他氧化物。

可用于电解着色的金属离子很多，如 Ag^+、Ni^{2+}、Cu^{2+}、Sn^{2+}、Co^{2+}。镍盐电解液最早被用于电解着色，膜层从青铜色到黑色，电压越高，时间越长，则颜色越深。单独使用镍盐的电解液的缺点是分散能力较差，对外来杂质（如 K^+、Na^+）比较敏感，有时还出现膜层较脆的现象。

在解决避免 Sn^{2+} 氧化为 Sn^{4+} 的稳定剂后，锡盐电解液在电解着色中引起广泛重视。它的优点是着色时间短，色泽均匀，但其抗蚀能力较差，因此能互相补充的镍-锡双盐电解着色的应用就越来越广泛。

铜盐电解液工艺条件较难控制，银盐、钴盐电解液成本较高，应用也不十分多。常用的几种电解着色配方及工艺条件见表 14-7。

表 14-7　电解着色液配方及工艺条件

序号	电解液组成/(g/L)		温度/℃	电压/V	时间/min	颜色
1	硝酸银（$AgNO_3$） 硫酸（H_2SO_4） 对电极：石墨或不锈钢板	0.4～15 5～35	18～25	8～20	1～5	金黄
2	硫酸镍（$NiSO_4 \cdot 7H_2O$） 硼酸（H_3BO_3） 硫酸铵[$(NH_4)_2SO_4$] 对电极：石墨、镍板或不锈钢板	25 30 15	20	15	2～15	青铜→黑
3	硫酸铜（$CuSO_4 \cdot 5H_2O$） 硫酸（H_2SO_4）	20 7	室温	15～30	15～23	淡红→紫→红棕

250

序号	电解液组成/(g/L)		温度/℃	电压/V	时间/min	颜色
4	硫酸镍($NiSO_4 \cdot 7H_2O$)	25～30	20～40	9～12	3～8	浅青铜→黑褐
	硼酸(H_3BO_3)	30～35				
	硫酸(H_2SO_4)	15～20				
	硫酸亚锡($SnSO_4$)	3～5				
	稳定剂 GKC-1	10～15				
	或 GKC-Ⅱ(A)	10				
	或 GKC-Ⅱ(B)	6～7mL				
	对电极：石墨、镍板或不锈钢					
5	硫酸镍($NiSO_4 \cdot 7H_2O$)	25～30	18～35	14～16	1～10	浅青铜→黑褐
	硼酸(H_3BO_3)	25～30				
	硫酸(H_2SO_4)	15～20				
	硫酸亚锡($SnSO_4$)	5～10				
	NF-1	4				
	对电极：石墨、镍板或不锈钢					

2. 氧化膜的封闭

铝和铝合金制件经阳极化后，无论是否着色，均应及时进行封闭处理，以提高其抗腐蚀性、耐晒性、耐磨性和绝缘性。常用的封闭方法有热水封闭（包括水蒸气封闭）、重铬酸盐封闭、水解盐封闭、两步法封闭、中低温封闭及有机物封闭（如清漆、蜡、树脂等）。可根据不同的需要选择适当的方法。

（1）热水封闭

阳极氧化膜在热水中封闭，一般认为是无定形氧化铝的水和作用生成水和氧化铝（$Al_2O_3 \cdot H_2O$ 或 $Al_2O_3 \cdot 3H_2O$）晶体的化学过程，水和氧化铝体积增大而闭合孔隙，达到封闭的目的。温度和水质是影响氧化膜封闭质量的主要因素，通常应用蒸馏水或去离子水作为封闭介质，且在接近沸腾（98～100℃）的水中进行，温度较低时常为物理吸附，封闭质量迅速下降。

以阴离子交换为基础的封闭机理认为是水合机理的一个补充。它是基于不同电解液获得的阳极化膜在同样水中具有不同的封闭速度而提出的。该机理认为：在热水封闭过程中，先前的阳极化时被膜层所吸附的阴离子（如 SO_4^{2-}、PO_4^{3-} 等）与封闭介质的氢氧根离子之间发生离子交换，于是在膜孔的内壁便形成了惰性氧化物的皮层，使膜孔封闭。由于氧化膜对磷酸根离子具有比硫酸根、草酸根更强的吸附作用，故 PO_4^{3-} 被 OH^- 所置换就最困难，阻碍了封闭过程的进行，因此，自磷酸电解液中得到的阳极化膜封闭速度最低。

热水封闭的工艺条件一般为：

温度/℃　　98～100　　pH 值　　6～7.5　　时间/min　　30

水蒸气封闭的机理与热水相同，但封闭效果要好的多，不过由于费用较大，使用较少。

（2）重铬酸盐封闭

以防护为目的的铝合金阳极化，最常用的是重铬酸盐溶液进行封闭处理。由于铬酸盐和重铬酸盐对铝及铝合金具有缓蚀作用，生成的碱式铬酸铝和碱式重铬酸铝阻滞残留在制件缝隙内的残液对基本金属的腐蚀，同时也可以阻滞阳极化膜轻微受损部位的腐蚀发生。其反应为：

$$2Al_2O_3 + 3K_2Cr_2O_7 + 5H_2O \longrightarrow 2Al(OH)CrO_4 + 2Al(OH)Cr_2O_7 + 6KOH$$

由于工作温度较高，同时还产生氧化膜的水合作用帮助封闭。常用配方及工艺条件如下：

重铬酸钾/(g/L)	50～70(蒸馏水配制)
温度/℃	90～95
pH 值	6.5～7.0(用碳酸钠调整)
时间/min	15～20　裸铝 20～25

由于封闭膜呈黄色，故此法不适用于以装饰为目的的着色阳极化膜的封闭。

（3）水解盐封闭

用镍盐、钴盐或两者的混合水溶液作为介质进行阳极化膜的封闭处理，不但由于金属盐的加入加速了氧化膜的水和作用，使封闭温度降低，同时还包括镍、钴盐在孔膜内生成氢氧化物沉淀的水解反应，提高了氧化膜的抗蚀能力，并对于避免染料被湿气漂洗褪色有良好的效果，因此这种方法不但适用于防护性阳极化膜，而且特别适用于着色阳极化膜的封闭处理。

常用溶剂配方及工艺条件见表 14-8。

表 14-8　水解盐封闭溶液配方及工艺条件

组成与工艺条件	1	2	3
硫酸镍(NiSO$_4$·6H$_2$O)/(g/L)	4～5	3～5	—
硫酸钴(NiSO$_4$·7H$_2$O)/(g/L)	0.5～0.8	—	—
醋酸钴[Co(Ac)$_2$·4H$_2$O]/(g/L)	—	—	1～2
醋酸钠[NaAc·3H$_2$O]/(g/L)	4～5	3～5	3～4
硼酸(H$_3$BO$_3$)/(g/L)	4～5	3～4	5～6
pH 值	4～6	5～6	4.5～5.5
温度/℃	80～85	70～80	80～85
时间/min	10～20	10～15	15～25

（4）两步法封闭

经阳极化处理的铝和铝合金先在下述溶液中处理：

硫酸镍（NiSO$_4$·6H$_2$O)/(g/L)	50
温度/℃	80
时间/min	15

经水洗后进行第二次封闭，溶液及工艺条件如下：

铬酸钾(K$_2$CrO$_4$)/(g/L)	5
温度/℃	80

时间/min	10

其中镍盐也可改用钴盐。氧化膜孔隙中，在第一次封闭时先吸附大量的 $NiSO_4$ 和水解产物 $Ni(OH)_2$，第二次封闭时与铬酸钾反应，生成溶解度较小的铬酸镍沉淀，保护了膜层。同时使用呈碱性的铬酸钾还可以中和孔隙中的残留酸液。据报道，该法可提高氧化膜的抗蚀能力 8～10 倍。

（5）中、低温封闭

目前生产中多采用高温封闭工艺，能源消耗大，对环境的污染严重，随着铝工业的迅速发展，中、低温封闭的研究和开发已势在必行。已报道的中、低温封闭工艺见表14-9。

表 14-9　中低温封闭溶液及工艺条件

组成与工艺条件	1	2	3	4
醋酸镍[$(CH_3COO)_2Ni$]/(g/L)	4	3～5	—	—
T-1 络合剂/(g/L)	11	—	—	—
NF-2 络合剂/(g/L)	—	9～16	—	—
多聚磷酸钠/(g/L)	—	0.01～0.15	—	—
GKC-F 封闭剂/(g/L)	—	—	17～22	—
NF-5 封闭剂/(g/L)	—	—	—	1～5
pH 值	6.5	6～7	5.5～7(6.0)	—
温度/℃	60～70	60～70	25～45 (30～45)	20～45 (30～35)
时间/min	30	30	10～20	10～20

14.1.5　不合格阳极氧化膜的退除

不符合质量要求的阳极氧化膜可在表 14-10 所列的溶液中退除。退除了氧化膜的铝及铝合金制品应立即用清水洗净，以防止残留溶液对基体金属的腐蚀。然后按照要求重新进行阳极氧化的全部过程。

表 14-10　不合格阳极氧化膜退除工艺规范

组成与工艺条件	1	2	3
氢氧化钠(NaOH)/(g/L)	5～10	—	—
磷酸三钠($Na_3PO_4 \cdot 12H_2O$)/(g/L)	30～40	—	—
硝酸(HNO_3, $d=1.4$)/(g/L)	—	180	—
氢氟酸(HF, 40%)/(g/L)	—	8	—
磷酸(H_3PO_4)/(g/L)	—	—	35
铬酐(CrO_3)/(g/L)	—	—	20
温度/℃	50～60	—	80～90
退膜时间/min	氧化膜退静为止		

配方 1、2 适用于精度要求不高的铝及其合金制件，其中配方 2 适用于含硅铝合金；配方 3 适用于精度要求高的制件。

14.1.6　铝及其合金的化学氧化

铝和铝合金经化学氧化获得的氧化膜较薄且多孔、质软，力学性能和抗腐蚀性能均不如阳极氧化膜。但化学氧化膜有良好的吸附能力，是有机涂层的良好底层，并且可点焊。除特殊用途外，一般不宜单独作为保护层。化学氧化的工艺特点是设备简单、操作方便、生产效率高、适用范围广、不受零件的大小和形状的限制，尤其适用于对大型复杂组合件和微小零件的处理。

铝和铝合金的化学氧化工艺按其溶液性质，可分为碱性氧化法和酸性氧化法两类。国外广泛采用的 Alodine(阿洛丁)或 Alocron(阿洛克罗姆)氧化均属酸性氧化法，该法所获得的氧化膜约为 $2.5\sim10\mu m$，其耐蚀性优于一般化学氧化膜，在汽车工业、航空航天工业中应用甚广。我国在汽车轮毂处理上也广泛应用 Alodine(阿洛丁)和 Alocron(阿洛克罗姆)氧化法。

1. 碱性铬酸盐氧化

表 14-11 为铝及铝合金碱性铬酸盐化学氧化工艺规范。

表 14-11　铝及铝合金碱性铬酸盐化学氧化工艺规范

组成与工艺条件	1	2	3
碳酸钠(Na_2CO_3)/(g/L)	40~60	50~60	40~50
铬酸钠($Na_2CrO_4\cdot4H_2O$)/(g/L)	15~40	15~20	10~20
氢氧化钠(NaOH)/(g/L)	30~25	—	—
磷酸三钠($Na_3PO_4\cdot12H_2O$)/(g/L)	—	1.5~2.0	—
硅酸钠($NaSiO_3$)/(g/L)	—	—	0.6~1.0
温度/℃	85~100	95~100	90~95
时间/min	5~8	8~10	8~10

配方 1、2 适用于纯铝、铝镁合金、铝锰合金和铝硅合金的氧化。氧化膜的颜色为金黄色，但在后两种合金上得到的氧化膜颜色较暗。碱性氧化液中得到的氧化膜较软，耐蚀性差，孔隙率高，吸附性好，适于作为涂装底层。

配方 3 中加入硅酸钠，获得的氧化膜无色，硬度及耐磨性略高，孔隙率及吸附性略低，在硅酸钠的质量分数为 2% 的溶液中经封闭处理后，可单独作为防护层用，适用于含重金属合金的氧化。

工件经化学处理后，为了提高其耐蚀性，可在 20g/L 的 CrO_3 溶液中进行钝化处理5~15s，然后在低于 50℃ 的温度下烘干。

2. 酸性铬酸盐氧化

表 14-12 为铝及铝合金酸性铬酸盐化学氧化工艺规范。

表 14-12　铝及铝合金酸性铬酸盐化学氧化工艺规范

组成与工艺条件	1	2	3	4	5
磷酸(H_3PO_4)/(g/L)	10~15	50~60	22	—	—
铬酐(CrO_3)/(g/L)	1~2	20~25	25~4	4~5	3.5~5

组成与工艺条件	1	2	3	4	5
氟化钠(NaF)/(g/L)	3~5	—	5	1~1.2	0.8
氟化氢铵(NH₄HF₂)/(g/L)	—	3~3.5	—	—	—
磷酸二氢铵[(NH₄)₂HPO₄]/(g/L)	—	2~2.5	—	—	—
硼酸(H₃BO₃)	—	0.6~1.2	2	—	—
铁氰化钾[K₃Fe(CN)₆]/(g/L)	—	—	—	0.5~0.7	—
重铬酸钾(K₂Cr₂O₇)/(g/L)	—	—	—	—	3~3.5
温度/℃	20~25	30~40	室温	25~35	25~30
时间/min	8~15	2~8	15~60s	0.5~1	3

配方 1 得到的氧化膜较薄，韧性好，耐蚀性好，适用于氧化后需要变形的铝和铝合金，也可用于铸铝的表面防护，氧化后不需要钝化或填充处理。

配方 2 溶液 pH 值为 1.5~2.2，得到的氧化膜较厚，约 1~3μm，致密性及耐蚀性都较好。氧化后零件尺寸无变化，氧化膜颜色为无色至浅蓝色，适用于各种铝及铝合金氧化处理。在配方 2 溶液经氧化处理后，零件应立即用冷水清洗干净，然后用 40~50g/L K₂Cr₂O₇ 溶液填充处理（pH 值为 4.5~6.5，用 Na₂CO₃ 调整），温度 90~95℃，时间 5~10min，清洗后 70℃ 烘干。

配方 3 溶液中得到的氧化膜无色透明，厚度为 0.3~0.5μm，膜层导电性好，主要用于变形的铝电器零件。

配方 4 适用于纯铝和防锈铝及铸造铝合金。氧化膜很薄，导电性及耐蚀性好，硬度低，不耐磨，可以电焊和氩弧焊，但不能锡焊。主要用于要求有一定导电性能的铝合金零件。

配方 5 得到的氧化膜较薄，约 0.5μm，导电性及耐蚀性好，孔隙少，可单独作防护层用。

3. 阿洛丁（Alodine）氧化

阿洛丁氧化法使用含有铬酸盐、磷酸盐及氟化物的酸性溶液对铝及铝合金进行化学氧化处理，溶液组分为：20~100g/L PO_4^{3-}、2.6~6.0g/L F^-、6.0~20g/L CrO_3。

阿洛丁氧化膜层厚度为 2.5~10μm，膜层组成大体为 $w(Al)=18\%~20\%$、$w(Al)=45\%$、$w(P)=15\%$、$w(F)=0.2\%$。加热氧化膜时，其质量约减少 40%，而耐蚀性却得到极大提高。

该氧化法按所获得膜层颜色不同，可分为有色和无色氧化两大类。其施工工艺方法有三种，即浸渍法、手工涂刷法及自动喷涂法。工艺流程为：

铝制件→机械抛光→化学除油及浸蚀→清洗→中和→化学氧化→热水烫（50℃）→压缩空气吹干→烘干（70℃）→成品检验。

14.2 铝及其合金上的电镀

铝及铝合金具有质量轻、力学强度高、导电导热性能好、无磁性、易加工等优点，但

255

铝及铝合金存在易产生晶间腐蚀、表面硬度低、耐磨性差、不易焊接等缺点，影响其应用范围和使用寿命。采用电镀方法，在其表面沉积一层其他金属，可以克服其弱点，延长使用寿命，扩大应用范围。铝及其合金表面经电镀后，可以得到各种不同装饰性镀层，还可以改善它的导电性、易焊性、耐磨性、光学性、抗蚀性以及与橡胶的粘结能力等。铝及其合金的电镀在汽车工业、计算机行业有着广泛的应用。

但是在铝及其合金上进行电镀存在不少困难，主要在于铝对氧有很强的亲和力，表面极易形成氧化膜；铝是两性金属，在酸碱中均不稳定；铝的电负性很高（标准电势为－1.66V），在电镀溶液中易被浸蚀并置换出被镀金属；铝的膨胀系数较大，易引起镀层起泡脱落；铸造铝合金的砂眼、针孔也会影响镀层的结合力。

因此，为了在铝及其合金表面上获得良好的金属镀层，电镀前除了采用常规的脱脂、浸蚀等处理外，还必须采用特殊的镀前表面预处理，即在铝基体和镀层之间制造一层既能与铝结合良好，同时又与镀层良好结合的中间层，这是铝及铝合金电镀工艺中最关键的工序。目前生产上采用较多的预处理方法有：化学浸镀金属、阳极氧化处理。

14.2.1　铝及其合金化学浸镀金属的电镀工艺

铝及其合金在电镀以前，可采用下述三种方法进行预处理，以保证镀层与基体的结合力。

1. 化学浸金属层

（1）化学浸锌

对于大多数铝及其合金，经过表面准备之后，都可以进行化学浸锌处理。化学浸锌的目的是在除去铝表面自然氧化膜，同时沉积上一薄层置换锌。该锌层既能防止铝上自然氧化膜的再生，又可在其上电沉积其他金属。目前。使用的化学浸锌溶液主要是碱性锌酸盐溶液，见表 14-13。

表 14-13　化学浸锌工艺规范

组成及工艺条件	各种铝合金		铝镁合金	铝铜合金	铝硅合金
	第一次浸锌	第二次浸锌			
氢氧化钠(NaOH)/(g/L)	500	100	500	60	500
硝酸钠(NaNO$_3$)/(g/L)	—	1	—	1	—
氧化锌(ZnO)/(g/L)	100	20	100	6	100
酒石酸钾钠/(g/L)	20	10	20	80	10
三氯化铁(FeCl$_3$)/(g/L)	1	2	1	2	2
氢氟酸/(g/L)	—	—	—	—	2~3
温度/℃	15~20	15~25	20~25	20~25	25~35
时间/min	0.5~1	0.5~1	0.5~1	0.5~1	0.5~1

当铝及其合金制品浸入到锌酸盐溶液中时，首先是铝表面自然氧化膜的溶解：

$$Al_2O_3 + 2NaOH \Longrightarrow 2NaAlO_2 + H_2O$$

随后裸露出来的金属铝和溶液中的锌离子发生共轭的电化学反应。阳极被铝溶解下来，阴极则析出锌，同时有少量氢气析出。

阳极

$$Al + 3OH^- \longrightarrow Al(OH)_3 + 3e$$

$$Al(OH)_3 \rightleftharpoons AlO_2^- + H_2O + H^+$$

阴极

$$Zn(OH)_4^{2-} + 2e \longrightarrow Zn + 4OH^-$$

$$2H_2O + 2e \longrightarrow H_2 \uparrow + 2OH^-$$

氢在锌上有较高的过电势，且溶液为强碱性介质，氢离子浓度很低，析出的氢可以忽略；由于锌与铝的电势比较接近，因而共轭氧化—还原反应进行得比较缓慢，可以得到均匀致密的沉积锌层。

当处理镁、铜、硅含量较高的铝合金时，为提高浸锌的质量，可以在溶液中加入少量的三氯化铁（三氯化铁应先用酒石酸钾钠配合后再加入）。Fe^{3+} 也可以与铝发生置换反应并与锌生成锌铁合金，微量锌铁合金的存在，有利于提高置换锌层与基体的结合力，并能提高抗蚀性。加酒石酸钾钠的目的是防止 Fe^{3+} 在碱性溶液中沉淀，并可以用酒石酸钾钠的添加量来控制锌层中铁的含量。

为了提高浸锌层的质量，普遍采用二次浸锌工艺。在第一次浸锌后，用 1∶1（体积比）的硝酸溶液浸蚀 15s，除去浸锌层，用清水冲洗后，在同一浸锌液中进行二次浸锌。这样得到的浸锌层更均匀、细致、紧密、完整，与基体的结合力更好。浸锌层的颜色为青灰色至灰色。

化学浸锌工艺配方及操作简单，容易掌握。化学浸锌法的主要缺点是在潮湿和腐蚀环境下，锌相对于镀覆金属是阳极，锌将受到横向腐蚀，最终导致表层剥落。为克服这一缺点，可以改用浸锌镍合金或浸其他重金属层。

（2）化学浸锌镍合金

化学浸锌镍合金是在化学浸锌工艺的基础上发展起来的，适用于多种铝合金。沉积出的锌镍合金层结晶细致、光亮致密、结合力好。在其上可以直接电镀镍、铜、银、硬铬或其他金属。因此日益受到人们重视，并在工业生产上得到应用。其工艺规范为

氢氧化钠（NaOH）/(g/L)	100
氧化锌（ZnO）/(g/L)	5
氯化镍（NiCl$_2$·6H$_2$O）/(g/L)	5
酒石酸钾钠（KNaC$_4$H$_4$O$_6$·4H$_2$O）/(g/L)	15
硝酸钠（NaNO$_3$）/(g/L)	1
氰化钠（NaCN）/(g/L)	3
三氯化铁（FeCl$_3$·6H$_2$O）/(g/L)	2
温度/℃	20～25
时间/min	20～30

浸出的锌镍合金为褐色。

（3）化学浸锡

在碱性溶液中浸锡，可使镀层的结合力和护蚀性得到较大的提高，其缺点是受合金成分和含量的变化影响比较明显。浸锡工艺规范见表 14-14。

257

表 14-14　化学浸锡配方及工艺规范

组成及工艺条件	1	2	3
锡酸钾($K_2SO_3 \cdot H_2O$)/(g/L)	100	200	100
磷酸二氢钾(KH_2PO_4)/(g/L)	—	100	—
醋酸锌[$Zn(CH_3COO)_2 \cdot 2H_2O$]/(g/L)	—	—	2
间甲酚磺酸($C_7H_8OSO_3$)/(g/L)	—	—	33
温度/℃	55	60	50~60
时间/min	1	5~10	2

铝及其合金经过上述化学浸金属后，再闪镀一层金属后即可转到其他常规镀液中进行下一步电镀。一般闪镀的金属有锌、铜、镍。

2. 闪镀

（1）闪镀锌

闪镀锌溶液组成及工艺条件为：

氧化锌（ZnO）/(g/L)	50~55
氰化钠（NaCN）/(g/L)	90~100
氢氧化钠（NaOH）/(g/L)	50~55
硫化钠（Na_2S）/(g/L)	3~5
碳酸钠（Na_2CO_3）/(g/L)	10~12
温度/℃	30~35
电流密度/（A/dm^2）	0.2~0.5
时间/min	2~3

（2）闪镀铜

闪镀铜溶液组成及工艺条件为：

氰化亚铜（CuCN）/(g/L)	40
氰化钠（NaCN）/(g/L)	50
酒石酸钾钠（$KNaC_4O_6 \cdot 4H_2O$）/(g/L)	60
碳酸钠（Na_2CO_3）/(g/L)	30
游离氯化钠/(g/L)	4
温度/℃	38~43
pH 值	10.2~10.5

工件必须带电入槽，开始电流密度为 2.6A/dm^2，电镀 2min，然后将电流密度降低至 1.3A/dm^2，再镀 3~5min。

（3）闪镀镍

闪镀镍溶液组成及工艺条件为：

硫酸镍（$NiSO_4 \cdot 7H_2O$）/(g/L)	200
柠檬酸钠（$Na_3C_6H_5O_7 \cdot 2H_2O$）/(g/L)	220
氯化铵（NH_4Cl）/(g/L)	10
氯化钾（KCl）/(g/L)	5

温度/℃   55～65

pH 值   6.4～6.8

电流密度/(A/dm^2) 0.5～0.8

时间/min   2

工件带电入槽。

14.2.2 铝及其合金阳极氧化后电镀

在铝及其合金阳极氧化后获得的新鲜氧化膜上，可以电沉积结合良好的金属层，其条件是氧化膜必须有良好的导电性和较大的孔隙率，电镀时金属能很快沉积并牢固地附着在膜孔内，从而保证镀层与基体有良好的结合力。目前较普遍采用的是磷酸阳极氧化膜，而硫酸和草酸阳极氧化膜则难使用。其原因在于硫酸氧化膜和草酸氧化膜比较坚固致密，晶粒排列整齐，孔多而且孔径小，活性差，表面电阻很大，若在此膜上沉积金属，则形成晶核困难，并且晶核多在有伤痕和有缺陷部位形成，随着晶核的生长而得到疏松的甚至瘤状的沉淀物。而铝合金磷酸氧化膜呈现较均匀的粗糙表面，具有超微观均匀的凹凸结构、最大的孔体积和最小的电阻。若在此表面上电沉积金属，则形成晶核多，沉淀层可以很快覆盖表面，镀层平滑均匀、结晶细致、附着良好。常见的磷酸阳极氧化工艺规范见表14-15。

表 14-15 铝基合金磷酸阳极氧化工艺规范

组成及工艺条件	1	2	3
磷酸(H_3PO_4 的质量分数 85%)/(g/L)	300～350	200	150～200
草酸($H_2C_2O_4$)/(g/L)	—	5	—
十二烷基硫酸钠/(g/L)	—	0.1	—
温度/℃	20～30	20～25	18～25
电压/V	30～40	25	20～40
电流密度/(A/dm^2)	1～2	2	0.1～1.0
时间/min	10～15	18～20	10～15

注：配方 1 适用于硬铝合金；配方 2 适用于一般铝合金；配方 3 适用于含 Mn、Cu 的铝合金，不适用于纯铝、铸造铝合金。

阳极氧化操作时要搅拌溶液，使铝件表面附近的温度不致升高太快。氧化膜孔隙率随着溶液中 H_3PO_4 含量的增加和温度的升高而增加，随着电流密度的降低而减小，其厚度随着 H_3PO_4 质量浓度的增加而减小。一般氧化时间控制在 20mm 以下，即可满足厚 $3\mu m$ 的要求。

磷酸阳极氧化膜较薄，所以不应在强酸性或强碱性溶液中进行电镀，一般电镀溶液的 pH 值应在 5～8。工件经磷酸阳极氧化后，先在稀氢氟酸(HF 约 0.5～1mL/L)溶液中活化一下(数秒钟)，清洗后立即进入普通镀镍槽(pH≈8)中进行电镀，注意应带电入槽和使用高于正常电镀 2～3 倍的电流冲击镀 0.5～1.5min。

14.2.3 铝合金一步法电镀

以 H_2SO_4-$CuSO_4$ 作电解液，在该电解液中先对铝合金工件进行阳极氧化处理，随后在同一槽液内电沉积铜，也就是将镀前特殊处理和电镀两个过程合并在同一镀槽内完成，简化了铝合金电镀工序。其工艺流程为：化学脱脂→酸浸蚀→一步法镀铜（阳极氧化→电镀铜）→加厚镀铜→电镀其他金属。一步法镀铜溶液组成及工艺条件为：

硫酸（H_2SO_4质量分数为98%）/(g/L)	90～120
硫酸铜（$CuSO_4 \cdot 5H_2O$）/(g/L)	175～200
MG 添加剂/(g/L)	25～50
ET 添加剂/(mL/L)	0.6～0.8
温度/℃	25～30

阳极氧化：

① 硬铝合金电压 13～15V，阳极电流密度 1～1.5A/dm²，时间 30min。

② 防锈铝、冷锻铝合金电压 10～15V，阳极电流密度 1.5～2.5A/dm²，时间 60min。

电镀铜：

① 硬铝合金阴极电流密度 0.5A/dm²，时间 10min；随后提高至 1A/dm²，时间 10min。

② 防锈铝、冷锻铝合金阴极电流密度 0.2A/dm²，时间 10min；随后提高至 1A/dm²，时间 10min。

搅拌：阴极移动，10～20 次/min；阳极材料：电解铜板。

加厚镀铜可用焦磷酸盐镀铜或酸性光亮镀铜。一步法镀铜后可根据需要再电镀其他金属，如 Ni、Cr、Sn、Ag、Au 等。

14.2.4 铝及其合金上不合格镀层的退除

由于铝的化学活性高，又是两性金属，在酸及碱中都可以溶解。因此，退除铝上镀层的溶液要选择适当，既要能退除镀层，又不使基体金属受腐蚀。为此可在下列溶液及条件下退除镀层：

硫酸（H_2SO_4，$d=1.84$）/mL	400～500
硝酸（HNO_3，$d=1.40$）/mL	200～250
水/mL	200～250
温度	室温

14.3 镁及其合金的表面处理

镁合金是最轻的金属结构材料，具有高的比强度和比刚度，对撞击和振动能量吸收性强，因此在航空航天、汽车、仪表、电子等工业上得到了越来越广泛的应用。但镁是电负性很强的金属，标准电极电势为 $-2.37V$。因此镁的化学活性高，不耐腐蚀。为了提高防护性和装饰性，必须对镁合金表面采取有效的防护措施。

镁合金表面防护措施有化学氧化、电化学氧化、电镀和涂漆等表面处理方法。化学氧化法处理能提高镁合金的耐蚀性，可获得 $0.5～3\mu m$ 的薄膜层，膜层薄而软，使用时易损伤，因此除做涂装底层或中间工序防护外，很少单独使用；电化学氧化（阳极氧化）可获得 $10～40\mu m$ 的厚膜层，其原理和铝的化学氧化及电化学氧化相似。由于镁合金阳极氧化的应用至今不像铝及其合金阳极氧化那样广泛，其研究也不像对铝的阳极氧化那样深入，对镁合金阳极氧化膜的组成和结构尚不完全清楚。但是，电子衍射分析表明，经重铬酸盐处理过的镁，确认有 $Mg(OH)_2$ 的六方晶膜生成。用氟化碱金属溶液进行阳极氧化处理以后，生成以氟化镁为主体的白色膜。阳极氧化处理对镁合金制件的尺寸精度几乎不发生影响，对耐磨性等机械性有较大提高。阳极氧化膜表面比较粗糙、多孔，可以作为油漆的良好底层。

14.3.1 镁合金的化学氧化

镁及其合金可以在含有铬酸盐的溶液中生成化学转化膜。镁合金化学氧化溶液的配方很多，使用时应根据合金材料牌号、表面状态及使用要求，选择合适的工艺。表 14-16 列出了部分化学氧化处理工艺规范。

表 14-16 镁合金化学氧化工艺规范

组成及工艺条件	1	2	3	4	5
重铬酸钾($K_2Cr_2O_7$)/(g/L)	130～160	30～50	15	30～60	30～35
硫酸铵[$(NH_4)_2SO_4$]/(g/L)	2～4	—	30	25～45	30～35
铬酐(CrO_3)/(g/L)	1～3	—	—	—	—
醋酸(HAc 的质量分数为 60%)/(g/L)	10～30	5～8	—	—	—
硫酸铝钾[$KAl(SO_4)_2 \cdot 12H_2O$]/(g/L)	—	8～12	—	—	—
重铬酸铵[$(NH_4)_2Cr_2O_7$]/(g/L)	—	—	15	—	—
硫酸锰($MnSO_4 \cdot 5H_2O$)/(g/L)	—	—	10	7～10	—
硫酸镁($MgSO_4 \cdot 7H_2O$)/(g/L)	—	—	—	10～20	—
邻苯二甲酸氢钾($KHC_8H_4O_4$)/(g/L)	—	—	—	—	15～20
pH 值	3～4	2～4	3.5～4	4～5	4～5.5
温度/℃	60～80	15～30	95～10	80～90	80～100
时间/min	0.5～2	5～10	10～25	10～20	15～25

镁合金化学氧化溶液的维护、调整及适用性：

配方 1 适用于机械加工的成品或半成品，尺寸变化小，氧化时间短，但膜薄且耐腐蚀性差，膜层呈金黄色至棕褐色。溶液中的醋酸消耗及发挥较快，需要经常补充，以调整 pH 值。

配方 2 适用于锻铸件成品或半成品零件的氧化，膜层颜色呈金黄色至棕褐色，膜层耐热性较好，氧化后对工件影响较小。该溶液适用于室温工作。

配方 3 适用于成品件氧化，对工件尺寸影响较小，膜层耐蚀性好，膜层颜色呈黑色至浅黑或咖啡色。该溶液氧化温度高，稳定性差，需经常用 H_2SO_4 调整 pH 值。

配方 4 适用于成品、半成品和组合件氧化，对工件尺寸精度无影响，膜层耐蚀性好，呈深棕色至黑色。重新氧化时可不除旧膜。

配方 5 适用于精密度高的成品、半成品和组合件氧化，膜层耐蚀性较好，无挂灰。膜层颜色：ZMgAl8Zn 材料呈黑色，ZMgRE3ZnZr 呈咖啡色，MB2 呈军绿色，MB8 呈金黄色。重新氧化时可不除旧膜。

为提高膜层的耐蚀性能，工件经化学氧化后需在下列溶液中进行填充封闭处理：

重铬酸钾($K_2Cr_2O_7$)/(g/L)	40～50
温度/℃	90～98
填充封闭时间 t/min	15～20

14.3.2　镁合金的阳极氧化

镁合金阳极氧化膜的耐蚀性、耐磨性和硬度均比化学氧化法高，其缺点是膜层脆性较大，对复杂零件难以获得均匀的氧化膜。

镁合金可以在酸性溶液中阳极氧化，也可以在碱性溶液中阳极氧化，但碱性溶液中阳极氧化的应用并不多。表 14-17 列出了镁合金阳极氧化的工艺规范。

表 14-17　镁合金阳极氧化工艺规范

组成及工艺条件		1	2	3	4
氟化氢铵(NH_4HF_2)/(g/L)		300	240	—	—
重铬酸钠($Na_2Cr_2O_7$)/(g/L)		100	100	—	—
磷酸(H_3PO_4，$d=1.7$)/(g/L)		86	86	—	—
锰铝酸钾(以 MnO_4^- 计)/(g/L)		—	—	50～70	—
氢氧化钾(KOH)/(g/L)		—	—	140～180	—
氟化钾(KF)/(g/L)		—	—	120	—
氢氧化铝[Al(OH)$_3$]/(g/L)		—	—	40～50	—
磷酸三钠($Na_3PO_4 \cdot 12H_2O$)/(g/L)		—	—	40～60	—
氢氧化钠(NaOH)/(g/L)		—	—	—	100～160
水玻璃/(mL/L)		—	—	—	15～18
酚/(g/L)		—	—	—	3～5
电源		直流	交流	交流	直流
温度/℃		70～82	70～82	<40	60～70
阳极电流密度/(A/dm²)		0.5～5	2～4	0.5	—
成膜终止电压/V	软膜	55～60	55～60	55	—
	软膜(油漆底层)	60～75	60～75	65～67	—
	硬膜	75～110	75～95	68～90	—
氧化时间/min		至终止电压为止			

> 注：锰酸钾可以自己制备高锰酸钾的质量分数为 60％、苛性纳的质量分数为 37％、氢氧化铝(可溶)的质量分数为 3％。

采用交流电氧化的电源频率为 50Hz，由足够功率的自耦变压器和感应变压器供电。零件分挂在两根导电棒上，两极的零件面积应大至相等。无论是采用直流还是交流阳极氧化，通电后应逐步升高电压，以保持规定的电流密度。待达到规定电压后，电流自然下降，此时即可断电取出零件。这段时间约为 10～45min。阳极氧化的电压对氧化膜的生成、厚度和外观影响很大。

镁合金阳极氧化后得到的膜层是不透明的，外观均匀，较粗糙多孔。为了提高其抗蚀能力，应进行封闭处理，通常用质量分数为 10%～20% 的环氧酚醛树脂进行封闭，也可以根据需要涂漆或涂蜡。

不合格阳极氧化膜的退除可采用以下工艺。

（1）一般镁合金阳极化膜的退除工艺

铬酐（CrO_3）/（g/L）	100～150
硝酸钠（$NaNO_3$）/（g/L）	5
温度	温室
时间	退净为止

（2）变形镁合金阳极化膜的退除工艺

氰化钠/（g/L）	260～310
温度/℃	70～80
时间	退净为止

退膜后需用热水和冷水清洗，并在铬酸溶液中中和 0.5～1min。

14.3.3 镁合金上的电镀

在镁合金上电镀适当的金属，可以改善它的导电性、焊接性、耐磨性、抗蚀性，提高外观装饰性。由于镁的电负性很强，在空气中能很快被氧化，特别是在潮湿的空气和含氯的环境中，能剧烈地反应，并迅速形成碱性表面膜。因此，对镁合金电镀前，必须对其表面进行特殊的预处理，然后电镀才能保证镀层与基体具有良好的结合力。

关于在镁合金上电镀金属的研究是在 20 世纪 60 年代才开展起来的。到目前为止，在生产上采用的镀前处理方法有两种，即浸锌法和化学镀镍法。前一种工艺复杂，但附着力好，耐蚀性也好；后一种工艺主要用于大型或深孔内腔需电镀的镁合金制件。无论哪一种方法，都必须用不锈钢或磷青铜制作挂具，除接触点外都必须有良好的绝缘性，而且接触点上保证没有镀层。

1. 浸锌法

此法对锻造和铸造镁合金均适用。

在电镀前需要对镁合金表面进行浸蚀和活化处理。

（1）浸蚀

浸蚀工艺规范见表 14-18。

表 14-18　镁及镁合金的浸蚀工艺规范

组成及工艺条件	1	2	3
铬酐（CrO_3）/（g/L）	180	180	120
硝酸铁[$Fe(NO)_3 \cdot 9H_2O$]/（g/L）	40	—	—
氟化钾（KF）/（g/L）	3.5		
温度/℃	室温	20～90	室温
时间/min	0.5～3	2～10	0.5～3

注：配方 1 适用于一般零件，配方 2 适用于精密零件，配方 3 适用于含铝高的镁合金。

（2）活化

活化用来除去在上述铬酸溶液中酸洗时生成的铬酸盐膜，并形成一种无氧化膜表面，其溶液组成及工艺条件为：

磷酸(H_3PO_4，$d=1.70$)/(mL/L)	200
氟化氢铵(NH_4HF)/(g/L)	10
温度	室温
时间/min	0.5～2

（3）浸锌

在镁及其合金表面形成一层置换锌，其配方及工艺条件为：

硫酸锌($ZnSO_4 \cdot 7H_2O$)/(g/L)	30
焦磷酸钠($Na_4P_2O_7$)/(g/L)	120
氟化钠(NaF)或氟化锂(LiF)/(g/L)	3～5
碳酸钠(Na_2CO_3)/(g/L)	5
pH 值	10.2～10.4
温度/℃	70～80
时间/min	3～10
搅拌	工件移动

对于某些镁合金需要二次浸锌，才能获得良好的置换锌层。此时，可将第一次浸锌后的工件返回到活化液中退除锌层后，再在此溶液中进行二次浸锌。

（4）预镀铜

预镀铜溶液的组成及工艺条件为：

氰化亚铜(CuCN)/(g/L)	30
氰化钠(NaCN)/(g/L)	41
游离氰化钠/(g/L)	7.5
酒石酸钾呐($KNaC_4H_4O_6 \cdot 4H_2O$)/(g/L)	30
温度/℃	22～32
电流密度	先在 5A/dm² 下镀 2min，后降至 1～2A/dm² 镀 5min
搅拌	移动阴极

预镀铜后，经水洗即可电镀其他金属。

2. 化学镀镍法

采用化学镀镍法时，除油和酸洗与浸锌法相同。在酸洗之后，经氢氟酸弱浸蚀，水洗后在含氟的化学镀镍溶液中镀镍。

（1）弱浸蚀

弱浸蚀的溶液及工艺条件为：

氢氟酸(HF，40%)/(mL/L)	90～200
温度	室温
时间/min	10

低浓度用于一般镁合金，高浓度用于铝含量高的镁合金。

（2）化学镀镍

化学镀镍的溶液组成及工艺条件为：

碱式碳酸镍[$3Ni(OH)_2 \cdot 2NiCO_3 \cdot 4H_2O$]/(g/L)	10
柠檬酸($C_6H_8O_7 \cdot H_2O$)/(g/L)	5
氟化氢铵(NH_4HF_2)/(g/L)	10
氢氟酸(HF，40%)/(mL/L)	11
次磷酸钠($NaH_2PO_2 \cdot H_2O$)/(g/L)	20
氢氧化铵(NH_4OH)(25%)/(mL/L)	37
pH 值	4.5～6.8
温度/℃	76～82
沉积速度/($\mu m/h$)	20～25

镁合金化学镀镍后，经水洗即可镀其他金属。为提高镀镍层的结合力，可在 200℃下加热 1h。

复习思考题

1. 试用阳极化的 V-t 曲线叙述铝合金阳极化的普通膜和硬膜的形成过程、条件及对电解液提出的要求。

2. 如何用电渗流解释铝阳极化膜多孔层的形成和加厚？

3. 铝阳极化膜的结构有何特点？比普通膜和硬膜结构的异同点？

4. 硫酸阳极化各参数对成膜有何影响？

5. 铝合金各成分是如何影响阳极化成膜的？

6. 阳极化膜为什么要进行封闭和着色？简述各种封闭和着色方法原理和特点。

7. 简述铝合金的铬酸阳极化和硫酸阳极化的工艺特点和应用范围。

15 钢铁材料的磷化与氧化

15.1 钢铁材料的磷化

将金属零件浸入含有磷酸盐的溶液中进行化学处理，在零件表面生成一层难溶于水的磷酸盐保护膜，这种表面加工方法，叫做磷化处理。黑色金属（包括铸铁、碳钢、合金钢等）、有色金属（包括锌、铝、镁、铜、锡及合金等）均可进行磷酸盐处理，但考虑到质量等问题，目前磷酸盐处理主要用于钢铁材料。

磷化方法很多，工业应用主要按磷化温度分类，分为高温磷化（85～98℃）、中温磷化（50～70℃）、低温磷化（35℃左右）；也可按磷化速度分为普通磷化（也称热磷化）和快速磷化。

磷酸盐膜在金属冷变形加工（如拉管、拉丝、挤压成型等）的制造业中能较好地改善摩擦表面的润滑性能，延长工具和模具的寿命；磷酸盐膜又是油漆和涂料的优良底层，无论是普通油漆还是电泳涂漆，磷酸盐膜在提高涂层与基体的结合力和耐蚀性上起有效作用，因此随着涂料工业的发展，磷化工业也在日益发展。特别是汽车、船舶、机器制造等工业中，磷酸盐处理的应用将越来越广泛。

磷化膜的性质简介如下：

（1）抗蚀性。磷化膜本身的耐蚀性并不高，但磷化膜经铬酸盐封闭、浸油或涂漆处理后组成的复合膜层对基体金属本身有十分良好的保护作用。例如汽车、冰箱和自行车的很多零件都是采用了磷化处理后再涂漆的工艺方法；兵器工艺中的炮身、弹等都采用磷化处理。

（2）吸附性。磷酸盐膜的孔隙率并不高，大致占膜体积的 0.5%～1.5%，膜层所具有良好的吸附性，除膜孔的毛细管吸附现象外还有化学吸附起着重要作用。例如，在肥皂溶液中脂肪酸根离子被磷酸盐膜荷正电的金属离子所吸附，此时部分磷酸盐便转化为重金属的肥皂，这种转化随时间延长而增大，同时随着脂肪酸钠离解程度越高，转化就越容易进行。因此磷酸盐膜吸附带极性的油类物质比非极性油类物质多，故常用冷冲压工艺减少摩擦和钢丝冷墩的润滑层。

（3）不粘附熔融金属（Sn、Al、Zn）的特性。钢铁零件渗氮时，采用镀锡保护不需要渗氮的部分，为了防止锡在高温下流入渗氮面，在欲氮化表面可进行磷酸盐处理，在热镀锌、锡-铅合金时，可作为保护层用；在浇铸合金和电机铸铝转子时，将钢模做磷酸盐处理，防止粘附。零件经磷酸盐处理后不会影响其焊接性能。

（4）电绝缘性。厚 $10\mu m$ 的磷酸盐膜，其电阻约为 $5\times10^{7}\Omega$，因此是十分不良的电导体。如果磷酸盐膜再经浸油或覆以漆膜，则其绝缘性将会更高。在用于制造电动机和变压器铁芯的各个铁片上，覆以一层合适的磷化膜，便能遏制涡流电流的扩展，并将功率损失减至最小的程度。

（5）脆性。磷化膜是一种无机盐膜，本身的机械强度不高，有一定的脆性。磷化过程同时伴随析氢，如果被处理的是受力件或对氢脆敏感的材料，在处理时应考虑氢脆问题。

磷化处理常用浸渍法和喷淋法，工艺操作简单，成本低。磷化膜形成过程伴随有铁基体的溶解，膜厚在 $15\mu m$ 以下时，对零件尺寸改变较小，磷化膜与基体金属有较好的结合强度；磷化处理对基体金属的机械性能影响不大，如硬度、弹性、韧性等。

15.1.1 磷酸盐处理原理

1. 化学成膜原理

磷酸盐处理液的基本成分是重金属磷酸二氢盐 $Me(H_2PO_4)_2$（Me^{2+} 为 Zn^{2+}、Mn^{2+}、Fe^{2+} 等），此外还必须存在游离的磷酸。在这样的溶液里，在金属溶液界面处，溶解的盐类的化学平衡向生成磷酸二代盐或三代盐的方向移动。后两种盐类在这种介质中是不溶性的：

$$Me(H_2PO_4)_2 \longrightarrow MeHPO_4 \downarrow + H_3PO_4 \tag{15-1}$$

$$3Me(H_2PO_4)_2 \longrightarrow Me_3(PO_4)_2 \downarrow + 4H_3PO_4 \tag{15-2}$$

或者以离子反应式表示：

$$4Me^{2+} + 3H_2PO_4^- \longrightarrow MeHPO_4 \downarrow + Me_3(PO_4)_2 \downarrow + 5H^+ \tag{15-3}$$

当金属与溶液接触时，在金属-溶液界面液层中 Me^{2+} 离子浓度的增高或 H^+ 离子浓度的降低，都将促使以上反应在一定温度下向生成难溶磷酸盐的方向移动。由于铁在磷酸里溶解，氢离子被中和的同时放出氢气：

$$Fe + 2H^+ \longrightarrow Fe^{2+} + H_2 \uparrow \tag{15-4}$$

产生的不溶性磷酸盐在金属表面沉积成为磷酸盐保护膜，因为它们就是在反应处生成的，所以与基体表面结合很牢固。同时，基体金属和一代磷酸盐之间可以直接发生反应：

$$Fe + Me(H_2PO_4)_2 \longrightarrow MeHPO_4 \downarrow + FeHPO_4 \downarrow + H_2 \uparrow \tag{15-5}$$

或

$$Fe + Me(H_2PO_4)_2 \longrightarrow MeFe(HPO_4)_2 \downarrow + H_2 \uparrow \tag{15-6}$$

二价铁、锌、锰的一代磷酸盐易溶于水，二代磷酸盐除镍盐微溶外，其他均不溶于水，成为磷酸盐膜的主要成分。

以上反应只局限于钢铁表面，溶液的主体部分平衡未被破坏，反应式（15-1）和式（15-2）所产生的磷酸几乎补偿了反应式（15-4）里消耗的酸，结果整个溶液的酸度变化甚微。

2. 电化学成膜原理

一般认为磷化处理过程是微电池的腐蚀过程，在电池的阳极上，铁发生溶解反应：

$$Fe \longrightarrow Fe^{2+} + 2e \tag{15-7}$$

而在微电池的阴极上氢离子的放电使溶液的 pH 值升高，然后不溶性的磷酸盐水解并沉积出来。进一步的研究认为，仅从微阴极区液相酸度的降低来解释磷酸盐膜的形成是不完善的，阳极区所发生的现象同样不容忽视。溶液中的组分 $MePO_4^-$（如 $ZnPO_4^-$）起着十分重要的作用，该阴离子是在下面的平衡反应中存在的：

$$Zn(H_2PO_4)_2 \rightleftharpoons ZnPO_4^- + H_2PO_4^- + 2H^+ \tag{15-8}$$

当金属同上述溶液接触时，在微阳极表面上，发生反应：

$$Fe + 2ZnPO_4^- \longrightarrow FeZn_2(PO_4)_2 \downarrow + 2e \tag{15-9}$$

所生成的 Fe-Zn 混合磷酸盐构成初生的非晶体膜，由于有金属铁参与成膜反应，故与基体金属的结合十分良好。当然阳极溶解的铁亦会参与并加强这层非晶体膜的生成，该初生膜则可成为晶体磷化膜生长的基础。无论采用何种处理溶液，在钢上磷酸盐膜中可观察到含铁底层的存在，证明确实有铁参与成膜。但膜层中该组分含量增高，将降低膜层的防护性能，因此必须加强溶液的搅拌，降低该组分相对于 $Zn_3(PO_4)_2$ 的比例，以提高防护性能。

另外还应指出，此类溶液中必定有沉淀物存在，对于钢的磷酸盐处理液来说，沉淀物主要是阳极溶解产物 Fe^{2+} 被氧化剂进一步氧化而成的：

$$Fe^{2+} + H_2PO_4^- \longrightarrow FePO_4^- + 2H^+ \tag{15-10}$$

$$FePO_4^- - e \longrightarrow FePO_4 \downarrow \tag{15-11}$$

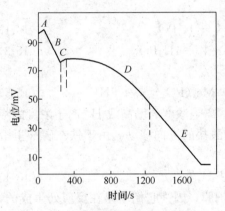

图 15-1　在以磷酸锌为主的溶液中
处理时，钢的电位变化

在含有磷酸二氢锌、游离磷酸和硝酸锌的溶液中测定钢的电位-时间曲线（图 15-1）更说明其成膜动力学行为。

（1）曲线 A 段即在开始的瞬间，电位骤然变负并达到峰值，表明在腐蚀电池的阳极上发生金属铁的溶解反应。

（2）曲线 B 段电位急剧变正，表示开始形成铁磷酸盐非晶体的底层。B 段结束，表示膜中铁的含量已达到稳定值。

（3）曲线 C 段电位重新变负，表示基体金属的溶解继续顺利进行。

（4）曲线 D 段内电位缓慢变正，成膜速度增加，该段为膜层主要形成区，膜的组成则为 $Zn_3(PO_4)_2$，它的增长主要依靠磷酸二氢锌的水解。

（5）曲线 E 区间发生磷酸盐膜的晶体重排，当电位不再改变，则磷化过程结束。

15.1.2　磷酸盐膜的组成和结构

钢上磷酸盐膜为孔隙率 $0.5\% \sim 1.5\%$ 的晶体结构。膜的厚度取决于磷酸盐处理的溶液、温度、处理时间、钢材的品种和表面预处理的方法等；一般在几个 μm 到 $20\mu m$ 之间。

磷酸盐膜主要由重金属的二代和三代磷酸盐的晶体所组成，不同的处理溶液得到的膜的组成不同。在含磷酸二氢锌的溶液中得到的膜由 $Zn_2Fe(PO_4)_2 \cdot 4H_2O$、$Zn_3(PO_4)_2 \cdot 4H_2O$ 和 $Fe_5H_2(PO_4)_4 \cdot 4H_2O$ 三种晶体组成。其中 $Zn_2Fe(PO_4)_2 \cdot 4H_2O$ 存在于与基体金属接触的表面，所占比例视溶液中二价铁的总含量而定，当处理溶液中的二价铁含量含相当高时，就有 $Fe_5H_2(PO_4)_4 \cdot 4H_2O$ 晶体生成。

当磷酸二氢锌溶液中引进适量的钙盐时，膜的组成中含有钙和锌的混合磷酸盐 $Zn_2Ca(PO_4)_2 \cdot 7H_2O$，钙盐的加入可促使钢上形成呈天鹅绒状的晶体结构，晶体排列更紧密，膜的质量有所提高。

钢材在磷酸二氢锰这类溶液中处理时，溶液中二价铁的含量常在 $3.5\sim5g/L$ 之间，所成的膜为 $(Mn, Fe)_5H_2(PO_4)_4 \cdot 4H_2O$。此晶体中铁和锰的含量可按任意比例变更。为保证膜层具有良好的防护性能，晶体中的铁含量应尽量予以控制（限制溶液中铁的含量）。在与钢基体接触的底层中，也可能有少量的 $Fe_5H_2(PO_4)_4 \cdot 4H_2O$ 的存在，混合基体则可以取向于其上晶体成长。

15.1.3 常用磷酸盐处理工艺

钢上所需磷酸盐膜可根据不同目的及使用条件，选用不同类型的处理工艺与厚度（表15-1）。

表 15-1　磷酸盐膜的用途及其类型与厚度的选择

系统	使用条件	膜重(g/m²)	膜的类型
钢/磷酸盐	一般情况下的保护	30～40	$(Mn, Fe)_5H_2(PO$ ▊ $(PO_4)_2$▊H_2O
钢/磷酸盐膜/漆膜	恶劣腐蚀情况下防护	5～10	▊
	一般腐蚀情况下防护	1～5	▊
	一般腐蚀情况下防护	0.1～i	化学转化为磷酸▊
	电泳涂漆底层	2～4	$Zn_2Ca(PO_4)_2 \cdot 7H_2O + Zn_3$▊$H_2O$
	涂漆后成型加工的钢件防护	1～6(平均3～5)	在添加多磷酸盐的磷酸二氢锌溶液中形成的膜
钢/磷酸盐膜/(皂类润滑剂)	拉管变形加工	4～10	$Zn_2Ca(PO_4)_2 \cdot 7H_2O$ 或 $Zn_3(PO_4)_2 \cdot 4H_2O$
	拉丝变形加工	5～15	$Zn_3(PO_4)_2 \cdot 4H_2O$
	冷挤压	2～7	$Zn_3(PO_4)_2 \cdot 4H_2O$

为了获得膜重在 $7.5g/m^2$ 以上的磷酸膜，可有普通的和快速的两种处理方法，工作温度要在92℃以上（一般为95～98℃），而且只能用浸渍法处理。

为获得中等厚度的（膜重不超过 $7.5g/m^2$）的磷酸盐膜，大都采用快速的处理溶液，其工作温度既可以是50～70℃的中温范围，也可以是室温，用浸渍法和淋喷法均可。

常用的磷酸盐处理溶液的配方及工艺条件见表15-2。

表 15-2　钢铁件磷酸盐处理的配方及工艺条件

成分及工艺条件	高温			中温		低温	
	1	2	3	4	5	6	7
磷酸二氢锰铁盐/(g/L)	28～32	30～40	—	—	—	—	30～40
磷酸二氢锌[$Zn(H_2PO_4)_2$]/(g/L)	—	—	28～35	—	30～40	60～70	—
硝酸锌[$Zn(NO_3)_2$]/(g/L)	—	—	42～56	15～18	80～100	60～80	140～160
硝酸锰[$Mn(NO_3)_2$]/(g/L)	—	15～25	—	—	—	—	—
硝酸钙[$Ca(NO_3)_2$]/(g/L)	—	—	—	18～22	—	—	—
氧化锌(ZnO)/(g/L)	—	—	—	—	—	4～8	—
氯化锌($ZnCl_2$)/(g/L)	—	—	—	3～5	—	—	—
磷酸二氢铵($NH_4H_2PO_4$)/(g/L)	—	—	—	8～12	—	—	—

成分及工艺条件	高温			中温		低温	
	1	2	3	4	5	6	7
氟化钠(NaF)/(g/L)	—	—	—	—		3~4.5	3~5
总酸度(点)	—	35~50	40~58	20~30	60~80	70~90	85~100
游离酸度(点)	—	3.5~5	—	1~3	5~7.5	3~4	3.5~5
酸比(总酸度/游离酸度)	6~8	10	7	10~15	—	—	—
温度/℃	95~98	95~98	92~95	65~75	60~70	20~30	20~30
时间/min	40~65	15~20	20	6~8	15~20	20~40	30~45

注：总酸度和游离酸度的"点"是以 0.1molNaOH 标准溶液滴定 10mL 磷化溶液，用甲基橙或溴酚兰为指示剂，消耗 NaOH 溶液的毫升数作为游离酸度的点数，若以酚酞为指示剂，则消耗 NaOH 溶液的毫升数为总酸度的点数。

████████████分析后，可以得出以下规律：

████████████████████中常温时以锌锰为主，主剂含量随处理温度的降低██████

（2）████剂的种类随处理溶液温度的降低而增多，其含量随处理温度的降低而提高；

（3）膜的厚度随处理温度降低而变薄，抗蚀性也有所下降，可由加入不同加速剂改善因温度降低而带来不同影响，膜层的结晶随处理温度的降低而变得细致均匀；

（4）普通磷酸盐处理时间较长，加入加速剂后可大大缩短处理时间；

（5）酸比随处理温度的降低而升高。

通常高温磷化（或称热磷化）水解作用较快，所得膜层较厚，并且有较高的耐磨性，但热能和电能消耗大，劳动条件差，溶液蒸发量大，常需调整。膜层经重铬酸钾填充和浸油处理后，可提高耐蚀性。由于越厚的膜，其同漆膜的结合力越差，并且松散的磷酸盐粗晶粒容易破坏漆膜的完整性，所以它不适用于作为油漆的底层。

常温磷化（或称冷磷化），由于磷化温度低，槽液蒸发量减少，溶液稳定，并可延长溶液使用寿命，降低热能和电能的消耗，改善了劳动条件，常温磷化膜层具有光亮、结晶细致均匀的特点。溶液的酸度应控制在较窄的范围内。由于处理温度低，金属腐蚀步骤进行缓慢，所消耗的 H^+ 往往不足以抵消水解反应所产生的游离酸，溶液的酸度倾向于不断提高，因此，在溶液的组成中必须有缓冲剂。同时为了加快反应速度，需采用强效的加速剂。常温磷化膜抗蚀性稍差，结合力也欠佳，磷化处理所需时间长。

中温磷化兼顾了上述磷化方法的优点，膜层质量接近高温磷化，但磷化温度低、速度快（使用较多的加速剂），溶液稳定，因此它的应用正在不断扩大。

15.1.4 影响磷酸盐膜质量的因素

1. 基体金属的影响

钢基体的成分不同，在磷酸盐处理过程中的行为有较大的差别。低碳钢的成膜较容易，这可能是铁素体在磷酸中容易溶解的缘故。随着碳含量的增加，珠光体增加，而珠光体在磷酸中较难溶解且所成晶粒数目不多以致得到的膜是粗糙疏松的。最不利进行磷酸盐处理的是钢中含有铬、钨、钒、硅之类能与碳生成碳化物的合金元素，因为这些碳化物有

270

碍于磷酸盐膜的表面完整覆盖，膜层孔隙率增大，而合金元素增多后，就更难以成膜。

热处理会对成膜有不同的效果。如果渗碳体的晶间沉淀是细小和富足的，则合金在磷酸盐处理液中腐蚀速度将较大，可得到细晶的良好膜层；若渗碳体沉淀聚集到晶界上，则腐蚀较慢，所成膜粗糙。因此渗碳体粒子在此情形下起着活性阴极的作用，其数目越多，在合金表面所占面积越大，合金就越被均匀腐蚀，膜层也越均匀。经硬化处理（渗碳、渗氮）的钢的马氏体为碳在 α-Fe 中的固溶体，由于其难以溶解，故只能形成较薄的劣质膜。当进行适当的回火处理后，部分的破坏马氏体的平衡出现细小的渗碳体沉淀粒子，增大了阴极面积，促使作为阳极的铁素体加速溶解，膜层细致均匀。

喷砂和刷光等机械粗化方法可使表面真实面积增大，成核活性增多，同时又可除去表面上有碍于成膜的夹杂物，因此有利于得到细晶的优质膜层。

2. 总酸度、游离酸度、酸比的影响

酸度是磷酸盐处理的重要因素，对膜有较大影响，必须严格控制。总酸度是用来控制主盐——磷酸二氢盐的含量。由于处理过程中的消耗及水解，总酸度是不断下降的，应及时调整。总酸度低，磷酸盐处理过程进行缓慢，膜层粗糙，随着总酸度的提高，可使膜层结晶变细致，但膜层变薄。总酸度太高时，膜层太薄，以致影响其抗蚀性能。游离酸度主要指游离磷酸，游离酸度太高，由于腐蚀微电池反应过于激烈，膜层易粗糙多孔，处理时间需加长，有时甚至难以得到完整的膜层。游离酸度太低，磷酸盐处理过程难以进行，溶液易产生沉渣，导致膜质量变劣。高温磷化时，总酸度一般控制在 30～40 点，中温磷化为 50～80 点，常温磷化为 80～100 点左右。

也可用控制酸比（总酸度与游离酸度的比值）的方法使溶液中基体组分保持平衡。酸比随处理溶液的温度的下降而上升，为保证膜层成长速度及膜层质量，应控制膜层的酸比值，通常高温磷化为 6～9 之间，中温磷化为 10～15，常温磷化为 20 左右。

3. 金属离子的影响

磷酸盐膜的组成及结构将决定膜层的性能，膜层中锰含量高时可提高耐磨性、抗蚀性及吸附性，在磷酸二氢锰铁盐中要使铁和锰保持一定比例，才能得到抗蚀能力较好的膜层。

随着铁含量的升高，会使膜层中 Fe^{2+} 升高，而 Fe^{2+} 易被氧化成 Fe^{3+}，使膜层结构发生改变，孔隙率迅速提高，膜层粗糙而使其与基体的结合力下降。铁含量过低，则结晶偏细，有磷化不上的趋势。对于钢的磷酸盐处理，无论用锌或锰的磷酸二氢盐来配制的槽液，总会有铁的溶解产物。因此 Fe^{2+} 在槽液中的含量将随处理表面积的增大而逐渐增大，当富集到某一浓度时，亚铁的磷酸盐便开始析出，并以磷酸一氢盐和亚磷酸盐的形式，或成为膜的组成成分，或成为槽中的沉渣。而二价铁含量的提高，将使溶解的酸度下降，于是槽液中的锌和锰也会因之成为磷酸盐沉渣而损失。当槽液中添加氧化剂时由于氧化剂可以将亚铁氧化成三价铁，而 $FePO_4$ 的溶解度十分小，它的析出使溶液中几乎不发生亚铁的富集，溶液酸度改变不大，使锌成为磷酸盐沉淀的损失大大降低。

另外，槽液中锌含量升高，磷化速度加快，膜层细致光亮，因此要控制溶液中的金属离子比，铁与锰的比例为 1:9 左右，锌与锰为 1.5～2:1，铁离子（Fe^{2+}）的含量应保持在 0.8～2.0g/L 左右。

4. 杂质及其他成分的影响

除磷酸、硝酸和硼酸外的酸，如硫酸根（SO_4^{2-}）、氯根（Cl^-）及金属砷离子（As^{3+}）、铝（Al^{3+}）、铬（Cr^{3+} 和 Cr^{6+}）都被认为是有害杂质，其中 SO_4^{2-} 和 Cl^- 的影响更为严重。

SO_4^{2-} 和 Cl^- 的有害作用，是由于它们生成硫酸锰（铁）或氯化锰（铁）水解，使溶液的 pH 值下降，磷化处理时间延长，膜层疏松多孔，抗蚀性下降。当 $c(SO_4^{2-})>0.5g/L$ 时，可用 $Ba(NO_3)_2$ 沉淀之，降低 $1gSO_4^{2-}$ 需用 $Ba(NO_3)_2 2.72g$。$c(Cl^-)>0.5g/L$ 时，用 $AgNO_3$ 沉淀之，然后用铁屑还原残余的 Ag^+ 离子。

金属离子 As^{3+}、Al^{3+} 等的影响是使膜层抗蚀性下降。大量的 Cu^{2+} 离子会使磷化膜发红，抗蚀性下降，所以溶液的加热管不宜采用铜管。

5. 温度的影响

温度是改变磷酸盐处理溶液中各组分平衡状态的最关键因素。温度下降，溶液的酸度明显降低，显然不利于成膜过程的进行，所得膜层晶粒粗大，抗蚀性下降。提高处理温度能加速成膜过程，但溶液不够稳定，能源耗费也大。因此为了实现常温磷酸盐处理，应采用以下必要的措施：

（1）提高溶液中磷酸二氢盐的浓度，即能提高平衡时游离酸度，且最好用锌盐，因为同样浓度的锌盐对溶液的游离酸度的提高贡献更大些。

（2）采用有效的加速剂，并适当降低磷酸二氢盐对加速剂的比值，可以使溶液的酸度降低。

（3）使溶液保持合适的酸度，不致有较大的波动。酸度太高，处理过程的溶解步骤进行缓慢，酸度过低则不利于水解反应的发生。因此添加缓冲剂是必要的，有良好的缓冲作用的是氟化钠。

为缩短磷酸盐膜的成膜时间及降低工作温度，常于处理溶液中加入加速剂。可作为加速剂的物质主要是碱金属或锌、锰等重金属的硝酸盐、亚硝酸盐、氯酸盐等氧化剂，以及电位比铁正的金属盐（例如铜盐）。加入一定比例的 NO_3^- 离子和 NO_2^- 离子后，它们能在磷酸盐处理的金属表面产生阴极去极化作用，加速阴极过程的进行，使整个腐蚀微电池的工作加速。用硝酸盐和亚硝酸盐作为加速剂，有可能通过温度和组分浓度对不同反应来控制组成各种具有不同用途的处理溶液。例如：

（1）在高温（80～100℃）下工作的磷化处理溶液，几乎没有 NO_2^- 的存在，因为它在高温下十分不稳定：

$$2NaNO_2 + H_2O \rightleftharpoons 2NaOH + NO\uparrow + NO_2\uparrow \tag{15-12}$$

同时槽液中 Fe^{2+} 离子以一定含量存在。

（2）在中等温度（50～80℃）下工作的磷化溶液中除 NO_3^- 外，还有一定含量 NO_2^-，除反应（15-13）生成

$$NO_3^- + 2H + 2e \longrightarrow NO_2^- + H_2O \tag{15-13}$$

外，还有可能添加在该槽液中由于有反应

$$NO_2^- + 3Fe^{2+} + 4H^+ \longrightarrow \frac{1}{2}N_2\uparrow + 3Fe^{3+} + 2H_2O \tag{15-14}$$

发生，故 Fe^{2+} 几乎不存在。这种混合型加速剂 NO_2^-/NO_3^- 可使处理过程十分快速，适合

喷液法的需要。

（3）在低温（25～40℃）下工作的处理液中，Fe^{2+} 和 NO_2^- 同时存在。此两者在低温下还可能形成 $[Fe(NO)]^{2+}$ 络离子。

应该注意的是，亚硝酸盐的加入应十分慎重。当用量过多时，由于反应式（15-12）的发生不但自身消耗，而且因溶液酸度的降低而导致部分磷酸盐自溶液中析出成为沉渣。

氯酸钾是强氧化剂，也有以上作用加速磷化过程，但易出现胶体沉淀，使溶液混浊，并附着在磷化膜上难以除去。

当用铜盐作为加速剂时，铜常以硝酸盐或亚硝酸盐的形式加入处理溶液中，溶液中铜在处理过程中所起的作用基于以下反应：

$$3Cu^{2+} + 6e \longrightarrow 3Cu（在阴极上） \tag{15-15}$$

$$3Cu + 8H^+ + 2NO_3^- \longrightarrow 3Cu^{2+} + 4H_2O + 2NO_2 \uparrow \tag{15-16}$$

这就是说，铜的存在实质上是硝酸盐在阴极上的还原起着催化作用，促进阴极的去极化。溶液中铜的适当含量为 1.5g/L，浓度过高会导致磷酸盐膜夹杂有氧化铜。

根据以上分析，对于不同温度下处理的溶液，应选择不同的加速剂和不同的浓度，以达到最好的效果。

15.1.5 后处理及质量检验

磷酸盐膜可以根据不同的用途选用不同的后处理方法。

为了减少膜的空隙面积和提高其耐蚀性，可用铬酸或铬酸盐的稀溶液进行封闭处理。例如可用 5% $Na_2Cr_2O_7$ 溶液，70～80℃封闭 15min，能取得良好的封闭效果。

磷酸盐膜是油漆的良好底层，由磷酸盐膜与各种油漆、静电漆或电泳漆等配套而成的复合涂层对钢材具有十分良好的防护作用，其耐蚀性较无磷酸盐膜的钢-漆膜层好十几倍。

浸油也是提高磷酸盐膜耐蚀性的一种有效方法。干性植物油及加有缓蚀剂的矿物油均可使用。

当磷酸盐膜应用于冷变形加工和降低摩擦件的表面磨耗时，将膜层浸以油类或皂类润滑剂——钾肥皂溶液中，可以大大提高其使用效果。钾肥皂溶液的浓度为 10～30g/L，用稀碳酸钠调节 pH 值在 8～10 之间，工作温度 50～70℃，时间 4～6min，时间过长会使膜层遭破坏。

磷酸盐膜的质量，如外观、厚度、耐蚀性、电绝缘性等项目的检验，应按《金属的磷酸盐转化膜》（GB/T 11376—1997）之规定进行，此处不多叙述。除此之外，作为生产控制，对磷酸盐膜的耐蚀性检验，可按以下方法进行。

（1）浸入法。将磷酸盐处理后之受检零件浸入 3% 的氯化钠溶液中，在室温（15～25℃）下保持 2h，洗净吹干后无锈蚀为合格；

（2）点滴法。在受检零件表面用蜡笔或特种铅笔画圈后，点滴以下试液，达到规定时间未出现玫瑰红为合格。试液组成如下：

硫酸铜（$CuSO_4 \cdot 5H_2O$，0.2mol/L）/mL	40
氯化钠（NaCl，10%）/mL	20
盐酸（HCl，0.1mol）/mL	0.8

质量不合格的磷酸盐膜可在 100～150g/L 的硫酸溶液中于室温下退除；对于精密零

件或者光洁度较高的零件上的磷酸盐膜，可在含 $100\sim250g/L$ 铬酐和 $1\sim3g/L$ 硫酸的溶液中室温下退除。

除以上介绍的磷酸盐处理方法外，还有用一代碱金属磷酸盐，或二代碱金属磷酸盐和六偏磷酸盐及碱金属磷酸盐产生无定形的转化型磷酸盐膜，以硝酸盐为促进剂，在含有镍的磷酸锰溶液中获得所谓硬膜磷化及获得的膜层有一定导电性，故能进行焊点操作的磷酸铅法等。

15.2 钢铁材料的氧化

钢铁材料的化学氧化通常都是在氧化剂存在下接近沸腾的浓碱溶液中进行的，使制件表面生成一层均匀的蓝黑到黑色的磁性氧化铁(Fe_3O_4)转化膜层，因此也称钢铁材料的化学氧化过程为"发蓝"或"发黑"。除浓碱法外，还可以用熔盐成膜，氧化着色等方法在钢铁制件表面获得黑色膜层。

氧化是提高钢铁材料防腐蚀性能力的一种简便而又经济的工艺方法。氧化膜的厚度一般只有 $0.5\sim1.5\mu m$，氧化膜具有良好的吸附性，将氧化膜浸油或做其他后处理，其抗蚀性能可大大提高。氧化膜较薄，因此不会影响零件尺寸。精密零件很多采用氧化工艺，特别是光洁度较高的和抛光处理的零件氧化后，可以获得光泽美丽的外观。因此，作为防护装饰膜层，在精密仪器、光学仪器、武器以及机器制造业中得到广泛应用。除此之外，氧化膜还具有一定的弹性和润滑性，但耐磨性较差。在强碱溶液中进行的钢铁材料的氧化处理，由于无析氢反应产生，避免了高强钢的氢脆现象。但零件具有较大应力的情况下进行氧化处理时，会使零件产生"碱脆"——碱液中的应力腐蚀破裂现象，是应当引起重视的。

15.2.1 氧化膜的形成原理

钢铁材料的氧化通常是在含有氢氧化钠和氧化剂（硝酸钠或亚硝酸钠）的溶液中，在接近沸点的温度下进行的。金属上的转化膜(Fe_3O_4)的形成是由于氧化物自金属/溶液界面液相区的过饱和溶液中结晶析出的结果。因此氧化膜的形成一般会包括以下三个历程：

1. 表面金属的溶解

首先是铁在有氧化剂存在下被浓碱溶解生成亚铁酸钠 Na_2FeO_2：

$$4Fe + NaNO_3 + 7NaOH \longrightarrow 4Na_2FeO_2 + NH_3\uparrow + 2H_2O \qquad (15\text{-}17)$$

或者

$$3Fe + NaNO_2 + 5NaOH \longrightarrow 3Na_2FeO_2 + NH_3\uparrow + H_2O \qquad (15\text{-}17')$$

2. 亚铁酸钠被氧化成铁酸钠

反应式（15-17）使金属表面液相区的亚铁酸钠浓度不断上升，必向溶液主体扩散；同时由于反应消耗了氧化剂，溶液主体部分的氧化剂硝酸钠或亚硝酸钠向金属表面的液相区扩散，又借助沸腾溶解的搅拌作用，氧化剂将亚铁酸钠进一步氧化，在界面附近生成铁酸钠：

$$8Na_2FeO_2 + NaNO_3 + 6H_2O \longrightarrow 4Na_2Fe_2O_4 + NH_3\uparrow + 9NaOH \qquad (15\text{-}18)$$

或者

$$6Na_2FeO_2 + NaNO_2 + 5H_2O \longrightarrow 3Na_2Fe_2O_4 + NH_3\uparrow + 7NaOH \qquad (15\text{-}18')$$

3. 氧化物自过饱和作用中析出

反应式（15-18）、（15-18'）所生成的铁酸钠与未被氧化的亚铁酸钠作用便生成了难溶化合物——磁性氧化铁：

$$Na_2FeO_2 + Na_2Fe_2O_4 + 2H_2O \longrightarrow Fe_3O_4 + 4NaOH \qquad (15\text{-}19)$$

当析出 Fe_3O_4 达到一定的过饱和度时，便在零件表面结晶析出氧化膜，即通常说发蓝的膜。

在生成 Fe_3O_4 时，部分铁酸钠可能会发生水解而生成氧化铁的水合物：

$$Na_2Fe_2O_4 + (m+1)H_2O \longrightarrow Fe_2O_3 \cdot mH_2O + 2NaOH \qquad (15\text{-}20)$$

$Fe_2O_3 \cdot mH_2O$ 在高温的槽液中将脱去部分结晶水，

$$Fe_2O_3 \cdot mH_2O \longrightarrow Fe_2O_3 \cdot (m-n)H_2O + nH_2O \qquad (15\text{-}21)$$

反应式（15-21）所生成的 $Fe_2O_3 \cdot (m-n)H_2O$ 在浓碱中的溶解度很小，极易在溶液中或零件表面沉积成所谓红色挂灰，或称"红霜"，这是钢材氧化过程中常见的故障，应尽量避免。

氧化物 Fe_3O_4 从其过饱和溶液中结晶析出的过程对所成膜层的厚度和结构起着决定性的作用。Fe_3O_4 的结晶与沉淀过程遵循结晶学的规律，根据结晶学关于新相形成理论，自过饱和溶液中析出晶粒的大小取决于晶核数目的多少，而晶核的数目则视晶核在过饱和溶液中能够稳定存在的临界尺寸而定。增大溶液的过饱和度，可以减小晶核的临界尺寸，降低晶核的形成功，大大增加形核几率，则晶粒小。由细晶粒构成的膜通常是致密的，它同基体金属结合牢固。但由于细晶粒会很快地将金属表面覆盖住，膜层的成长便因此迅速下降直至停止，所成膜层的最终厚度就较薄；反之，粗晶粒则会构成较厚的膜，但结构疏松多孔，同基体金属的结合也不够牢固。对于防护性膜层既要求组织致密，又要有一定的厚度，因此必须通过工艺参数合理地控制才能实现。

钢铁的化学氧化还可以用电化学机理来更详细地说明反应过程：

在微阳极上发生铁的溶解，即

$$Fe \longrightarrow Fe^{2+} + 2e \qquad (15\text{-}22)$$

在强碱溶液中，氧化剂的存在可使二价铁离子转化为三价铁的氢氧化物：

$$Fe^{2+} + OH^- + [O] \longrightarrow FeOOH \qquad (15\text{-}23)$$

在微阴极上氢氧化物又可被还原：

$$FeOOH + e \longrightarrow HFeO_2^- \qquad (15\text{-}24)$$

由于氢氧化亚铁比氢氧化铁的酸性要弱，此二价化合物可发生中和反应，在一定的工作温度下脱水，生成难溶的磁性氧化铁：

$$2FeOOH + HFeO_2^- \longrightarrow Fe_3O_4 + OH^- + H_2O \qquad (15\text{-}25)$$

剩余的 $HFeO_2^-$ 在微阴极上发生氧化反应生成磁性氧化铁。

$$3Fe(OH)_2 + [O] \longrightarrow Fe_3O_4 + 3H_2O \qquad (15\text{-}26)$$

在含有氧化剂的溶液中，处于不稳定状态的 $Fe(OH)_2$ 或 $(HFeO_2^-)$ 很容易氧化成四氧化三铁，所以，氧化过程的速度取决于亚硝酸基化合物氧化二价铁离子的速度。

微阴极上还会有氧化剂的还原：

$$NO_2^- + 5H_2O + 6e \longrightarrow NH_3 \uparrow + 7OH^- \tag{15-27}$$

"红霜"的生成是由于铁酸钠的水解引起的，该反应与成膜反应同时存在。根据实践经验可知，红色挂灰是在零件氧化初期生成的。因为氧化初期基体铁的溶解较快，铁酸钠的水解速度相对四氧化三铁的形成速度要快，因此只要控制好氧化初期铁酸钠的水解速度，即可避免红色挂灰的生成，生产中常用以下方法减少和除去"红霜"。

（1）氧化初期（约为5min）将零件进行洗刷，除去红灰，然后再入槽氧化；

（2）对于复杂零件用两槽氧化法是有效的，第一槽碱浓度低些，避免生成红灰，氧化约5min后直接移入第二槽碱浓度高的溶液中继续氧化即可，但这种方法操作复杂，设备利用率较低。常用的两槽氧化配方及工艺如下：

组分与条件	第一槽	第二槽
氢氧化钠(NaOH)/(g/L)	550～650	700～840
亚硝酸钠(NaNO₂)/(g/L)	100～150	150～200
温度/℃	130～135	140～150
时间/min	15	45～60

15.2.2 氧化溶液的成分及工艺条件

钢铁材料的化学氧化可在下列组成的溶液中进行：

	(1)	(2)
氢氧化钠(NaOH)/(g/L)	550～650	700～840
亚硝酸钠(NaNO₂)/(g/L)	150～200	50～70
硝酸钠(NaNO₃)/(g/L)	—	200～250
温度/℃	135～140	138～145
时间/min	40～90	40～90

溶液的工作温度和氧化时间应按钢中不同含碳量来确定。碳含量低的钢和合金钢要在较高温度下进行较长时间的氧化处理。不同钢种的氧化温度和时间见表15-3。

表 15-3 不同钢种的氧化温度及时间

碳含量/%	溶液沸腾温度/℃	氧化时间/min
0.7以上	135～138	15～20
0.4～0.7	138～142	20～25
0.1～0.4	140～145	35～60
合金钢	140～145	60～90

新配制的溶液，必须用废钢料处理到使溶液中含有一定量的铁并能获得满意的膜层后才能使用。对于用旧的溶液，当铁量过高时，膜层会变得相当薄和带褐色，此时应当补充部分新配的溶液才能继续使用。

15.2.3 影响氧化膜质量的因素

1. 材料成分及组织的影响

普通碳钢随着含碳量的增加，氧化所需温度降低，时间也可缩短，呈现黑色和蓝黑色且带光泽的致密氧化膜。

铸铁、合金刚的氧化工艺与碳钢不同，膜层颜色也不同。铸铁及硅含量较高的合金钢略带土黄褐色，某些合金钢还呈紫红色，淬火钢及合金钢的下槽温度和出槽温度都相应提高，分别为 140～150℃ 及 145～152℃。

不同材料的氧化工艺不同，显然是由于合金元素不同所致。合金成分不同组成就不同，对微电池组成及微电池的强弱影响也不同。

由于碳含量和合金元素的区别，以及热处理工艺的不同，钢铁表面的组织不一样。灰口铸铁中的碳化物与石墨、钢中的渗碳体 Fe_3C，由于它们的电位均比铁正，故为腐蚀微电池的阴极。阴极相越多，则弥散度越大，增加了阴极面积，腐蚀微电池的电偶数增多，作为微电池的阳极的基体铁的腐蚀溶解速度必然增加，氧化膜生成速度加快，氧化膜也就较薄。碳钢中含碳量增加，表示组织中 Fe_3C 增多，氧化所需时间缩短，温度亦变低。因此在同样温度下氧化，高碳钢所得的膜层一定比低碳钢薄。

热处理规范不同，同样会改变材料的组织而影响腐蚀速度。如回火马氏体腐蚀速度比淬火马氏体快，屈氏体就更大。这是因为屈氏体为铁素体和渗碳体的共析机械混合物，Fe_3C 相多而细，腐蚀速度快；淬火马氏体是碳在 α-Fe 中饱和固溶体，阴极相少些，经回火处理成回火马氏体后，碳从 α-Fe 中析出 Fe_3C，使微阴极又增加，因此腐蚀速度快于淬火马氏体。低碳钢在 A_{c1}-A_{cs} 以下进行热处理，碳化物球化使碱脆的敏感性提高，若在 A_{c1}-A_{cs} 相变温度之间保温处理，由于增加了细小碳化物向晶界析出的弥散度而使其碱脆敏感性显著降低。热处理还将造成表面脱碳而使氧化速度下降。

2. 槽液成分的影响

(1)氢氧化钠的影响。由氧化膜的成膜机理分析可知，影响氧化膜成膜及厚度的主要因素是溶液中氢氧化钠的浓度和温度。因为氧化实际上是在溶液的沸点或接近沸点的温度下进行的，而溶液的碱浓度与沸点又有对应的关系，所以，这两个因素的影响其实是统一的。图 15-2 示出了溶液的温度对膜成长速度的影响。

由图可知，温度越高(即氢氧化钠含量越高)，膜的成长速度越快，最终获得的膜厚也越大。同时，由扩散作用离开金属表面的亚铁酸钠相对增多，形成氧化膜所需时间就延长。

虽然碱浓度的增加可提高膜厚，但它也会带来很多不利因素。一方面碱浓度增加将会增加红色挂灰，使氧化膜质量变差；另一方面将使反应式(15-18)、式(15-18′)、式(15-19)的速度减慢。当溶液温度高达 175℃(相当于氢氧化钠 1500g/L)时，钢上将无膜层生成。由于温度太高，生成 Fe_3O_4 反应进行缓慢，且 Fe_3O_4 在碱液中的溶解度显著提高，不能在金属表面呈结晶析出。当氢氧化钠浓度太低时，氧化膜表面会出现花斑。

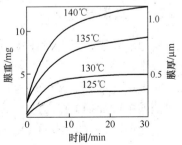

图 15-2 溶液温度对膜
成长速度的影响

（2）氧化剂的影响。随着氧化剂浓度的提高，使反应加速，Fe_3O_4过饱和度提高，生成晶核数目增多，因此氧化膜薄而细致，氧化时间短。但浓度提高到某一极限之后，这种影响就不明显了。同时由于反应式（15-20）的进行，有利于克服"红霜"现象。用硝酸钠做氧化剂膜层光泽稍差，因此常用亚硝酸盐，所得膜层呈光泽的蓝黑色。

反应中氧化剂的消耗较大，加之溶液黏度大，氢氧化钠和氧化剂的损失较多，应不断分析补充。

（3）铁含量的影响。铁在氧化溶液中以铁酸钠和亚铁酸钠的形式存在，其含量以 1g/L 为宜，此时可获得致密光泽膜层。铁含量太少，因Fe_3O_4过饱和浓度太低而使膜层晶粒粗大疏松。新配的溶液呈乳白色，说明铁含量低，正常的溶液呈橙黄色。

铁含量太高时只能获得薄的、半透明的、褐色的氧化膜，甚至是肉眼也不易察觉的薄膜，同时红色挂灰也会增多。由于亚铁酸钠和铁酸钠的溶解度随氢氧化钠浓度的下降而降低，在稀碱溶液中会以$Fe(OH)_3$形式沉淀析出，因此可以采用稀释沉降的方法将多余的铁除去。实验数据表明，当溶液稀释至沸点122℃时，溶液中的铁可降至1g/L。某些工厂也有用加入亚铁氰化钾和磷酸三钠以降低铁含量和改善膜层的质量。

3. 氧化温度的影响

如前所述，在接近沸点的温度下进行氧化处理，实际上温度和碱浓度的影响是一致的。不同的氢氧化钠溶液的沸点见表 15-4。

表 15-4　不同浓度氢氧化钠溶液的沸点（常压下）

NaOH 浓度/(g/L)	400	500	600	700	800	900	1000	1100	1200
溶液沸点/℃	117.5	125	131	136.5	142	147	152	157	161

沸腾状态下进行氧化操作可以起搅拌作用，使金属表面溶液不断更新，有利于膜的形成，还可以把金属表面形成的红色沉淀带走。

15.2.4　氧化膜的后处理

为提高膜层的防护性能及对油的润湿性，通常在浸油前已将氧化制件经净水洗、热水洗和冷水洗净后在 3％～5％的肥皂溶液中于 80～90℃的温度下浸渍 1～2min；或者在3％～5％的重铬酸钾溶液中90～95℃温度下处理10～15min。制件经此处理并洗涤和干燥后，在 105～110℃的机油、锭子油或者变压器油中进行 5～10min 的浸油处理。

15.2.5　常温氧化

常温氧化工艺是开发比较晚的一种氧化新工艺，其特点是常温操作，氧化速度快，但氧化成本较高。

常温氧化液组成及工艺为：

硒酸钠（$NaSeO_3$）/(g/L)	8～10
氯化亚铁（$FeCl_2 \cdot 6H_2O$）/(g/L)	5～6
硫酸铜（$CuSO_4 \cdot 6H_2O$）/(g/L)	2～3
亚硝酸钠（$NaNO_2$）/(g/L)	0.2
温度/℃	20～30

氧化时间/min   1～3

上述溶液，可得到深黑色的氧化膜，有较好的防护能力，但溶液不够稳定，不易维护。

复习思考题

1. 钢材磷酸盐膜有何特征？如何满足其应用目的？
2. 简述磷酸盐膜的成膜机理。
3. 常用的磷酸盐处理工艺各有何特点？
4. 影响磷酸盐膜质量的因素有哪些？各有何影响？
5. 磷酸盐处理液如何维护和调整？
6. 钢铁材料为什么要进行氧化处理？其膜层有何特点？
7. 简述氧化膜的形成机理。
8. "红色挂灰"形成及防止方法如何？
9. 影响氧化膜质量的因素有哪些？各有何影响？
10. 为什么要开发常温磷化和常温氧化工艺？

参 考 文 献

[1] (美)佛利德里克著.北京航空学院 103 教研室译.现代电镀[M].北京:机械工业出版社,1982.

[2] 黄子勋,吴纯素.电镀理论[M].北京:中国农业机械出版社,1982.

[3] 查全性等.电极过程动力学导论[M].3 版.北京:科学出版社,2002.

[4] Bockris J O M,Despic A R. Physical Chemistry[M]. Vol. IXB. Ch7. New York/London,1970.

[5] Weiner R,Walmsley A. Chrnmium Plating[M]. Finishing Publiation ltd,1980.

[6] 张宏祥,王为.电镀工艺学[M].天津:天津科学技术出版社,2002.

[7] 胡传炘.实用表面前处理手册[M].北京:化学工业出版社,2006.

[8] 沈宁一.表面处理新工艺[M].上海:上海科学技术文献出版社,1991.

[9] 方景礼.电镀配合物——理论与应用[M].北京:化学工业出版社,2008.

[10] 于之兰.金属防护工艺原理[M].北京:国防工业出版社,1990.

[11] 曾华梁等.电镀工艺手册[M].北京:机械工业出版社,2004.

[12] 李鸿年等.电镀工艺手册[M].上海:上海科学技术出版社,1988.

[13] 向国朴.脉冲电镀的理论与应用[M].天津:天津科学技术出版社,1989.

[14] 梁肇伟等.刷镀新技术[M].北京:人民交通出版社,1985.

[15] 李宁.化学镀实用技术[M].北京:化学工业出版社,2004.

[16] 曾华梁.塑料电镀[M].北京:轻工业出版社,1985.

[17] 吴纯素.化学转化膜[M].北京:化学工业出版社,1988.

[18] 王鸿建.电镀工艺学[M].哈尔滨:哈尔滨工业大学出版社,1988.

[19] 章葆澄.电镀工艺学[M].北京:北京航空航天大学出版社,1993.

[20] 安茂忠.电镀理论与技术[M].哈尔滨:哈尔滨工业大学出版社,2004.